理科が
面白いほど
わかる

JN043941

大学入試

亀田和久の

化学「理論・無機」が面白いほどわかる本

代々木ゼミナール
講師

亀田和久

＊本書には「赤色チェックシート」がついています。

＊本書は、小社より刊行された『大学入試　亀田和久の　理論化学が面白いほどわかる本』および『大学入試　亀田和久の無機化学が面白いほどわかる本』のうち「化学」に関する内容を初版発行時の学習指導要領に準じて加筆・修正した合本改訂版です。

はじめに

理論・無機化学は暗記だと信じ，ひたすらプリントを丸暗記するという学習法の人がいます。ところが，この学習法には次のような欠点があります。

1 本当のところ，原理・原則がわからない
2 実際には丸暗記できないし，時間がたつと忘れてしまう
3 あまり楽しくない

一番問題なのは，最後の「あまり楽しくない」ということです。**サイエンスは，スポーツや芸術のように非常に魅力的なものです。**そこで，化学の原理・原則を理解し，感動して楽しんでもらえるように本書を書きました。理解に必要な，図やイラストを非常に多く使用しました。そのためページが多いのですが，まるでマンガを読んでいるように学習できるはずです。化学の本質がわかれば，丸暗記学習とは違って次のようになっていくはずです。

1 原理・原則がわかり，自然に頭に入ってくる
2 原理を考えながら問題を解くようになるから応用がきく
3 身のまわりの現象がわかり，化学が楽しく感じる

理解して学べば，原理・原則がわかるだけでなく「化学は楽しい！」と感じるようになります。本質がわかれば，もちろん問題が解けるようになるばかりでなく応用もききます。**原理・原則がわかって問題を解いている人が，いちばん本番に強いのです。**

私の感動した大好きなサイエンスをみなさんに是非，体感して楽しんでもらいたいんです！！

最後に，本書のためにたくさんのイラストを提供してくれたイラストレーター，イラストと図が非常に多くて複雑な紙面にもかかわらず，すばらしい本に仕上げてくれた編集者の方々に心から感謝です。

亀田 和久

この本の使い方

この本は story，Point!，確認問題，そして**別冊（理論・無機化学のデータベース）**という４つの部分で構成されています。この本を最大限に活用するために，次のような使用法を推奨します。

まずは学ぶ順番です。

1　理論分野はⅠ章からⅥ章です。Ⅱ，Ⅲ，Ⅴ章は独立した内容なので、どこから学んでも大丈夫です。Ⅰ，Ⅳ，Ⅵ章はきちんと理解するためⅠ章から順に学ぶのが望ましいです。

2　無機分野はⅦ章からⅨ章で，章単位であればどこから学んでも大丈夫です。

次に各章をどう読むかです。

1　各章の story をしっかり読む

⇒基本的に対話形式で，先生とマンツーマンで教わっているように読めるので，楽しく集中して学べます。

2　Point! はしっかり覚える

⇒重要な公式などは story に Point! としてまとめてあるので，原理・原則がわかったら Point! をしっかり覚えましょう。

3　確認問題 をやる

⇒ story を読んで Point! を覚えたら，確認問題 を自力で解けるようになるまで解くようにしましょう。

4　**別冊（理論・無機化学のデータベース）**で確認する

⇒つねに持ち歩いて，story で学んだ内容を思い出しながら，知識を確認しましょう！

この４段階をくり返せば，原理・原則がわかり，「化学は楽しい」と感じながら学べるようになります !!

もくじ

はじめに ………… 2
この本の使い方 ………… 3

I● 物質の状態と気体 ………… 9

第1章 物質の状態変化 10
story 1 状態変化とエネルギー 10
story 2 分子間力 13
story 3 熱運動と気体の圧力 15
確認問題 19

第2章 気体の状態方程式と気体の法則 20
story 1 気体の状態方程式 20
story 2 ボイルの法則・シャルルの法則 22
story 3 理想気体のグラフ 25
story 4 分　圧 27
確認問題 30

第3章 実在気体と飽和蒸気圧 34
story 1 実在気体と飽和蒸気圧 34
story 2 沸点の考え方 40
story 3 実在気体のグラフ 41
story 4 実在気体の体積 43
確認問題 48

II● 固体の構造 ………… 51

第4章 固体の分類と金属結晶 52
story 1 固体の分類 52
story 2 結晶格子の考え方 53
story 3 体心立方格子 54
story 4 面心立方格子 57
story 5 最密構造 58
story 6 充塡率と密度の計算 61
確認問題 64

第5章 イオン結晶・共有結合の結晶・分子結晶 66
story 1 イオン結晶 66
story 2 共有結合の結晶 72
story 3 分子結晶 73
story 4 密度の計算 75
確認問題 76

III ● 溶　液 ………… 79

第6章 溶解平衡 80
story 1 溶質と溶媒 80
story 2 溶解度曲線 83
story 3 溶解平衡と再結晶 84
story 4 結晶水をもつ結晶の析出 88
story 5 ヘンリーの法則 90
確認問題 93

第7章 希薄溶液の性質 95
story 1 沸点上昇 95
story 2 凝固点降下 98
story 3 冷却曲線 102
story 4 浸透圧 105
確認問題 108

第8章 コロイド溶液 110
story 1 コロイド粒子とコロイドの分類 110
story 2 コロイド溶液と沈殿 115
story 3 コロイド溶液の保護と精製 119
確認問題 121

IV ● 熱化学 ………… 123

第9章 熱化学方程式とエンタルピー 124
story 1 系と外界 124
story 2 エンタルピー 125
story 3 物理変化に伴うエンタルピー変化 128
story 4 反応エンタルピー 129
確認問題 133

第10章 ヘスの法則と反応エンタルピーの計算 135
story 1 生成エンタルピーを使った計算 135
story 2 結合エンタルピーを使った計算 139
story 3 エントロピーと反応の自発性 141
story 4 光とエネルギー 144
確認問題 148

V● 電池と電気分解 …… 151

第11章 電　池 152
story 1 電池の原理 152
story 2 鉛蓄電池 155
story 3 燃料電池 157
story 4 リチウムイオン電池 158
確認問題 162

第12章 電気分解 164
story 1 電気分解の原理 164
story 2 水の電気分解 168
story 3 水溶液の電気分解 171
story 4 製錬での応用 173
確認問題 176

VI● 反応速度と平衡 …… 179

第13章 反応速度 180
story 1 反応速度の考え方 180
story 2 反応速度式 183
story 3 反応速度を変化させる要因 187
story 4 反応速度定数の算出 194
確認問題 197

第14章 化学平衡 199
story 1 可逆反応 199
story 2 化学平衡 201
story 3 化学平衡の法則 203
story 4 ルシャトリエの原理 210
確認問題 215

第15章 電離平衡 217
story 1 電離定数 217
story 2 弱酸・弱塩基の pH 221
story 3 塩の加水分解 225
story 4 緩衝液 231
story 5 溶解度積 236
確認問題 242

VII● 非金属元素 245

第16章 水素と貴ガス 246
story 1 水素の製法と性質 246
story 2 貴ガス 248
確認問題 252

第17章 ハロゲン単体の性質 253
story 1 ハロゲン単体の状態 253
story 2 ハロゲン単体の酸化力 255
story 3 塩素単体の製法 257
story 4 ハロゲン単体の性質 259
確認問題 264

第18章 ハロゲン化合物の性質 266
story 1 ハロゲン化水素 266
story 2 塩素のオキソ酸 269
story 3 ハロゲン化銀 270
確認問題 272

第19章 酸素とその化合物 274
story 1 オゾン 274
story 2 過酸化水素 277
story 3 酸素の製法 278
story 4 酸化物とオキソ酸 280
確認問題 284

第20章 硫黄とその化合物 286
story 1 硫黄の単体 286
story 2 硫化水素と二酸化硫黄 288
story 3 硫　酸 293
確認問題 300

第21章 窒素とその化合物 302
story 1 窒素の化合物 302
story 2 アンモニアの製法 304
story 3 硝酸の製法と性質 307
確認問題 312

第22章 リンとその化合物 314
story 1 リンの単体 314
story 2 十酸化四リン 317
story 3 リン酸塩 318
確認問題 320

第23章 炭素とその化合物 321
story 1 炭素の単体 321
story 2 炭素の化合物 325
story 3 一酸化炭素の製法 326
story 4 二酸化炭素 327
確認問題 329

第24章 ケイ素とその化合物 330
story 1 ケイ素の単体 330
story 2 二酸化ケイ素とガラス 333
story 3 シリカゲル 336
確認問題 340

第25章 気体の製法と性質 342
story 1 気体の製法 342
story 2 気体の発生装置と乾燥剤・捕集法 345
story 3 気体の性質と試験紙の反応 349
確認問題 350

VIII● 金属元素の単体と化合物 353

第26章 アルカリ金属の性質 354
story1 単体の特徴 354
story2 アルカリ金属の化合物 358
story3 アンモニアソーダ法（ソルベー法） 362
確認問題 366

第27章 アルカリ土類金属の性質 368
story1 単体の特徴 368
story2 アルカリ土類金属の化合物 371
story3 アルカリ土類金属の化合物と工業 375
確認問題 379

第28章 両性を示す金属（Al，Zn，Sn，Pb）の反応 381
story1 単体の特徴 381
story2 化合物の特徴 384
story3 両性を示す反応 390
確認問題 393

IX● 遷移元素の単体と化合物 395

第29章 鉄の性質 396
story1 鉄の酸化物 396
story2 鉄の製錬法 398
story3 鉄イオンの反応 401
確認問題 404

第30章 銅と銀の性質 406
story1 単体の特徴 406
story2 銅と銀の化合物 409
story3 銅と銀の化合物の比較 411
確認問題 413

第31章 クロムとマンガンの性質 415
story1 クロムの性質 415
story2 マンガンの性質 419
確認問題 422

第32章 遷移元素の特徴と金属イオンの分離 424
story1 遷移元素の特徴 424
story2 沈殿のペア 425
story3 錯イオン 427
story4 金属イオンの系統分離 433
確認問題 437

さくいん 439
Point! 一覧 444

本文イラスト　　：北　ピノコ
章見出しイラスト：中口美保

I

物質の状態と気体

第1章 物質の状態変化

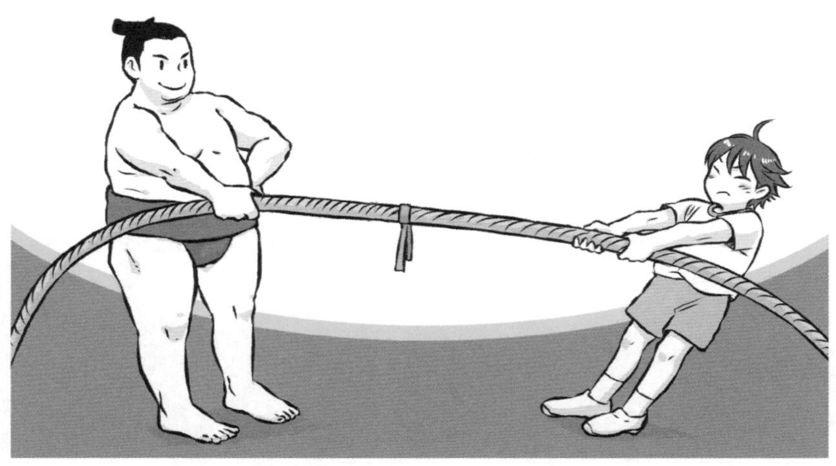

▶ 人間は大きい方が引き寄せる力が強い。分子も大きい方がファンデルワールス力が大きい。

story 1 状態変化とエネルギー

氷を加熱するとなぜ0℃で一定になるんですか？

それは良い質問だね。実は0℃の氷を0℃の水にするのにエネルギーが必要なんだ。物質には気体，液体，固体の３つの状態があって，これらを物質の**三態**(さんたい)というよね。三態はそれぞれ物質の持つエネルギーが固体，液体，気体の順に大きくなるんだ。だから，同じ温度でも状態が異なればエネルギーの出入りがあるという訳なんだ。

次の図に物質の持つエネルギーと状態，**状態変化**(じょうたいへんか)の名称（**融解**(ゆうかい)，**凝固**(ぎょうこ)，**蒸発**(じょうはつ)，**凝縮**(ぎょうしゅく)，**昇華**(しょうか)，**凝華**(ぎょうか)）を入れておいたけど，融解，蒸発，昇華のときはエネルギーを加える必要があることを確認してね。

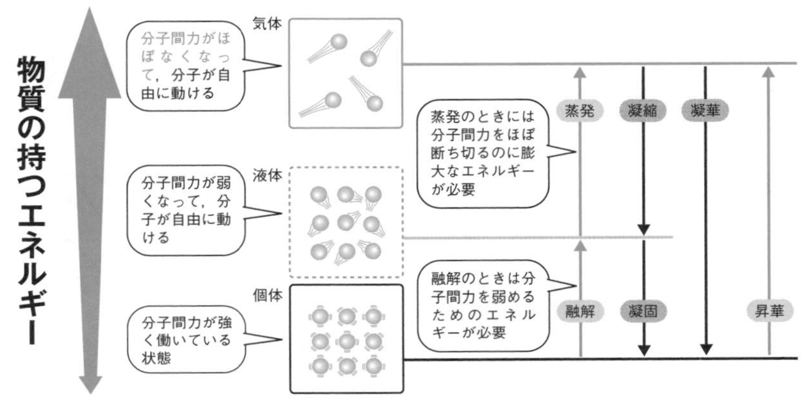
物質の持つエネルギー
気体
分子間力がほぼなくなって，分子が自由に動ける
液体
分子間力が弱くなって，分子が自由に動ける
個体
分子間力が強く働いている状態
蒸発のときには分子間力をほぼ断ち切るのに膨大なエネルギーが必要
融解のときは分子間力を弱めるためのエネルギーが必要
蒸発
凝縮
凝華
融解
凝固
昇華

▲ 状態と物質の持つエネルギー

このように，状態変化するときのエネルギーは，**融解熱**（ゆうかいねつ），**凝固熱**（ぎょうこねつ），**蒸発熱**（じょうはつねつ），**凝縮熱**（ぎょうしゅくねつ），**昇華熱**（しょうかねつ），**凝華熱**（ぎょうかねつ）と呼ばれるよ。そして，一般に蒸発熱は融解熱より大きいんだ。これは融解は分子間力を弱めるだけのエネルギーなのに対して，蒸発は分子間力をほぼ断ち切るために膨大なエネルギーが必要だからなんだ。H_2O を例に次の図で確認してね。

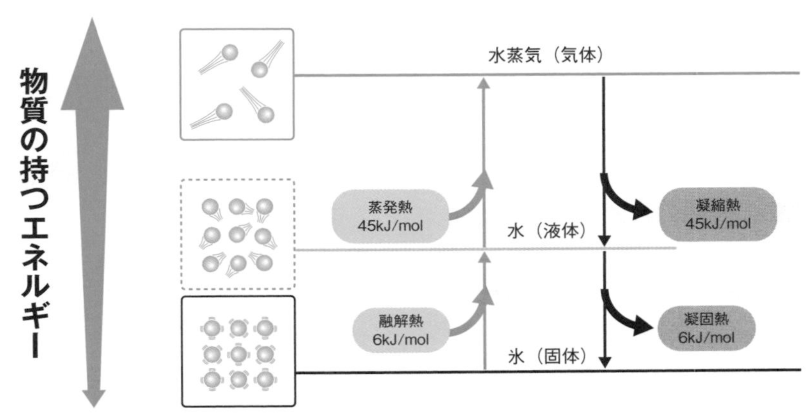
物質の持つエネルギー
水蒸気（気体）
水（液体）
氷（固体）
蒸発熱 45kJ/mol
凝縮熱 45kJ/mol
融解熱 6kJ/mol
凝固熱 6kJ/mol

▲ 状態変化と熱の出入り（0℃の H_2O）

さて，この図を理解した上で1mol（18g）の氷を－50℃から加熱したときの温度変化のグラフを見てみよう。0℃と100℃で状態変化に伴うエネルギーが吸収されているのが良く分かるよ。

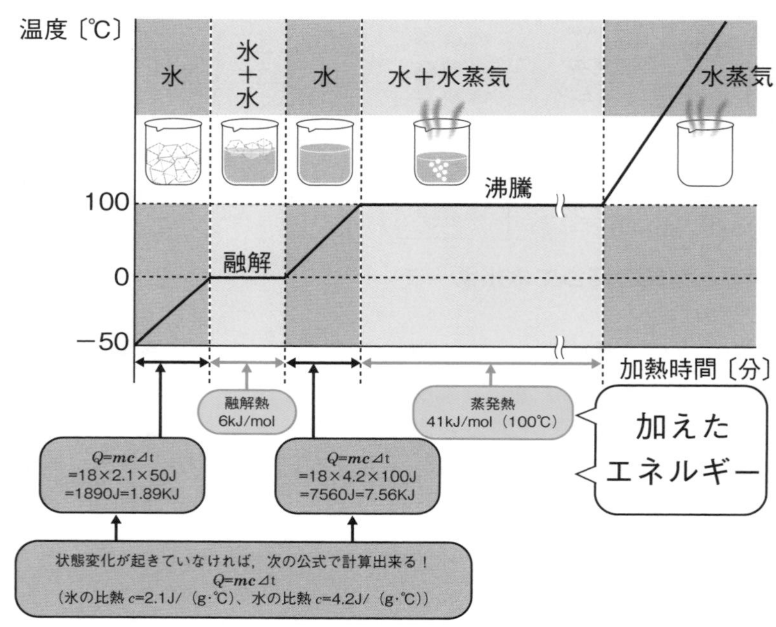

温度〔℃〕
氷
氷＋水
水
水＋水蒸気
水蒸気
100
0
−50
融解
沸騰
加熱時間〔分〕
融解熱
6kJ/mol
蒸発熱
41kJ/mol（100℃）
加えたエネルギー
Q=mc⊿t
=18×2.1×50J
=1890J=1.89KJ
Q=mc⊿t
=18×4.2×100J
=7560J=7.56KJ
状態変化が起きていなければ，次の公式で計算出来る！
Q=mc⊿t
（氷の比熱 c=2.1J/（g·℃）、水の比熱 c=4.2J/（g·℃））

▲ 1molの氷を加熱したときの温度変化

また，状態変化がおきていないときに加えたエネルギーは，熱量と比熱の関係の公式で出てくるよ。

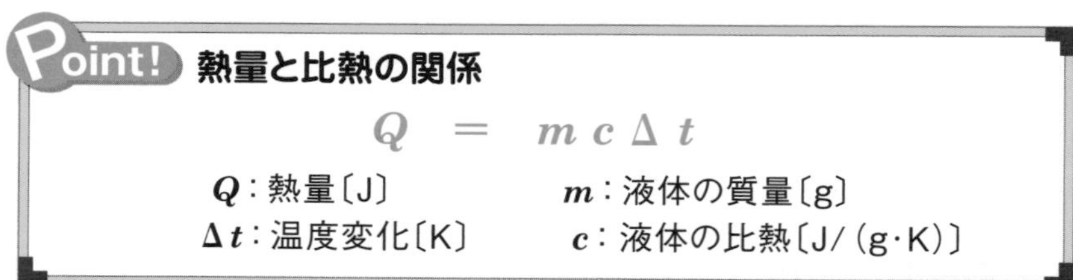

Point! 熱量と比熱の関係

$$Q = mc\Delta t$$

Q：熱量〔J〕　m：液体の質量〔g〕

Δt：温度変化〔K〕　c：液体の比熱〔J/（g·K）〕

story 2 分子間力

分子間力を表す数値って何ですか？

確かに分子間力が何ニュートンみたいな数値は教科書にないよね。分子間力に最も影響する値は**蒸発熱**(じょうはつねつ)や**沸点**(ふってん)なんだ。蒸発熱は正に分子間力を断ち切るために加えているエネルギーだからわかりやすいんだけど，グラフに良く出てくるのは沸点だよ。分子間力が強ければ，沸騰させる温度も高いというわけなんだ。

分子間力は次の３つが重要だから特徴を頭に入れてね。極性分子間の静電気的な引力もファンデルワールス力に含める場合もあるけど，今回は別にしておいたよ。図に示されたファンデルワールス力は誤解を生じないように“**分散力**(ぶんさんりょく)”と呼ぶ方が一般的なんだ。**水素結合**(すいそけつごう)も極性分子間に働く静電気的な引力の一種なんだけど，特に強いので“水素結合”と呼んでいるんだ。水素結合は，電気陰性度の大きい原子と水素で構成される分子間に働くので，HF，NH_3，H_2O などが有名だよ。

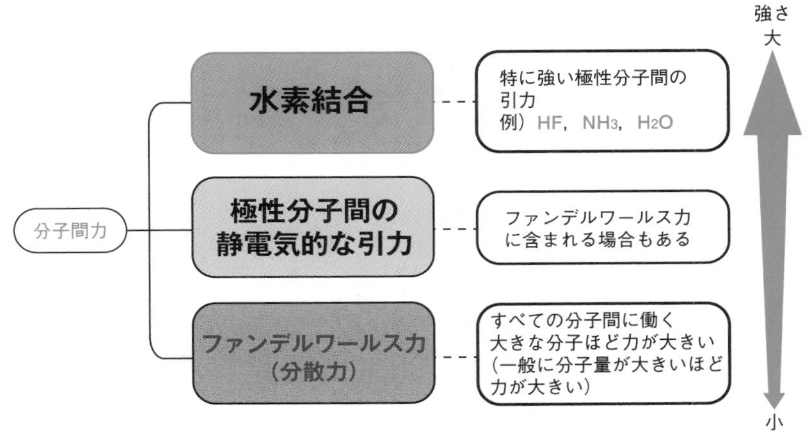

強さ
大
小
分子間力
水素結合
特に強い極性分子間の引力
例）HF，NH3，H2O
極性分子間の静電気的な引力
ファンデルワールス力に含まれる場合もある
ファンデルワールス力（分散力）
すべての分子間に働く
大きな分子ほど力が大きい
（一般に分子量が大きいほど力が大きい）

▲ 分子間力

ファンデルワールス力（分散力）は，大きな分子ほど強いんだ。でも分子の大きさは数値で表されていることが少ないので，分子量をみるんだ。例えば，ネコと象では象の方が体積も体重も大きいよね。分子も分子量が大きいほど大きな分子がほとんどなんだ。

分子間力ー分子の大きさのグラフ →（代わりに）→ **沸点ー分子量のグラフ**

次のグラフを見ると，14族の水素化合物は無極性分子なので，ファンデルワールス力（分散力）のみを考慮すれば良いから，分子量が大きいほど沸点が大きくなっているでしょ。これは分子が大きくなるほど分子間力が大きくなっている証拠なんだ。また，15族～17族の水素化合物では分子間で水素結合を形成する **NH_3**，**H_2O**，**HF** が異常に沸点が高いよね。これは水素結合が非常に強い分子間力である証拠だよ。

Point! 各族の水素化合物の分子量と沸点

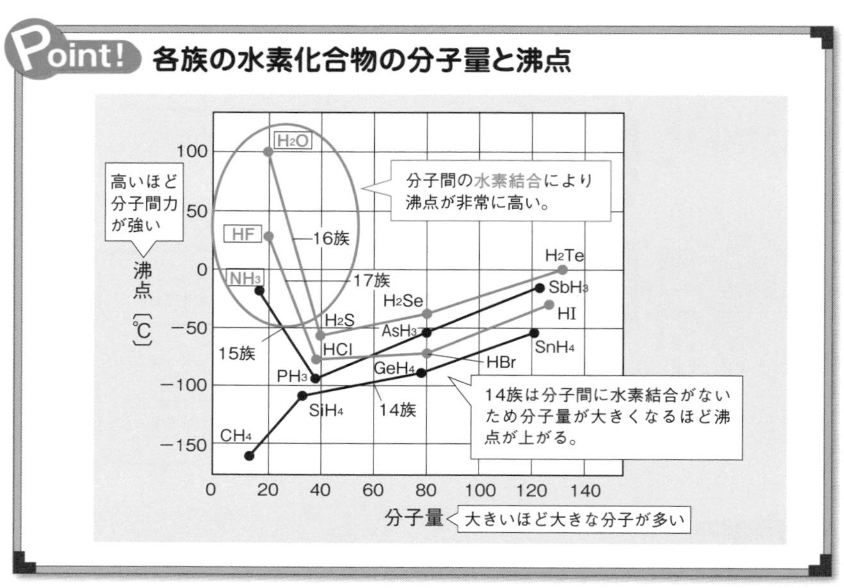

100
50
0
−50
−100
−150
高いほど分子間力が強い
沸点〔℃〕
H2O
HF
NH3
16族
17族
15族
分子間の水素結合により沸点が非常に高い。
H2Te
SbH3
HI
H2Se
H2S
AsH3
HCl
SnH4
HBr
GeH4
PH3
SiH4
14族
CH4
14族は分子間に水素結合がないため分子量が大きくなるほど沸点が上がる。
0
20
40
60
80
100
120
140
分子量
大きいほど大きな分子が多い

story 3 熱運動と気体の圧力

(1) 熱運動とマクスウェル分布

熱運動って何か難しい現象ですか？

いやいや簡単だよ。原子や分子のように小さな粒子は，常に運動しているんだ。これを**熱運動**（ねつうんどう）というんだよ。部屋でアロマオイルを加熱すると部屋中にアロマの香りが広がるだろ。このように物質の構成粒子が自然に広がる現象を**拡散**（かくさん）というけど，これもアロマの香りを出す分子の熱運動によるものなんだ。

この熱運動は温度が高いほど激しく運動する性質があるよ。仮に香りを出す分子をアロマ君ということにすると，アロマ君は常温でも音速レベルの速度で熱運動しているんだ。このアロマ君が温度によってどう分布しているかを表したグラフはマクスウェル分布と呼ばれているんだ。次に示すマクスウェル分布の形は重要だから，しっかり覚えてね。

Point! 気体分子の速さの分布（マクスウェル分布）

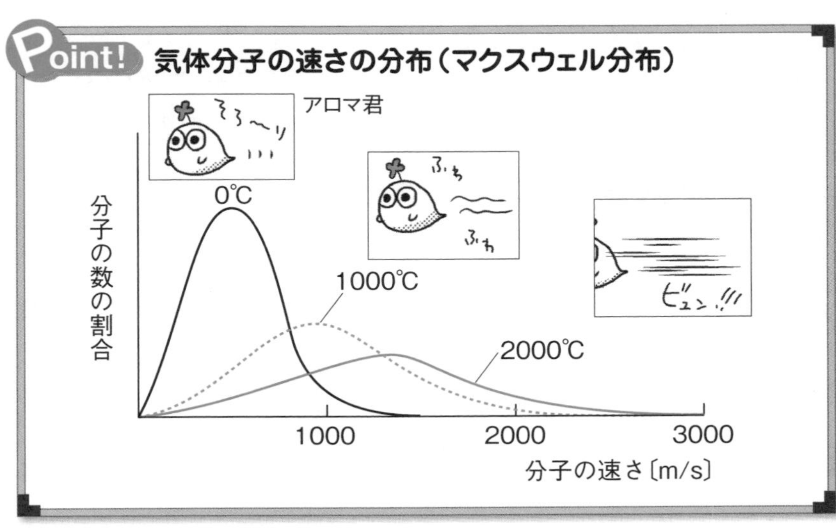
アロマ君
そろ～り
ふわ
ふわ
ビュン!!!
分子の数の割合
0℃
1000℃
2000℃
1000
2000
3000
分子の速さ〔m/s〕

(2) 絶対温度と絶対零度

絶対零度って，何ですか？

粒子の熱運動は，温度が高いと激しくなるけど，逆に温度が低くなることを考えてみよう。粒子の運動はゆるやかになって，やがて停止してしまう。この**熱運動が停止してしまう温度**が**絶対零度**(ぜったいれいど)なんだよ。理論上は絶対零度には到達できないとされているんだけど，熱運動が止まる温度と考えればいいよ！

この**絶対零度を基準（＝0(ゼロ)）として定められた温度**が，**絶対温度**なんだよ。単位はKと書いて，**ケルビン**と読むんだ！　だから，0Kで「ゼロケルビン」と読むんだよ！　簡単でしょ！

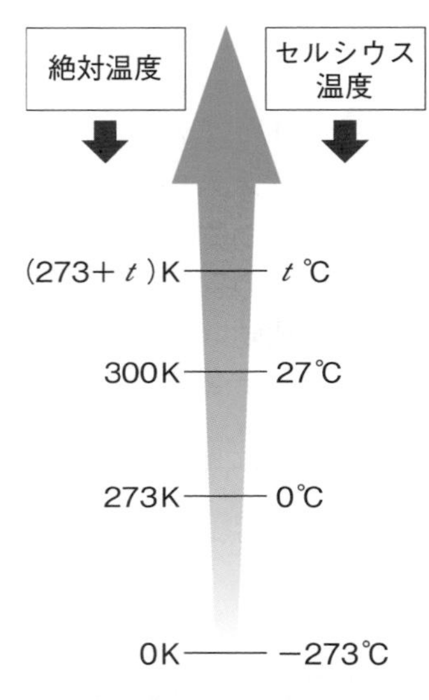

絶対温度
セルシウス温度
(273＋t)K — t℃
300K — 27℃
273K — 0℃
0K — −273℃

▲ 絶対温度とセルシウス温度

また，普段使っているセルシウス温度の**1℃と1Kの幅は同じ**に定義されているんだよ。

1Kの温度変化＝1℃の温度変化

だから℃ ⟶ Kの単位変換は非常に簡単で，次の公式で一発だ。

Point! t〔℃〕⟶ T〔K〕の単位変換

$$T = t + 273$$

(3) 気体の圧力

大気圧ってどのくらい強いんですか？

気体の圧力は，熱運動している気体分子が壁に衝突して生じるんだ。この圧力をわかりやすく示している実験があるよ。

1643年にイタリアのトリチェリーが行った実験で，水銀を満たした容器に先の閉じたガラス管を沈めて，倒立させると**760mm**の高さの水銀柱ができるというものなんだ。この高さはガラス管の高さを変えても，角度を変えても同じで，大気が水銀を押し上げている証拠といわれているんだ。このことから**大気圧＝760mmHg**と表されるようになり，今でも血圧でこの単位が残っているね。

また，ガラス管の上部はほぼ真空になっており，世界で初めて真空を作った実験でもあるんだ。

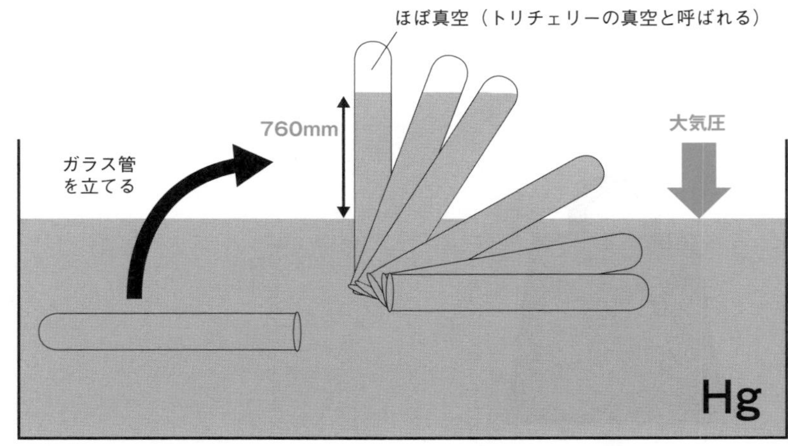
ほぼ真空（トリチェリーの真空と呼ばれる）
760mm
大気圧
ガラス管
を立てる
Hg

▲トリチェリーの実験

つまり，現在の大気圧は君の頭の上に水銀が76cm 乗っている状況なんだよ。$1cm^2$ あたりで換算すると約1kg になるので，君の頭上の面積が仮に$400cm^2$ なら頭に400kg の水銀が乗っているという訳だ。

現在は圧力の単位にパスカル（Pa）を使うので，海水面での大気の平均圧力は1.013×10^5Pa（以前は1atm と表記した）になるんだ。

数値は10^5Pa が見難いので，一般には

1.013×10^5**Pa** ＝ $101.3 \times$ **10^3Pa** ＝ 101.3**kPa** が良く使われているよ。

大気圧はおよそ100**kPa** と覚えておこうね。

Point! 大気圧

$$大気圧 = 760\text{mmHg} = 1.013 \times 10^5\text{Pa} = 101.3\text{kPa}$$

大気圧ってこんなに
重かったんか～

確認問題

1 気体から固体への状態変化をなんというか答えよ。

2 水の融解熱と蒸発熱はどちらが大きいか答えよ。

3 15族の水素化物 NH_3, PH_3, AsH_3, SbH_3 の中で最も沸点が大きいものを答えよ。

4 セルシウス温度で127℃は絶対温度で何（K）か答えよ。

5 20℃の水18g を加熱して100℃の水蒸気にするために必要なエネルギー（kJ）を有効数字2桁で求めよ。必要なら次の値を用いよ。

水のモル質量：18g/mol,
水の比熱：4.2J/(g·℃),
水の蒸発熱：41kJ/mol

解答

1. 凝華
2. 蒸発熱
3. NH_3
4. 400K
5. 47kJ

解説

次の2段階の計算をして足せば良いよ。

(1) 水を20℃から100℃にする。

状態変化してないので，$Q = mc\Delta t$ が使える。

$Q = mc\Delta t = 18 \times 4.2 \times (100 - 20)$ J = 6048J = 6.048kJ

(2) 100℃の湯をすべて水蒸気にするためには蒸発熱が必要。

水18g は1mol なので，次式が成立。

41kJ/mol × 1mol = 41kJ

よって，6.048kJ + 41kJ ≒ 47kJ

物質の状態と気体 / 固体の構造 / 溶液 / 熱化学 / 電池と電気分解 / 反応速度と平衡 / 非金属元素 / 金属元素の単体と化合物 / 遷移元素の単体と化合物

第2章 気体の状態方程式と気体の法則

V-T面
P-V面
P-T面

▶ 人間を三方向から見るように，気体にも三方向から見たグラフがある。

story 1 気体の状態方程式

(1) 気体の状態方程式

気体の状態方程式って，$PV=nRT$だけ覚えておけばいいですか？

それでは駄目だよ。気体の状態方程式 $\boldsymbol{PV = nRT}$ だけ覚えても，応用がきかないんだ。まずは記号の意味を正確に覚えよう。$\boldsymbol{n}$ と $\boldsymbol{R}$ 以外は受験レベルの英語の頭文字だから，簡単だよ。

Point! 気体の状態方程式❶

$$PV = nRT \cdots\cdots ❶$$

P：Pressure　圧力〔Pa〕

n：Amount of Substance　物質量〔mol〕

V：Volume　体積〔L〕

R：Gas Constant　気体定数〔L·Pa/(K·mol)〕

T：Absolute Temperature　絶対温度〔K〕(ケルビンと読む)

(2) 気体の状態方程式の変形

❶分子量を使った変形

気体の状態方程式は，変形して公式化しておくとさらに便利だよ。

物質量（モル）を出す公式を適用して n の代わりに $\dfrac{w}{M}$ を代入すると次のような公式も出てくるよ。

Point! 気体の状態方程式❷

$$n\,\text{〔mol〕} = \frac{w\,\text{〔g〕}}{M\,\text{〔g/mol〕}}$$ より，

$$PV = \frac{w}{M}RT \quad \cdots ❷$$

$PV = nRT$ に $n = \dfrac{w}{M}$ を代入

(変形して $M = \dfrac{wRT}{PV}$)

w：質量〔g〕*
M：分子(Molecule)の
モル質量〔g/mol〕

＊教科書では，m（質量 mass）を使っているが，この本では，なじみのある w（weight）とした。

物質の状態と気体 / 固体の構造 / 溶液 / 熱化学 / 電池と電気分解 / 反応速度と平衡 / 非金属元素 / 金属元素の単体と化合物 / 遷移元素の単体と化合物

②モル濃度を使った変形

また，モル濃度を使って変形すると公式は次のようになるよ。

Point! 気体の状態方程式❸

$\boldsymbol{c}$〔mol/L〕$= \dfrac{\boldsymbol{n}\text{〔mol〕}}{\boldsymbol{V}\text{〔L〕}}$ より，

$\boldsymbol{c}$：Concentration　モル濃度〔mol/L〕

$$P = c\,RT \quad \cdots❸$$

$PV = nRT$ により $P = \dfrac{n}{V}RT$

これに $c = \dfrac{n}{V}$ を代入

この①～③までの公式を理想気体の状態方程式として覚えておくと便利だよ！

story 2 ボイルの法則・シャルルの法則

ボイルの法則とシャルルの法則って覚えなきゃ駄目ですか？

ボイルの法則（ほうそく）や**シャルルの法則**を勉強するということは，気体の研究の歴史を勉強するようなものなんだ。ボイルやシャルルやアボガドロの偉大な発見があって現在の理想気体の状態方程式 $PV=nRT$ が成立しているから，**計算をするときには必要な概念ではないんだよ**。ただ，"計算できればよい" のではなくて，**過去の偉大な学者に感謝する意味で学ぶんだよ**。

(1) ボイルの法則

それでは，ボイルの法則とシャルルの法則の説明をしよう。昔は状態方程式 $PV = nRT$ がなかったから，$PV = nRT$ を用いて説明するのは順序が逆なんだけど，現在は $PV = nRT$ があるのでこの式で説明するよ。

ボイルは温度と物質量を一定にして圧力と体積の関係を調べたんだ。これを記号で言えば，T と n を一定にして，P と V の関係を調べるわけだ。$PV = nRT$ から考えれば，nRT が一定になる訳だから $PV =$ **一定**はごく当たり前だね。これが**ボイルの法則**なんだ。

Tとnを一定にすると
PはVに反比例するのだ！
（PVは一定になる）

Tとnを一定にすると
$PV =$ nRT ← 一定
$PV =$ 一定 だね！

(2) シャルルの法則

同様に**シャルルの法則** $\dfrac{V}{T} =$ **一定**も簡単に説明できるよ。

Pとnを一定にすると
VとTは比例するのだ！
$\left(\dfrac{V}{T}\text{ は一定になる}\right)$

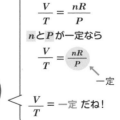

$PV = nRT$ を変形して
$\dfrac{V}{T} = \dfrac{nR}{P}$
nとPが一定なら
$\dfrac{V}{T} = \dfrac{nR}{P}$ ← 一定
$\dfrac{V}{T} =$ 一定 だね！

(3) ボイル・シャルルの法則

この２つの法則を統合したのが，**ボイル・シャルルの法則** $\dfrac{PV}{T}$ = **一定**だけど，$PV = nRT$ から考えれば，一瞬でわかるね。

物質量（モル数）
n が一定なら
$\dfrac{PV}{T}$ = 一定
という統合法則が
成立するのだ！

n が一定なら
$PV=nRT$ を変形して
$\dfrac{PV}{T}$ = nR だから
一定
$\dfrac{PV}{T}$ = 一定 になるね！

Point! ボイル・シャルルの法則

ボイルの法則：T が一定なら PV = 一定

シャルルの法則：P が一定なら $\dfrac{V}{T}$ = 一定

ボイル・シャルルの法則：$\dfrac{PV}{T}$ = 一定

当たり前のことだけど，気体に関するこれら全ての法則は $PV = nRT$ から説明できるということになってしまうんだ。$PV = nRT$ は本当にすばらしい統合をした方程式だということがわかるね。

story 3 理想気体のグラフ

気体のグラフって，たくさんあって頭がこんがらがっちゃう！

確かに気体のグラフはたくさんあるように見えるね。それは 気体の状態方程式 $PV = nRT$ には変数が3つ（P，V，T）だからだよ。みんなが得意なグラフは平面だから2変数しか使えないだろう。だから基本のグラフが3つ（$P-V$，$P-T$，$V-T$）になってしまうんだよ。もし，立体のグラフが理解できれば，グラフは1つだよ。そう考えれば基本は1つしかないので，難しくはないんだよ。

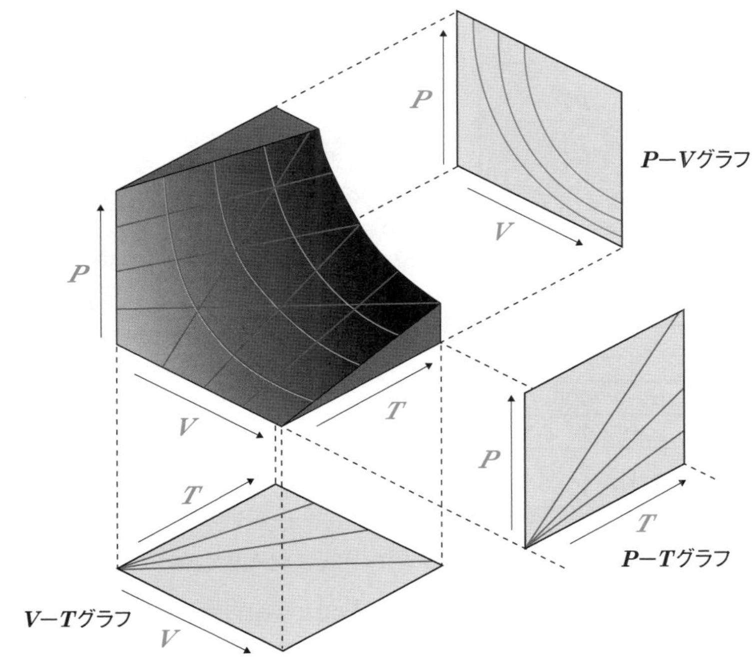
P
V
T
P
V
P–Vグラフ
P
T
P–Tグラフ
T
V
V–Tグラフ

▲ $PV = nRT$の立体的なグラフ

3つのグラフを整理すれば，もっとよくわかるよ。

種類	$P-V$グラフ
条件	T = 一定
グラフ	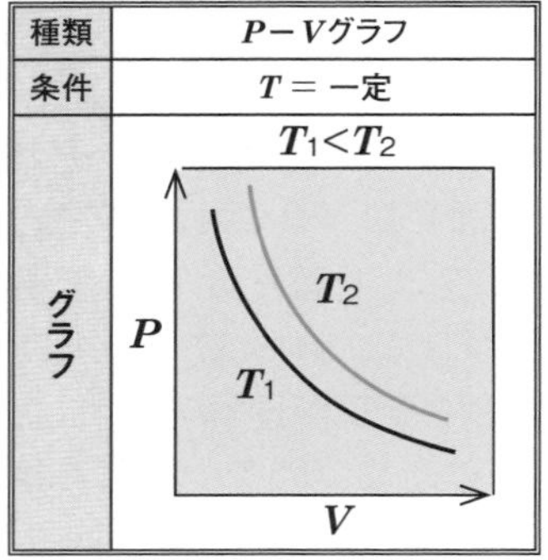

$T_1<T_2$
P
V
T_2
T_1

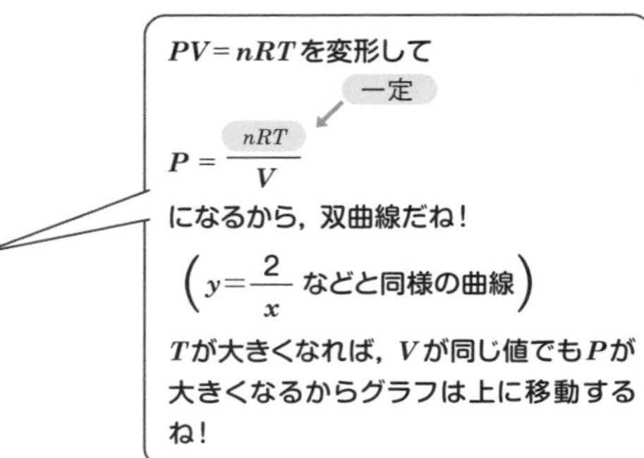

$PV=nRT$を変形して

一定

$$P=\frac{nRT}{V}$$

になるから，双曲線だね！

$\left(y=\frac{2}{x}\right.$ などと同様の曲線$\left.\right)$

Tが大きくなれば，Vが同じ値でもPが大きくなるからグラフは上に移動するね！

種類	$V-T$グラフ
条件	P＝一定
グラフ	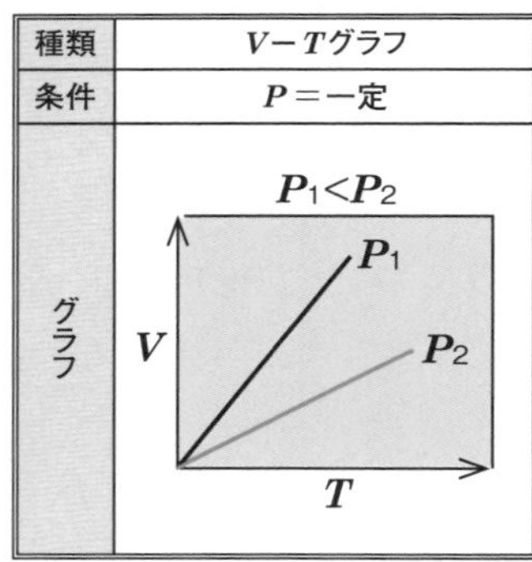

$P_1<P_2$
V
T
P_1
P_2

$PV=nRT$を変形して

一定

$$V=\frac{nR}{P}T$$

になるから，直線になるね！
（$y=2x$などと同様の直線）
Pが大きくなれば，

傾き$\frac{nR}{P}$が小さくなるから

P_1とP_2のグラフの関係もすぐに理解できるでしょ！

種類	$P-T$グラフ
条件	V＝一定
グラフ	$V_1<V_2$ / P / T / V_1 / V_2

$PV=nRT$を変形すると

一定

$P=\frac{nR}{V}T$　になるから，直線になるね！

（$y=2x$などと同様の直線）

Vが大きくなれば，傾き$\frac{nR}{V}$が小さくなるからV_1とV_2のグラフの関係もすぐに理解できるでしょ！

story 4 分　圧

 (1) 分圧の法則

分圧って，何ですか?

分圧(ぶんあつ)は混合気体を考える上で非常に大切な値だよ。例えば，A，B の 2 種類の気体が含まれる混合気体が容器に入っているとしよう。この気体の圧力は，気体分子が容器の壁に当たることで発生しているから，次の図のように **A の圧力（A の分圧）と B の圧力（B の分圧）をたして全圧**(ぜんあつ)と考えるんだ。図にすると一瞬でわかるよ。

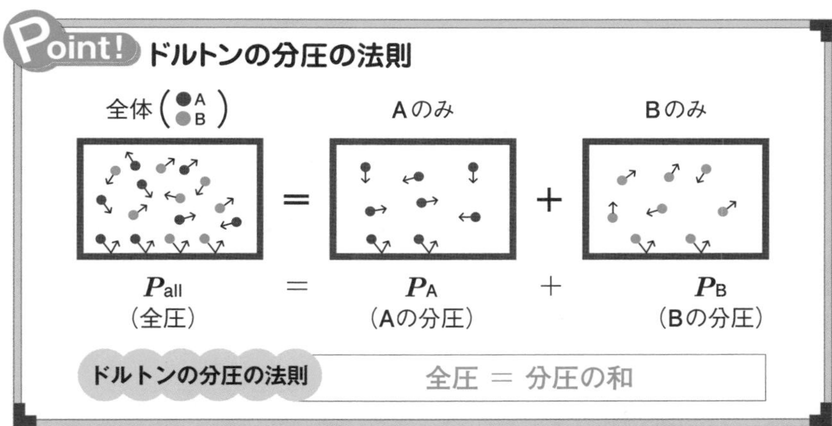
Point!
ドルトンの分圧の法則
全体（A B）
Aのみ
Bのみ
=
+
P_{all} = P_A + P_B
(全圧)
(Aの分圧)
(Bの分圧)
ドルトンの分圧の法則
全圧 = 分圧の和

分圧の和が全圧になることは，**ドルトンの分圧の法則**というから覚えておくんだよ。

Aの声
+
Bの声
2人の歌声

(2) 分圧とモル分率

前の例で A と B と全体，それぞれについて気体の状態方程式 $PV = nRT$ を当てはめてみると次のようになるよ。

A について：$P_A V = n_A RT$ … ①
B について：$P_B V = n_B RT$ … ②
全体　　　　$P_{all} V = n_{all} RT$ … ③

（P_{all}：全圧，n_{all}：全物質量
$P_{all} = P_A + P_B$,
$n_{all} = n_A + n_B$）

①÷②より

➡ $\dfrac{P_A V}{P_B V} = \dfrac{n_A RT}{n_B RT}$　　$\dfrac{P_A}{P_B} = \dfrac{n_A}{n_B}$ ➡

$P_A : P_B$	$=$	$n_A : n_B$
分圧の比		物質量の比

①÷③より

➡ $\dfrac{P_A V}{P_{all} V} = \dfrac{n_A RT}{n_{all} RT}$　　$\dfrac{P_A}{P_{all}} = \dfrac{n_A}{n_{all}}$ ➡

P_A	$=$	$\dfrac{n_A}{n_{all}}$	$\times$	P_{all}
分圧		モル分率	×	全圧

$\dfrac{n_A}{n_{all}}$ の値は気体全体の物質量に対する気体 A の物質量の割合で，mol で出すから**モル分率**（ぶんりつ）というんだ。モル分率というと難しそうだけど，全体に対する割合なので簡単なんだ。

> **モル分率**
> 空気は窒素が 80% ➡ モル分率＝0.8

それでは問題を解いてみよう！

問題 1 分圧とモル分率

27 ℃, 100 kPa, 5.0 L の窒素 N_2 と27 ℃, 50 kPa, 2.0 L のアルゴン Ar を20 Lの容器に入れ27 ℃に保った。次の問いに有効数字２桁で答えよ。

(1) N_2 と Ar の分圧を答えよ。
(2) N_2 のモル分率を答えよ。

解説

(1) 気体の問題はまず図示してみることが重要だよ！ 図にしたら，あとはそれぞれの気体で何が一定かを見つけて，計算するんだ（図では一定な条件のものに○をつけている）。

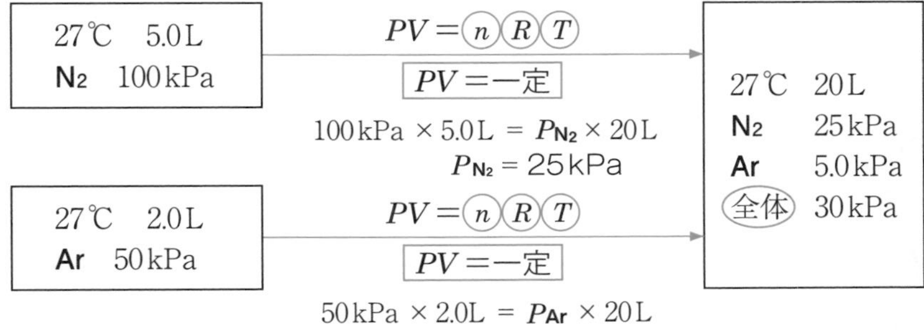

27℃ 5.0L
N_2 100kPa
$PV = nRT$
PV =一定
$100\,\text{kPa} \times 5.0\,\text{L} = P_{N_2} \times 20\,\text{L}$
$P_{N_2} = 25\,\text{kPa}$
27℃ 2.0L
Ar 50kPa
$PV = nRT$
PV =一定
$50\,\text{kPa} \times 2.0\,\text{L} = P_{Ar} \times 20\,\text{L}$
27℃ 20L
N_2 25kPa
Ar 5.0kPa
全体 30kPa

$P_{Ar} = 5.0\,\text{kPa}$

(2) 分圧の比＝物質量の比より

$n_{N_2} : n_{Ar} = 25 : 5 = 5 : 1$

よって，$\dfrac{n_{N_2}}{n_{all}} = \dfrac{5}{6} = 0.833\cdots \fallingdotseq 0.83$

解答

(1) N_2：25 kPa，Ar：5.0 kPa　(2) 0.83

確認問題

次の1～10の問いに答えよ。ただし，答えは全て有効数字2桁で答えよ。

気体はすべて理想気体とし，必要なら気体定数 $R = 8.3 \times 10^3$ L·Pa/(K·mol) を用いよ。

1　1.0×10^5 Pa，5.0 L，27℃の気体の物質量を求めよ。

解答

0.20 mol

解説

1～7はすべて $PV = nRT$，$PV = \frac{w}{M}RT$，$P = cRT$ で解けるよ！

$PV = nRT$ に代入して，

$$1.0 \times 10^5 \times 5.0 = n \times 8300 \times (273 + 27)$$

$$n\,[\text{mol}] = 0.200 \cdots \text{mol} \fallingdotseq 0.20\,\text{mol}$$

2　ある気体A 28 g は37℃で 1.0×10^5 Pa，8.0 L だった。気体Aの分子量を求めよ。

解答

9.0×10

解説

$PV = \frac{w}{M}RT$ に代入して，

$$1.0 \times 10^5 \times 8.0 = \frac{28}{M} \times 8300 \times (273 + 37)$$

$$M = 90.055 \fallingdotseq 90$$

3 1.0×10^6 Pa, 157 ℃の気体のモル濃度を求めよ。

解答
0.28 mol/L

解説

$P = cRT$ に代入して,

$1.0 \times 10^6 = c \times 8300 \times (273 + 157)$

c〔mol/L〕$= 0.280 \cdots$ mol/L ≒ 0.28 mol/L

4 2.0×10^5 Pa, 10 L の水素を, 温度を 0 ℃に保ち, 圧力を 8.0×10^5 Pa にしたときの体積を求めよ。

解答
2.5 L

解説

$PV = nRT$ で nRT = 一定より PV = 一定

よって, $PV = 2.0 \times 10^5 \times 10 = 8.0 \times 10^5 \times V$ より

V〔L〕= 2.5 L

5 15 L, 27 ℃の窒素を, 圧力を 1.0×10^5 Pa に保ち, 温度を 227 ℃にしたときの体積を求めよ。

解答
25 L

解説

$PV = nRT$ で nR, P が一定より $\dfrac{V}{T} = \dfrac{nR}{P}$ = 一定

よって, $\dfrac{V}{T} = \dfrac{15}{273 + 27} = \dfrac{V}{273 + 227}$ より

V〔L〕= 25 L

6 5.0 × 10⁵Pa, 77 ℃のアルゴンを，体積を17 Lに保ち，温度を427 ℃にしたときの圧力を求めよ。

解答

1.0×10^6 Pa

解説

$PV = nRT$ で nR，V が一定より $\dfrac{P}{T} = \dfrac{nR}{V} =$ 一定

よって，$\dfrac{P}{T} = \dfrac{5.0 \times 10^5}{273 + 77} = \dfrac{P}{273 + 427}$ より

P〔Pa〕$= 1.0 \times 10^6$ Pa

7 2.7×10^5 Pa，87 ℃のヘリウムを，モル濃度を一定に保ちながら，207 ℃にしたときの圧力を求めよ。

解答

3.6×10^5 Pa

解説

$P = CRT$ で CR が一定より $\dfrac{P}{T} = CR =$ 一定

よって，$\dfrac{P}{T} = \dfrac{2.7 \times 10^5}{273 + 87} = \dfrac{P}{273 + 207}$ より

P〔Pa〕$= 3.6 \times 10^5$ Pa

8 100kPa，5.0L，27 ℃の空気中の窒素の分圧を求めよ。ただし空気中の窒素のモル分率を0.78とする。

解答

78 kPa

解説

分圧＝モル分率×全圧より

$P_{N_2} = n_{N_2} \times P_{A11}$

$= 0.78 \times 100$

$= 78$ kPa

9 温度一定の容器に Ar と Ne が入っている。それぞれの分圧は Ar＝240 kPa, Ne＝80 kPa であった。Ne のモル分率を求めよ。

解答

0.25

解説

分圧の比＝モル比より

$$P_{Ar} : P_{Ne} = n_{Ar} : n_{Ne} = 240 : 80 = 3 : 1$$

$$\therefore \quad \text{Ne のモル分率} = \frac{1}{(1+3)} = 0.25$$

10 27 ℃, 100 kPa, 2.5 L の N_2 と 27 ℃, 200 kPa, 4.3 L の Ne を 10 L の容器に入れて 27 ℃に保った。容器中の N_2 と Ne の分圧を求めよ。

解答

N_2：25 kPa
Ne：86 kPa

解説

$PV = nRT$ で nRT ＝一定より，PV ＝一定。

よって　$P_{N_2}V = 100\,\text{kPa} \times 2.5\,\text{L} = P_{N_2} \times 10\,\text{L}$ より

$P_{N_2} = 25\,\text{kPa}$

$P_{Ne}V = 200\,\text{kPa} \times 4.3\,\text{L} = P_{Ne} \times 10\,\text{L}$ より

$P_{Ne} = 86\,\text{kPa}$

機体の計算に自信
ついた！

第3章 実在気体と飽和蒸気圧

フフフ…
き、消える……!?
スーッ
実在忍者
理想忍者

▶実在する忍者（実在気体）には自身の体積があるが，透明忍者（理想気体）には体積がない。

story 1 実在気体と飽和蒸気圧

(1) 理想気体と実在気体

理想気体と実在気体ってどう違うんですか？

決定的な違いは**理想気体**(りそうきたい)**がどんな条件でも気体のままいられる仮想的な気体**なのに対して，**実在気体**(じつざいきたい)**は圧縮したり冷却したりすると分子間力が働いて液体や固体になる**ということだね。

圧力と温度によって状態がどうなっているかを表した**状態図**(じょうたいず)というものを見ると違いがよくわかるよ。

実在気体の状態図の左の領域は温度が低いから固体，一番右の領域は温度が高いから気体，真ん中が液体になっているから簡単でしょ。境界線にはそれぞれ，**昇華圧曲線**(しょうかあつきょくせん)，**融解曲線**(ゆうかいきょくせん)，**蒸気圧曲線**(じょうきあつきょくせん)という名称があって，この3曲線の交点を**三重点**(さんじゅうてん)というんだ。真空の容器に固体を入れて，固体と液体と気体すべてが存在する状態になれば，三重点の条件により温度は0.01℃，圧力は610Paに決まるという訳なんだ。

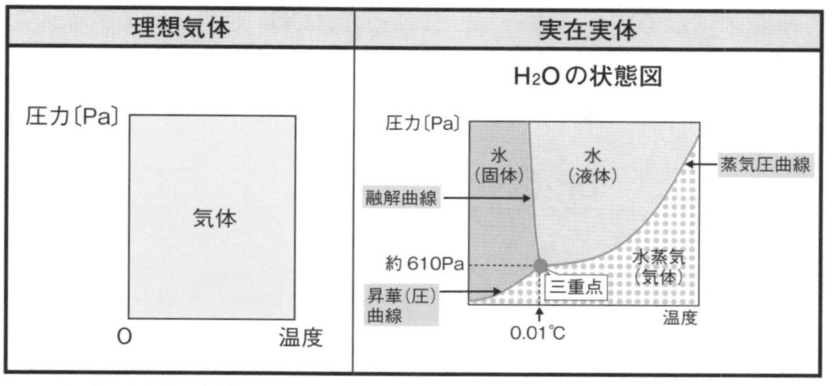
理想気体
実在実体
圧力〔Pa〕
気体
O
温度
H2Oの状態図
圧力〔Pa〕
氷
(固体)
水
(液体)
蒸気圧曲線
融解曲線
約610Pa
水蒸気
(気体)
三重点
昇華(圧)
曲線
0.01℃
温度

▲ **理想気体と実在気体の状態図**

温度と圧力をもっと広範囲にすると蒸気圧曲線は**臨界点**（りんかいてん）という点で終わってしまって，この点を超えた**超臨界状態**（ちょうりんかいじょうたい）という領域では，気体と液体の区別がつかなくなるんだ。超臨界状態にある物質を**超臨界流体**（ちょうりんかいりゅうたい）というよ。

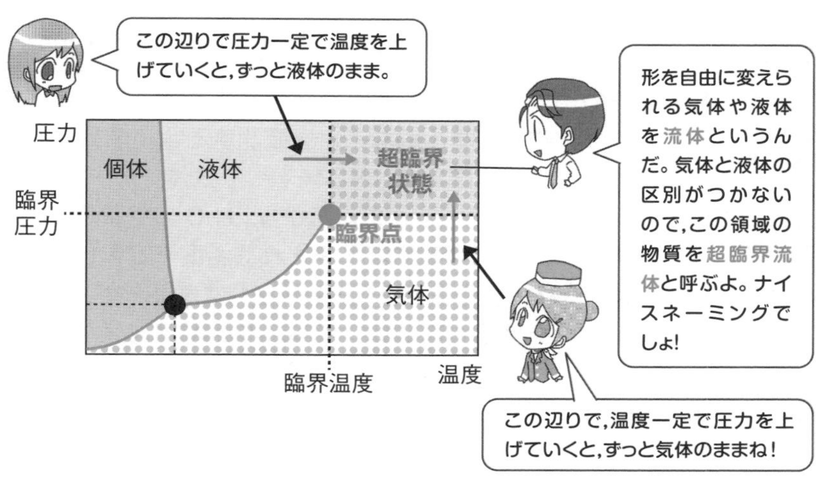
この辺りで圧力一定で温度を上げていくと，ずっと液体のまま。
圧力
個体
液体
超臨界
状態
臨界
圧力
臨界点
気体
臨界温度
温度
形を自由に変えられる気体や液体を流体というんだ。気体と液体の区別がつかないので，この領域の物質を超臨界流体と呼ぶよ。ナイスネーミングでしょ！
この辺りで，温度一定で圧力を上げていくと，ずっと気体のままね！

物質によって状態図は異なるんだけど，H_2O と CO_2 の例を見てもらおう。海面での平均大気圧である 1.013×10^5Pa では，氷の温度を上げていくと0℃（融点）で溶けて水となり，100℃（沸点）ですべて水蒸気になるのが分かるね。ところが，CO_2 ではドライアイスを加熱すると－78.5℃（昇華点）で液体を経由せずいきなり気体に昇華するのが分かるね。状態図は面白いでしょ。

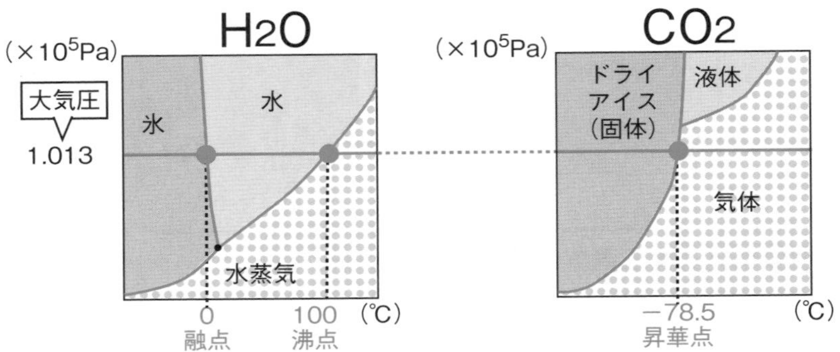
H2O
(×10⁵Pa)
大気圧
1.013
氷
水
水蒸気
0
融点
100
沸点
(℃)
CO2
(×10⁵Pa)
ドライ
アイス
(固体)
液体
気体
−78.5
昇華点
(℃)

▲ H_2O と CO_2 の状態図

(2) 飽和蒸気圧曲線

飽和蒸気圧が出てくる気体の問題がパニックです！

確かにそういう人が多いよね。実は状態図を使って解けば簡単なんだよ。まず，基本的なことを確認するよ。蒸気圧曲線上にある物質の状態は３パターン（すべて気体，すべて液体，液体と気体の共存状態）考えられるんだ。だから，H_2O の飽和蒸気圧を測定する簡単な方法は，真空の容器に水を入れて温度一定にして，液体と気体の共存状態を作り，そのときの圧力を測れば良いんだ。このとき，液体→気体になる**蒸発速度**（じょうはつそくど）と気体→液体になる**凝縮速度**（ぎょうしゅくそくど）が等しくなって蒸気の圧力が一定になるんだ。この状態を**気液平衡**（きえきへいこう）と呼んで，このときの圧力が飽和蒸気圧というわけだ。

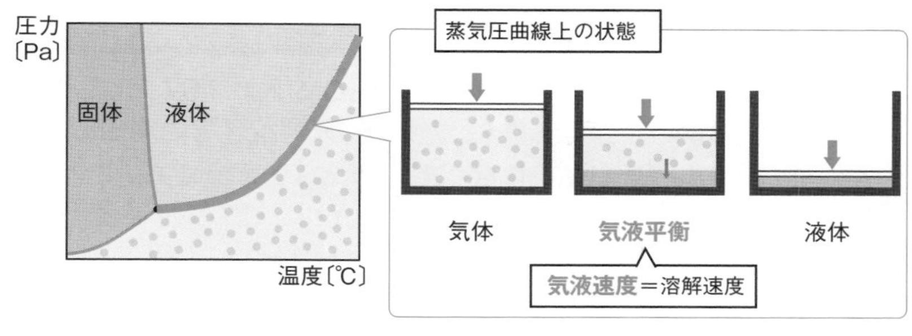
圧力
〔Pa〕
固体
液体
温度〔℃〕
蒸気圧曲線上の状態
気体
気液平衡
液体
気液速度＝溶解速度

▲ **蒸気圧曲線の考え方**

状態図は温度と圧力の図なので，H_2O だけ**1 成分で温度と圧力を一定**にして測定すれば，状態図の通りになるんだ。でも実際の問題は，H_2O だけ**1 成分で温度と体積を一定**ということもあるよね。また，問題の中で H_2O 以外に液体にならない気体（CO_2，N_2，O_2 など）が入っている場合があるでしょう。そのときは，必ず気体の部分が出来るので，H_2O は固体が出来る温度でなければ，気体のみか気体＋液体という 2 択になるんだ。

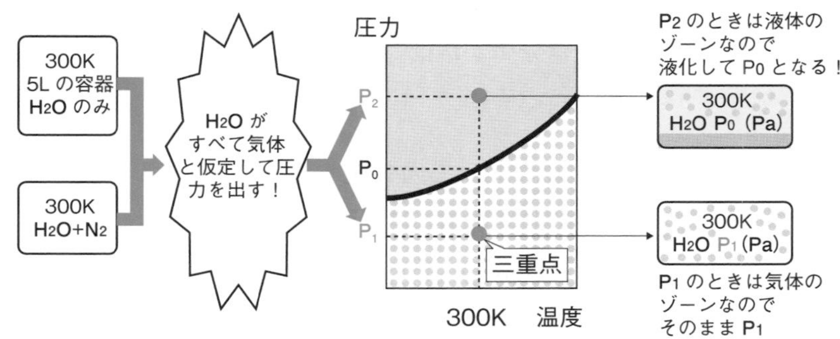
300K
5L の容器
H2O のみ
300K
H2O+N2
H2O が
すべて気体
と仮定して圧
力を出す！
圧力
P2
P0
P1
三重点
300K 温度
P2 のときは液体の
ゾーンなので
液化して P0 となる！
300K
H2O P0 (Pa)
300K
H2O P1 (Pa)
P1 のときは気体の
ゾーンなので
そのまま P1

▲ **実在気体の液化の判定**

この原理を知っておけば，あとは状態図を書いて判定という訳だ。早速，実際の問題で確認してみよう！

問題 2 飽和蒸気圧と気体の状態方程式

5.0 L の真空容器に0.10 mol の水 H_2O を入れ 107 ℃にしたら水蒸気の圧力が P_1〔Pa〕になった。その後，23 ℃に冷却したら水蒸気の圧力は P_2〔Pa〕になった。P_1 と P_2 を求めよ。ただし，気体定数は $R = 8.3 \times 10^3$ L·Pa/(K·mol)，飽和水蒸気圧は 107 ℃で 1.8×10^5 Pa，23 ℃で 2.8×10^4 Pa とする。

解説

H_2O が全て気体になるか，液体と気体になるかわからない場合は，**全て気体になっていると仮定して計算する**んだよ。全て気体と仮定すれば，気体の状態方程式が使えるでしょう。

❶ 107℃ で全て気体と仮定すると $PV = nRT$ より

$P \times 5.0 = 0.10 \times 8300 \times (273 + 107)$

P〔Pa〕$= 6.308 \times 10^4$Pa

❷ 23℃ で全て気体と仮定すると $PV = nRT$ より

$P \times 5.0 = 0.10 \times 8300 \times (273 + 23)$

P〔Pa〕$= 4.9136 \times 10^4$Pa

ここで，状態図の登場だよ。問題の中に状態図がなければ，30 秒くらいで自分でかけばいいんだよ。

それでは，さっそく，状態図から判定してみよう！

❶ 107℃ で全て気体であると仮定する。

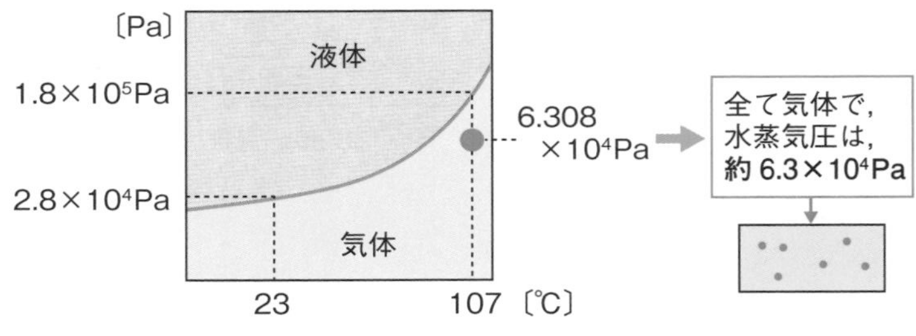
〔Pa〕
液体
1.8×10⁵Pa
2.8×10⁴Pa
気体
23
107〔℃〕
6.308
×10⁴Pa
全て気体で，
水蒸気圧は，
約 6.3×10⁴Pa

$P_1 \fallingdotseq 6.3 \times 10^4$Pa

❷ 23℃で全て気体と仮定する。

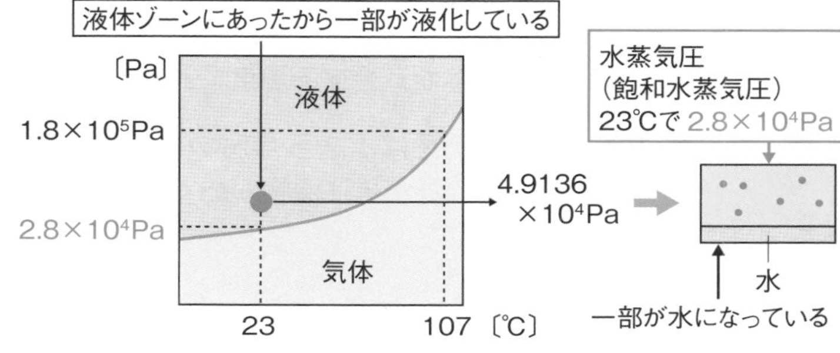
液体ゾーンにあったから一部が液化している
〔Pa〕
液体
1.8×10⁵Pa
2.8×10⁴Pa
気体
23
107〔℃〕
4.9136
×10⁴Pa
水蒸気圧
(飽和水蒸気圧)
23℃で 2.8×10⁴Pa
水
一部が水になっている

この場合は，状態図で液体のゾーンにあるから，一部が液化し，容器内の上部の気体は飽和している。

$$P_2 \fallingdotseq 2.8 \times 10^4 \text{Pa}$$

解答

$P_1 = 6.3 \times 10^4$ Pa，$P_2 = 2.8 \times 10^4$ Pa

図で見ると超〜わかりやすい!!

story 2 沸点の考え方

沸点って，液体が蒸発する温度で当たってますか？

それはハズレ！　例えば水なら常温つまり25℃付近でも蒸発しているだろう。だから洗濯物が乾くではないか。沸点(ふってん)は次のように考えるんだ。

沸点 boiling point	＝	液体内部からも蒸発が起こる温度 （沸騰する温度）	＝	飽和蒸気圧＝外圧 となる温度

沸点は液体が沸騰する温度で，**沸騰とは液体内部からも蒸発が起こること**なんだ。液体内部から蒸発が起こるためには，外部の圧力に打ち勝って蒸発する必要があるから，**飽和蒸気圧＝外圧**となる温度が沸点になるんだよ。

通常は外圧は大気圧だから，**飽和蒸気圧＝大気圧**（標準大気圧約1.0 × 10^5Pa）となる温度が沸点だよ。

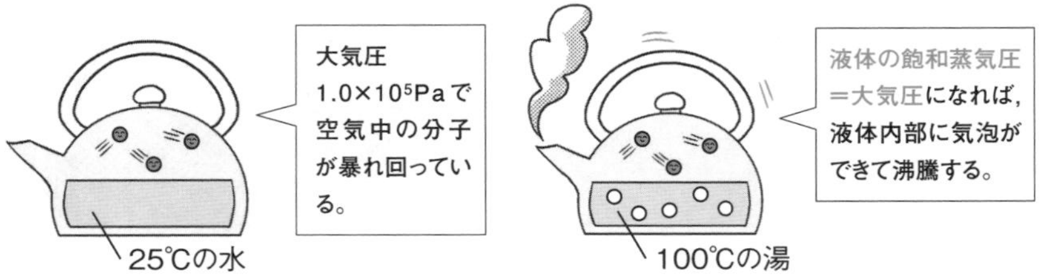
大気圧
1.0×10⁵Paで空気中の分子が暴れ回っている。
25℃の水
液体の飽和蒸気圧＝大気圧になれば，液体内部に気泡ができて沸騰する。
100℃の湯

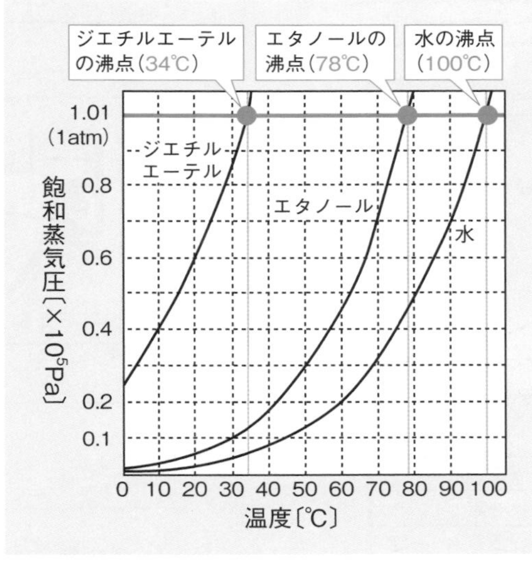
ジエチルエーテルの沸点（34℃）
エタノールの沸点（78℃）
水の沸点（100℃）
1.01
（1atm）
0.8
0.6
0.4
0.2
0.1
飽和蒸気圧〔×10⁵Pa〕
ジエチルエーテル
エタノール
水
0 10 20 30 40 50 60 70 80 90 100
温度〔℃〕

▲ **飽和蒸気圧曲線**

いろいろな液体の沸点の例だよ！

飽和蒸気圧曲線と大気圧がぶつかる点が沸点ね！

story 3 実在気体のグラフ

実在気体のグラフが沢山あってパニックです！

理想気体の基本のグラフが３つあったよね。それぞれ，実在気体バージョンがあるよ。実在気体も状態が気体であれば理想気体と同じ形になるけど，凝縮して液体が生成すると変化するよ。

理想気体と比較してマスターすればバッチリだよ！

理想気体

実在気体

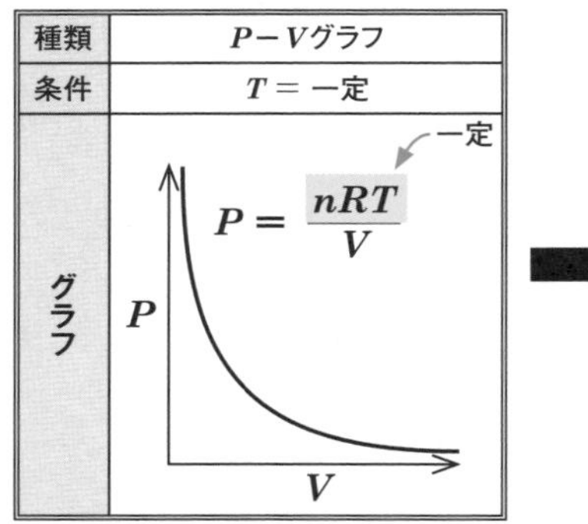

種類	$P-V$グラフ
条件	$T=$ 一定
グラフ	$P=\dfrac{nRT}{V}$ （nRT：一定）

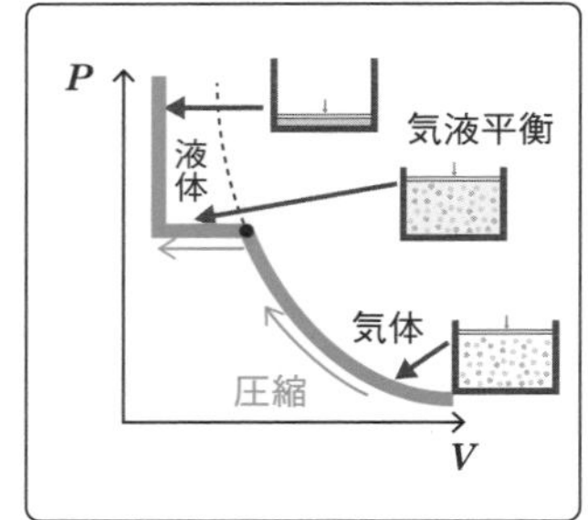

P
V
液体
気液平衡
気体
圧縮

種類	$V-T$グラフ
条件	$P=$一定
グラフ	$V=\dfrac{nR}{P}T$ （$\dfrac{nR}{P}$：一定）

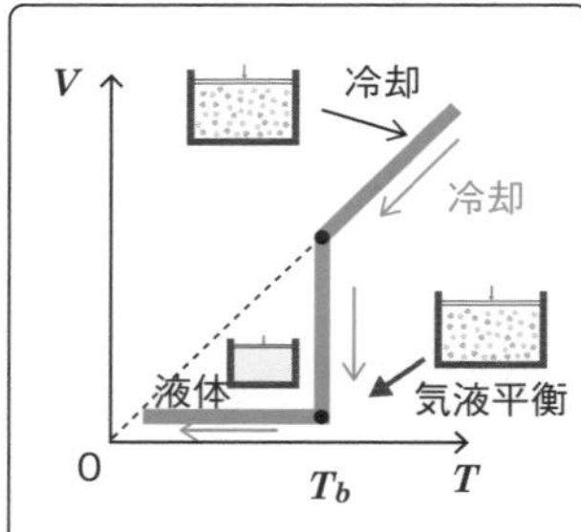

V
冷却
冷却
液体
気液平衡
0
T_b
T

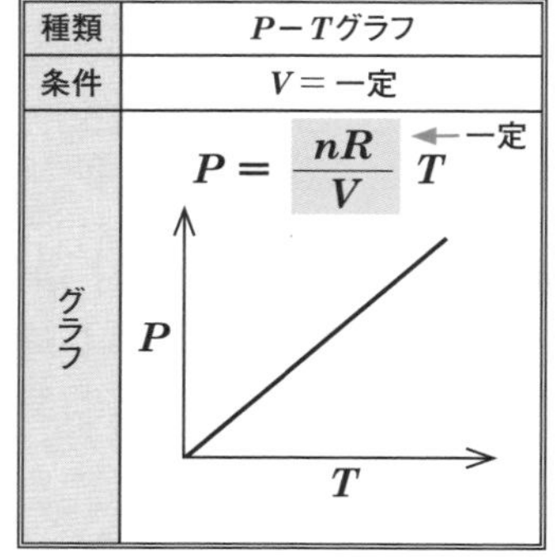

種類	$P-T$グラフ
条件	$V=$ 一定
グラフ	$P=\dfrac{nR}{V}T$ （$\dfrac{nR}{V}$：一定）

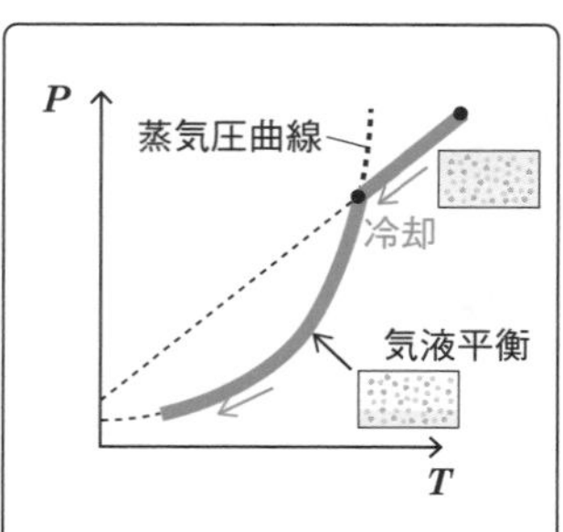

P
蒸気圧曲線
冷却
気液平衡
T

story 4 実在気体の体積

(1) 圧力を大きくしたときの理想気体と実在気体の違い

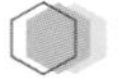

理想気体と実在気体の違いをもっと詳しく教えて！

そうだね，詳しくいえば理想気体というのは，**分子自身の体積と分子間力がない仮想的な気体**なんだ。

実在気体の場合，大気圧付近では，分子と分子の間が離れているから，分子間力の影響がほとんどなくて理想気体と考えて問題ないんだけど，圧力が大気圧の100倍ぐらいになって分子間の距離が近づいてくると，**分子間力の影響で分子どうしが引き合って，理想気体より体積が小さくなる**んだ。さらに，大気圧の700倍ぐらいの高圧になってくると，今度は**分子自身の体積の影響で理想気体より体積が大きくなる**んだ。次の表で見れば一発でわかるよ！

人間だって距離が近ければ,人間関係が深くなるよね。分子も分子間力が増すんだよ。

ギュウギュウになると人間の体積のせいで電車に入らない感じわかる!

	理想気体	実在実体
分子自身の体積	なし 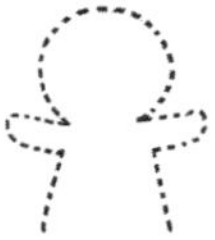	あり 
分子間力（分子と分子の間に働く引力）	なし 	あり 
大気圧付近	27℃，大気圧 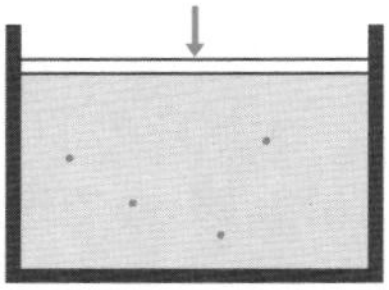	27℃，大気圧 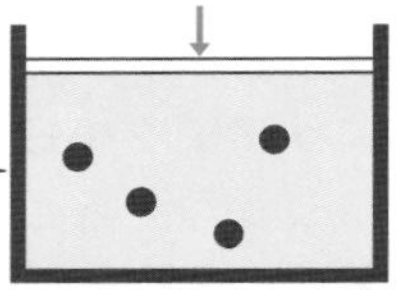 体積はほぼ同じ。
大気圧×100倍くらいの圧力	27℃，大気圧×100倍程度 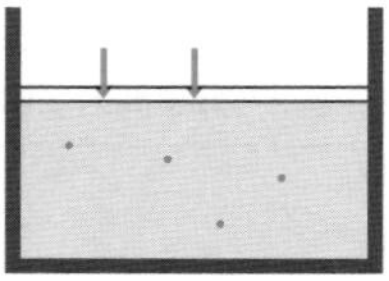	27℃，大気圧×100倍程度 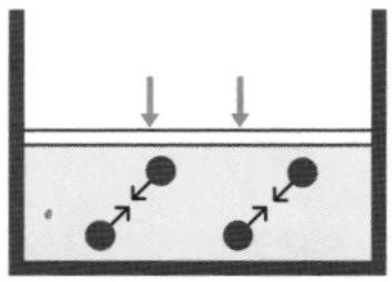 分子間力の影響で，理想気体より体積が小さくなる。
大気圧×700倍くらいの圧力	27℃，大気圧×700倍程度 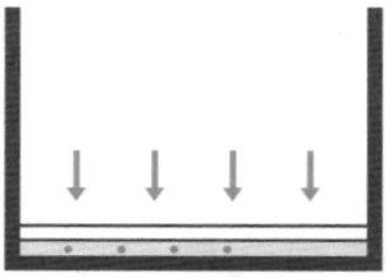	27℃，大気圧×700倍程度 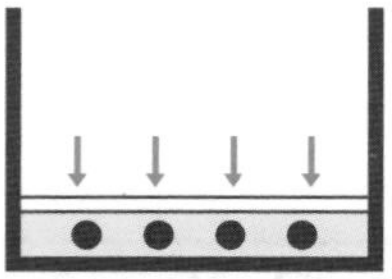 分子自身の体積の影響で，理想気体より体積が大きくなる。

▲ 理想気体と実在気体

この体積の影響を著しく出ているのが Z-P グラフなんだ。Z は圧縮因子と言って，$Z=\frac{PV}{nRT}$ で定義されているよ。Z の特徴は次の通りだ。

Z の値

理想気体	$PV=nRT$ なので $Z=\frac{PV}{nRT}=1$
実在気体	n，R を一定にして同じ P で比較すれば， 理想気体は $V_{理想}=\frac{nRT}{P}$，$\frac{1}{V_{理想}}=\frac{P}{nRT}$ 実在気体は $Z=\frac{PV_{実在}}{nRT}=V_{実在}\times\frac{P}{nRT}=\frac{V_{実在}}{V_{理想}}$

実在気体の Z は，$Z=\frac{V_{実在}}{V_{理想}}$ だから，理想気体との体積の比を表しているんだ。グラフを見ると，実在気体は比較的低い圧力のときは，分子間力の影響で $1>Z$（理想気体より体積が小さくなる）ということが分かるね。でも，水素 H_2 やヘリウム He みたいに分子間力が非常に小さい実在気体ではグラフはほぼ下がらないよ。また，すべての実在気体は，超高圧下では $1<Z$（理想気体より体積が大きくなる）という傾向が確認出来るね。また，P が 0 に近づくと理想気体と同じ $Z\fallingdotseq 1$ となることも分かるんだ。

これでかなり実在気体の特徴がつかめたね！

Point! Z-Pグラフの理解

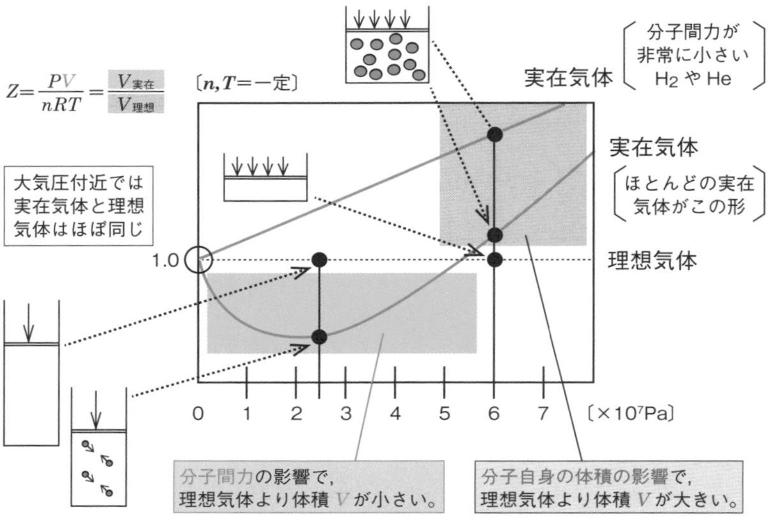

$Z=\dfrac{PV}{nRT}=\dfrac{V_{実在}}{V_{理想}}$　〔n, T=一定〕

実在気体（分子間力が非常に小さい H_2 や He）

実在気体（ほとんどの実在気体がこの形）

理想気体

大気圧付近では実在気体と理想気体はほぼ同じ

1.0

0　1　2　3　4　5　6　7　〔×10^7Pa〕

分子間力の影響で，理想気体より体積 V が小さい。

分子自身の体積の影響で，理想気体より体積 V が大きい。

(3) Zの温度に対する影響

*Z-P*グラフって面白い！でも実在気体は温度の影響はないの？

温度の影響はもちろんあるんだ。温度が高いと全体的に理想気体に近づくことが知られているんだよ。

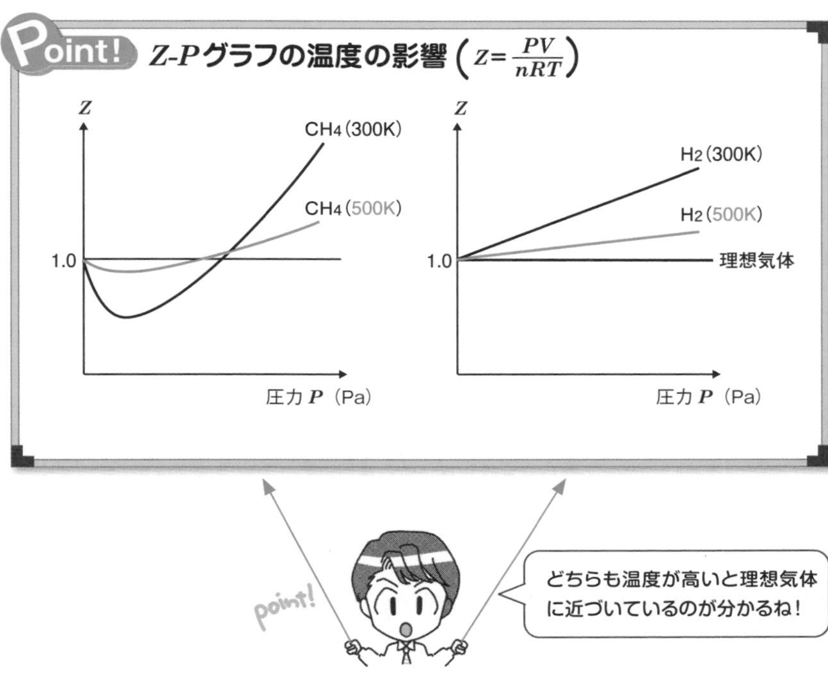
Point!
Z-Pグラフの温度の影響 $\left(Z=\frac{PV}{nRT}\right)$
Z
CH4(300K)
CH4(500K)
1.0
圧力 P (Pa)
Z
H2(300K)
H2(500K)
1.0
理想気体
圧力 P (Pa)
point!
どちらも温度が高いと理想気体
に近づいているのが分かるね！

また，温度の影響をもっと見やすくしたのが $Z-T$ グラフなんだ。このグラフを見ても，温度が高いと理想気体に近づいているのがわかるね。また，温度を下げると熱運動が減少して分子間力の影響が強く出るけれど，水素 H_2 など分子間力が小さい気体はかなりの低温にしないと影響が現れないのも分かるね。ちなみにいくら分子間力の弱い H_2 でも20Kにしたら凝縮してしまってさらに体積が減少するからね。グラフは面白いでしょ！

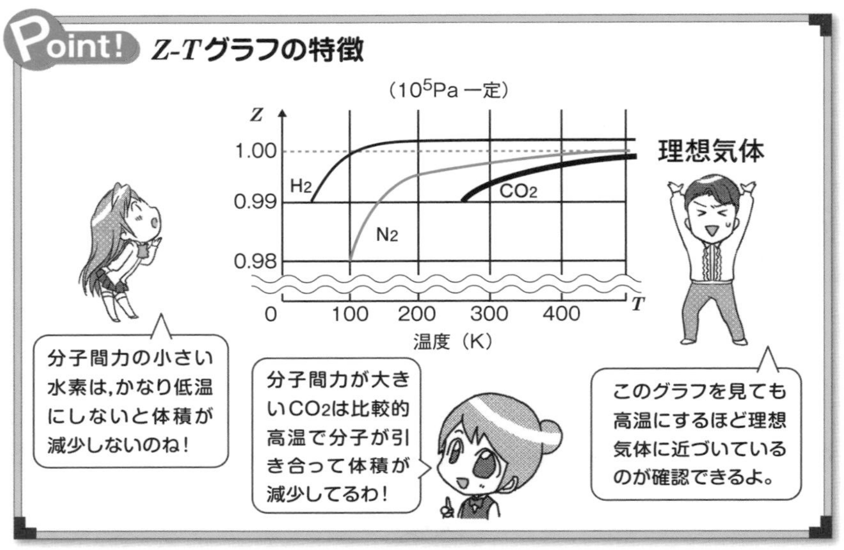
Point! Z-Tグラフの特徴
(10⁵Pa 一定)
Z
1.00
0.99
0.98
H2
N2
CO2
理想気体
0
100
200
300
400
T
温度（K）
分子間力の小さい水素は,かなり低温にしないと体積が減少しないのね！
分子間力が大きいCO2は比較的高温で分子が引き合って体積が減少してるわ！
このグラフを見ても高温にするほど理想気体に近づいているのが確認できるよ。

確認問題

次の**1**～**5**の問いに答えよ。ただし，気体は全て理想気体の状態方程式に従うものとし，答えは全て有効数字2桁で答えよ。必要なら以下の数値を用いよ。

気体定数 $R = 8.3 \times 10^3$ L·Pa/(K·mol)，23℃での飽和水蒸気圧は 2.8×10^4 Pa

1　図１のａ～ｅに対応する状態変化の名称をそれぞれ答えよ。

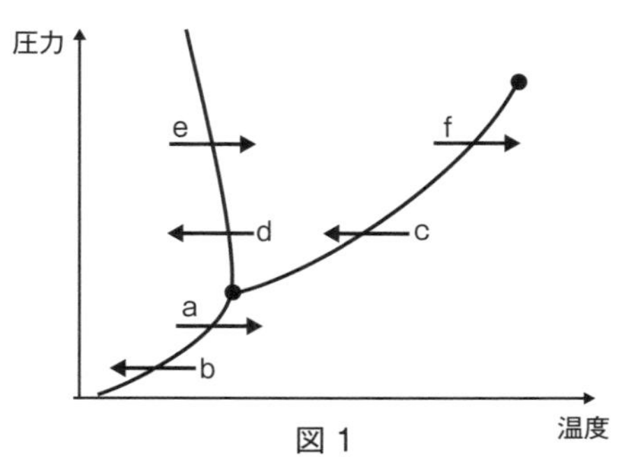
圧力
温度
a
b
c
d
e
f

図１

解答

a：昇華
b：凝華
c：凝縮
d：凝固
e：融解
f：蒸発

2　理想気体の特徴として正しいものを次の①~④から全て選べ。

① 分子自身の質量がない。
② 分子自身の体積がない。
③ 分子間力がない。
④ 分子間の距離が一定。

解答

②③

3　次の Z-P のグラフ中の T_1 と T_2 はどちらの温度が高いか答えよ。

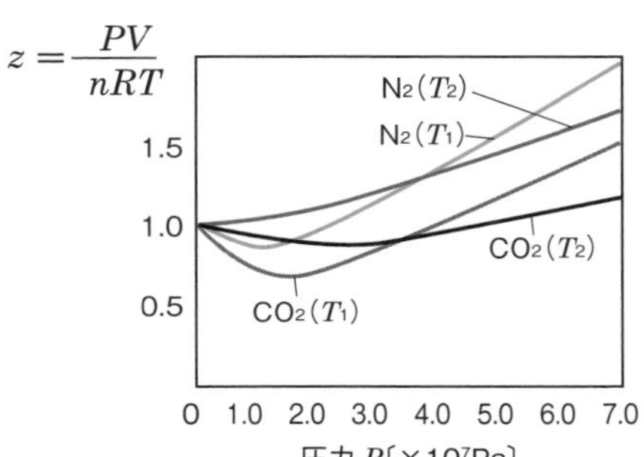

$z = \frac{PV}{nRT}$
$N_2(T_2)$
$N_2(T_1)$
$CO_2(T_2)$
$CO_2(T_1)$
1.5
1.0
0.5
0 1.0 2.0 3.0 4.0 5.0 6.0 7.0
圧力 P〔×10^7Pa〕

T_2

4　図中の曲線X，YおよびZは，CO_2，H_2，N_2 のいずれかである。X，Y，Zに対応する気体をそれぞれ1つずつ選べ。

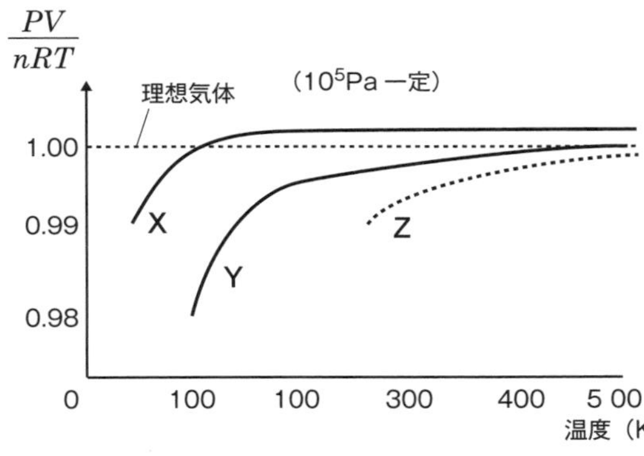

$\frac{PV}{nRT}$
理想気体
(10^5Pa 一定)
1.00
0.99
0.98
X
Y
Z
0 100 100 300 400 5 00
温度（K）

X：H_2
Y：N_2
Z：CO_2

II

固体の構造

第4章 固体の分類と金属結晶

くり返し単位
(単位格子)
がわかったわ！

▶くり返しの単位を見破って全体を知るのが単位格子の勉強。

story 1 固体の分類

アモルファスって何ですか?

アモルファスは原子レベルで見てバラバラな固体をいうんだよ。固体は金属原子でできた金属固体，イオンでできたイオン固体，大きな分子でできた共有固体（ネットワーク固体），小さな分子でできた分子固体の４つがあるんだ。それぞれの構成粒子が，繰り返し単位を持って整列している状態が**結晶質**(けっしょうしつ)で，バラバラな状態が**非晶質**(ひしょうしつ)つまり**アモルファス**なんだ。

例として，共有固体のアモルファスシリコンは太陽電池，ガラスは同じく共有固体で，アモルファスの SiO_2 が主体となった構造なんだ。また，金属固体のアモルファス鉄はピアノ線に使われているよ。どれも非常に身近な材料に使われているのがわかるだろ。

Point! 非晶質と結晶の分類

	非晶質（アモルファス）	結晶質（結晶）		
	例	結晶質	例	結晶格子の例
金属固体	アモルファス鉄	金属結晶	Fe, Cu Na, 合金	体心立方格子 面心立方格子 六方最密構造
イオン固体		イオン結晶	NaCl CaF_2 NH_4NO_3	CsCl型 岩塩型（NaCl型） 閃亜鉛鉱型（ZnS型）
共有固体	ガラス（SiO_2） アモルファスSi	共有結合の結晶	ダイヤモンド 黒鉛，ケイ素 石英（SiO_2）	ダイヤモンド型
分子固体		分子結晶	ヨウ素 二酸化炭素 氷	面心立方格子

story 2 結晶格子の考え方

結晶格子の中の球の数がわからないです！

それは，結晶格子の基本的な見方がわかってないからで，わかってしまえば簡単だよ。まずは下の図を見てごらん。球が金属の原子だと思ってね。

実際の構造を見ても立体の中でどのように球（原子）が配置されているか詳しくわからないので，この図からくり返しの最小単位を探すんだ。

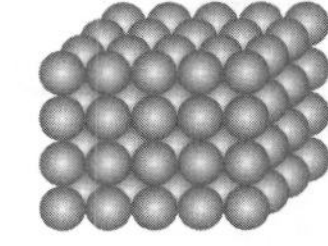

単純立方格子

この最小の単位が**単位格子**（たんいこうし）なんだよ。右図は**単純立方格子**だけど，単位格子の表し方を次のページにわかりやすく示してみたから見てごらん！

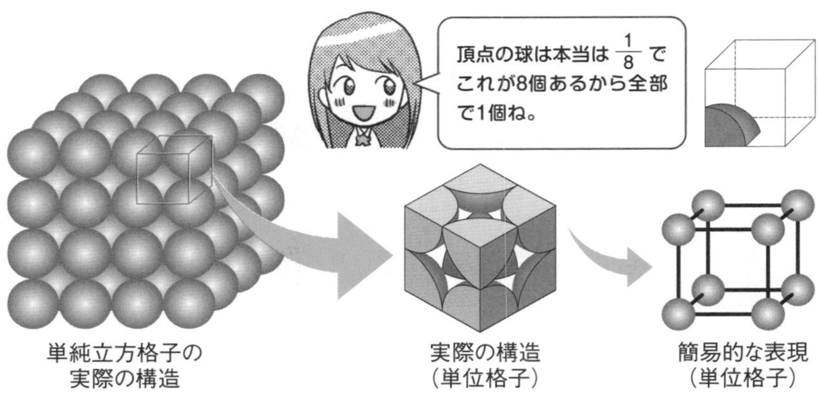

頂点の球は本当は $\frac{1}{8}$ で
これが8個あるから全部
で1個ね。
単純立方格子の
実際の構造
実際の構造
（単位格子）
簡易的な表現
（単位格子）

▲ **結晶格子（単純立方格子）の表し方**

この３つの図を比べてみれば，単位格子がどのように表記されているか一目瞭然だよね。通常は実際の構造（単位格子）ではなく，簡易的な表現をするんだ。**この簡易的な表現を見て，構造がわからないと言う人が多いんだけど，当たり前だね。**

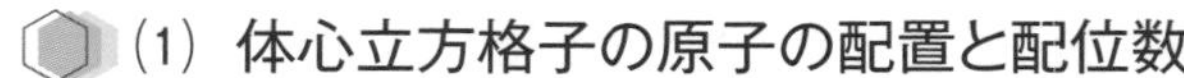

story 3 体心立方格子

(1) 体心立方格子の原子の配置と配位数

体心立方格子って，どんな配置か覚えられません！

ただ暗記しようとしているからだよ。言葉の意味がわかれば簡単なんだ。まず，**面心立方格子**も**体心立方格子**も**立方体の８つの頂点には原子が配置されている**と覚えておいてね。

8つの頂点には必ず
原子があるよ！
単純立方格子

この立方体の頂点にある球（原子）は実際には球を $\frac{1}{8}$ にカットしたものだから，この**8つの頂点にある球は全部で $\frac{1}{8}\times 8=1$（個）の球になる**んだよ。

8つの頂点の球は全部で
$\frac{1}{8}\times8=1$（個）になるよ！
頂点の球は本当は
$\frac{1}{8}$で，これが8個
あるってことね！

次に重要なのは，立方体の中心の位置だよ。この位置を体心の位置というんだ。8つの頂点に球が入っている状況から体心の位置に球を入れたら，形が変わるだろう。この構造が**体心立方格子**で形の変化を見れば，立体的な配置が理解できるよ。

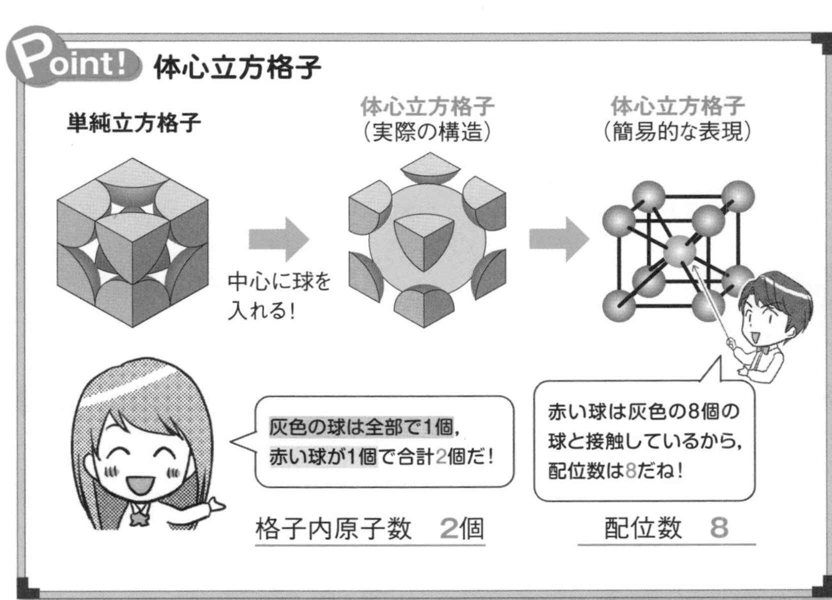

Point! 体心立方格子
単純立方格子
中心に球を入れる！
体心立方格子（実際の構造）
体心立方格子（簡易的な表現）
灰色の球は全部で1個，
赤い球が1個で合計2個だ！
赤い球は灰色の8個の球と接触しているから，配位数は8だね！
格子内原子数　2個
配位数　8

原子（球）が何個の原子と接触しているかの値を**配位数**（はいいすう）というんだが，体心立方格子では，体心の球を見れば**8配位**であることがすぐにわかるね。また，単位格子内には灰色の球が１個と体心の位置の赤い球が１個入っているから，**合計２個**の球（原子）が入っていることも簡単にわかるでしょ。

原子半径と単位格子の一辺の長さの関係は暗記するんですか?

まさか！　暗記はしないよ！　この関係式は球（原子）が接している場所を探せば一発で出せるんだよ。体心立方格子は実際の構造を見るとわかるけど，体心の位置（単位格子の中央）の球と８つの頂点の球が接触しているので，**原子半径 r と，単位格子の一辺の長さ a の関係式は $\sqrt{3}a=4r$** とすぐに求められるよ。

Point! 体心立方格子の一辺の長さ a と原子半径 r の関係式

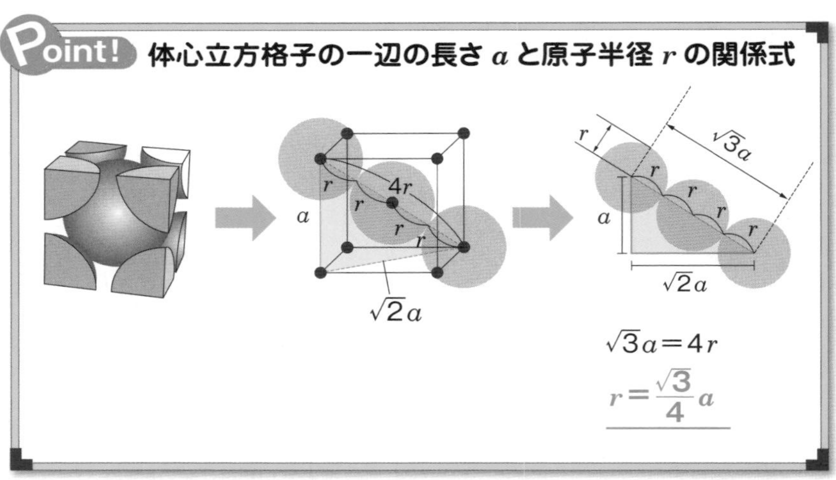

a
r
4r
r
r
r
√2a
r
√3a
r
r
r
r
a
√2a

$$\sqrt{3}a=4r$$

$$r=\frac{\sqrt{3}}{4}a$$

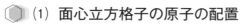

story 4 面心立方格子

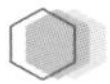

(1) 面心立方格子の原子の配置

面心立方格子って球がたくさんでわかりません！

体心立方格子と同じで，面心の位置さえわかってしまえば一瞬で理解できるよ。まず，立方体の8つの頂点の全てに球が入っている状況を考えるんだ。そこから，各面の中心の位置（面心の位置）に，球を配置した構造が**面心立方格子**なんだ。このとき，立方体の6面全ての面心に球を配置するんだよ。

Point! 面心立方格子

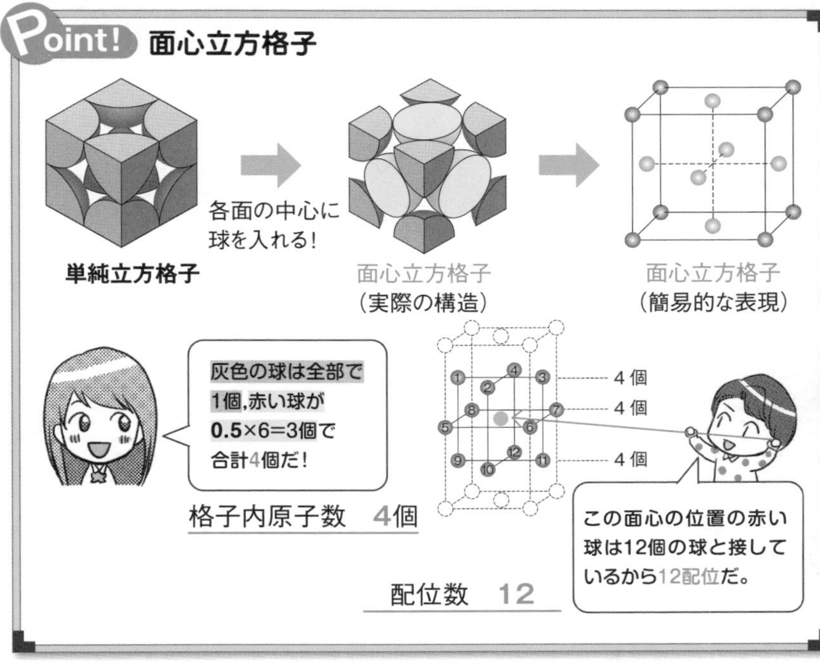

各面の中心に
球を入れる！
単純立方格子
面心立方格子
（実際の構造）
面心立方格子
（簡易的な表現）
灰色の球は全部で
1個，赤い球が
0.5×6=3個で
合計4個だ！
格子内原子数 4個
4個
4個
4個
この面心の位置の赤い
球は12個の球と接して
いるから12配位だ。
配位数 12

単位格子内には灰色の球が1個と面心の位置の赤い球が0.5 × 6 = 3個入っているから，**合計4個**の球（原子）が入っているよ。配位数は，単位格子1つでは分からないけど，2つの単位格子を縦に並べてみると**12配位**であることがすぐに分かるね。

面心立方格子の a と r の関係式のコツを教えて下さい!

面心立方格子は立方体の正面の正方形に注目すれば簡単なんだ。対角線が下図のように $4r$ だから $\sqrt{2}a = 4r$ だね。簡単だったでしょう。

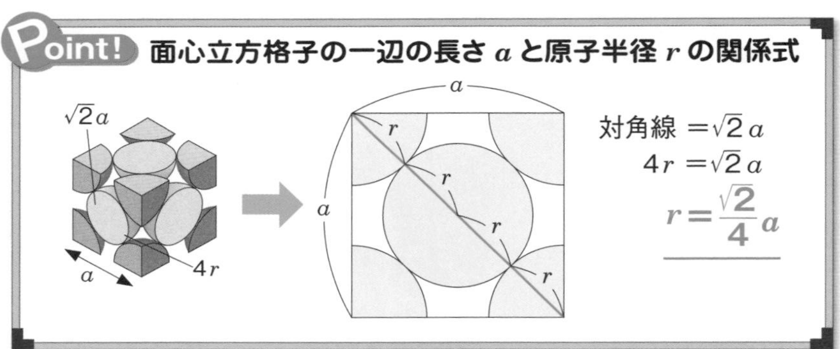

Point!
面心立方格子の一辺の長さ a と原子半径 r の関係式
$\sqrt{2}a$
a
$4r$
a
r
対角線 $= \sqrt{2}a$
$4r = \sqrt{2}a$
$r = \frac{\sqrt{2}}{4}a$

story 5 最密構造

最密構造って，何ですか?

最密構造（さいみつこうぞう）とはずばり，球（原子）を最も密に詰めた構造なんだよ。同じ半径の球を平面に1層だけ並べると，最も詰まった構造は1種類しかないんだよ。

これなら
最密だろ!

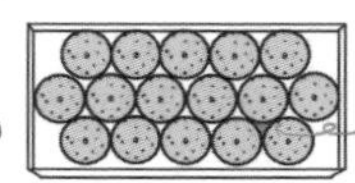
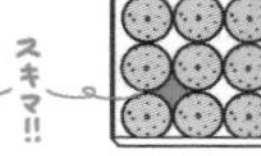

スキマ!!

確かにこれじゃ，スキ間が多いもんね。

この最密な層を上に重ねていったものが**最密構造**なんだ。ただ，重ね方には**六方（ろっぽう）最密構造**（六方最密充塡（じゅうてん））と**立方（りっぽう）最密構造**（立方最密充塡）の２種類あるんだ。

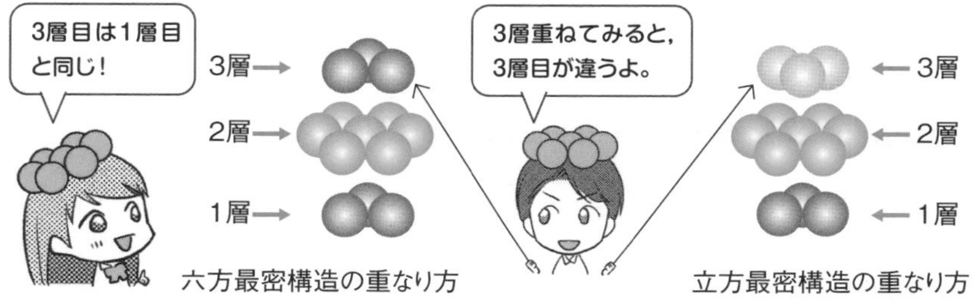

3層目は1層目と同じ！
3層→
2層→
1層→
六方最密構造の重なり方
3層重ねてみると，3層目が違うよ。
←3層
←2層
←1層
立方最密構造の重なり方

(1) 六方最密構造

六方最密構造は，下の Point! の左側の図をそのまま抜き出したものだからわかりやすいよ。２層目の真ん中の球に注目すれば，その他の全ての球に接触しているので，**最密構造の球（原子）の配位数はいずれも 12** だとわかるよ！

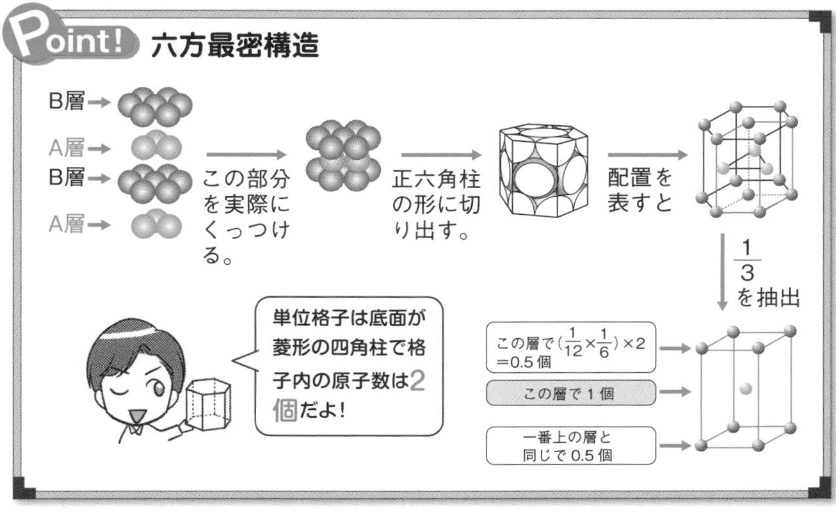

Point! 六方最密構造
B層→
A層→
B層→
A層→
この部分を実際にくっつける。
正六角柱の形に切り出す。
配置を表すと
1/3を抽出
この層で(1/12×1/6)×2 =0.5個
この層で1個
一番上の層と同じで0.5個
単位格子は底面が菱形の四角柱で格子内の原子数は2個だよ！

(2) 立方最密構造(面心立方格子)

立方最密構造は3層の異なる最密層が並ぶよ。
そして斜めに倒すと面心立方格子になるんだ。

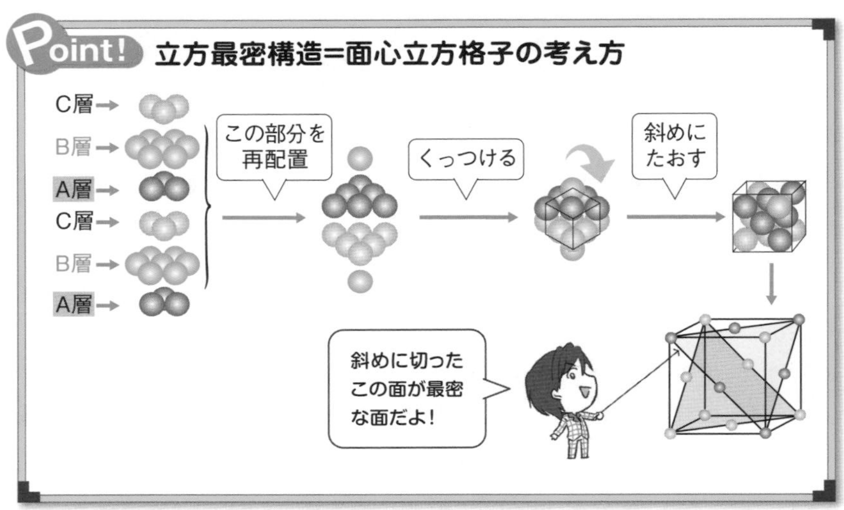

Point! 立方最密構造=面心立方格子の考え方
C層
B層
A層
C層
B層
A層
この部分を再配置
くっつける
斜めにたおす
斜めに切ったこの面が最密な面だよ!

斜めに倒すと,面心立方格子になるよ!
どん
斜

story 6 充填率と密度の計算

(1) 充填率

充填率ってどうやって計算するんですか?

充填率(じゅうてんりつ)は，**単位格子にどのぐらい球（原子）が占有しているか**というもので，立方格子なら計算は簡単だよ。原子の半径を r，単位格子の1辺を a として計算するよ。

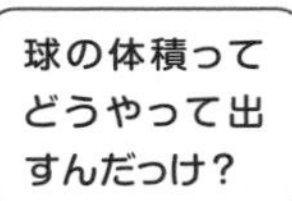

球の体積って
どうやって出
すんだっけ？

?

しっかりしてくれ～!

$\frac{4}{3}\pi r^3$　身の上に心配あるさ～
　　3　　　　$4\pi r^3$

って覚えなかった？

Point! **体心立方格子の充填率**

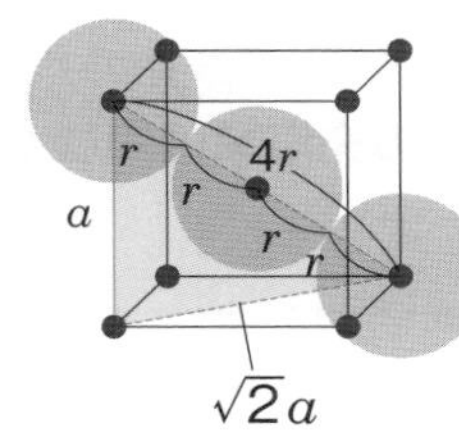

r
4r
r
a
r
r
√2a

$\sqrt{3}a = 4r$ より $r = \dfrac{\sqrt{3}a}{4}$

↓

$$\frac{\text{球の占める体積}}{\text{単位格子の体積}} = \frac{\frac{4}{3}\pi r^3 \times 2}{a^3} = \frac{\frac{4}{3}\pi\left(\frac{\sqrt{3}a}{4}\right)^3 \times 2}{a^3}$$

$= 0.680\cdots \longrightarrow$ **68%**

Point! 面心立方格子の充塡率

a, r, r, r, r, a

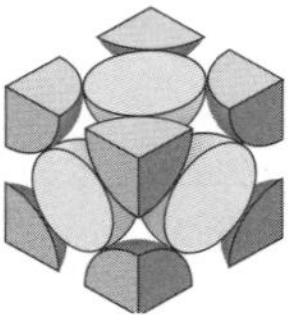

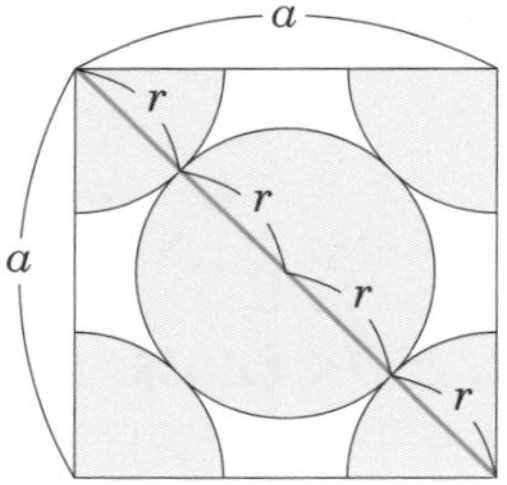

$\sqrt{2}a = 4r$ より $r = \dfrac{\sqrt{2}a}{4}$

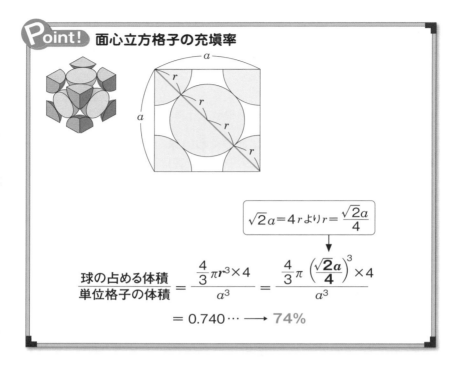

$$\frac{\text{球の占める体積}}{\text{単位格子の体積}} = \frac{\frac{4}{3}\pi r^3 \times 4}{a^3} = \frac{\frac{4}{3}\pi\left(\frac{\sqrt{2}a}{4}\right)^3 \times 4}{a^3}$$

$= 0.740\cdots \longrightarrow$ **74%**

最密構造は同じ大きさの球を最密に並べたものだから，**六方最密構造と面心立方格子（立方最密構造）の充塡率は同じ**だよ。

面なし

● ゴロ合わせ暗記

「体は牢屋で面はなし」

68 体心立方格子　74 面心立方格子

(2) 密度の計算

密度 d〔g/cm^3〕の計算は簡単だけど，試験によく出るから間違えないでね！

Point! 密度を求める計算

$$d = \frac{\text{単位格子の質量}}{\text{単位格子の体積}} = \frac{\dfrac{\text{式量}}{N_A} \times \text{単位格子中の粒子の個数}}{\text{単位格子の体積}}$$

（N_A：アボガドロ定数，$N_A = 6.02 \times 10^{23}$/mol）

金属は式量＝原子量なので，原子量を M としたら，金属の体心立方格子と面心立方格子の密度は次のようになるよ。

体心立方格子の密度	面心立方格子の密度
$d = \dfrac{\left(\dfrac{M}{N_A} \times 2\right)\text{〔g〕}}{a^3\text{〔cm}^3\text{〕}}$	$d = \dfrac{\left(\dfrac{M}{N_A} \times 4\right)\text{〔g〕}}{a^3\text{〔cm}^3\text{〕}}$

確認問題

次の1～6の問いに答えよ。ただし，答えはすべて有効数字2桁とし，必要なら以下の数値を用いよ。

$\sqrt{2}=1.41$，$\sqrt{3}=1.73$，原子量は **Al**$=27$，**Fe**$=56$，アボガドロ定数$=6.0\times10^{23}$/mol

1　体心立方格子の単位格子の一辺の長さは，原子半径の何倍か。

解答

2.3倍

解説

$\sqrt{3}a=4r$ より，$a=\dfrac{4r}{\sqrt{3}}=\dfrac{4r}{1.73}\fallingdotseq 2.3r$

よって，$\dfrac{a}{r}=2.3$ より，2.3倍

2　面心立方格子の単位格子内に原子は何個あるか。

3　面心立方格子と六方最密構造の配位数をそれぞれ求めよ。

解答

4個

面心立方格子：12
六方最密構造：12

解説

面心立方格子（立方最密構造）も六方最密構造もどちらも最密構造であり，配位数は12。

4　体心立方格子と面心立方格子では，どちらのほうが充填率が大きいか。

解答

面心立方格子

解説

充填率は最密構造の方が大きいので，面心立方格子（立方最密構造）が正解。

5　鉄 Fe の結晶は格子定数（単位格子の一辺の長さ）が2.87×10^{-8}cm の体心立方格子である。鉄の密度を求めよ。

解答

7.9g/cm³

解説

$$\frac{\dfrac{56\text{g/mol}}{6.0\times10^{23}\text{個/mol}}\times 2\text{個}}{(2.87\times10^{-8}\text{cm})^3} = 7.89\cdots\text{g/cm}^3 \fallingdotseq 7.9\text{g/cm}^3$$

6　アルミニウム Al の結晶は格子定数（単位格子の一辺の長さ）4.05×10^{-8}cm の面心立方格子である。アルミニウムの密度を求めよ。

解答

2.7g/cm³

解説

$$\frac{\dfrac{27\text{g/mol}}{6.0\times10^{23}\text{個/mol}}\times 4\text{個}}{(4.05\times10^{-8}\text{cm})^3} = 2.70\cdots\text{g/cm}^3 \fallingdotseq 2.7\text{g/cm}^3$$

結晶格子って面白〜い！

第
5
章

イオン結晶・共有結合の結晶・分子結晶

おだんご

▶ 同じ形でも構成している団子が異なる串団子があるように,結晶にも配置が同じで構成の異なる体心立方格子とCsCl型,ダイヤモンド型とZnS型などがある。

story 1 イオン結晶

(1) 塩化セシウム型(CsCl型)

イオン結晶って金属結晶と何が違うんですか?

それは，構成粒子が金属結晶の場合は金属原子だけだったけど，イオン結晶の場合は陽イオンと陰イオンがあるんだ。まずは一番簡単な**塩化セシウム CsCl 型の結晶構造**を見てもらおう。

見た目は体心立方格子だけど，Cs^+と Cl^-で構成されていることに注意だよ。

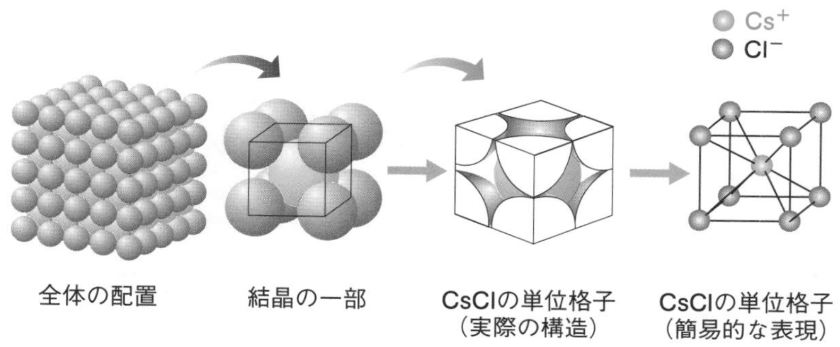
Cs+
Cl−
全体の配置
結晶の一部
CsClの単位格子
（実際の構造）
CsClの単位格子
（簡易的な表現）

▲ **CsCl型の結晶構造**

配置は体心立方格子と同じだけど，Cs^+とCl^-のどちらかを中心にして見ると２種類の表し方があることに気づくだろう。しかし，どちらも CsCl 型結晶の単位格子で，Cs^+**を体心の位置にもってきても**，Cl^-**を体心の位置にもってきても**，**他のイオンは同じ配置になる**んだ。

Point! CsCl 型のイオン結晶の単位格子

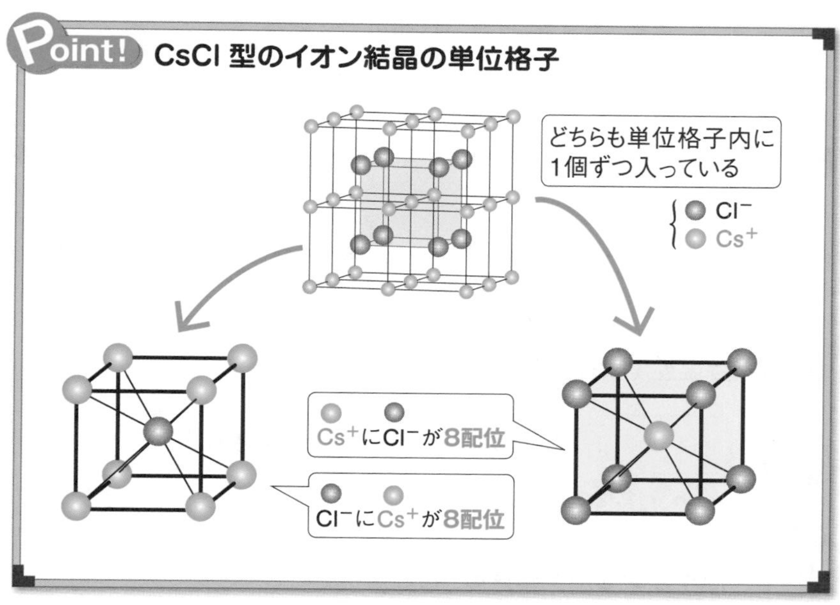
どちらも単位格子内に
1個ずつ入っている
Cl−
Cs+
Cs+にCl−が8配位
Cl−にCs+が8配位

ひょっとして，a と r の関係式は体心立方格子とそっくりですか?

そのとお～り！　体心立方格子のときと同じで，対角線が $\sqrt{3}a$ であることを利用して出すよ！　陽イオンの半径を r^+，陰イオンの半径を r^- とすると，$\sqrt{3}a = 2r^+ + 2r^-$ となるんだ。

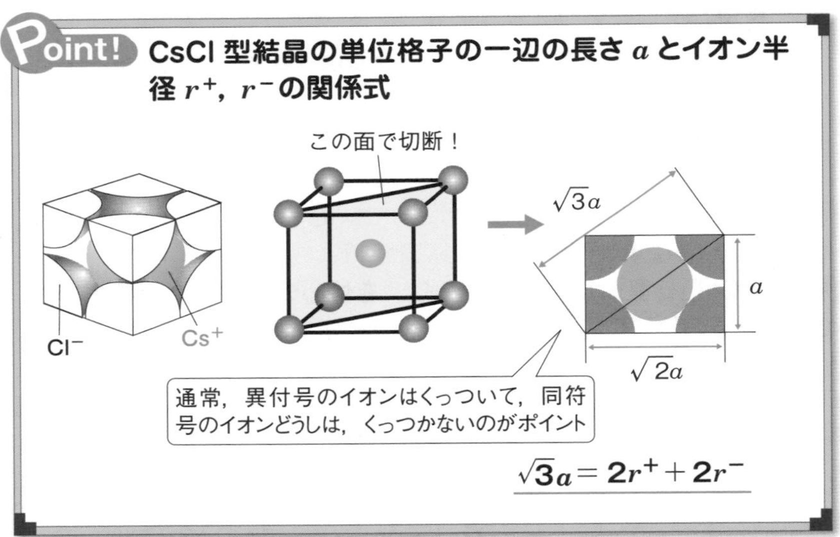

Point!
CsCl 型結晶の単位格子の一辺の長さ a とイオン半径 r^+，r^- の関係式
この面で切断！
Cl^-
Cs^+
$\sqrt{3}a$
a
$\sqrt{2}a$
通常，異付号のイオンはくっついて，同符号のイオンどうしは，くっつかないのがポイント
$\sqrt{3}a = 2r^+ + 2r^-$

CUT!
こっ，これは塩化セシウム型いちご大福だわ！

(2) 岩塩型（NaCl型）

NaCl 型の結晶って球がありすぎます～。

イオン結晶の構造を何となく眺めているから，そんな気がするだけだよ。イオン結晶の基本は何といっても“**陽イオンと陰イオンを別々に見る**”ことだよ。

まずは岩塩型の結晶構造を見てもらおう。岩塩型は Na^+ と Cl^- がそれぞれ面心立方格子なのが特徴なんだ。

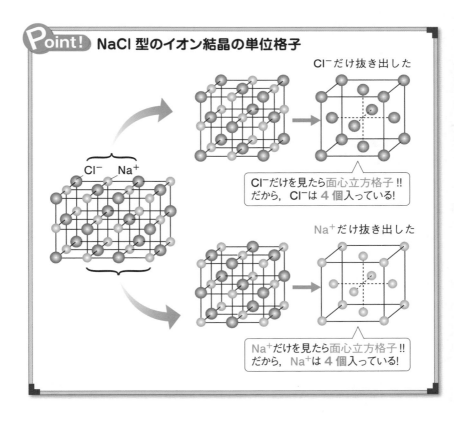

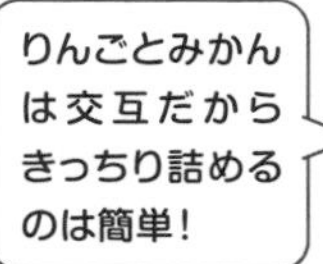
りんごとみかんは交互だからきっちり詰めるのは簡単！

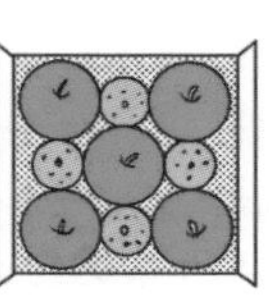

単位格子には2種類の表し方があるよ！

Point! NaCl 型のイオン結晶の単位格子

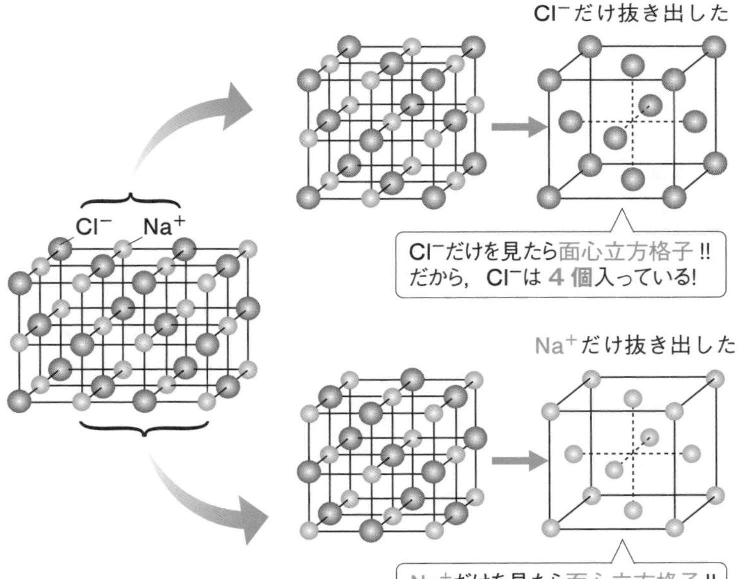

Cl^-　Na^+

Cl^-だけ抜き出した

Cl^-だけを見たら面心立方格子!!
だから，Cl^-は **4 個**入っている!

Na^+だけ抜き出した

Na^+だけを見たら面心立方格子!!
だから，Na^+は **4 個**入っている!

岩塩型の配位数と a と r の関係式も教えて下さい!

NaCl 型結晶の**配位数**は Na^+ **に注目しても** Cl^- **に注目しても 6配位**で，どちらも正八面体方向に配位していることが図にするとわかるよ。

Point! **NaCl 型のイオン結晶の配位数**

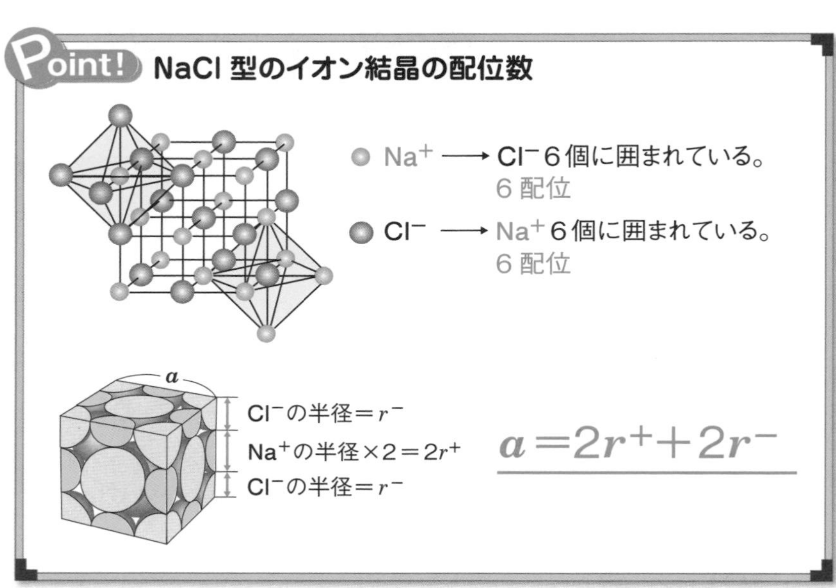

Na⁺ ⟶ Cl⁻6個に囲まれている。
6配位
Cl⁻ ⟶ Na⁺6個に囲まれている。
6配位
a
Cl⁻の半径＝r⁻
Na⁺の半径×2＝2r⁺
Cl⁻の半径＝r⁻

$$a = 2r^+ + 2r^-$$

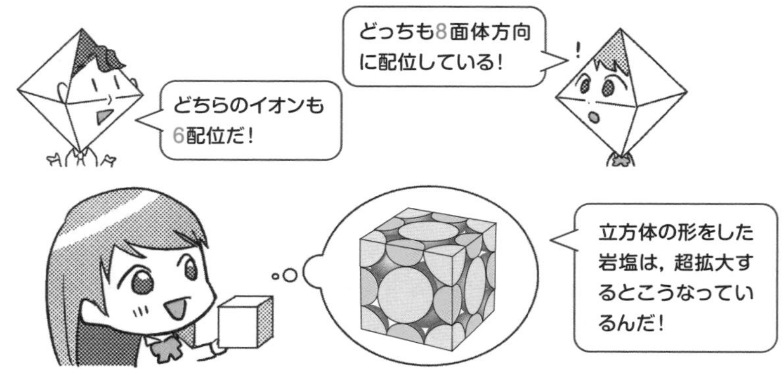

どちらのイオンも
6配位だ!
どっちも8面体方向
に配位している!
立方体の形をした
岩塩は，超拡大す
るとこうなってい
るんだ!

(3) 閃亜鉛鉱型（ZnS 型）

閃亜鉛鉱型って読み方もイオンの位置もわからなすぎです！

そんなことはないんだ。閃亜鉛鉱型（せんあえんこう）と読むんだよ。亜鉛を含む有名な鉱物で，陽イオンと陰イオンはそれぞれ面心立方格子だから，びっくりしないで良いんだよ。また，CsCl 型や岩塩型と同様に陽イオンと陰イオンの位置を反対にしても同じになる対称性の高い結晶格子なんだ。

Point! 閃亜鉛鉱型の結晶の構造

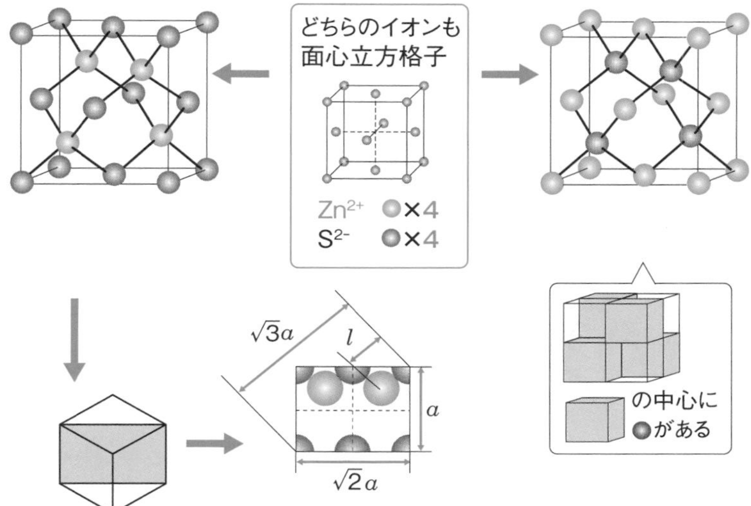

どちらのイオンも面心立方格子

Zn^{2+} ○×4
S^{2-} ●×4

この面で切断！

$\sqrt{3}a$, l, a, $\sqrt{2}a$

の中心に●がある

$$\sqrt{3}a = 4l = 4(r_+ + r_-)$$

（l=陽イオンと陰イオンの中心間距離）

story 2 共有結合の結晶

ダイヤモンド型結晶って閃亜鉛鉱型と似ている気がするんですけど?

良いところに気がついたね。**閃亜鉛鉱型はイオン結晶だけど，陽イオンと陰イオンのすべてが炭素原子だったら，ダイヤモンド型**になるんだ。だから，配置は全く同じなんだ。閃亜鉛鉱型は陽イオンも陰イオンも面心立方格子なので，単位格子中に4つずつイオンが入っていたけど，今度は同じ炭素原子なので，全部で**8個**入っているよ。ダイヤモンドは**炭素原子が正四面体方向に結合**しているのも特徴だったね。また，同じ14族元素のケイ素Siの単体も同じ結晶構造をとるから覚えておいてね。aとrの関係式も，閃亜鉛鉱と考え方は一緒だよ。対角線である$\sqrt{3}\,a$は原子半径8個分と同じ長さなので，$\sqrt{3}\,a = 8r$となるね。

Point! ダイヤモンド型の結晶の構造

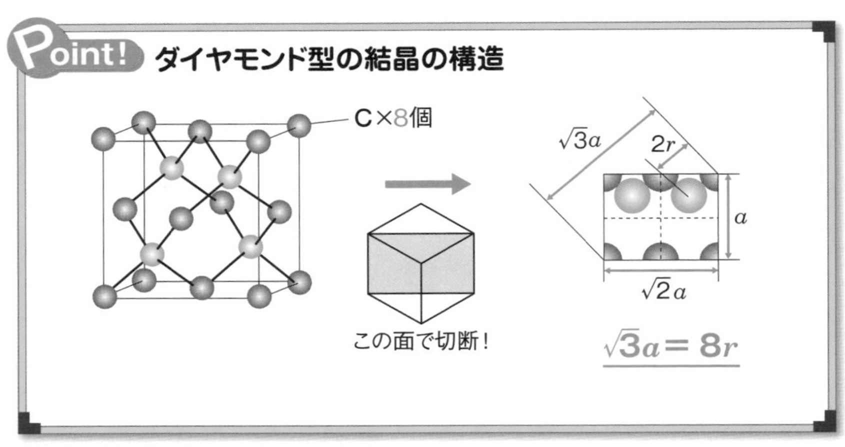

C×8個
この面で切断！
√3a
2r
a
√2a
√3a = 8r

ダイヤモンド型の結晶には，このような表し方もあるよ。

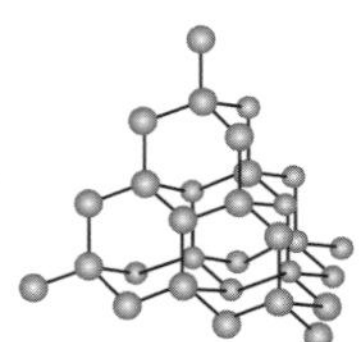

story 3 分子結晶

分子結晶ってどんな種類があるんですか?

身近な分子結晶といえば，二酸化炭素 CO_2 の固体であるドライアイスの結晶だね。分子結晶は分子間に働く力が，イオン結合や共有結合と比べてはるかに弱いのが特徴なんだ。**分子間力が弱いと，最密構造になりやすい**んだ。だから，ドライアイスは**面心立方格子**の構造をとるよ。金属結晶の面心立方格子との違いは，CO_2 の分子が配置されていることなんだ。また，ヨウ素 I_2 も分子結晶で，配置は面心立方格子と同じだけど，**直方体**だから計算問題のときは少し気をつけてね。

Point! ドライアイスとヨウ素の結晶格子

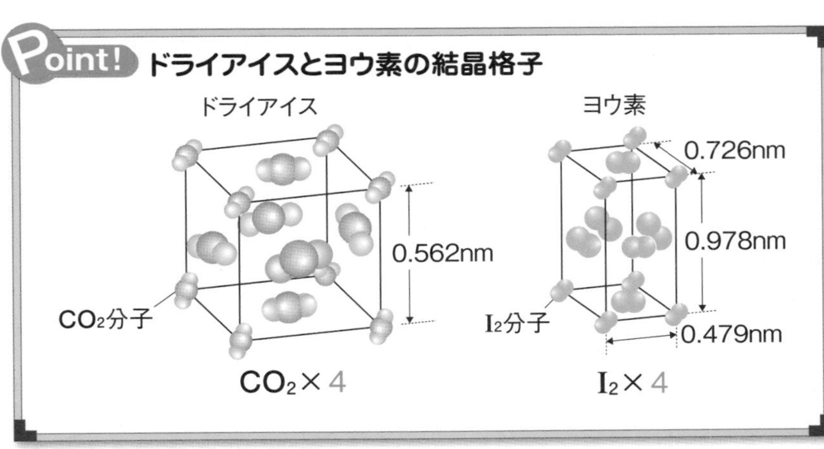
ドライアイス
0.562nm
CO2分子
CO2×4
ヨウ素
0.726nm
0.978nm
I2分子
0.479nm
I2×4

物質の状態と気体
固体の構造
溶液
熱化学
電池と電気分解
反応速度と平衡
非金属元素
金属元素の単体と化合物
遷移元素の単体と化合物

一番身近な氷の結晶について教えて下さい

氷の結晶も分子結晶なんだけど，H_2O は分子間で水素結合を形成して，酸素原子を見ると綺麗に正四面体方向に配列するため，隙間の多い構造をとるんだ。隙間が大きすぎて，液体の H_2O より氷の体積が大きくなって，密度が液体より固体の方が小さくなるんだ。そのため氷が水に浮くのは有名な話だね。

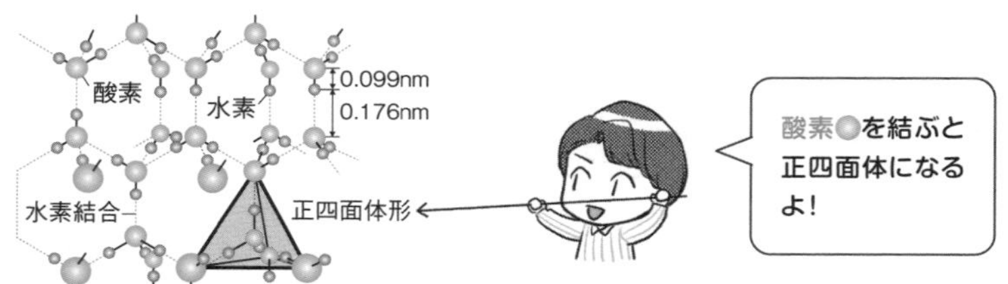

酸素
水素
0.099nm
0.176nm
水素結合
正四面体形
酸素●を結ぶと
正四面体になる
よ！

▲ 氷の構造

氷は０℃で溶けて水になって，体積が減少するよね。でも水の温度を上げていくと今度は水分子の熱運動で体積が膨張して，密度が下がり始めるんだ。そのため，液体の水は４℃で体積が最小になって，密度が最大になるんだ。水の密度が **1.0g/cm³** というのは **４℃の最大値**なんだよ。覚えておいてね。

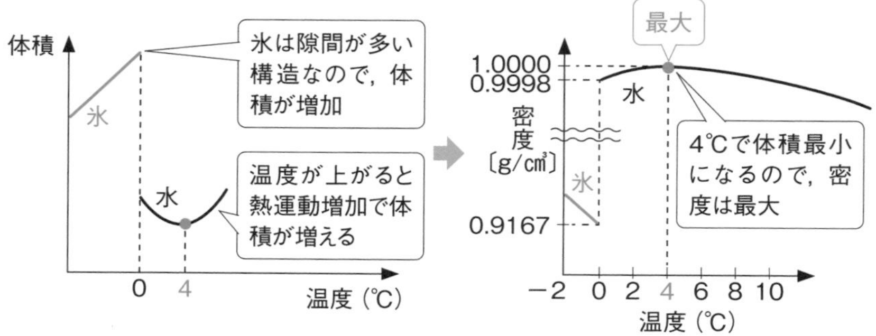

体積
氷
氷は隙間が多い構造なので，体積が増加
水
温度が上がると熱運動増加で体積が増える
0
4
温度（℃）
最大
1.0000
0.9998
密度〔g/cm³〕
水
氷
4℃で体積最小になるので，密度は最大
0.9167
−2
0
2
4
6
8
10
温度（℃）

▲ 氷の温度ー体積，温度ー密度のグラフ

story 4 密度の計算

イオン結晶や共有結合結晶の密度計算で注意することありますか?

基本的には金属結晶の密度計算と同じだよ。

$$\textbf{密度}〔\mathrm{g/cm^3}〕 = \frac{\textbf{単位格子内の物質の全質量}〔\mathrm{g}〕}{\textbf{単位格子内の体積}〔\mathrm{cm^3}〕}$$

1つ注意点をいえば，イオン結晶の場合は式量を使うので，質量を求めるときに少しだけ気をつけよう。NaCl（式量58.5）を例に単位格子内の全質量を求めるよ。岩塩型（NaCl 型）は単位格子内にイオンが4個ずつ入っているから，式量 M をアボガドロ定数 N_A で割ったあと4を掛けてね。

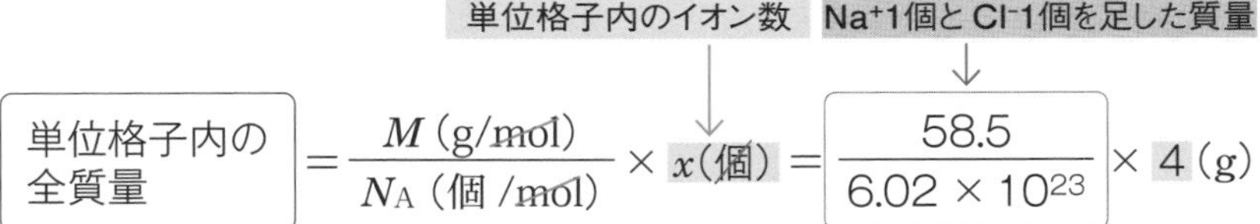

単位格子内のイオン数
Na^+1個と Cl^-1個を足した質量
単位格子内の全質量
$= \dfrac{M\,(\mathrm{g/mol})}{N_A\,(\text{個}/\mathrm{mol})} \times x(\text{個}) = \dfrac{58.5}{6.02 \times 10^{23}} \times 4\,(\mathrm{g})$

CsCl 型，岩塩型，閃亜鉛鉱型，ダイヤモンド型の密度計算をまとめると次のようになるよ。

▼結晶の密度

CsCl 型	NaCl 型 閃亜鉛鉱型	ダイヤモンド型
$d = \dfrac{\dfrac{M}{N_A} \times 1〔\mathrm{g}〕}{a^3〔\mathrm{cm^3}〕}$	$d = \dfrac{\dfrac{M}{N_A} \times 4〔\mathrm{g}〕}{a^3〔\mathrm{cm^3}〕}$	$d = \dfrac{\dfrac{M}{N_A} \times 8〔\mathrm{g}〕}{a^3〔\mathrm{cm^3}〕}$

M：式量，N_A：アボガドロ定数，a：単位格子の一辺の長さ

確認問題

次の1～7の問いに答えよ。ただし，答えはすべて有効数字2桁で答えよ。また，必要なら以下の数値を用いよ。

$\sqrt{2}$ ＝1.41，$\sqrt{3}$ ＝1.73，原子量は **Si** ＝28，**K** ＝39，**Cs** ＝133，**Cl**＝35.5，**I** ＝127，**Zn** ＝65.4，**S** ＝32，アボガドロ定数は6.0 × 10^{23}/mol

1　Cs^+とCl^-のイオン半径をそれぞれCs^+＝0.181nm，Cl^-＝0.167nmとして**CsCl**の結晶の単位格子の一辺の長さを求めよ。

解答

0.40 nm

解説

$\sqrt{3}\,a = 2r^+ + 2r^-$ より $\sqrt{3}\,a = 2 \times (0.167 + 0.181) = 0.696$

$\therefore \quad a = 0.696 \div \sqrt{3} = 0.696 \div 1.73 = 0.402\cdots \fallingdotseq 0.40\text{nm}$

2　Na^+とCl^-のイオン半径をそれぞれNa^+＝0.116nm，Cl^-＝0.167nmとして**NaCl**の結晶の単位格子の一辺の長さを求めよ。

解答

0.57 nm

解説

$a = 2r^+ + 2r^-$ より $a = 2 \times (0.116 + 0.167) = 0.566$

$\fallingdotseq 0.57\text{nm}$

3　ダイヤモンドの単位格子の一辺の長さは0.356nmである。結晶中の炭素の原子間距離を求めよ。

解答

0.15 nm

解説

原子間距離とは原子半径の２倍つまり $2r$ を指すよ。

$\sqrt{3}\,a = 8r$ より $2r = \dfrac{\sqrt{3}\,a}{4} = \dfrac{1.73\times0.356}{4}$

$= 0.153\cdots \fallingdotseq 0.15\text{nm}$

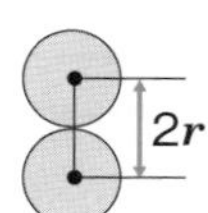
2r

4 塩化カリウム KCl は単位格子の一辺の長さが6.29×10^{-8}cm で，NaCl 型の結晶構造である。KCl の密度を求めよ。

解答

2.0 g/cm³

解説

$$\frac{\frac{(39+35.5)\,\mathrm{g/mol}}{6.0\times10^{23}個/\mathrm{mol}}\times 4\,個}{(6.29\times10^{-8}\mathrm{cm})^3} = 1.99\cdots\mathrm{g/cm^3} \fallingdotseq 2.0\mathrm{g/cm^3}$$

5 ヨウ化セシウム CsI は単位格子の一辺の長さが4.58×10^{-8}cm で，CsCl 型の結晶構造をとる。CsI の密度を求めよ。

解答

4.5 g/cm³

解説

$$\frac{\frac{(133+127)\,\mathrm{g/mol}}{6.0\times10^{23}個/\mathrm{mol}}\times 1\,個}{(4.58\times10^{-8}\mathrm{cm})^3} = 4.51\cdots\mathrm{g/cm^3} \fallingdotseq 4.5\mathrm{g/cm^3}$$

6 ある ZnS 結晶は単位格子の一辺の長さ5.42×10^{-8}cm の閃亜鉛鉱型の結晶構造をとる。この結晶の密度を求めよ。

解答

4.1g/cm³

解説

$$\frac{\frac{(65.4+32)\,\mathrm{g/mol}}{6.0\times10^{23}個/\mathrm{mol}}\times 4\,個}{(5.42\times10^{-8}\mathrm{cm})^3} = 4.07\cdots\mathrm{g/cm^3} \fallingdotseq 4.1\mathrm{g/cm^3}$$

7 ケイ素 Si は格子定数（単位格子の一辺の長さ）5.43×10^{-8}cm のダイヤモンド型の結晶構造をとる。Si の密度を求めよ。

解答

2.3g/cm³

解説

$$\frac{\frac{28\mathrm{g/mol}}{6.0\times10^{23}個/\mathrm{mol}}\times 8\,個}{(5.43\times10^{-8}\mathrm{cm})^3} = 2.33\cdots\mathrm{g/cm^3} \fallingdotseq 2.3\mathrm{g/cm^3}$$

III

溶　液

第6章 溶解平衡

▶ 単位時間あたりに部屋を出る妖怪の数と，入る妖怪の数が同じなら，部屋の中の妖怪の数は同じ。これを妖怪平衡という？

story 1 溶質と溶媒

(1) 用語の整理

水に溶けやすい物質の特徴って何ですか？

まずは基本的な用語の復習をしよう。砂糖水をつくるとき，砂糖を**溶質**（ようしつ），溶かす液体である水を**溶媒**（ようばい），できた砂糖水を**溶液**といって，特に水が溶媒の場合は**水溶液**というよ。すでに「化学基礎」で勉強してるけど，正しく使ってね。

インスタントコーヒーの粉末も砂糖も溶質なのね！

コーヒーは溶媒が水だから水溶液だよ！

(2) 極性溶媒での溶解

溶媒として一番身近なのが水だけど，化学では有機溶媒としてエーテルなどもよく使われるんだよ。何が違うかといえば，溶媒分子の**極性**(きょくせい)なんだよ。**水は非常に極性の強い溶媒**として有名なんだ。水分子を見てみると，**電気陰性度**（共有電子対を引っ張る度合い）が非常に大きい酸素原子が，水素と結合して非常に強い極性を生じているだろう。あまりに極性が強いため，水分子どうしが**水素結合**しているね。

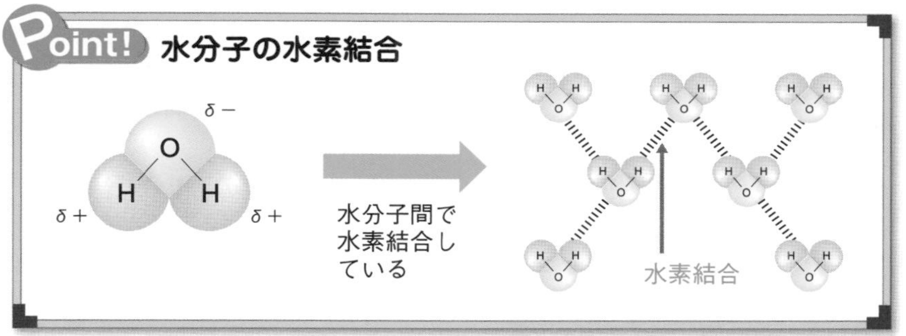

Point!
水分子の水素結合
δ－
O
H
H
δ＋
δ＋
水分子間で
水素結合し
ている
水素結合

極性の強い溶媒は極性の強い溶質をよく溶かすんだ。極性の強い溶質の代表が**イオン**だよ。イオンはマイナスやプラスに帯電しているので，水分子が集まってくるんだ。この現象を**水和**(すいわ)といって，イオンは**水和イオン**とよばれる状態になるよ。

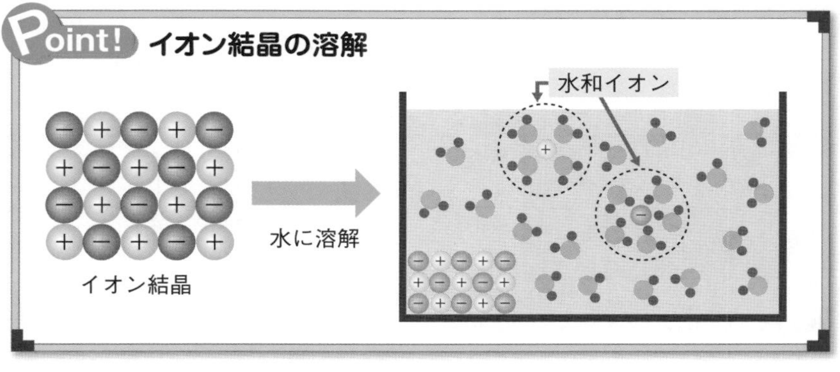

Point!
イオン結晶の溶解
水和イオン
水に溶解
イオン結晶

ショ糖（砂糖）はイオンにならないけど，水和しやすい部分があるから水に溶けるんだ。水和しやすい部分を**親水基**，水和しにくい部分を**疎水基**というから覚えてね。

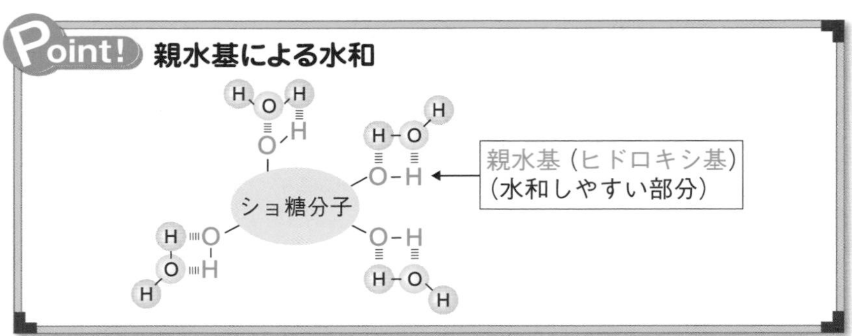
Point! 親水基による水和
H
O
H
O
H
H
O
H
O
H
親水基（ヒドロキシ基）
（水和しやすい部分）
ショ糖分子
H
O
H
O
H
H
O
H
H
O
H
O
H

水のように**極性の強い溶媒は，イオン結晶や極性の強い物質**をよく溶かすんだ。

(3) 無極性溶媒での溶解

逆に，**極性の弱い溶媒は極性の弱い物質をよく溶かす**んだ。無極性溶媒であるベンゼンやヘキサンと無極性分子の溶質であるヨウ素 I_2 が代表例だよ。

Point! 物質の溶解性

<table>
<tr><td colspan="2" rowspan="3">溶質 ＼ 溶媒</td><td rowspan="2">イオン結晶</td><td colspan="2">分子結晶</td></tr>
<tr><td>極性分子</td><td>無極性分子</td></tr>
<tr><td>NaCl
KNO_3</td><td>ショ糖
エタノール</td><td>ヨウ素
ナフタレン</td></tr>
<tr><td>極性溶媒</td><td>水
メタノール</td><td colspan="2">溶け易い</td><td>溶け難い</td></tr>
<tr><td>無極性溶媒</td><td>ベンゼン
ヘキサン
CCl_4</td><td colspan="2">溶け難い</td><td>溶け易い</td></tr>
</table>

※ AgCl，$BaSO_4$ など例外もある

極性の強い溶媒 ─ 極性の強い溶質
極性の弱い溶媒 ─ 極性の弱い溶質
の組み合わせが溶けやすいんだ!

story 2 溶解度曲線

溶解度曲線の見方にはコツがありますか?

溶媒に溶質が最大限に溶けた溶液が飽和溶液だよね。水100g の飽和溶液に溶けている溶質の量を**溶解度**というけれど，**溶解度は温度によって異なる**んだ。この**温度による溶解度の変化を表したもの**が**溶解度曲線**だよ。砂糖を冷たい水に溶かすよりもお湯の方がたくさん溶けるよね。砂糖と同じように，溶解度を縦軸に，温度を横軸にとった溶解度曲線は**右上がりになる固体が多い**んだ。硝酸カリウム **KNO_3** を例に溶解度曲線の基本的な見方を学んでもらおう。

Point! 固体結晶の溶解度曲線

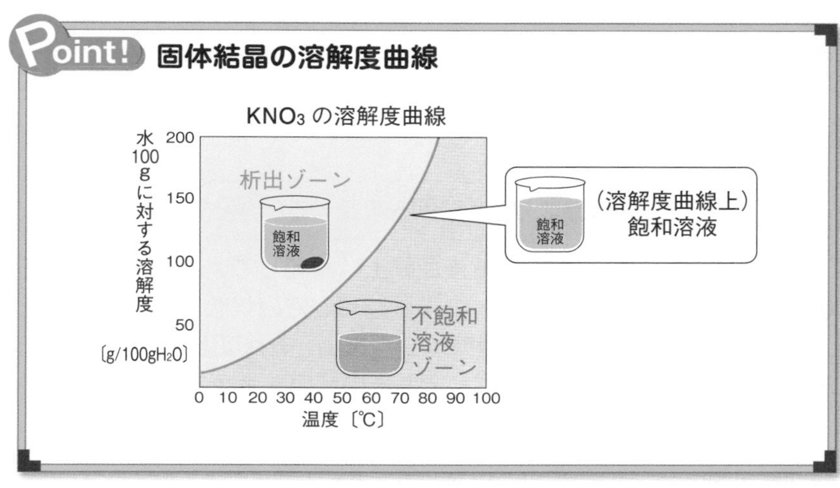
KNO3 の溶解度曲線
水100gに対する溶解度
[g/100gH2O]
200
150
100
50
析出ゾーン
飽和溶液
(溶解度曲線上)
飽和溶液
不飽和溶液ゾーン
0 10 20 30 40 50 60 70 80 90 100
温度〔℃〕

溶解度曲線上の値は飽和溶液を表しているんだ。だから KNO_3 の60℃の飽和溶液は水100g に対して KNO_3 が110g 溶けるということなんだ。

図にすると次のようになるよ。

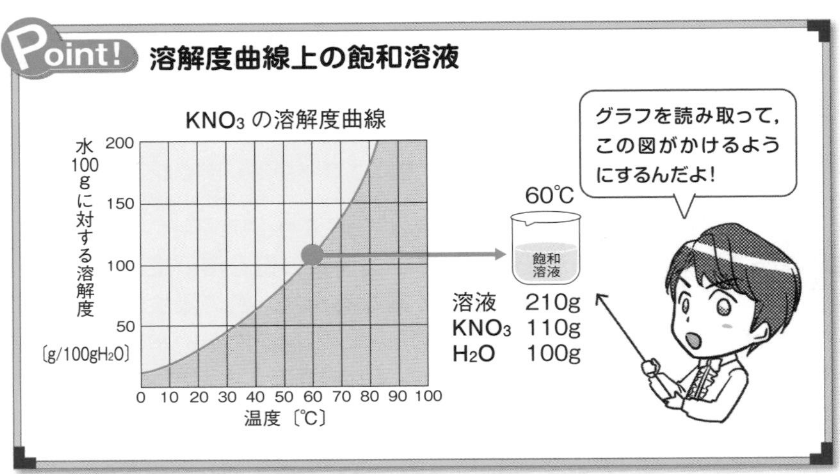
Point!
溶解度曲線上の飽和溶液
KNO3 の溶解度曲線
水100gに対する溶解度
〔g/100gH2O〕
200
150
100
50
0 10 20 30 40 50 60 70 80 90 100
温度〔℃〕
60℃
飽和溶液
溶液 210g
KNO3 110g
H2O 100g
グラフを読み取って，この図がかけるようにするんだよ！

story 3 溶解平衡と再結晶

(1) 溶解平衡

溶解度より多く溶ける溶質ってないんですか?

それはないんだ。溶解度曲線上は飽和しているときの溶解度だけど，それより上，つまり飽和溶液の状態より多く溶質を入れても，溶質が溶け残ってしまい，それ以上溶けないんだ。溶質を塩化ナトリウム NaCl にして，その状態を考えてみよう。

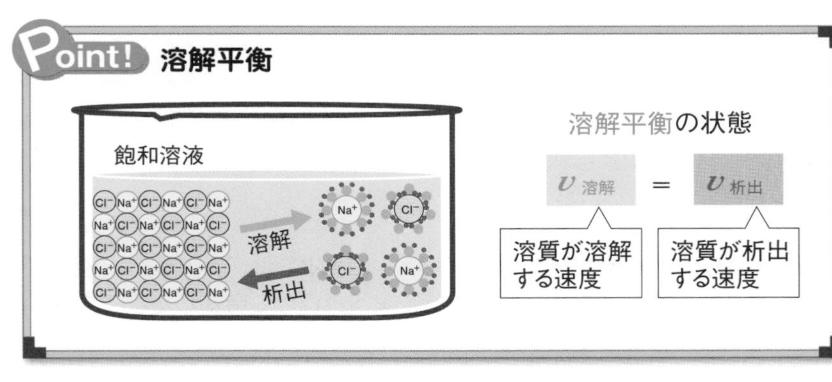
Point! 溶解平衡
飽和溶液
Cl⁻ Na⁺
溶解
析出
溶解平衡の状態
v 溶解 ＝ v 析出
溶質が溶解する速度
溶質が析出する速度

上の図の溶液部分は溶質が最大に溶けている飽和溶液だ。小中学生だったら，飽和溶液中では何も起こっていないと思ってしまうだろう。ところが，**飽和溶液内に溶質の結晶があるときには，常に溶解と析出が同時に起こっている**んだ。

析出速度（せきしゅつそくど）＝**溶解速度**（ようかいそくど）の状態を**溶解平衡**（ようかいへいこう）というから，しっかり意識してね。

(2) 再結晶

溶解度を利用した再結晶の計算問題の解き方を教えてください！

初めに結晶水のない硝酸カリウム KNO_3 が析出するという再結晶の問題を解いてみよう。

問題 1 再結晶

硝酸カリウム KNO_3 水溶液に関する次の問題に答えよ。ただし，KNO_3 の水 100 g に対する溶解度は74℃で 150 g，10℃で 22 g とし，答えは整数で答えよ。

(1) 74℃の飽和 KNO_3 水溶液 100 g 中に KNO_3 は何 g 入っているか。

(2) 74℃の飽和 KNO_3 水溶液 100 g を10℃に冷却したら結晶は何 g 析出するか。

解説

全て図にしてみると計算が簡単だよ。まず，与えられた溶解度は水100 g に対する値で，問題(1)，(2)はどちらも溶液100 g に対する値だから気をつけよう！

(1)

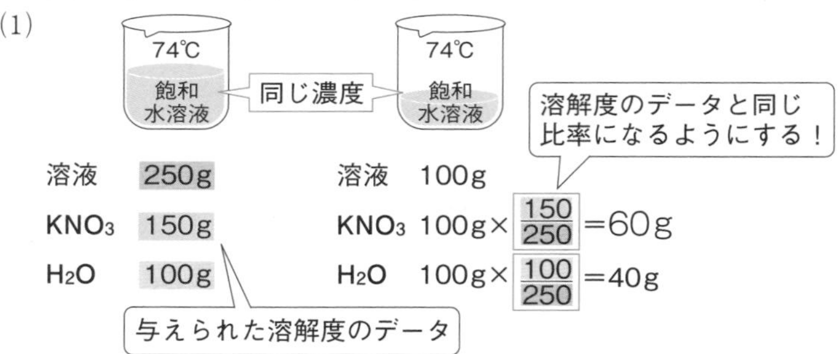
74℃
飽和
水溶液
同じ濃度
74℃
飽和
水溶液
溶解度のデータと同じ
比率になるようにする！
溶液 250g
KNO3 150g
H2O 100g
与えられた溶解度のデータ
溶液 100g
KNO3 100g× 150/250 =60g
H2O 100g× 100/250 =40g

(2) 温度によって飽和水溶液の濃度が異なることだけ注意すれば簡単に算出できるよ。10℃に冷却したときに析出する KNO_3 の質量を W〔g〕とする。

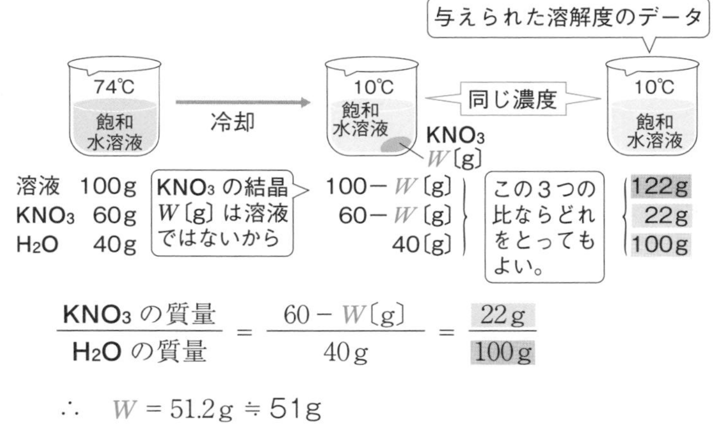
与えられた溶解度のデータ
74℃
飽和
水溶液
冷却
10℃
飽和
水溶液
同じ濃度
10℃
飽和
水溶液
KNO3
W〔g〕
溶液 100g
KNO3 60g
H2O 40g
KNO3 の結晶
W〔g〕は溶液
ではないから
100－W〔g〕
60－W〔g〕
40〔g〕
この3つの
比ならどれ
をとっても
よい。
122g
22g
100g

$$\frac{KNO_3\text{ の質量}}{H_2O\text{ の質量}} = \frac{60 - W\text{〔g〕}}{40\,\text{g}} = \frac{22\,\text{g}}{100\,\text{g}}$$

$\therefore \quad W = 51.2\,\text{g} \fallingdotseq 51\,\text{g}$

解答

(1)　60g　　(2)　51g

この問題では，10℃に冷却したとき，結晶が析出するよね。（**再結晶**という）そのときの最大のポイントは，**結晶が析出した溶液は溶解平衡に達していて，溶液部分は飽和している**ということなんだ。10℃の KNO_3 飽和水溶液のデータは問題文にあるから，比をとれば簡単に答えが出るよ。例えば，前の問題の(2)なら KNO_3 と H_2O の比をとるのが簡単だね。

砂糖を入れまくって溶解平衡だ～!
冷蔵庫で冷やしたら,本当に砂糖がカップの壁面に再結晶してる～

story 4 結晶水をもつ結晶の析出

硫酸銅（Ⅱ）五水和物 $CuSO_4 \cdot 5H_2O$ の結晶が析出する問題って難しいです。

みんなそういうんだけど，図をちゃんとかくと，硝酸カリウム KNO_3 の再結晶の問題とほとんど変わらないよ。まずは結晶水をもつ結晶についてきちんと理解しよう。

水中で結晶が析出するとき，水 H_2O を抱き込んで結晶化するんだ。代表的なものが硫酸銅（Ⅱ）五水和物 $CuSO_4 \cdot 5H_2O$ なんだ。**水中で $CuSO_4$ が溶解平衡に達すると，結晶は $CuSO_4 \cdot 5H_2O$ の形になってしまう**けど，この抱き込んだ H_2O を**結晶水**（**水和水**）というよ。

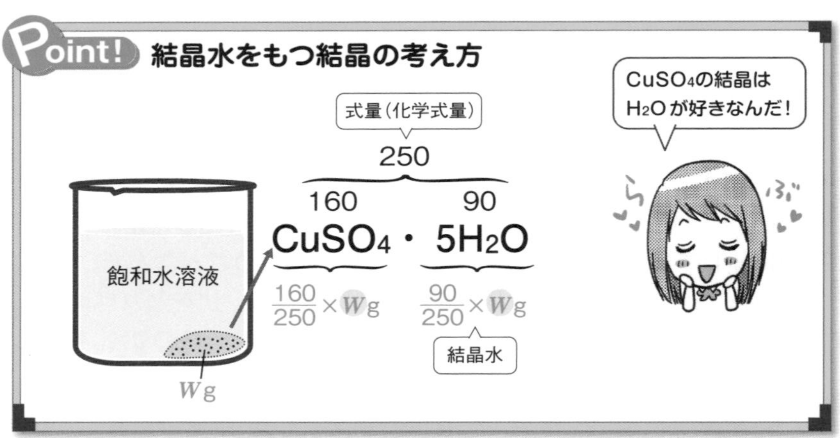

Point! 結晶水をもつ結晶の考え方
式量（化学式量）
250
160
90
CuSO4・5H2O
飽和水溶液
160/250 × Wg
90/250 × Wg
結晶水
Wg
CuSO4の結晶はH2Oが好きなんだ！
ら
ぶ

組成式とその式量からわかることは，$CuSO_4 \cdot 5H_2O$ の結晶 250 g は，90 g の水を含んでいるということだね。結晶全体が W〔g〕なら，

$$CuSO_4 \text{ は } \frac{160}{250} \times W\text{〔g〕，} H_2O \text{（結晶水）は } \frac{90}{250} \times W\text{〔g〕}$$

この点にさえ注意すれば，簡単だよ。

問題 2 結晶水をもつ物質の再結晶

硫酸銅（Ⅱ）$CuSO_4$ 水溶液に関する次の問題に答えよ。ただし，$CuSO_4$（無水物）の水100gに対する溶解度は60℃で40g，20℃で20g，$CuSO_4$ と H_2O の式量をそれぞれ160，18とし，答えは有効数字2桁で答えよ。

(1) 60℃の $CuSO_4$ の飽和水溶液100g中に $CuSO_4$ は何g入っているか。

(2) 60℃の $CuSO_4$ の飽和水溶液100gを20℃に冷却したら何gの $CuSO_4 \cdot 5H_2O$ の結晶が析出するか。

解説

問題1の硝酸カリウム KNO_3 のときと計算はほぼ同じだよ。同じように図にしてみよう！

(1)

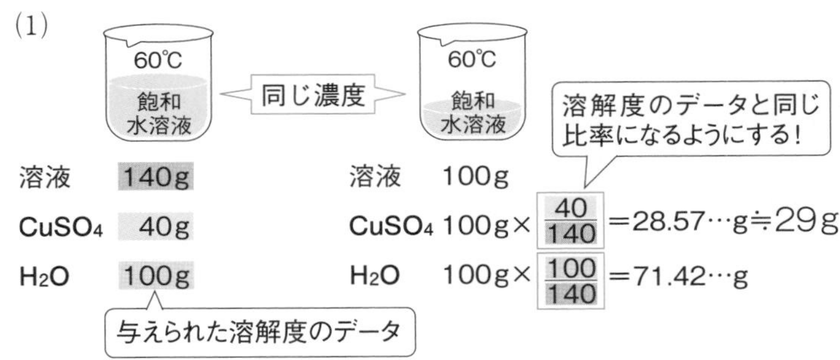
60℃
飽和
水溶液
同じ濃度
60℃
飽和
水溶液
溶解度のデータと同じ
比率になるようにする！
溶液 140g
CuSO4 40g
H2O 100g
与えられた溶解度のデータ
溶液 100g
CuSO4 100g× 40/140 =28.57…g≒29g
H2O 100g× 100/140 =71.42…g

(2) 析出した結晶が $CuSO_4 \cdot 5H_2O$（式量250）だということに注意する。W〔g〕の結晶が析出したとすると，

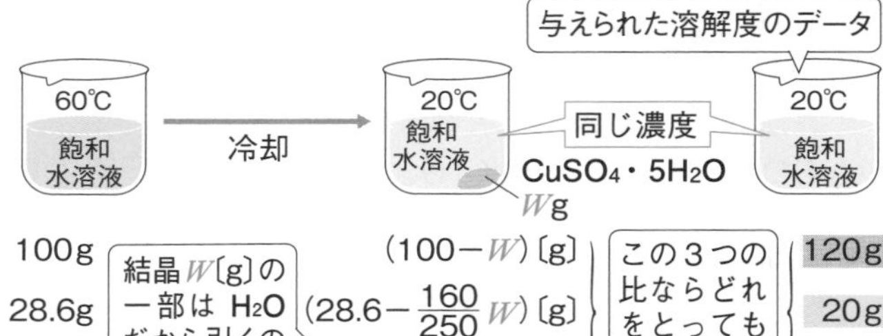
与えられた溶解度のデータ
60℃
飽和
水溶液
冷却
20℃
飽和
水溶液
同じ濃度
20℃
飽和
水溶液
$CuSO_4 \cdot 5H_2O$
Wg

溶液	100g	結晶W〔g〕の一部は H_2O だから引くのがポイント	$(100-W)$〔g〕	この3つの比ならどれをとってもよい。	120g
$CuSO_4$	28.6g		$\left(28.6-\frac{160}{250}W\right)$〔g〕		20g
H_2O	71.4g		$\left(71.4-\frac{90}{250}W\right)$〔g〕		100g

$$\frac{\text{溶液の質量}}{H_2O\text{ の質量}}=\frac{(100-W)\text{〔g〕}}{\left(71.4-\dfrac{90}{250}\times W\right)\text{〔g〕}}=\frac{120\text{g}}{100\text{g}}$$

$\therefore \quad W=25.2\cdots\text{g} \fallingdotseq 25\text{g}$

解答

(1) 29g　　(2) 25g

story 5 ヘンリーの法則

ヘンリーの法則って，公式がないの？

書いてないことが多いけど，もちろんあるよ。それでは**ヘンリーの法則**を見てもらおう！

Point! ヘンリーの法則

一定温度で溶解する気体の濃度は圧力（混合気体では分圧）に比例する。

$$c=KP$$

（K：溶媒と溶質で決まる定数〔mol/(L·Pa)〕
Kは温度により変化する）

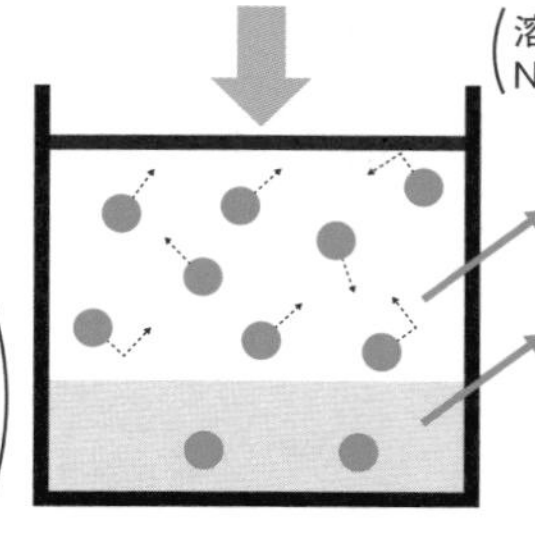

（溶解度の特に大きい NH_3、HCl では不成立）

P：圧力〔Pa〕

c：気体の濃度〔mol/L〕

このように「一定温度における**溶解する気体のモル濃度 c は圧力 P に比例する**」というのがヘンリーの法則なんだ。$c = KP$ が公式だよ。簡単でしょ。この公式だけで問題はシンプルに解けるんだ。溶解している気体を体積に換算して答えさせる問題があるけど、$PV = nRT$ から V を計算すれば良いよ。ヘンリーの法則自体に“溶解する気体の体積”に関する記述はないのが普通だから、問題は公式からシンプルに解けば良いんだよ！

せんせい！
ヘンリーの法則に従って二酸化炭素が溶けたコーラあげる！
シャカ
シャカ
ふふふ…
サンキュー
び
しょ
このコーラは二酸化炭素の圧力が高かったのか？

問題 3 ヘンリーの法則

窒素 N_2 を25℃, 1.0×10^5 Pa で25℃, 1.0 L の水に接触させると 6.1×10^{-4} mol 溶ける。気体定数を $R = 8.3 \times 10^3$ L·Pa/(K·mol) として次の問いに答えよ。ただし，温度は全て25℃とする。

(1) N_2 が 2.0×10^5 Pa で5.0 L の水に接しているとき，水に溶解する N_2 の物質量は何 mol か。
(2) N_2 が 2.0×10^5 Pa で5.0 L の水に接しているとき，水に溶解する N_2 は25℃, 1.0×10^5 Pa で何 L に換算されるか。
(3) 空気が 5.0×10^5 Pa で90 L の水に接しているとき，水に溶解する N_2 の物質量は何mol か。ただし，空気中の N_2 のモル分率は0.80 とする。

解説

25℃の N_2 について，定数 K を出すのが最初の作業になるよ。定数は1.0Lの水に1.0Paの圧力をかけたとき，溶解する気体の物質量なので

$$K = \frac{6.1 \times 10^{-4}\,\text{mol}}{1.0\,\text{L} \times (1.0 \times 10^{5})\,\text{Pa}} = 6.1 \times 10^{-9}\,\text{mol/(L・Pa)}$$

だから25℃の N_2 について，$\boxed{c = 6.1 \times 10^{-9} \times P}$ が成立する。

(1)　$c = KP$ に代入すれば濃度が出る。

$$c = 6.1 \times 10^{-9}\,\text{mol/(L・}\cancel{\text{Pa}}) \times (2.0 \times 10^{5})\,\cancel{\text{Pa}}$$
$$= 1.22 \times 10^{-3}\,\text{mol/L}$$

よって，水溶液5.0L中にある N_2 の物質量は

$$1.22 \times 10^{-3}\,\text{mol/}\cancel{\text{L}} \times 5.0\cancel{\text{L}} = 6.1 \times 10^{-3}\,\text{mol}$$

(2)　溶解している N_2 の物質量は(1)から 6.1×10^{-3} mol なので，$PV = nRT$ より

$$1.0 \times 10^{5} \times V = 6.1 \times 10^{-3} \times 8.3 \times 10^{3} \times (25 + 273)$$
$$V = 0.1508\cdots \fallingdotseq 0.15\,\text{L}$$

(3)　N_2 の分圧は $5.0 \times 10^{5}\,\text{Pa} \times 0.80 = 4.0 \times 10^{5}\,\text{Pa}$ だから

$c = KP$ に代入して

$$c = 6.1 \times 10^{-9}\,\text{mol/(L・}\cancel{\text{Pa}}) \times 4 \times 10^{5}\,\cancel{\text{Pa}}$$
$$= 2.44 \times 10^{-3}\,\text{mol/L}$$

90L中に溶解している N_2 は

$$2.44 \times 10^{-3}\,\text{mol/}\cancel{\text{L}} \times 90\cancel{\text{L}} = 0.2196\,\text{mol} \fallingdotseq 0.22\,\text{mol}$$

解答

(1)　6.1×10^{-3} mol　(2)　0.15L　(3)　0.22mol

確認問題

次の1～6の問い に答えよ。ただし，計算問題は全て有効数字2桁で解答せよ。

1 食塩が水に溶けるとき，ナトリウムイオン Na^+ や塩化物イオン Cl^- のまわりに水分子が集まった状態になる。このようなイオンを何というか。

2 ヒドロキシ基－OH のように水分子と親和性の高い基を何というか。

3 食塩の結晶が残っている飽和水溶液が溶解平衡に達しているとき，食塩の溶解速度と同じ速度になっているものは何か。

4 硝酸カリウム KNO_3 の水に対する溶解度は60℃で110g/100gH_2O である。この飽和溶液の質量パーセント濃度を求めよ。

解答

1 水和イオン

2 親水基

3 析出速度

4 52%

解説

60℃の KNO_3 飽和水溶液の溶質や水溶液の質量は次のとおり。

60℃
飽和
水溶液

水溶液	210g
KNO_3	110g
H_2O	100g

$$\frac{110\,\mathrm{g}}{210\,\mathrm{g}} \times 100 = 52.38\cdots \fallingdotseq 52\%$$

5 硫酸銅五水和物 $CuSO_4 \cdot 5H_2O$ の結晶50g を水100g に溶かした。硫酸銅 $CuSO_4$ の質量パーセント濃度を求めよ。ただし，$CuSO_4$ と H_2O の式量をそれぞれ160と18とする。

解答

21%

解説

$CuSO_4 \cdot 5H_2O$ の結晶の $\dfrac{160}{250}$ が $CuSO_4$ であることに注意。

水溶液　150g

$CuSO_4$　$50g \times \dfrac{160}{250} = 32g$

H_2O　$(150-32)g = 118g$

$$\frac{32\,g}{150\,g} \times 100 = 21.3\cdots \fallingdotseq 21\%$$

6 水素 H_2 は25℃，1.0×10^5Pa で25℃，1.0L の水に接していると 7.8×10^{-4}mol 溶ける。H_2 が25℃，8.0×10^5Pa で25℃，1.0L の水に接しているときの水中の H_2 のモル濃度を求めよ。

解答

6.2×10^{-3}mol/L

解説

ヘンリーの法則 $c = KP$ より，気体の溶解度は圧力に比例する。

$$7.8 \times 10^{-4}\,\text{mol/L} \times \frac{8.0 \times 10^5\,\text{Pa}}{1.0 \times 10^5\,\text{Pa}} = 6.24 \times 10^{-3}\,\text{mol/L}$$

$$\fallingdotseq 6.2 \times 10^{-3}\,\text{mol/L}$$

第7章 希薄溶液の性質

あれ？冷凍したのに凍ってない
?
うわー！あけたら急に凍ってしまって飲めない!!
??

▶ 液体が過冷却になっていると，衝撃で一気に凍ることがある。

story 1 沸点上昇

(1) 蒸気圧降下

水溶液の沸点って，どれも100℃じゃないんですか？

水の沸点は大気圧下では100℃だけど，**不揮発性溶質**（蒸発しない溶質）が溶解した水溶液の沸点は100℃以上になるんだ。これは**蒸気圧降下**という現象が原因なんだよ。不揮発性物質が溶けた水溶液の液

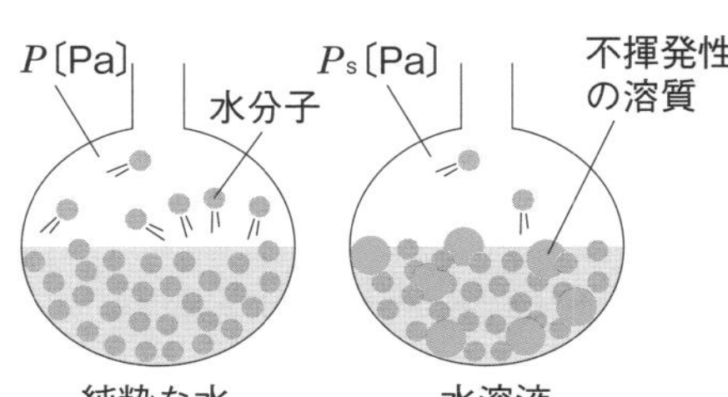

P〔Pa〕
水分子
P_s〔Pa〕
不揮発性の溶質
純粋な水
水溶液
$P > P_s$ （蒸気圧降下）

▲蒸気圧降下

面を見ると，溶質のせいで，水自体の表面積が小さくなっているから，そこから蒸発する圧力も小さくなって，**蒸気圧が下がる**“**蒸気圧降下**”**という現象が起こるイメージ**なんだ。蒸気圧降下は水溶液の全ての温度帯で起こるから，**水の蒸気圧曲線を下にほぼ平行移動させたものが**，**不揮発性溶質の溶けた水溶液の蒸気圧曲線**ということになるよ。

海水で濡れた水着は，蒸気圧が下がっているから乾きにくいんだ！
プールの水はほぼ真水だから乾きやすいんだ！
・うみ・
・プール・

(2) 沸点上昇

飽和蒸気圧＝外圧となる温度が沸点だから，蒸気圧曲線で見ると，ショ糖水溶液（砂糖水）の沸点が高くなっているのがわかるね。この現象を**沸点上昇**（ふってんじょうしょう）といい，この温度の上昇度を**沸点上昇度**（Δt_b）とよぶんだ。

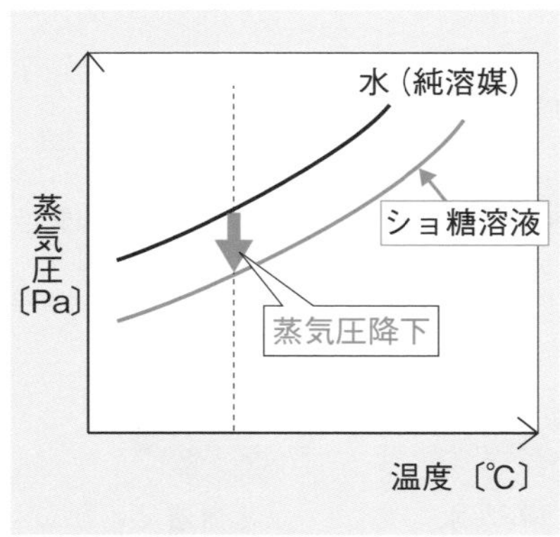
水（純溶媒）
ショ糖溶液
蒸気圧〔Pa〕
蒸気圧降下
温度〔℃〕

▲ **蒸気圧降下と蒸気圧曲線**

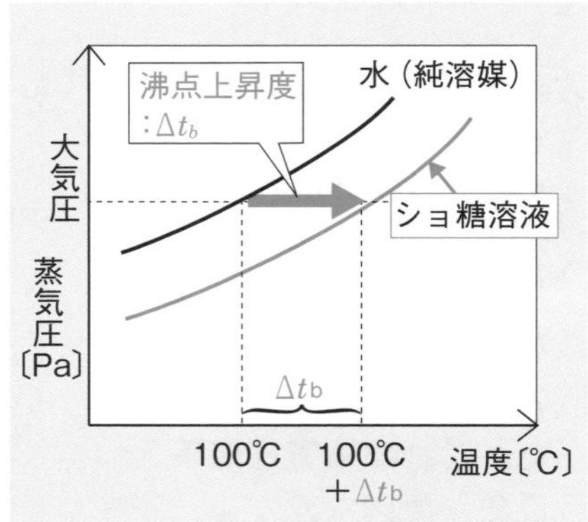
沸点上昇度
：Δt_b
水（純溶媒）
大気圧
ショ糖溶液
蒸気圧〔Pa〕
Δt_b
100℃
100℃ ＋Δt_b
温度〔℃〕

▲ **蒸気圧降下と沸点上昇**

このΔ t_b には有名な公式があるんだけど，ここで使う溶液の濃度は"**質量モル濃度**"という特殊な濃度を使うから注意してね。

Point! 質量モル濃度

$$質量モル濃度〔mol/kg〕 = \frac{溶質の物質量〔mol〕}{溶媒の質量〔kg〕}$$

Point! 沸点上昇度の公式

$$\Delta t_b = K_b m$$

Δt_b：沸点上昇度〔K〕
m：溶質粒子の質量モル濃度〔mol/kg〕
K_b：沸点上昇定数〔K・kg/mol〕
（モル沸点上昇ともよばれる）

溶媒の種類で決まる定数（溶質の種類には関係しない）

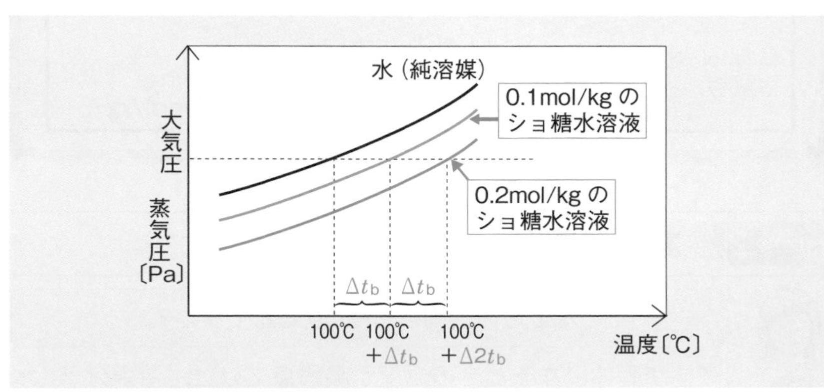
水（純溶媒）
0.1mol/kg の
ショ糖水溶液
0.2mol/kg の
ショ糖水溶液
大気圧
蒸気圧
〔Pa〕
Δtb
Δtb
100℃
100℃
+Δtb
100℃
+Δ2tb
温度〔℃〕

▲ 蒸気圧降下と質量モル濃度

$\Delta t_b = K_b m$ より Δt_b は m に比例するので，質量モル濃度が２倍になれば，沸点上昇度も２倍になる関係だよ。

この公式は簡単な式なんだけど，１つだけ次のことに注意してね。

$\Delta t_b = K_b m$

↑

溶質粒子の全部のモル数から質量モル濃度 m を出す必要あり!

例えばショ糖（砂糖）なら電離しないから気にしなくていいけど，イオンに電離する電解質はイオンのモル数（物質量）を合計する必要があるんだ。気をつけて計算してね！

Point! $\Delta t_b = K_b m$ **に代入するときの考え方**

質量モル濃度	$\Delta t_b = K_b m$ に代入するときの m
0.1mol/kg - ショ糖水溶液	**0.1mol/kg** （電離しないものはこのままで OK！ ㊎ ショ糖，ブドウ糖，尿素）
0.1mol/kg - NaCl 水溶液（食塩水）	$NaCl \longrightarrow Na^{+} + Cl^{-}$ モル数は NaCl の 2倍 0.1mol/kg × 2 ＝ **0.2mol/kg**
0.1mol/kg - $CaCl_2$ 水溶液（塩化カルシウム水溶液）	$CaCl_2 \longrightarrow Ca^{2+} + 2Cl^{-}$ モル数は $CaCl_2$ の 3倍 0.1mol/kg × 3 ＝ **0.3mol/kg**

story 2 凝固点降下

水溶液の凝固点も高くなるんですか?

液体が固体になるときの温度が**凝固点**（ぎょうこてん）だけど，溶媒分子（水など）が凝固するのを溶質粒子が妨害するとイメージすれば，溶液が凝固しにくいのがわかるよ。不揮発性の物質が溶けた水溶液の**凝固点は高くなるのではなく**，**低くなる**んだよ。凝固しにくくなるからより低い温度が必要なんだ。この現象を**凝固点降下**（ぎょうこてんこうか）というよ。

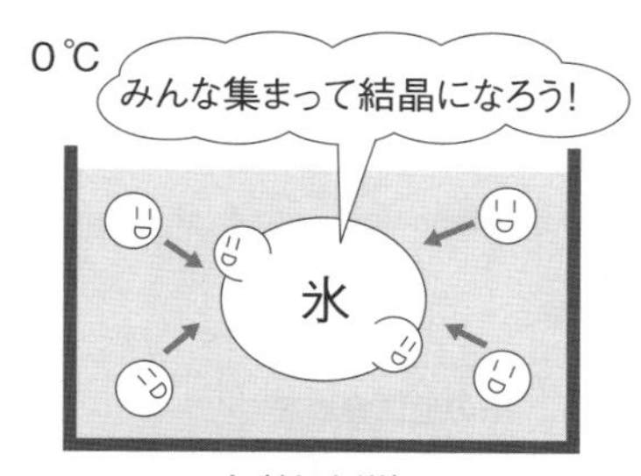
0℃
みんな集まって結晶になろう!
氷
水(純溶媒)

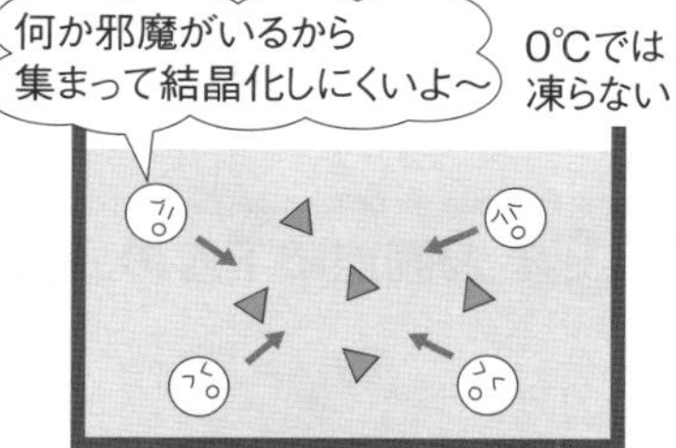
何か邪魔がいるから
集まって結晶化しにくいよ～
0℃では
凍らない
不揮発性物質の溶けた溶液

蒸気圧曲線は状態図の一部だけど，もっと広い範囲で状態図を見れば，沸点上昇と凝固点降下の両方が確認できるよ。**不揮発性溶質の溶けた溶液は蒸気圧曲線が下がるけど，同様に融解曲線も下がる**んだ(昇華圧曲線は，固体結晶から昇華するのは溶媒の水のみなので変化しないよ)。

Point! 沸点上昇と凝固点降下

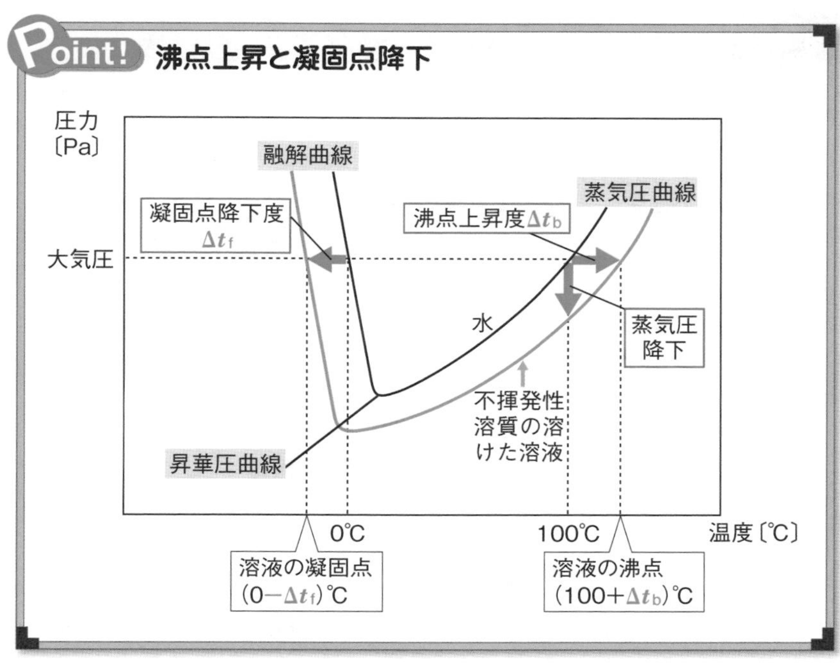
圧力
〔Pa〕
融解曲線
蒸気圧曲線
凝固点降下度
Δt_f
沸点上昇度Δt_b
大気圧
水
蒸気圧
降下
不揮発性
溶質の溶
けた溶液
昇華圧曲線
0℃
100℃
温度〔℃〕
溶液の凝固点
$(0-\Delta t_f)$℃
溶液の沸点
$(100+\Delta t_b)$℃

そして，**凝固点降下度**は沸点上昇度と**全く同じ形の公式にあてはめる**から一気に頭に入るね！

Point! 凝固点降下度の公式

$$\Delta t_f = K_f m$$

Δt_f ：凝固点降下度〔K〕
m ：溶質粒子の質量モル濃度〔mol/kg〕
K_f ：凝固点降下定数〔K·kg/mol〕
（モル凝固降下ともよばれる）

溶媒の種類で決まる定数（溶質の種類には関係しない）

家の池に食塩をたくさん入れたら凝固点が降下して冬でも凍らなくなるんだ！
冷たい！

問題 1 沸点上昇と凝固点降下

次の水溶液A～Dについてあとの問いに答えよ。ただし電離するものは100％電離すると考えてよい。

A：0.05 mol のショ糖を1.0 kgの水に溶かした水溶液
B：0.08 mol の尿素を1.0 kgの水に溶かした水溶液
C：0.03 mol の塩化ナトリウム **NaCl** を1.0 kgの水に溶かした水溶液
D：0.05 mol の塩化カルシウム **$CaCl_2$** を1.0 kgの水に溶かした水溶液

(1) 100℃の蒸気圧の低い方から順に並べよ。 （例）A＜B＜C＜D
(2) 大気圧下で沸点が100℃に一番近い溶液はどれか。
(3) 沸点の低い方から順に並べよ。 （例）A＜B＜C＜D
(4) 大気圧下で凝固点が0℃に一番近い溶液はどれか。
(5) 凝固点の低い方から順に並べよ。 （例）A＜B＜C＜D

解説

A，B の溶質は非電解質だから，溶質粒子の質量モル濃度は A：0.05 mol/kg，B：0.08 mol/kgでいいけど，C と D は電離するから注意だよ！

C：$NaCl \longrightarrow \underbrace{Na^{+} + Cl^{-}}_{\text{2つに分かれる!}}$ より溶質粒子の質量モル濃度は

$$0.03\,\text{mol/kg} \times 2 = 0.06\,\text{mol/kg}$$

D：$CaCl_2 \longrightarrow \underbrace{Ca^{2+} + 2Cl^{-}}_{\text{3つに分かれる!}}$ より溶質粒子の質量モル濃度は

$$0.05\,\text{mol/kg} \times 3 = 0.15\,\text{mol/kg}$$

あとは，質量モル濃度が大きいほど，蒸気圧が下がり，融解曲線も下がることがわかっていれば，簡単な図をかいてみれば一発で順番がわかるよ。(2)，(4)は，一番濃度の低い水溶液が純水に近いからどちらも A が正解だよ。

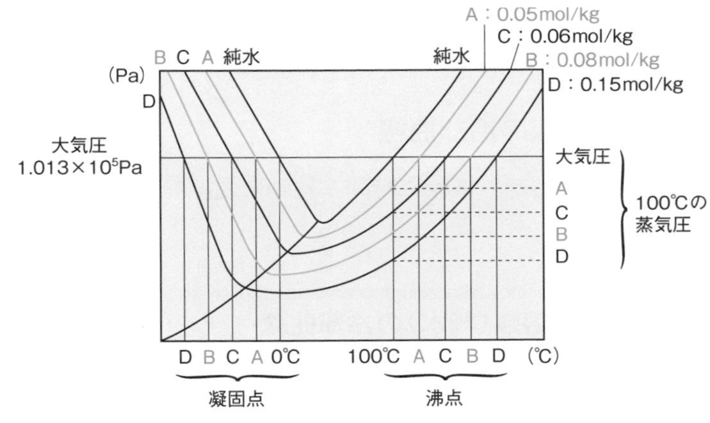

A：0.05mol/kg
C：0.06mol/kg
B：0.08mol/kg
D：0.15mol/kg
B C A 純水
純水
(Pa)
D
大気圧
1.013×10⁵Pa
大気圧
A
C
B
D
100℃の
蒸気圧
D B C A 0℃
100℃ A C B D
(℃)
凝固点
沸点

▲ **蒸気圧曲線と融解曲線のイメージ**

解答

(1) D＜B＜C＜A　(2) A　(3) A＜C＜B＜D　(4) A

(5) D＜B＜C＜A

story 3 冷却曲線

(1) 過冷却

真水は0℃で凍らないって本当ですか?

液体が固体になる温度を凝固点といったけど，実際に液体を冷却していくと凝固点で凍らないことが多いんだ。**凝固点を過ぎても凍らない状態を過冷却**(supercooling) といい，過冷却になった液体は，衝撃などのきっかけで急に凍ってしまうよ!

お前はもう凍っている!!
えっ…液体ですけど
ビシィ!!
つん
!?
ふははははは
一瞬で凍った…!?
コロコロ…
ピキーン

(2) 純溶媒の冷却曲線

純水を冷却して，横軸に時間，縦軸に温度をとると次のようなグラフになるよ。

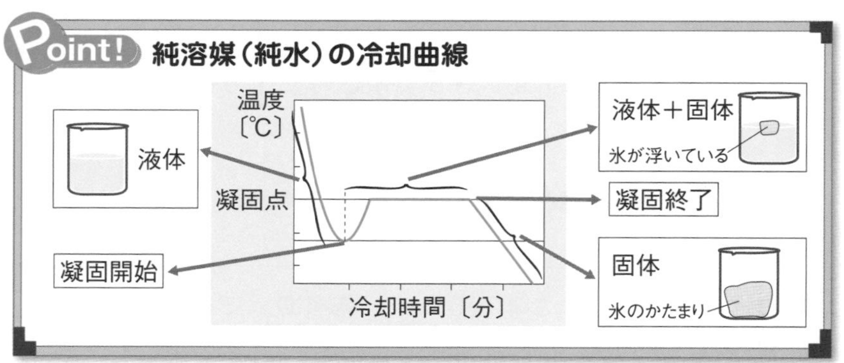
Point! 純溶媒(純水)の冷却曲線
温度〔℃〕
凝固点
冷却時間〔分〕
液体
凝固開始
液体+固体
氷が浮いている
凝固終了
固体
氷のかたまり

過冷却は本来凍っていなければならない特殊な状態なんだけど，いったん凝固が始まると，本来の凝固点（水なら0℃）に戻って凍り始めるんだ。純溶媒の冷却曲線はこれで完璧だね！

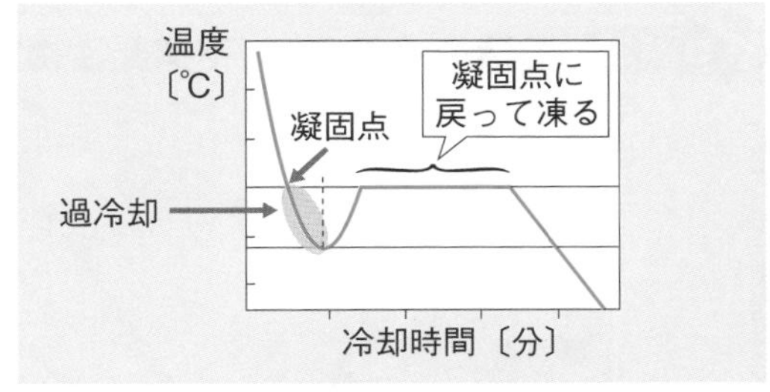
温度〔℃〕
凝固点に戻って凍る
凝固点
過冷却
冷却時間〔分〕

▲ **冷却曲線上で見る過冷却（純溶媒）**

(3) 溶液の冷却曲線

ところで，食塩水のような溶液の場合は上の冷却曲線の形が変わるから注意するんだよ。一番の違いは液体が凝固するときの形なんだ。

ポイントは**食塩水などの溶液が凝固するとき，凍るのは水（溶媒）だけ**ということなんだ！

だから，残った食塩水はしだいに濃くなるんだよ。

濃度 m が高くなると，$\Delta t_f = K_f m$ の式からわかるように凝固点が下がるから，残った溶液はどんどん**凝固点降下によって温度が下がり続ける**んだ。

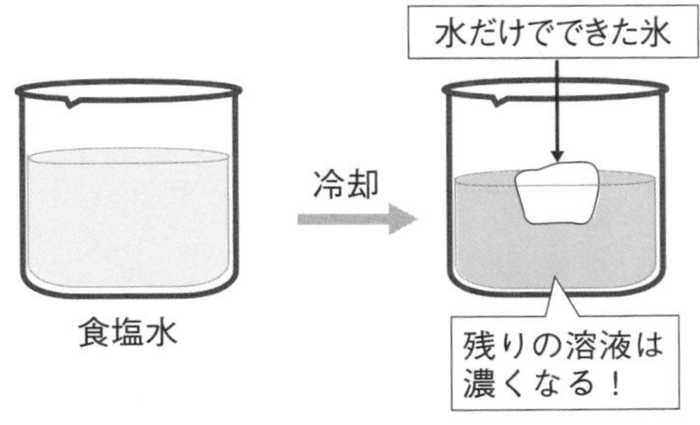
水だけでできた氷
冷却
食塩水
残りの溶液は濃くなる！

▲ **食塩水を凍らせたとき**

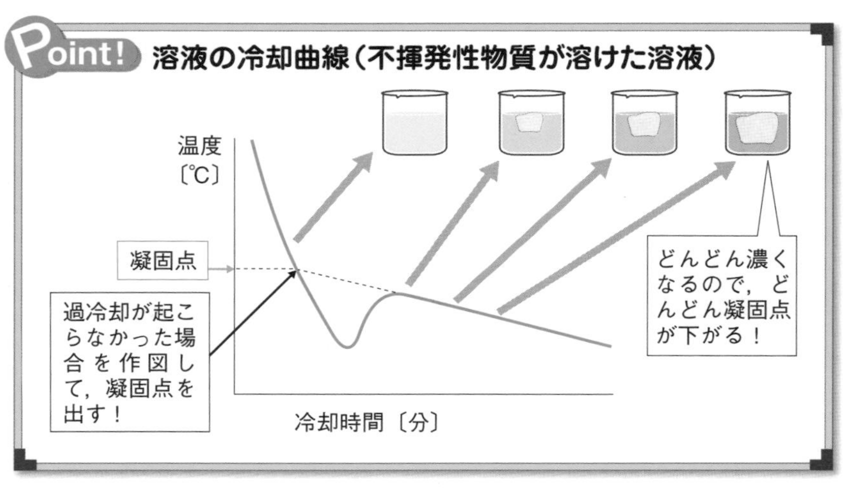
Point! 溶液の冷却曲線（不揮発性物質が溶けた溶液）
温度〔℃〕
凝固点
過冷却が起こらなかった場合を作図して，凝固点を出す！
どんどん濃くなるので，どんどん凝固点が下がる！
冷却時間〔分〕

凍らせておいたオレンジジュース，半分ぐらいしか凍ってないけど，飲んじゃえ！
ジュースの中の水だけが凍ったから，残りは濃縮されたんだよ！まずそうだね！
このジュース，超濃い〜〜！

純溶媒と溶液の冷却曲線を重ねて，凝固点降下度を見てみると右の図のようになるよ。

この実験結果を，

$$\Delta t_f = K_f m$$

の公式に代入して，凝固点降下係数 K_f を求めるんだよ。

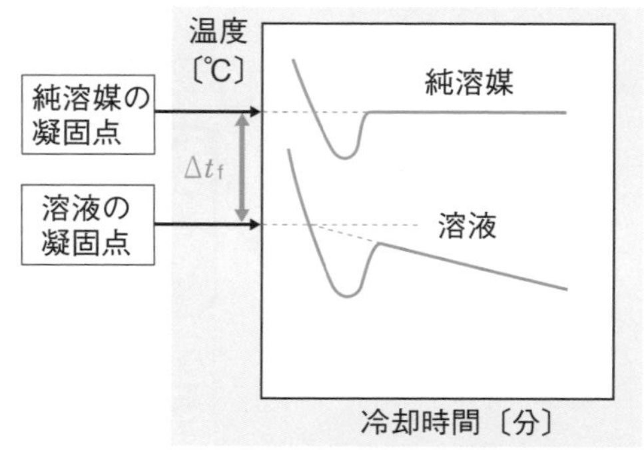
温度〔℃〕
純溶媒の凝固点
溶液の凝固点
Δtf
純溶媒
溶液
冷却時間〔分〕

▲ 純溶媒と溶液の冷却曲線と凝固点

story 4 浸透圧

(1) 半透膜と浸透圧

浸透圧って，何が浸透する圧力なの？

溶液を半透膜（水（溶媒）は通すけど，溶質を通さない膜）**で仕切ったとき**，**水などの溶媒が浸透してくる圧力を浸透圧**というよ。

細胞膜は大ざっぱに言えば半透膜みたいなものだから，浸透圧によって物質が出入りすることが多いんだ。血液中の細胞である赤血球を水の中に入れると，赤血球内部の溶液を薄めようとして，水が内部に入ってくるんだ。最終的には赤血球が膨れて破裂してしまう現象（溶血）が起こるんだ。

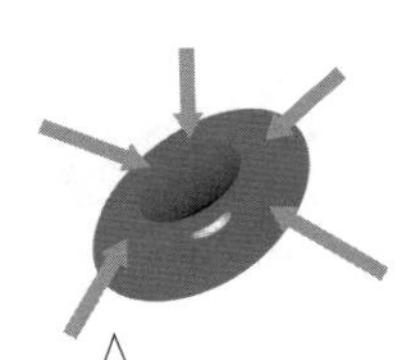

赤血球の中は水より濃度が濃いので，水が赤血球内に浸透してくる！

半透膜である赤血球の細胞膜を通って入ってきた水のせいで，赤血球はどんどん膨張する！

溶血

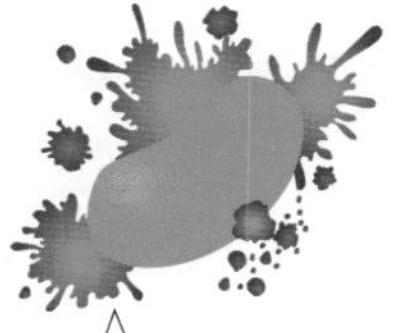

水（溶媒）が浸透し過ぎて，細胞膜がとうとう破裂する！（溶血という）

指の先切って，ちょっとだけ血が出ちゃった！

(2) 浸透圧の起こる仕組み

次に，濃度の異なる溶液を半透膜で仕切ると，なぜ，水が浸透してくるかを考えてみよう。U字管を水しか通さない半透膜で仕切って，左側に純水，右側にショ糖水溶液を入れてみると，ショ糖溶液側にはショ糖分子があるので，水が左に移動するのに邪魔者がいるイメージになるね。ところが，純水側には何も邪魔者がいないから純水側の水がショ糖溶液側に浸透する圧力の方が勝るんだ。

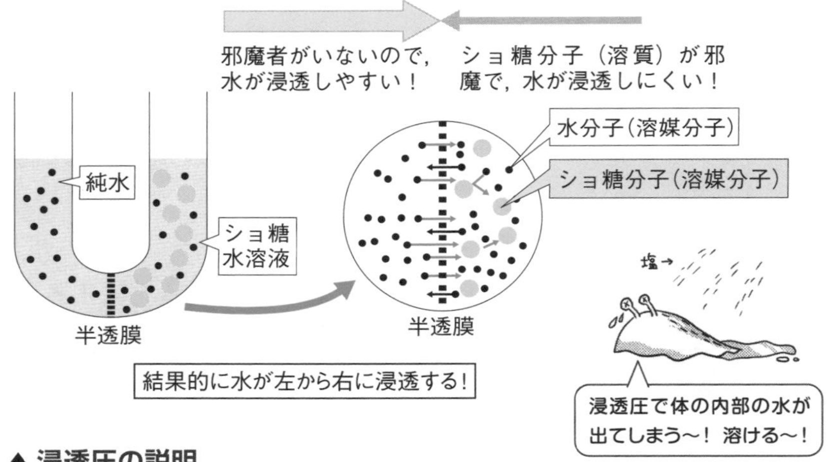
邪魔者がいないので，水が浸透しやすい！
ショ糖分子（溶質）が邪魔で，水が浸透しにくい！
純水
ショ糖水溶液
半透膜
水分子（溶媒分子）
ショ糖分子（溶媒分子）
半透膜
結果的に水が左から右に浸透する！
塩→
浸透圧で体の内部の水が出てしまう～！ 溶ける～！

▲ 浸透圧の説明

最初の溶液の高さを同じにしておけば，水の浸透現象のため，ショ糖水溶液の液面が上昇するけど，それを**押さえつけて同じ高さにすれば，その圧力，つまり浸透圧がわかる**んだ。

公式は**ファントホッフの法則**といって，気体の状態方程式と同じだから簡単だよ！

Point!

浸透圧の測定と公式

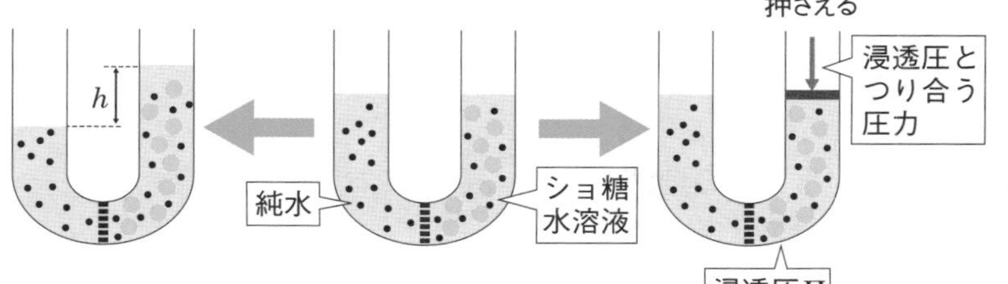
押さえる
h
浸透圧とつり合う圧力
純水
ショ糖水溶液
浸透圧Π

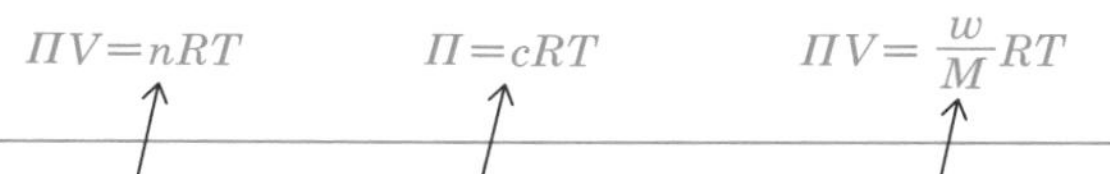
ファントホッフの法則
$\Pi V = nRT$
$\Pi = cRT$
$\Pi V = \frac{w}{M}RT$

全溶質粒子の物質量や質量やモル濃度を代入する必要があるので，電解質の場合は注意！

例えば，溶質が 0.1mol の NaCl の場合は

n=0.1mol×2=0.2mol

溶質が 0.1mol/L の NaCl の場合は

c=0.1mol/L×2=0.2mol/L

Π：浸透圧〔Pa〕
R：気体定数 ← $R = 8.3\times10^3$ L・Pa/(K・mol)
T：絶対温度〔K〕，w：質量〔g〕
c：溶質粒子のモル濃度〔mol/L〕，n：物質量〔mol〕

オランダの物理化学界の天才ファントホッフが考案した浸透圧の式は，気体の状態方程式と全く同じなんだ！凄い発見だね。その功績が称えられ1901年に最初のノーベル化学賞を受賞しているんだ！

確認問題

次の**1**~**5**の問いに答えよ。ただし，必要なら次の数値を用いよ。

水の沸点上昇定数（モル沸点上昇）：$K_b = 0.52$ K・kg /mol，水の凝固点降下定数（モル凝固点降下）：$K_f = 1.85$ K・kg /mol，気体定数：$R = 8.3 \times 10^3$ L・Pa/（K・mol）

1　次のA，B 2つの溶液のうち，20℃における飽和蒸気圧が低い方を答えよ。

A：0.1 mol のショ糖を1.0 kgの水に溶かした溶液

B：0.06 mol の塩化カリウム **KCl** を1.0 kgの水に溶かした溶液

解答

B

解説

全溶質粒子の質量モル濃度は

A：0.1 mol/kg,

B：**KCl** ⟶ K^+ + Cl^- より

0.06 mol/kg × **2** = 0.12 mol/kg

よってBの方が濃度が濃いので，蒸気圧は低くなる。

2　0.2 mol の塩化ナトリウム **NaCl** を1.0 kgの水に溶かした溶液の沸点を小数第2位まで求めよ。

解答

100.21℃

解説

NaCl ⟶ Na^+ + Cl^- より溶質粒子の質量モル濃度が2倍になることに注意。

$\Delta t_b = K_b m = 0.52\,\text{K}\cdot\text{kg/mol} \times (0.2 \times \mathbf{2})\,\text{mol/kg} = 0.208\,\text{K}$

よって，沸点が0.208℃上昇したから沸点は

100 + 0.208 = 100.208 ≒ 100.21℃

3　1.2 mol の尿素を600 g の水に溶かした水溶液の凝固点〔℃〕を小数第１位まで求めよ。

解答　-3.7℃

解説

尿素は非電解質だから質量モル濃度は

$$m = \frac{1.2\,\mathrm{mol}}{0.60\,\mathrm{kg}} = 2.0\,\mathrm{mol/kg}$$

$$\Delta t_f = K_f m = 1.85\,\mathrm{K \cdot kg/mol} \times 2.0\,\mathrm{mol/kg} = 3.7\,\mathrm{K}$$

よって，凝固点は3.7℃下降したから

$0 - 3.7 = -3.7 \fallingdotseq -3.7$℃

4　0.12 mol の塩化カルシウム $CaCl_2$ を1.8 kgの水に溶かした溶液の凝固点を小数第2位まで求めよ。

解答　-0.37℃

解説

$CaCl_2 \longrightarrow Ca^{2+} + 2Cl^-$ より溶質粒子の質量モル濃度は

$$m = \frac{0.12 \times 3\,\mathrm{mol}}{1.8\,\mathrm{kg}} = 0.20\,\mathrm{mol/kg}$$

$$\Delta t_f = K_f m = 1.85\,\mathrm{K \cdot kg/mol} \times 0.20\,\mathrm{mol/kg} = 0.37\,\mathrm{K}$$

よって，凝固点は $0 - 0.37 = -0.37 = -0.37$℃

5　0.08 mol/L のグルコース水溶液の27℃での浸透圧を有効数字2桁で求めよ。

解答　2.0×10^5 Pa

解説

$\Pi = cRT$ より，

$\Pi = 0.08\,\mathrm{mol/L} \times 8300\,\mathrm{L \cdot Pa/(K \cdot mol)} \times (273 + 27)\,\mathrm{K}$

$= 1.992 \times 10^5\,\mathrm{Pa} \fallingdotseq 2.0 \times 10^5\,\mathrm{Pa}$

第8章 コロイド溶液

山の空気って
すがすがしい!
花粉
カビの胞子
皮膚の破片

▶空気中には様々なコロイド粒子がブラウン運動をして浮いている。

story 1 コロイド粒子とコロイドの分類

(1) コロイド粒子とコロイドの分類

コロイド粒子って何ですか?

コロイド粒子は原子や分子より大きな粒子で，正確には**直径 10^{-9} ～ 10^{-7} m の粒子**を指すんだ。粒子によってコロイドを分類すると，次のような種類があるよ。

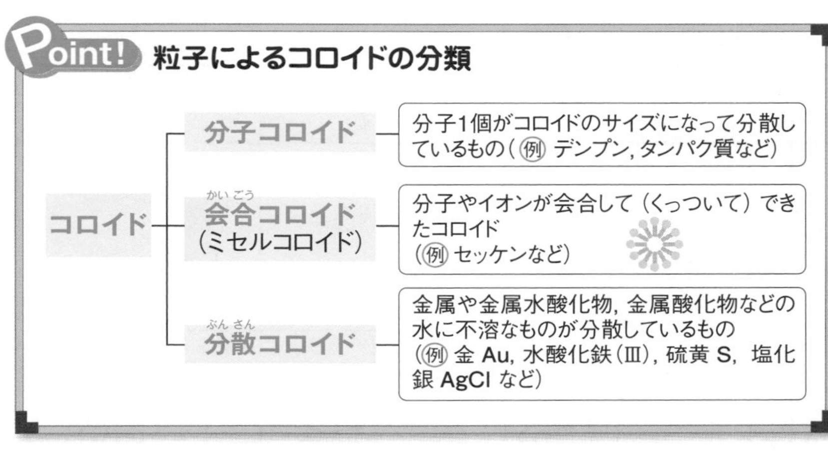
Point! 粒子によるコロイドの分類
コロイド
分子コロイド
分子1個がコロイドのサイズになって分散しているもの（例 デンプン，タンパク質など）
会合コロイド（ミセルコロイド）
分子やイオンが会合して（くっついて）できたコロイド（例 セッケンなど）
分散コロイド
金属や金属水酸化物，金属酸化物などの水に不溶なものが分散しているもの（例 金 Au，水酸化鉄（Ⅲ），硫黄 S，塩化銀 AgCl など）

(2) コロイドの分散系

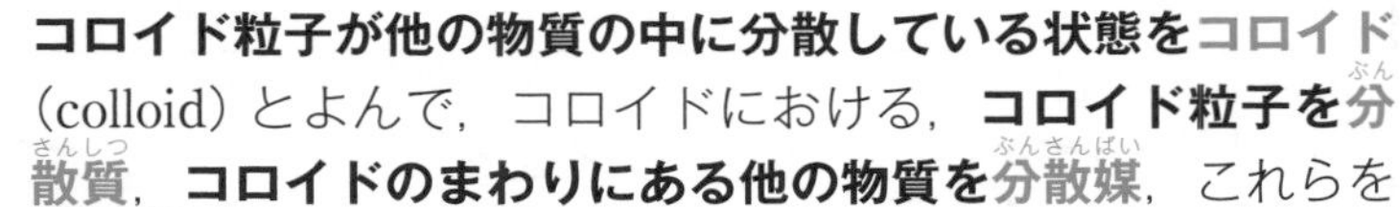

コロイド粒子が他の物質の中に分散している状態をコロイド（colloid）とよんで，コロイドにおける，**コロイド粒子を**分散質，**コロイドのまわりにある他の物質を**分散媒，これらを合わせて分散系というんだ。例えば，コランダムという鉱物は酸化アルミニウム Al_2O_3 の無色透明な結晶だが，その中に酸化クロム（Ⅲ）Cr_2O_3 のコロイド粒子が分散しているときれいな赤色の鉱物になるんだ。それがルビーだよ。

コランダム（透明な鉱物）

Al_2O_3 のみ

ルビー（赤色）

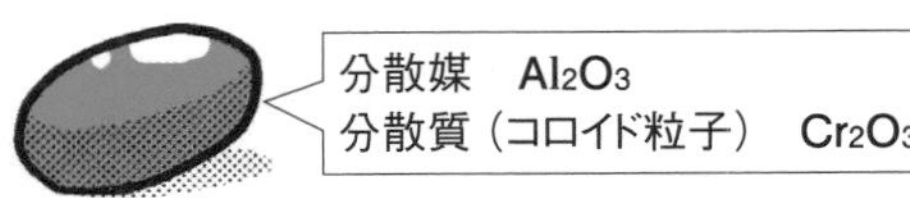
分散媒　Al_2O_3
分散質（コロイド粒子）　Cr_2O_3

分散媒と分散質を気体・液体・固体に分けた表を見ると，コロイドにはどんなものがあるか，よくわかるよ。

▼コロイドの分散質と分散媒

		分散質（コロイド粒子）					
		気　体		液　体		固　体	
分散媒	気体	分散質，分散媒ともに気体であるコロイドはない。		雲		煙	
				分散質	水，氷	分散質	固体の微粒子
				分散媒	空気	分散媒	空気
	液体	ビールの泡		マヨネーズ		油絵の具	
		分散質	二酸化炭素など	分散質	油	分散質	顔料
		分散媒	水	分散媒	水（酢）	分散媒	油
	固体	マシュマロ		オレンジゼリー		ルビー	
		分散質	空気	分散質	オレンジジュース	分散質	Cr_2O_3
		分散媒	ゼラチンなどの菓子本体	分散媒	ゼラチン	分散媒	Al_2O_3

(3) ブラウン運動

身のまわりにはコロイドがたくさんあることがわかるだろう！　この中で分散媒が気体や液体の場合には，**コロイド粒子に熱運動している分散媒粒子**（分子など）**がぶつかることで，コロイド粒子は不規則な運動をするんだ**。これが**ブラウン運動**だよ。

熱運動
H_2O
H_2O
ブラウン運動

▲ブラウン運動

(4) 流動性によるコロイドの分類

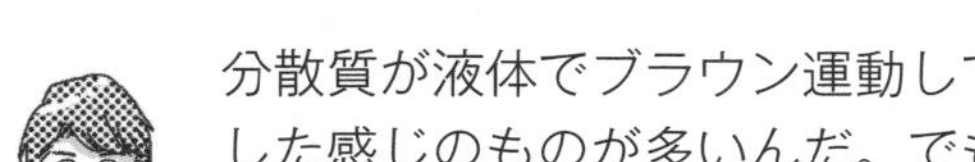

分散質が液体でブラウン運動しているコロイドにはドロドロした感じのものが多いんだ。でも，冷却したりすると流動性を失って固まるコロイドもあるよね。このように流動性のあるコロイドを**ゾル**（sol），ゼリーのように流動性を失ったコロイドを**ゲル**（gel），またゲルを乾燥させたものを**キセロゲル**（xerogel）というんだ。

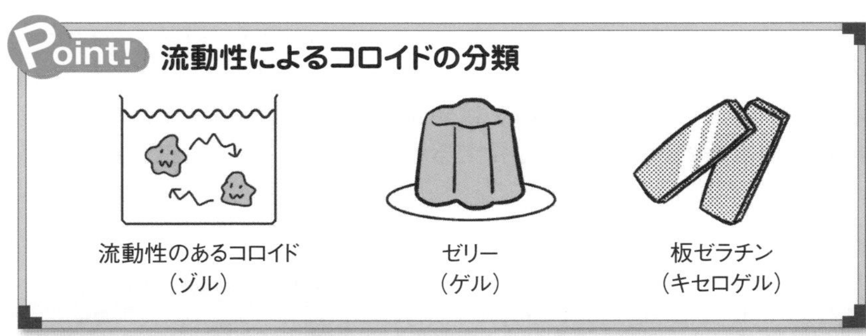
Point!
流動性によるコロイドの分類
流動性のあるコロイド
（ゾル）
ゼリー
（ゲル）
板ゼラチン
（キセロゲル）

(5) チンダル現象

また，コロイドはどれもすっきり透明に見えない，つまり濁っているものが多いよね。それはコロイド粒子が大きいので**コロイド粒子表面で光が散乱される**ためなんだ。

次のページの図のように，コロイド溶液に強い光線を当てると，コロイド粒子によって光が散乱されて，光の通路が見えるよ。この現象が**チンダル現象**だ。

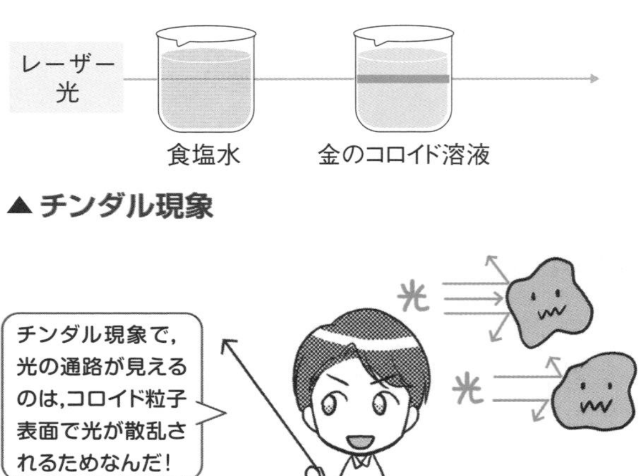
レーザー光
食塩水
金のコロイド溶液
光
光
チンダル現象で，光の通路が見えるのは,コロイド粒子表面で光が散乱されるためなんだ！

▲ **チンダル現象**

上の図の中に金のコロイド溶液というのがあるけど，金色をしていると思うでしょ？　実は，粒子本来の色というより，コロイド粒子の直径によっても色が変化することがあって，金コロイドは赤色になることが多いんだ。**コロイド粒子は結晶よりもはるかに小さいから**，**その物質の本来の色がくっきり見えるわけではない**のが面白いでしょ！

コンサート会場のサーチライトってきれい！

サーチライトの光の筋が見えるのは会場内のコロイド粒子…つまりほこりが光を散乱させているからなんだけどね
ポン

えっ
じゃあコンサート会場はコロイド状態だってこと!?
そうだな，ほこりのコロイド粒子の中でサーチライトのチンダル現象を見て喜ぶ…いわばコロイドライブだな
キラキラ
コロイドライブ!?

story 2 コロイド溶液と沈殿

コロイド粒子って，ろ過では除けないんですか?

コロイド粒子はろ紙の目よりも小さいからろ紙を通過してしまうんだ。例えば，牛乳はコロイド溶液だから，ろ紙でろ過しても，下から牛乳が出てきて，ろ過できないんだ。でも，**コロイド粒子を沈殿させて除去する**裏技(うらわざ)があるんだ！

確かに牛乳
をろ過して
も牛乳だ！

(1) 親水コロイドと疎水コロイド

コロイド粒子を沈殿させる裏技を教えてください！

よしよし，教えてあげよう！　ブラウン運動しているコロイド粒子どうしをぶつければいいんだよ。コロイド粒子どうしがぶつかると合体して大きくなっていくんだ。大きくなったコロイドは重くなって沈殿してしまうというわけなんだ！

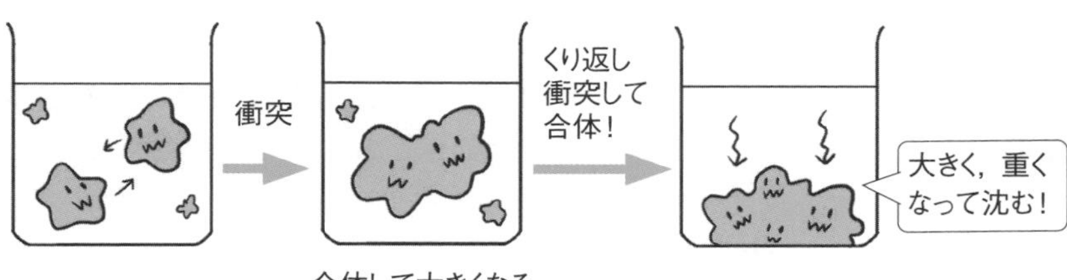
衝突
くり返し
衝突して
合体！
大きく，重く
なって沈む！

合体して大きくなる

しかし，原理は簡単でも，実際にコロイド粒子をピンセットでつまんで他のコロイド粒子にぶつけることは難しすぎるだろう。だから，ぶつけるための裏技が必要なんだよ。

沈殿させるという観点から見れば，コロイド溶液は**親水コロイド**と**疎水コロイド**の２種類に分けることができて，それぞれ，沈殿のさせ方が違うんだ。

(2) 親水コロイドと塩析

はじめに親水コロイドだけど，**親水コロイドはコロイド粒子の表面に親水基があって，水分子と強く結合（水和）しているんだ**。これはコロイド粒子表面に水のバリアがあるイメージだから，衝突してもくっつきにくいんだ。例えば，豆乳は親水コロイドなんだけど，売っているパックの中では，沈殿していないよね。それは水のバリアでコロイド粒子どうしがくっつくことが阻止されているからなんだよ。

せんせい！ ウチの冷蔵庫の豆乳は沈殿してる！
それは腐ってるだけだ！
捨てなさい！

この水のバリアをとってしまえば，コロイド粒子どうしがぶつかって，沈殿しやすくなるんだ！ **水のバリアをとるのに使われるのが多量の塩**（塩化ナトリウム NaCl など）なんだよ。例えば多量の食塩を入れたら，

$$NaCl \longrightarrow Na^+ + Cl^-$$

と電離して，生成したイオンが水と水和するから，水分子は Na^+ や Cl^- の方にどんどん集まって，コロイド粒子表面の水のバリアが薄くなって沈殿するよ。これを**塩析**というんだ。

豆乳もにがり（主成分は塩化マグネシウム $MgCl_2$）を入れると塩析して，沈殿するんだ。それが豆腐だね。

豆腐は親水コロイドの粒子を沈殿させたものだよ！
ちゅるる

豆腐は沈殿したコロイドだったんだ！

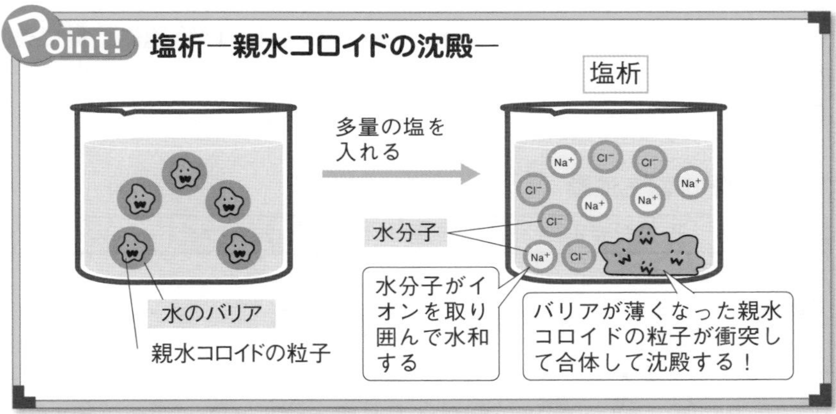
Point!
塩析─親水コロイドの沈殿─
塩析
多量の塩を入れる
Na⁺
Cl⁻
水分子
水分子がイオンを取り囲んで水和する
バリアが薄くなった親水コロイドの粒子が衝突して合体して沈殿する！
水のバリア
親水コロイドの粒子

(3) コロイド粒子の帯電と電気泳動

ところで，水のバリアを張らないコロイドもあるんだ。それが**疎水コロイド**なんだよ。疎水コロイドは水のバリアがないから，放っておくと，簡単にコロイド粒子どうしがぶつかって沈殿するものもあるんだ。

泥水を放置しておくと翌日沈殿して，上の方が透明になっていたことがあった！
翌日
濁った泥水（疎水コロイド）
沈殿している

でも沈殿をより速くつくる裏技があるんだよ。

その前に，コロイドのもう一つの性質を知っておいてもらおう。それが，**コロイド粒子の帯電**だよ。親水コロイドも疎水コロイドも正か負に帯電しているものが多いんだ。正負のどちらに帯電しているかはコロイドに電圧をかけて放っておくとわかるよ。

水の入ったU字管の下部に静かにコロイド溶液を入れて電圧をかけると，正に帯電したコロイド粒子（正コロイド）は陰極に，負に帯電したコロイド粒子（負コロイド）は陽極に移動する。この現象をコロイドの**電気泳動**（えいどう）というから覚えておくんだよ。

▼ **コロイドの電気泳動**

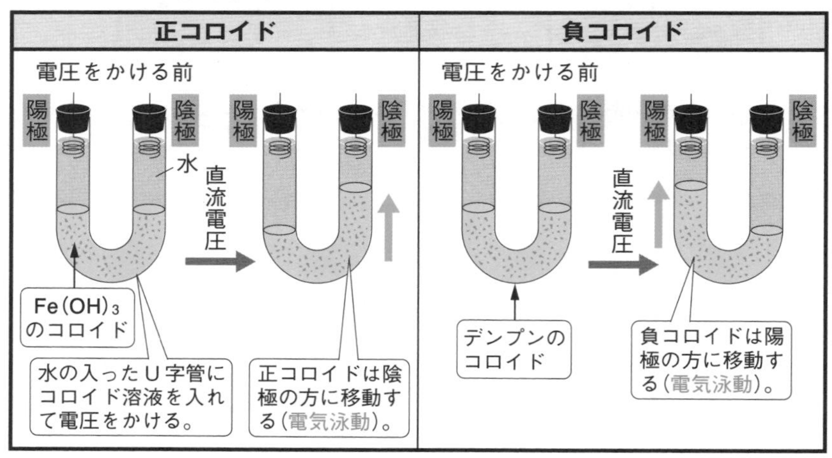

正コロイド
負コロイド
電圧をかける前
陽極
陰極
水
直流電圧
Fe(OH)3のコロイド
水の入ったU字管にコロイド溶液を入れて電圧をかける。
正コロイドは陰極の方に移動する（電気泳動）。
電圧をかける前
陽極
陰極
直流電圧
デンプンのコロイド
負コロイドは陽極の方に移動する（電気泳動）。

(4) 疎水コロイド粒子と凝析

コロイド粒子が帯電していることを使って，沈殿させる方法があるんだ。コロイド粒子どうしは同じ符号の電気に帯電して反発し合っていて，その反発力によって分散しているんだよ。だから，少量の塩（逆符号のイオン）を入れてコロイドの反発力を弱めてしまえば簡単にぶつかって沈殿するというわけなんだ。これを**凝析**（ぎょうせき）というよ。

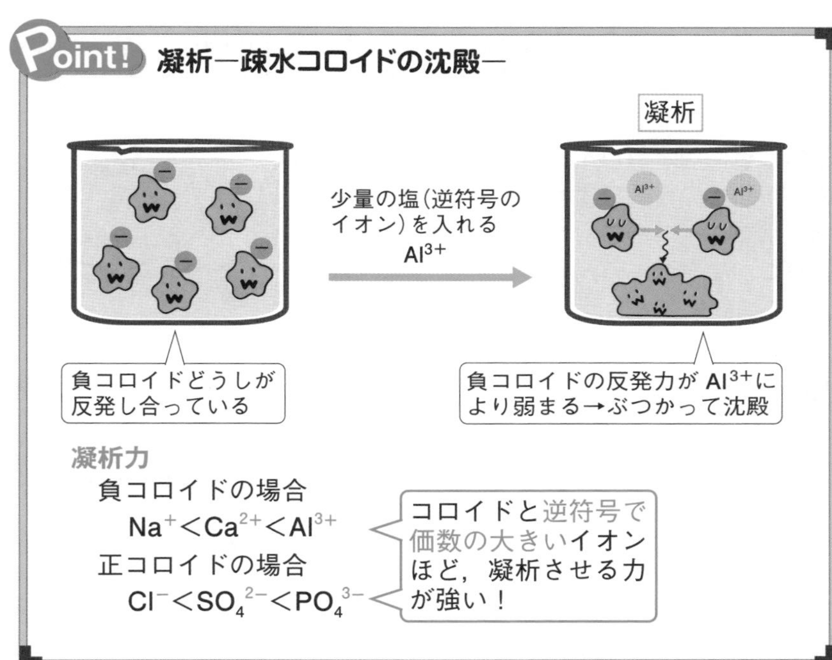
Point!
凝析―疎水コロイドの沈殿―
凝析
少量の塩（逆符号のイオン）を入れる
Al^{3+}
Al^{3+}
Al^{3+}
負コロイドどうしが反発し合っている
負コロイドの反発力が Al^{3+} により弱まる→ぶつかって沈殿
凝析力
負コロイドの場合
$Na^{+} < Ca^{2+} < Al^{3+}$
正コロイドの場合
$Cl^{-} < SO_4^{2-} < PO_4^{3-}$
コロイドと逆符号で価数の大きいイオンほど，凝析させる力が強い！

story 3 コロイド溶液の保護と精製

(1) 保護コロイド

保護コロイドって何を保護しているんですか?

例から説明するけど，下水道処理場ではコロイドとなって汚染されている水を川に流すのは嫌だから，沈殿させて除去しているんだ。でも，コロイドの中には，沈殿してほしくないものもあるよね。

例えば，墨汁（ぼくじゅう）がそうだよ。墨汁は水の中に炭素（墨）のコロイド粒子が浮いているもので，この疎水コロイドは集まって沈殿しやすいんだ。

でも，墨汁の容器の中で墨が沈殿して，上澄みが透明だったら困るよね。そこで，**沈殿しないように炭素の疎水コロイドのまわりを保護している親水コロイド**があるんだ。墨汁では膠（ゼラチン）なんだが，このように疎水コロイドの凝析防止の目的で入れた親水コロイドのことを**保護コロイド**というんだよ。

さ～習字
習字♪
って
え!?
墨汁が透明!?

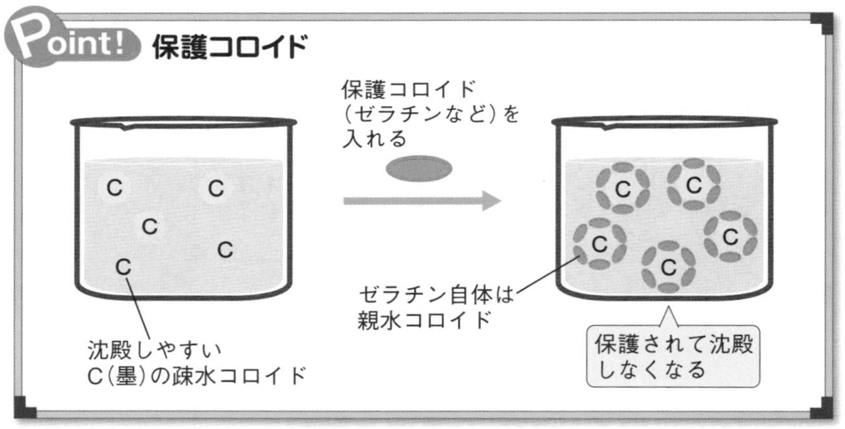

Point! 保護コロイド
保護コロイド
（ゼラチンなど）を
入れる
C
C
C
C
C
沈殿しやすい
C（墨）の疎水コロイド
ゼラチン自体は
親水コロイド
保護されて沈殿
しなくなる

(2) 透　析

コロイドを沈殿させたりしないで分離・精製する方法もあるんだ。それが**透析**だよ。コロイド粒子は，ろ紙は通過してしまうけど，**セロハンのような半透膜は通過できない**から，セロハン膜で仕切られた容器の中にコロイド溶液を入れて，外側に水を流し続ければ，容器内の小さなイオンなどがセロハンを通過してコロイド粒子が分離・精製できるという訳なんだ！

セロハン膜は小さなイオンや水を通すんだ！

Point! 透析―コロイドの精製―

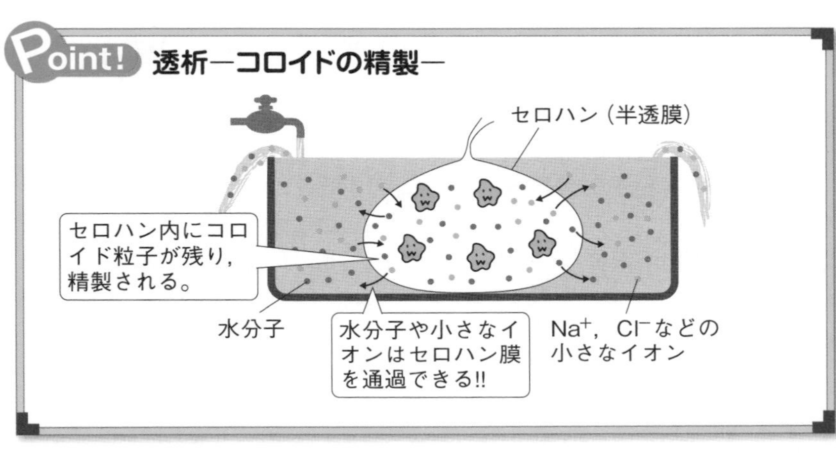
セロハン（半透膜）
セロハン内にコロイド粒子が残り，精製される。
水分子
水分子や小さなイオンはセロハン膜を通過できる!!
Na+，Cl−などの小さなイオン

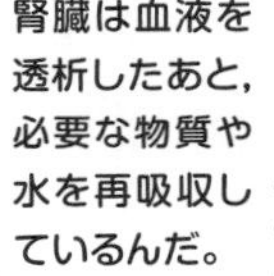
腎臓は血液を透析したあと，必要な物質や水を再吸収しているんだ。

じゃあ，単に血液を透析しているわけじゃないんだ！

確認問題

1 コロイドの粒子の直径はどのぐらいか。

2 水酸化鉄（Ⅲ）のコロイド粒子が存在する赤褐色の水溶液がある。このとき，コロイドの種類は次のどれか。次の①～③から適当なものを選べ。

① 分子コロイド　　② 会合コロイド
③ 分散コロイド

3 コロイドである雲の分散質は何か。

4 コロイドであるマシュマロの分散質は何か。

解答

1. 10^{-9}～10^{-7}m
2. ③
3. 水または氷
4. 空気

5 コロイド粒子がブラウン運動をする原因を，次の①～③から選べ。
① コロイド粒子どうしの衝突
② コロイド粒子の熱運動
③ コロイド粒子に分散媒粒子が衝突する。

解答 ③

6 次のコロイドをゾル・ゲル・キセロゲルに分類せよ。
(1) プリン (2) 乾燥した寒天
(3) 牛乳 (4) 粉ゼラチン
(5) こんにゃく

(1) ゲル
(2) キセロゲル
(3) ゾル
(4) キセロゲル
(5) ゲル

7 チンダル現象が起こる原因を，次から選べ。
① コロイド粒子が発光するため。
② コロイド粒子が光を散乱させるため。
③ コロイド粒子と分散媒の化学反応のため。

②

8 親水コロイドに多量の塩を入れて沈殿させることを何というか。

塩析

9 疎水コロイドに少量の塩を入れて沈殿させることを何というか。

凝析

10 負コロイドを凝析させるのに最も有効なイオンを，次の①～④から選べ。
① Na^{+} ② Ca^{2+}
③ Al^{3+} ④ Sn^{4+}

④

11 墨汁中の膠（にかわ）（ゼラチンなど）のような働きをしている親水コロイドを何というか。

保護コロイド

12 半透膜を使ってコロイドを分離・精製する操作を何というか。

透析

IV

熱化学

第9章 熱化学方程式とエンタルピー

はあ
kJ
kJ
kJ
kJ
kJ
kJ
kJ
ゴゴゴゴゴ

▶ 外界にエネルギーを放てば,自身のエンタルピーはダウンする。

story 1 系と外界

系と外界ってなんだか難しい気がするんですが?

外界
系

いやいや，気楽に考えて良いんだ。系は注目している場所（観察の対象となる部分）でその外側が外界だよ。例えばフラスコで化学実験していたら，フラスコの中が**系**で外側が**外界**だよ。簡単でしょ。それより，系と外界で大切なのは視点なんだ。例えば，格闘技の試合をするゲームを考えてみよう。この時，君の代わりに戦ってくれるのが，カメファイターというキャラクターだとしよう。

このカメファイターが系，カメファイターの外側が外界だ。君がこのゲームをする上で重要になってくるのが，カメファイターが持っているエネルギーだ。このカメファイターがカメビームというエネルギーを出したら，外界にはエネルギーを放ち発熱反応ということになるけど，系であるカメファイター自身のエネルギーは下がるよね。ゲームを見ている人は外界に放たれたカメビームの発熱ばかり目がいくけど，ゲームをやっている本人は，カメファイターのエネルギーが減少つまりマイナスになっているのが気がかりだ。なぜならば，一般的にカメファイターのエネルギーが0になればゲームオーバーだからだ。

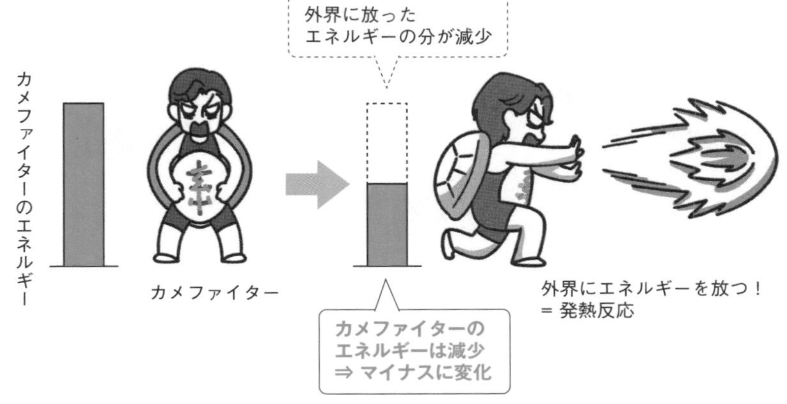
カメファイターのエネルギー
カメファイター
外界に放った
エネルギーの分が減少
カメファイターの
エネルギーは減少
⇒ マイナスに変化
外界にエネルギーを放つ！
= 発熱反応

story 2 エンタルピー

エンタルピーって言葉だけで怖いんですけど何ですか?

何にも怖くないよ。今，話していたカメファイターのエネルギーのことを**エンタルピー**って言うんだよ。一応説明すると，エンタルピーは，**系の持つ内部エネルギーに体積による補正項（PV）を足したもの**なんだ。このゲームでは，凄く大きい対戦相手もいるから，カメファイターを巨大化するモードがあるんだ。

つまり，大きいこともカメファイターのエネルギーと捉えることができるから，この大きさを内部エネルギーに加えて，カメファイターの全エネルギーつまりエンタルピーということになるんだ。

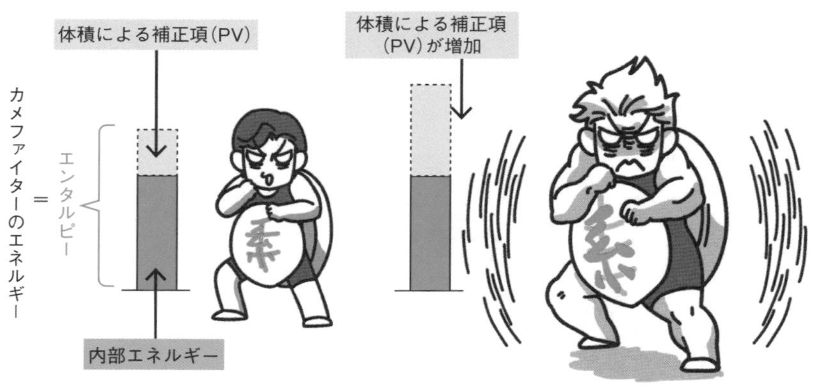
体積による補正項(PV)
カメファイターのエネルギー
＝
エンタルピー
内部エネルギー
体積による補正項(PV)が増加

しかし，ゲームをするときに体積による補正項（PV）を分けて捉える必要はなく，次のように考えれば簡単だ。

カメファイターのエネルギー ＝ **エンタルピー**（エンタルピーは H と表す）

このエンタルピー変化 ΔH を表したものを熱化学方程式というんだ。発熱反応つまり，ビームを外界に放てば，カメファイターのエンタルピーはエネルギー消費により減少するので，ΔH はマイナスになることに注意してね。また，反応式の部分の係数は物質量（mol）を表すことや，化学式の後の () 内に状態や，同素体を表示することも大切だよ。

発熱反応を例に熱化学方程式の特徴をまとめると次の通りだ。

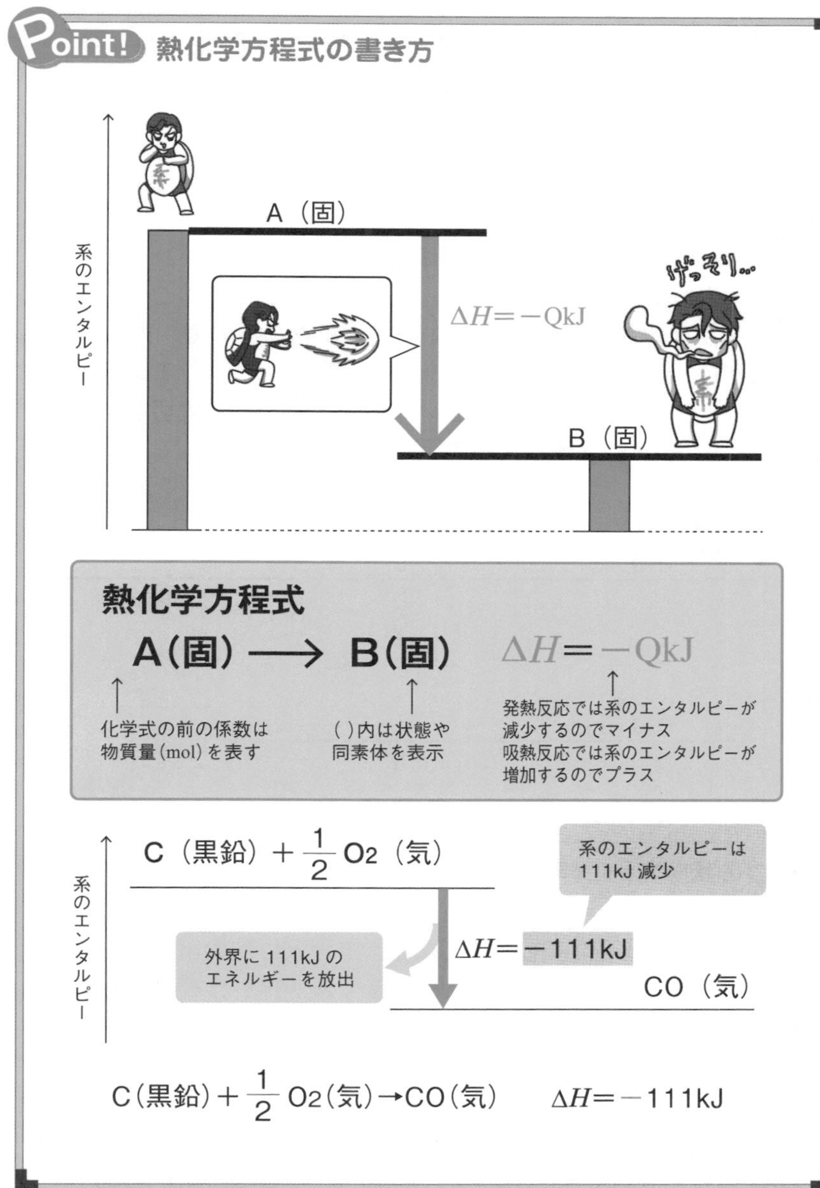
Point! 熱化学方程式の書き方
系のエンタルピー
A（固）
ΔH＝－QkJ
げっそり…
B（固）
熱化学方程式
A(固) ⟶ B(固)　ΔH＝－QkJ
化学式の前の係数は
物質量(mol)を表す
( )内は状態や
同素体を表示
発熱反応では系のエンタルピーが
減少するのでマイナス
吸熱反応では系のエンタルピーが
増加するのでプラス
系のエンタルピー
C（黒鉛）＋ 1/2 O2（気）
系のエンタルピーは
111kJ 減少
外界に 111kJ の
エネルギーを放出
ΔH＝－111kJ
CO（気）
C(黒鉛)＋ 1/2 O2(気)→CO(気)　ΔH＝－111kJ

story 3 物理変化に伴うエンタルピー変化

(1) 熱化学方程式における状態変化の表し方

なんで熱化学方程式には（気）とか書かなくてはいけないのですか?

それは，同じ物質でも**固体**と**液体**と**気体**ではエンタルピーが異なるからなんだ。また，同じ炭素の**固体**でも C（**黒鉛**），C（**ダイヤモンド**）はエンタルピーが異なるので，同素体があれば表記する必要があるんだ。つまり，状態変化によりエンタルピーが変化するので，気体，液体，固体を表記することが大切なんだ。ここで，0℃，1 mol の H_2O の列を示すね。

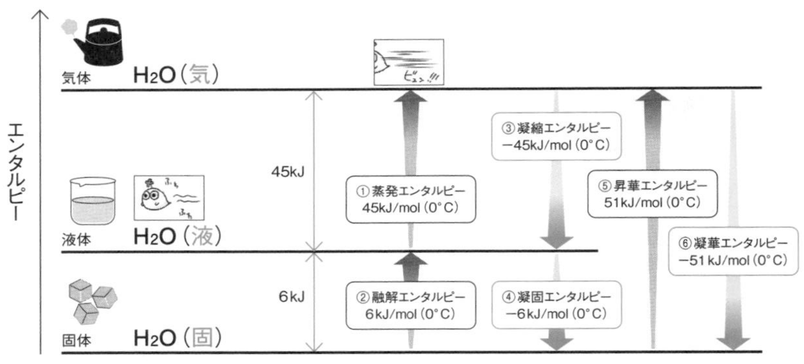

エンタルピー
気体 H2O（気）
液体 H2O（液）
固体 H2O（固）
45kJ
6kJ
①蒸発エンタルピー 45kJ/mol (0°C)
②融解エンタルピー 6kJ/mol (0°C)
③凝縮エンタルピー −45kJ/mol (0°C)
④凝固エンタルピー −6kJ/mol (0°C)
⑤昇華エンタルピー 51kJ/mol (0°C)
⑥凝華エンタルピー −51 kJ/mol (0°C)

▲ **H_2O の状態変化に伴うエネルギー（0°C）**

図の①～⑥の状態変化に対応した熱化学方程式は次のようになるよ。

① H_2O（液）→ H_2O（気）$\Delta H = 45\text{kJ}$　（外界から45kJ 吸熱）

② H_2O（固）→ H_2O（液）$\Delta H = 6\text{kJ}$　（外界から6kJ 吸熱）

③ H_2O（気）→ H_2O（液）$\Delta H = -45\text{kJ}$　（外界に45kJ 発熱）

④ H_2O（液）→ H_2O（固）$\Delta H = -6\text{kJ}$　（外界に6kJ 発熱）

⑤ H_2O（固）→ H_2O（気）$\Delta H = 51\text{kJ}$　（外界から51kJ 吸熱）

⑥ H_2O（気）→ H_2O（固）$\Delta H = -51\text{kJ}$　（外界に51kJ 発熱）

(2) 熱化学方程式における溶解の表し方

食塩などの溶質が**水に溶けている状態を熱化学方程式では aq をつけて表す**から覚えておいてね。例えば食塩水は NaClaq となるよ。食塩の結晶 1 mol が多量の水に溶けるときに3.9 kJ の吸熱が起こるんだけど，これを熱化学方程式で表したら次のようになるよ。

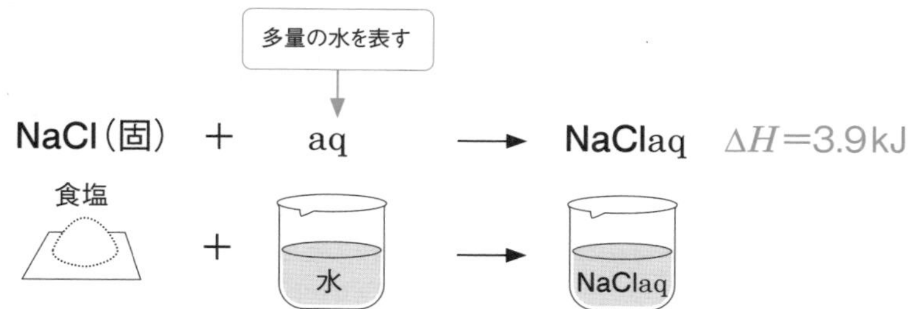
多量の水を表す
NaCl(固) ＋ aq ⟶ NaClaq ΔH＝3.9kJ
食塩
水
NaClaq

この熱化学方程式を書くかわりに次のように表現してもいいんだ。

食塩の溶解熱は，3.9kJ/mol

この方が簡単でしょ。このように kJ/mol の単位でさまざまな反応エンタルピーが表されるんだよ。

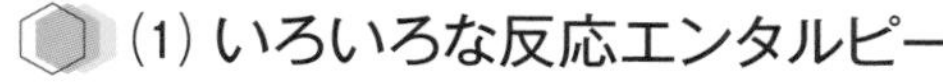

story 4 反応エンタルピー

(1) いろいろな反応エンタルピー

せんせい，生成エンタルピー，燃焼エンタルピー，
〜〜エンタルピーって，たくさんあって大変！ 助けて！

それらは**反応エンタルピー**といって，化学変化に伴う熱の出入りを kJ/mol の単位で表したもので，いちいち熱化学方程式を書かなくても話ができるから便利なんだ！ 物理変化に伴うエンタルピー変化を含めて，重要なものをまとめておいたよ！

▼物理変化や化学変化に伴うエンタルピー

エンタルピー	内容	例
燃焼エンタルピー	物質 1 mol —完全燃焼→ 物質1 molが完全に燃焼するときに発生するエンタルピー変化	●水素の燃焼エンタルピー −286 kJ/mol H_2(気)$+\frac{1}{2}O_2$(気)→H_2O(液) $\Delta H=-286$ kJ 水素1 molで−286kJ
生成エンタルピー	単体 —生成→ 物質 1 mol 物質1 molが25℃, 100kpaの単体から生成するときのエンタルピー変化	●CO_2の生成エンタルピー −394 kJ/mol C(黒鉛)$+O_2$(気)→CO_2(気) $\Delta H=-394$ kJ 単体 CO_2 1 molで−394 kJ
溶解エンタルピー	物質 1 mol —溶解→ 物質1 molが多量の溶媒に溶解するときのエンタルピー変化	●KIの溶解エンタルピー 20.5 kJ/mol KI(固)＋aq→KIaq $\Delta H=20.5$ kJ KI 1 molで20.5kJ
中和エンタルピー	酸＋塩基 —中和→ 水 酸と塩基の中和により，水1 molが生成するときのエンタルピー変化	●HClとNaOHの中和エンタルピー −57kJ/mol HClaq＋NaOHaq→H_2O(液)＋NaClaq $\Delta H=-57$ kJ 強酸と強塩基の場合は以下でもよい H^+aq＋OH^-aq＝H_2O(液)$\Delta H=-57$ kJ
状態変化に伴うエンタルピー	物質 1 mol —状態変化→ 物質1 molが状態変化するときのエンタルピー変化	●水の蒸発エンタルピー 41 kJ/mol (25° C) H_2O(液)→H_2O(気) $\Delta H=41$ kJ 水1 molで41 kJ
結合エンタルピー(結合エネルギー)	結合 1 mol (気体) —共有結合を切る→ 気体の共有結合1 molを切断するときのエンタルピー変化	●H−Hの結合エンタルピー 436kJ/mol H−H(気)→2H(気) $\Delta H=436$ kJ 必ず気体→気体にする

(2) 反応エンタルピーの測定

化学反応に伴うエンタルピー変化を**反応エンタルピー**というけど，この値は実験によって測定されるよ。このとき，熱の出入りが少ない発泡スチロールなどの断熱性の高い容器で実験するけど，断熱が完璧にはいかないんだ。例えば，水酸化ナトリウム NaOH の溶解エンタルピーを求めるため，NaOH の固体を多量の水に入れる実験を考えてみよう。この反応は発熱反応だけど，断熱は完璧ではないので，時間が経つにつれ，放熱により温度が下がってくるんだ。温度変化 Δt は最高温度をとらず，NaOH を投入した直後も放熱していると考え，下図のように作図で求めるよ。

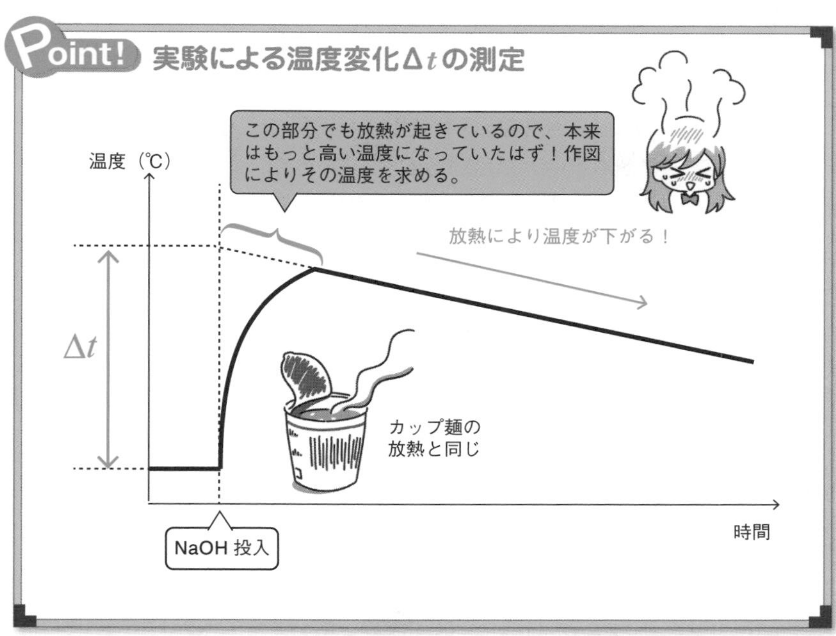
Point! 実験による温度変化Δtの測定
この部分でも放熱が起きているので、本来はもっと高い温度になっていたはず！作図によりその温度を求める。
温度（℃）
放熱により温度が下がる！
Δt
カップ麺の放熱と同じ
NaOH 投入
時間

このグラフから求めた Δt を使って，次式により熱量を計算するんだ。

問題 1 溶解エンタルピーを求める試験

水酸化ナトリウム NaOH の固体2.5g を200mL の水に溶かす実験をしたら，右図のような結果になった。水酸化ナトリウムの式量を40，水溶液の比熱を4.2J/（g·K）として，NaOH の溶解エンタルピーを求めよ。

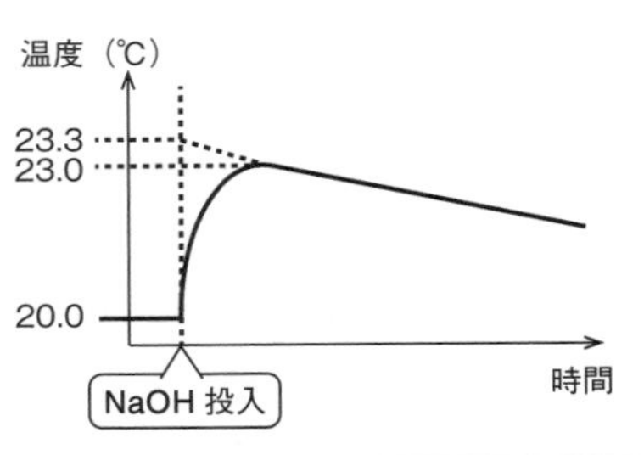

温度（℃）
23.3
23.0
20.0
NaOH 投入
時間

解説

$Q = mc\Delta t$（P.12）に代入すれば一発だよ。ただし，この計算では単位がJで出てくるから，溶解エンタルピーの単位 kJ/mol にするのを忘れないでね。

$$Q = mc\Delta t = 202.5\,\text{g} \times 4.2\,\text{J/（g·K）} \times （23.3\text{-}20）\text{K}$$
$$= 2806.65\,\text{J} = 2.80665\,\text{kJ}$$

一方，2.5g の NaOH（40g/mol）の物質量は，

$$\frac{2.5\,\text{g}}{40\,\text{g/mol}} = 0.0625\,\text{mol}$$

外界に対して発熱しているから，系のエンタルピーは減少，つまり負の値になることに注意だよ。

これより，溶解エンタルピーは単位が kJ/mol なので次の式で算出できるよ。

$$-\frac{2.80\,\text{kJ}}{0.0625\,\text{mol}} = -44.8\,\text{kJ/mol} \fallingdotseq -45\,\text{kJ/mol}$$

Q=mcΔt
ムクッと
起きる発熱量
むくっ

解答

－45 kJ/mol

確認問題

1 同温・同圧力で1 mol の H_2O（気）がもつエンタルピーと1 mol の H_2O（固）がもつエンタルピーはどちらが大きいか。

解答 H_2O（気）

2 水蒸気の凝縮エンタルピーは－41 kJ/mol である。凝縮により外界に対してエネルギーを放出するか吸収するか答えよ。

解答 放出する

3 水酸化ナトリウム NaOH の溶解エンタルピーは－44.5 kJ/mol である。NaOH の結晶 1 mol が多量の水に溶解する変化を熱化学方程式で表せ。

解答 NaOH（固）＋ aq → NaOHaq　$\Delta H = -44.5$ kJ

4 I－I の結合エネルギーは 151 kJ/mol である。I－I の結合 1 mol を切って I の原子にする変化を熱化学方程式で表せ。

解答 I_2（気）→ 2I（気）　$\Delta H = 151$ kJ

5 一酸化炭素 CO（気）の生成エンタルピーは－111 kJ/mol である。C（黒鉛）と O_2（気）から CO が 1 mol 生成するときの反応を熱化学方程式で表せ。

解答 C（黒鉛）＋ $\frac{1}{2}O_2$（気）→ CO（気）　$\Delta H = -111$ kJ

物質の状態と気体　固体の構造　溶液　熱化学　電池と電気分解　反応速度と平衡　非金属元素　金属元素の単体と化合物　遷移元素の単体と化合物

6　黒鉛6.0gを完全燃焼させたときに発生した熱で，30℃の水2.6kgを加熱すると何℃になるか答えよ。なお，炭素の原子量は12，黒鉛の燃焼エンタルピーは－394kJ/mol，水の比熱は4.2J/（g·K）とする。

解答

48℃

解説

黒鉛は炭素なので，$\dfrac{6.0\,\text{g}}{12\,\text{g/mol}} = 0.5\,\text{mol}$

発生する熱量は $394\,\text{kJ/mol} \times 0.5\,\text{mol} = 197\,\text{kJ} = 197 \times 10^3\,\text{J}$

あとは $Q = mc\Delta t$ に代入して，

$$197 \times 10^3\,\text{J} = 2600\,\text{g} \times 4.2\,\text{J/(g·K)} \times \Delta t \text{ より}$$

$$\Delta t = 18.04\cdots\text{K} \fallingdotseq 18℃$$

温度上昇が18℃だから，30℃ + 18℃ = 48℃

外界に
発熱だぁ～
系のエンタルピー
減少

第
10
章

ヘスの法則と反応エンタルピーの計算

COFFEE

▶熱力学第二法則によれば,エントロピー(乱雑さ)は増大する。

story 1 生成エンタルピーを使った計算

(1) 生成エンタルピーを使って反応エンタルピーを求める計算

ヘスの法則って文章を暗記する必要がありますか?

ヘスの法則は「**反応エンタルピーは最初と最後の状態が決まれば,反応の経路によらず一定である**」という内容なので,暗記するまでもないんだ。熱力学という学問ではよく山の標高に例えられるよ。山登りの最初の地点と最後の地点が決まれば,登る経路によらず,標高差は同じだよということなんだ。簡単でしょ。一酸化炭素 CO の燃焼反応という化学変化を例に考えてみよう。

$$\underbrace{CO\,(気) + \frac{1}{2}O_2\,(気)}_{最初の状態} \rightarrow \underbrace{CO_2\,(気)}_{最後の状態} \quad \Delta H = -283\,\mathrm{kJ}$$

この$\Delta H = -283$kJ の値は，CO を完全燃焼させて測定することも出来るけど，CO の生成エンタルピー－111kJ/mol と CO_2 の生成エンタルピー－394kJ/mol を使っても算出できるんだ。

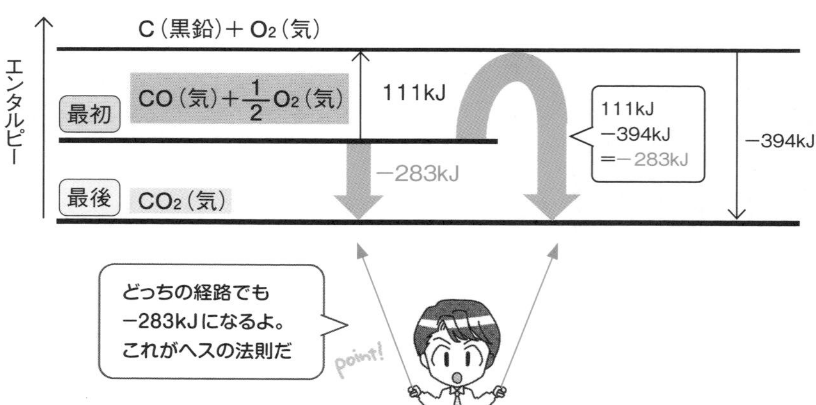

C（黒鉛）＋ O2（気）
エンタルピー
最初
CO（気）＋1/2 O2（気）
111kJ
111kJ
−394kJ
=−283kJ
−394kJ
−283kJ
最後
CO2（気）
どっちの経路でも
−283kJになるよ。
これがヘスの法則だ
point!

▲一酸化炭素の燃焼の経路

Point! ヘスの法則
反応エンタルピーは
最初と最後の状態が決まれば，
反応の経路によらず一定である
はじめて
意味がわ
かった！
GOAL!
START

反応エンタルピーって実験しないでも出せますか?

反応物と生成物の生成エンタルピーがわかっていれば，ヘスの法則を使って，実験せずに出せるんだ。便利でしょう！

早速，メタン CH_4 の燃焼エンタルピーを計算だけで出してみよう。

CH_4 (気) ＋ $2O_2$ (気) → CO_2 (気) ＋ $2H_2O$ (液)　ΔH= ?

最初の状態　　最後の状態

必要なのはメタン CH_4 と二酸化炭素 CO_2 と水 H_2O の生成エンタルピーだ。生成エンタルピーは物質1mol が単体から生成するときの値なので，生成エンタルピーがマイナスということは，単体がエンタルピーの図では上にくるんだ。

	生成エンタルピー (kJ/mol)
CH_4 (気)	−75
CO_2 (気)	−394
H_2O (液)	−286

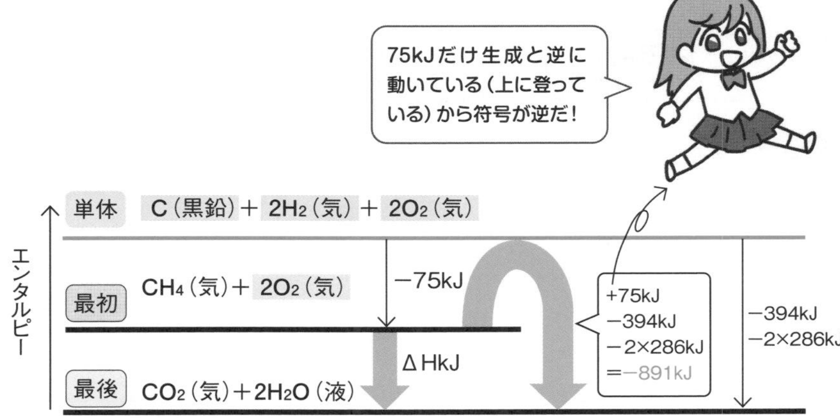

75kJだけ生成と逆に動いている(上に登っている)から符号が逆だ!
エンタルピー
単体　C(黒鉛)＋ 2H2(気) ＋ 2O2(気)
最初　CH4(気)＋ 2O2(気)
最後　CO2(気)＋2H2O(液)
−75kJ
ΔHkJ
+75kJ
−394kJ
−2×286kJ
=−891kJ
−394kJ
−2×286kJ

▲ **メタンの燃焼の経路**

この図から $\Delta H = -891\text{kJ}$ が計算で求まっているけど，毎回，この図を書くのは面倒でしょ。だから，図は頭の中でイメージして，熱化学方程式の下で計算する方法を教えるね。

まず，目的の熱化学方程式を書いて，左下に単体を基準と書くよ。生成エンタルピーを用いるということは単体を基準とした計算だからなんだ。そして，各物質の生成エンタルピーを記入するんだ。**この時点は反応物（矢印の左にある物質）の生成エンタルピー符号は逆にしてね**。あとは，生成エンタルピーが 1mol 当たりの値であることに注意して全ての値を足すんだ。

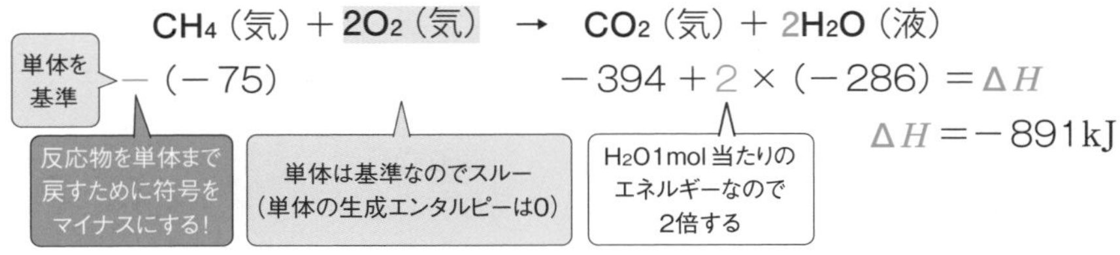
CH_4（気）＋ $2O_2$（気） → CO_2（気）＋ $2H_2O$（液）
単体を基準
－（－75）
－394 ＋ 2 ×（－286）＝ΔH
ΔH ＝－891kJ
反応物を単体まで戻すために符号をマイナスにする！
単体は基準なのでスルー（単体の生成エンタルピーは0）
H_2O 1mol 当たりのエネルギーなので2倍する

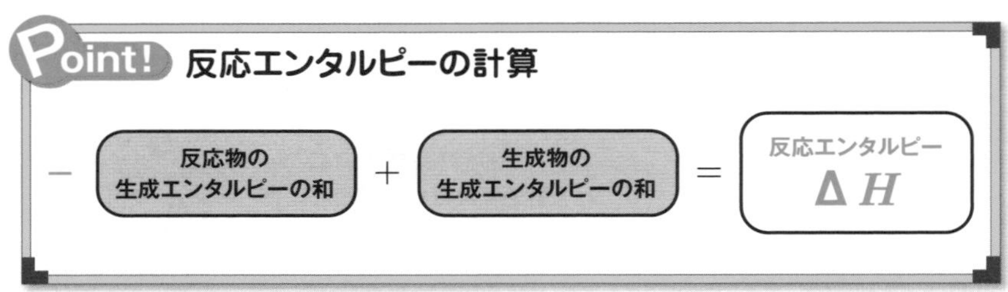
Point! 反応エンタルピーの計算
－ 反応物の生成エンタルピーの和 ＋ 生成物の生成エンタルピーの和 ＝ 反応エンタルピー ΔH

story 2 結合エンタルピーを使った計算

せんせい，便利な計算方法って他にもありますか？

実はもう１つ便利な方法があるんだ。それは結合エンタルピー（結合エネルギー）を使った計算だよ。塩化水素の生成エンタルピーを計算だけで出してみよう。

$$\underbrace{\frac{1}{2}H_2\text{(気)}+\frac{1}{2}Cl_2\text{(気)}}_{\text{最初の状態}} \rightarrow \underbrace{HCl\text{(気)}}_{\text{最後の状態}} \quad \Delta H=?$$

必要なのは H-H と Cl-Cl と H-Cl の結合エンタルピーだ。

結　合	結合エンタルピー (kJ/mol)
H-H	436
Cl-Cl	243
H-Cl	432

結合エンタルピーは物質 1mol が非常に不安定な気体の原子から生成するときの値なので，気体の原子はエンタルピーの図では上にくるんだ。

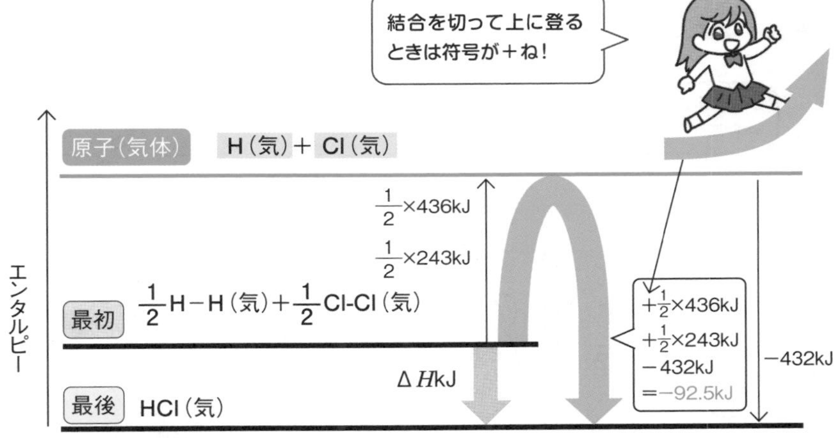

結合を切って上に登るときは符号が＋ね！
原子（気体）
H（気）＋ Cl（気）
$\frac{1}{2}$×436kJ
$\frac{1}{2}$×243kJ
エンタルピー
最初
$\frac{1}{2}$H−H（気）＋$\frac{1}{2}$Cl-Cl（気）
Δ HkJ
最後
HCl（気）
＋$\frac{1}{2}$×436kJ
＋$\frac{1}{2}$×243kJ
−432kJ
＝−92.5kJ
−432kJ

▲ HClの生成の経路

この図から $\Delta H = -92.5\text{kJ}$ が計算で求まっているけど，毎回，この図を書くのは面倒でしょ。だから，生成エンタルピーのときと同様に，熱化学方程式の下で計算する方法を教えるね。

まず，目的の熱化学方程式を書いて，左下に気体の原子を基準と書くよ。結合エンタルピーを用いるということは気体の原子を基準とした計算だからなんだ。そして，各物質の結合エンタルピーを記入するんだ。この時の注意は反応物（矢印の左にある物質）の符号はプラスに，生成物の符号はマイナスにすることだよ。

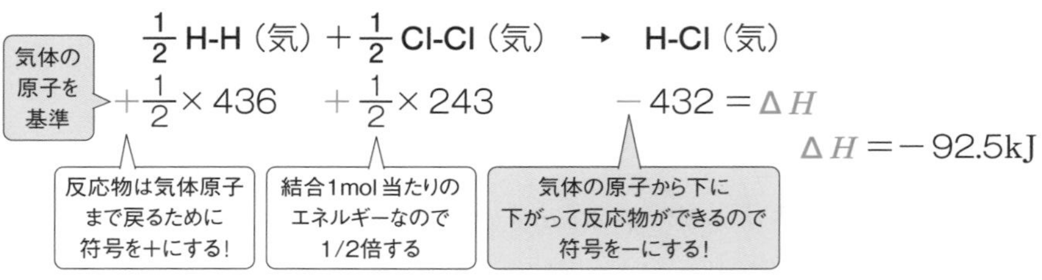

$\frac{1}{2}$ H-H（気）＋ $\frac{1}{2}$ Cl-Cl（気） → H-Cl（気）
気体の原子を基準
$+\frac{1}{2}\times 436 \quad +\frac{1}{2}\times 243 \quad -432 = \Delta H$
$\Delta H = -92.5\text{kJ}$
反応物は気体原子まで戻るために符号を＋にする！
結合1mol当たりのエネルギーなので1/2倍する
気体の原子から下に下がって反応物ができるので符号を－にする！

まとめると，反応エンタルピーの計算は次のようにも書けるよ。

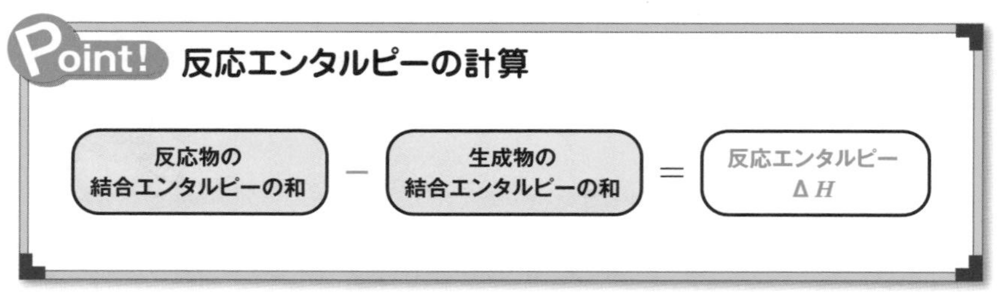

Point!
反応エンタルピーの計算
反応物の結合エンタルピーの和
－
生成物の結合エンタルピーの和
＝
反応エンタルピー ΔH

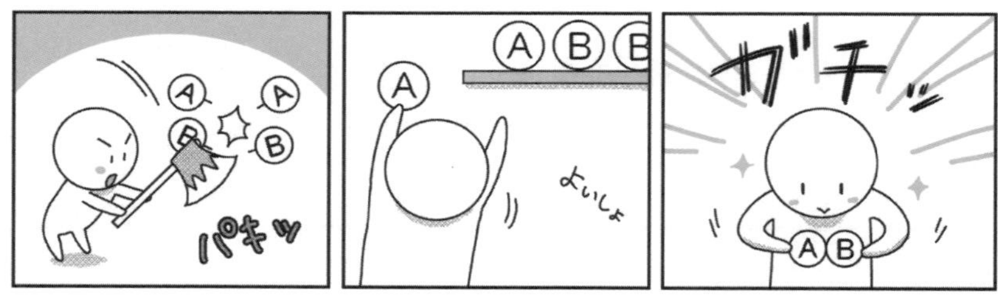

A
B
A
B
パキッ
A
B
B
A
よいしょ
ガチッ
A
B

story 3 エントロピーと反応の自発性

(1) エントロピーとは

エントロピーってひょっとして難しい感じがするんですけど?

エントロピーは高校の段階では概念だけわかれば良いから簡単だよ。**エントロピー**とは **"乱雑さ"** で，分子などの粒子が集まっていればエントロピー小，散らばっていればエントロピー大というわけなんだ。例えば角砂糖はショ糖分子が密集した固体だからエントロピー小，コーヒーに角砂糖を入れたら，ショ糖分子が散らばるからエントロピー大というわけなんだ。

そして**エントロピーの変化**は ΔS で表すよ。エントロピーが大きくなればエントロピー変化 $\Delta S > 0$ となるんだ。

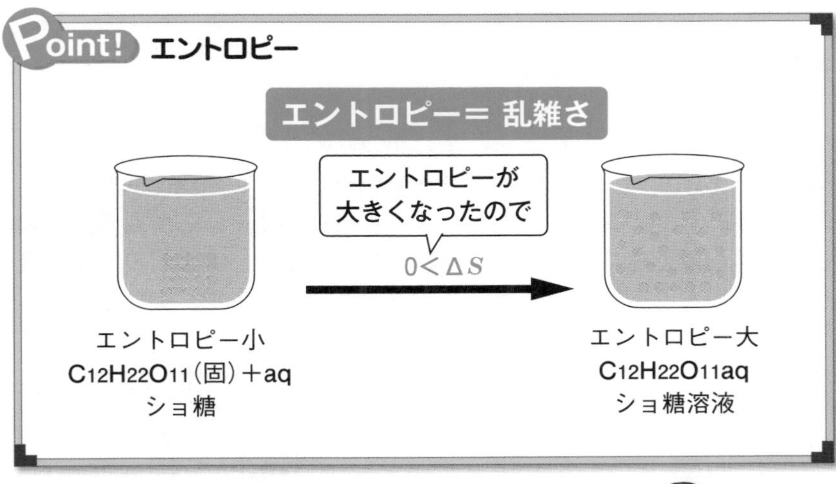
Point! エントロピー
エントロピー＝ 乱雑さ
エントロピーが
大きくなったので
0＜ΔS
エントロピー小
C12H22O11(固)＋aq
ショ糖
エントロピー大
C12H22O11aq
ショ糖溶液

エントロピー増加

(2) 反応の自発性

エントロピーって何の役に立つんですか?

その答えは熱力学第二法則の中にあるんだ。**「自発変化は，系と外界を含めたすべてのエントロピーが増大する方向に進む」**これが**熱力学第二法則**だ。ここでのポイントは，外界のエントロピーは，系から熱が放出されたら増大するんだ。これは，エネルギーをもらえば粒子は散らばり易くなるためなんだよ。図を見たらイメージし易いよ。

外界
ぎゅっ
系
発熱
系
外界
エントロピー増大

▲ 外界のエントロピー増加のイメージ

つまり，**系のエントロピーが増大かつ，系から外界に発熱するときに自発的反応が起こる**んだ。エントロピーの数値を高校では扱わないので，どちらかのエントロピーが減少するときは，反応が自発的に起こるかは判断できないけどね。でも大学に行けば，定量的に数値で扱うから微妙な反応でも自発性がわかるようになるんだ。楽しみだね。

自発的に反応が起こる
系と外界のすべてのエントロピーが増大
$0 < \Delta S_{外界}$
$0 < \Delta S_{系}$
熱力学第二法則
反応が自発的に起こる
$\Delta H_{系} < 0$
$0 < \Delta S_{外界}$

▲ 自発的に起こる反応の考え方

また，系と外界の両方のエントロピーが減少する反応は，逆反応が自発的に起こるよ。反応の自発性をまとめた次のポイントで整理しておいてね。

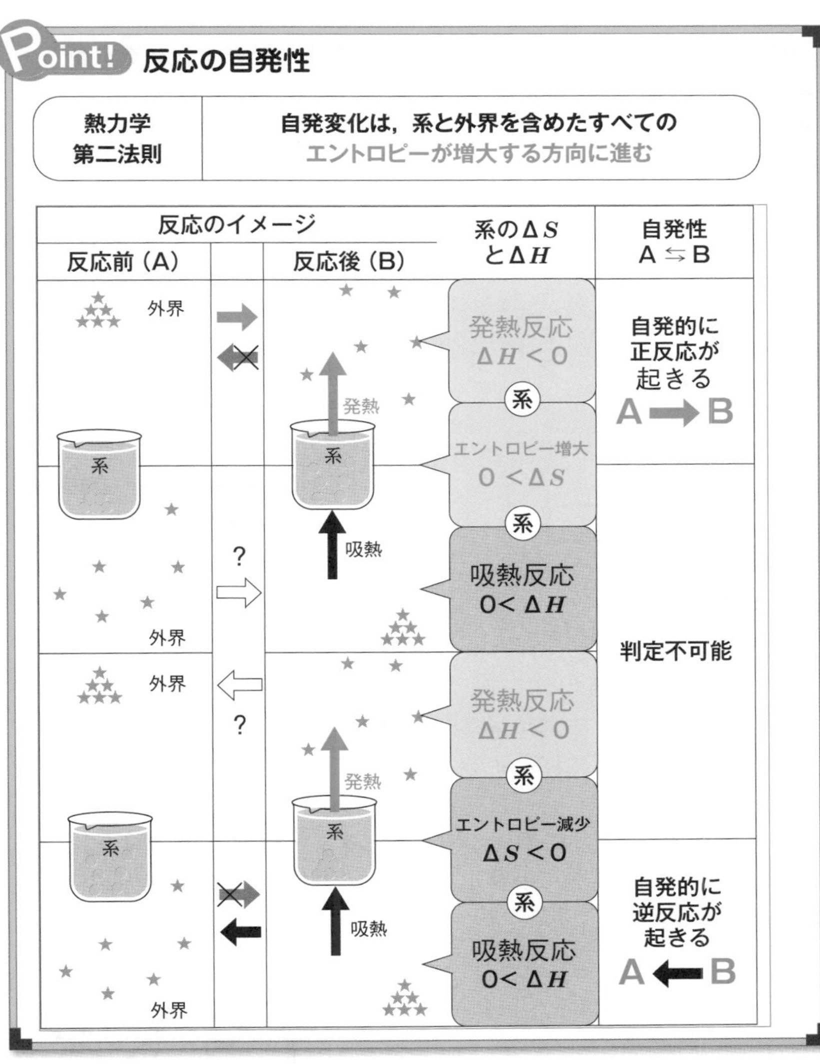

Point! 反応の自発性
熱力学第二法則
自発変化は，系と外界を含めたすべてのエントロピーが増大する方向に進む
反応のイメージ
反応前（A）
反応後（B）
系のΔSとΔH
自発性 A ⇆ B
外界
系
発熱
吸熱
?
発熱反応 ΔH＜0
系
エントロピー増大 0＜ΔS
吸熱反応 0＜ΔH
エントロピー減少 ΔS＜0
自発的に正反応が起きる
A ➡ B
判定不可能
自発的に逆反応が起きる
A ⬅ B

story 4 光とエネルギー

(1) 化学発光の原理

科学捜査で使うルミノールって何で発光するんですか?

ルミノールに水酸化ナトリウム NaOH と過酸化水素 H_2O_2 を加えると，3－アミノフタル酸イオンが生成するんだが，この反応は発熱反応で，血液中の鉄イオンが触媒になるんだ。

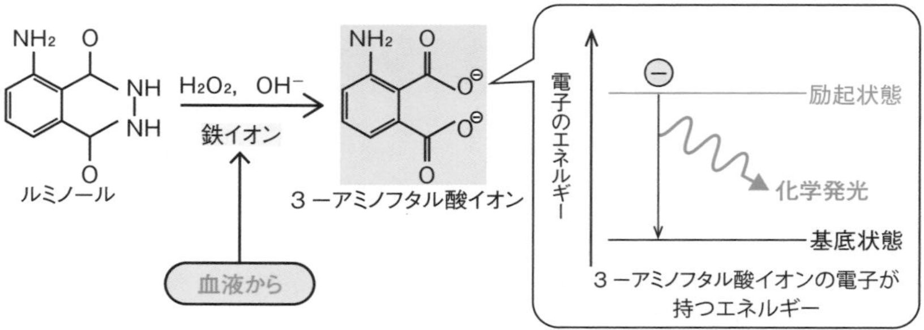
NH2
O
NH
NH
O
ルミノール
H2O2，OH−
鉄イオン
血液から
NH2
O
O⊖
O⊖
O
3－アミノフタル酸イオン
電子のエネルギー
励起状態
化学発光
基底状態
3－アミノフタル酸イオンの電子が
持つエネルギー

▲ ルミノール反応

そして，反応直後の3－アミノフタル酸イオンがもつ電子の一部が，**励起状態**（れいき）というエネルギーの高い状態になっているんだ。この電子が安定な基底状態に移動するときに光エネルギーを放出するのが**化学発光**（かがくはっこう）だ。

ホタルのお尻が光るのもルシフェリンという物質の化学変化による化学発光なんだ。また，ホタルのように生物が行う化学発光を特に**生物発光**（せいぶつはっこう）というよ。

(2) 化学発光と光の波長

化学発光の色は何で決まるんですか？

それは，放出するエネルギーで決まるんだ。光の波長と光のエネルギーは**反比例の関係**にあるから，波長の短い青っぽい光はエネルギーが大きく，波長の長い赤っぽい光はエネルギーが小さいよ。

よって物質のもつ電子が励起状態→基底状態になるとき，そのエネルギー差が大きいと青っぽく，小さいと赤っぽくなるんだ。

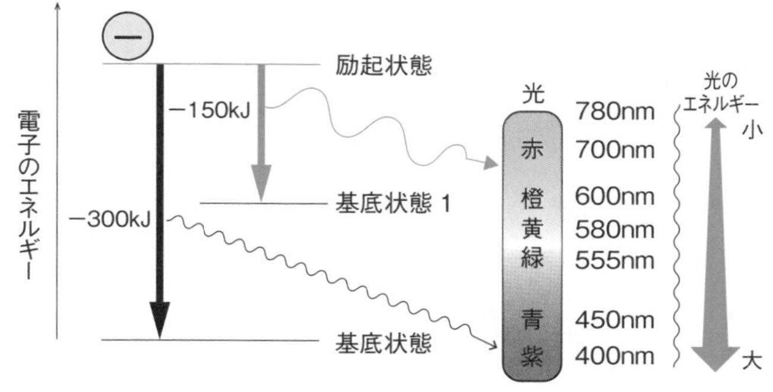
電子のエネルギー
励起状態
−150kJ
基底状態 1
−300kJ
基底状態
光
赤
橙
黄
緑
青
紫
780nm
700nm
600nm
580nm
555nm
450nm
400nm
光のエネルギー
小
大

ルミノールの化学発光は青っぽいからエネルギーが大きいのね！

ホタルの生物発光は波長が500～600nmだから黄緑色っぽいんだ！

(3) 光の吸収

せんせい，光を吸収する反応はないのですか？

良い点に気がついたね。光を吸収して化学反応が起こることがあるんだけど，これを**光化学反応**（こうかがくはんのう）というんだ。例としてはハロゲン化銀に光を当てた反応だよ。

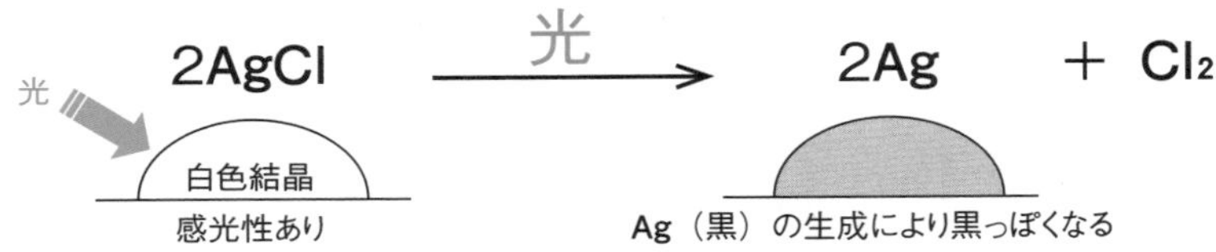

2AgCl
光
2Ag ＋ Cl2
光
白色結晶
感光性あり
Ag（黒）の生成により黒っぽくなる

光を当てたAgは黒いので，結晶は灰色っぽくなってくるんだ。このように，光化学反応を起こす性質を**感光性**（かんこうせい）というんだ。AgClは代表的な感光性を持つ物質だよ。

また，植物は光のエネルギーを使って複数の行程を経て，二酸化炭素CO_2と水H_2Oからグルコース$C_6H_{12}O_6$と酸素O_2を生成しているんだ。この行程を**光合成**（こうごうせい）と呼んでいるよ。

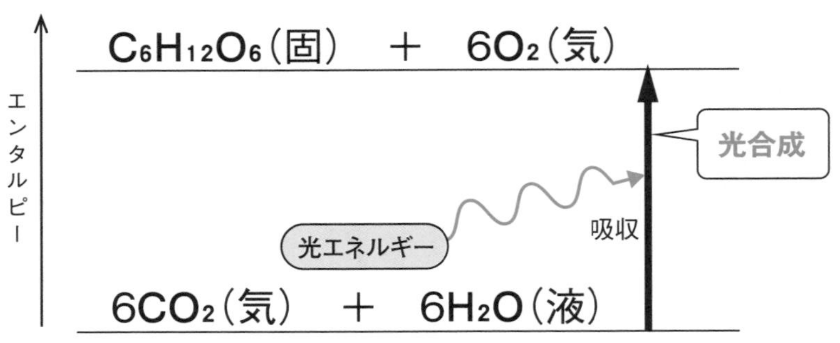

C6H12O6（固） ＋ 6O2（気）
エンタルピー
光合成
吸収
光エネルギー
6CO2（気） ＋ 6H2O（液）

私も植物のように光を
吸収して,エンタルピー
をアップするぞ～!
君は葉緑体を持ってな
いから光合成は無理だ
と思うよ。
OIL

確認問題

次の問いに答えよ。

1 次の生成エンタルピーの値を用いて，(1)～(3) の化学変化のΔHを求めよ。

CO_2（気）：−394kJ/mol　C_2H_2（気）：227kJ/mol

H_2O（液）：−286kJ/mol　C_2H_4（気）：53kJ/mol

C_2H_6（気）：−84kJ/mol

(1) C_2H_6（気）＋ $\frac{7}{2}O_2$（気）→ $2CO_2$（気）＋ $3H_2O$（液）

(2) C_2H_2（気）＋ $\frac{5}{2}O_2$（気）→ $2CO_2$（気）＋ H_2O（液）

(3) C_2H_4（気）＋ H_2（気）→ C_2H_6（気）

解答

(1) −1562
(2) −1301
(3) −137

解説

(1)生成エンタルピーを使った計算では，熱化学方程式の左辺の値にマイナス（−），右辺にプラス（＋）を付けて計算だよ。（単体の生成エンタルピーは0）

(1) C_2H_6（気）＋ $\frac{7}{2}O_2$（気）→ $2CO_2$（気）＋ $3H_2O$（液）

$-(-84) + 2\times(-394) + 3\times(-286) = \Delta H$　$\therefore \Delta H = -1562$

(2) C_2H_2（気）＋ $\frac{5}{2}O_2$（気）→ $2CO_2$（気）＋ H_2O（液）

$-227 + 2\times(-394) - 286 = \Delta H$　$\therefore \Delta H = -1301$

(3) C_2H_4（気）＋ H_2（気）→ C_2H_6（気）

$-53 - 84 = \Delta \boldsymbol{H}$　$\therefore \Delta \boldsymbol{H} = -137$

2 次の結合エンタルピーを用いて，次の化学変化のΔ***H***の値を求めよ。

C_2H_4（気）＋ H_2（気）→ C_2H_6（気）

総合エンタルピー(kJ/mol)

C＝C	C−C	H−H	C−H
640	377	436	416

解答

Δ***H***＝−133kJ

解説

結合エネルギーの計算では左辺の符号は（＋），右辺の符号は（－）だよ。

$$CH_2{=}CH_2 + H{-}H \longrightarrow CH_3{-}CH_3$$

$$4 \times 416 + 640 + 436 - 6 \times 416 - 377 = \Delta H$$

$$\Delta H = -133$$

3 次の⑴～⑶の変化のΔHとΔSを考慮して最も自発的に起こると考えられる変化を１つ選べ。

⑴水の蒸発

⑵水の凝固

⑶ NaOH（固）の溶解（溶解熱は45kJ/mol）

解答

⑶

解説

⑴と⑵は状態変化でエントロピー変化と吸熱，発熱は次の通りだよ。

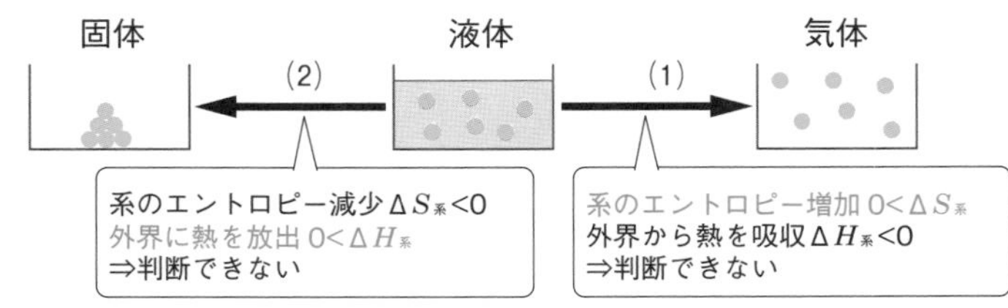
固体
液体
気体
(2)
(1)
系のエントロピー減少$\Delta S_{系}<0$
外界に熱を放出 $0<\Delta H_{系}$
⇒判断できない
系のエントロピー増加 $0<\Delta S_{系}$
外界から熱を吸収$\Delta H_{系}<0$
⇒判断できない

⑶結晶の溶解は**系のエントロピーが増大する。**（$0<\Delta S_{系}$）また，外界に**熱を放出する発熱反応**（$\Delta H_{系}<0$）なので，自発変化が起こると考えられる。

V

電池と電気分解

第11章 電池

このケーキあげたい
ケーキ食べたい
ぐ〜
Zn
Zn
Zn
Cu²⁺

▶ 電子を欲しがる酸化剤と電子を与えたがる還元剤で電池ができる。

story 1 電池の原理

(1) 電池の基本用語

電池って必ずイオン化傾向の違う２つの金属を使わなければいけないの??

それは違うよ。電池をつくりたければ，２種類の金属が必要なのではなく，**酸化剤と還元剤が必要**ということなんだよ。この酸化剤と還元剤を**活物質**（かつぶっしつ）といって，**酸化剤を正極活物質**（せいきょく），**還元剤を負極活物質**（ふきょく）ということもあるよ。この**酸化剤と還元剤を電解質溶液に浸せば電池がつくれる**んだ。電池の基本用語と注意点，電池の分類に関連する用語をまとめておくね。

電極…電解質に浸している金属など
正極…酸化剤が反応する電極（還元反応が起こる）
負極…還元剤が反応する電極（酸化反応が起こる）
電子の流れ…負極（還元剤側）から正極（酸化剤側）
電流の流れ…正極から負極
起電力…両極間の電位差（電圧）の最大値
放電…電池から電流を取り出すこと
充電…外部から放電時と逆向きに電流を流して起電力を回復させる操作
一次電池…充電できない使い切りの電池
二次電池（蓄電池）…充電可能な電池
全固体電池…電解質溶液のかわりに固体電解質のみを使用している電池

(2) 電池の基本原理といろいろな電池

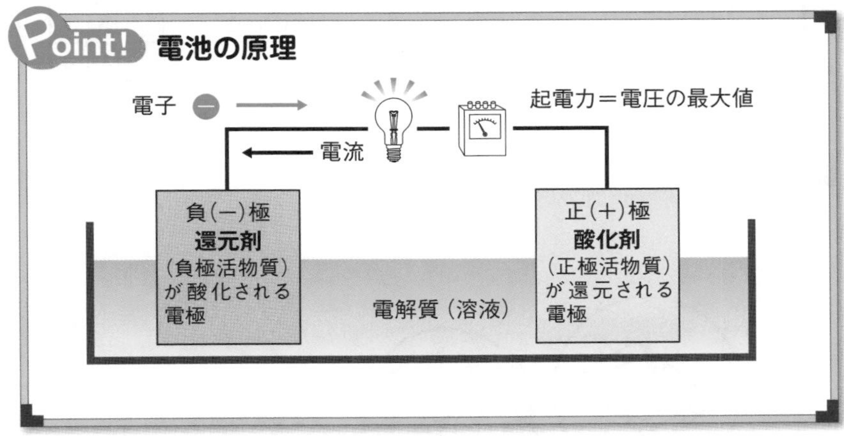
Point! 電池の原理
電子
電流
起電力＝電圧の最大値
負(−)極
還元剤
(負極活物質)
が酸化される
電極
正(+)極
酸化剤
(正極活物質)
が還元される
電極
電解質（溶液）

さっそく，いろいろな電池の酸化剤と還元剤の実例を見てもらおう。実用されている，いわゆる実用電池は身近だから楽しいね。

Point! いろいろな電池

<table>
<tr><th colspan="2">分類</th><th>電池の名称</th><th>−還元剤
負極活物質</th><th>電解液
（電解質溶液）</th><th>＋酸化剤
正極活物質</th></tr>
<tr><td colspan="2" rowspan="2">歴史的な電池</td><td>ボルタ電池</td><td rowspan="6">Zn</td><td>H_2SO_4aq</td><td>H^+</td></tr>
<tr><td>ダニエル電池</td><td>$ZnSO_4aq$
$CuSO_4aq$</td><td>Cu^{2+}</td></tr>
<tr><td rowspan="10">実用電池</td><td rowspan="5">一次電池</td><td>酸化銀電池</td><td rowspan="3">KOHaq
（アルカリ電池はKOHを良く使う）</td><td>Ag_2O</td></tr>
<tr><td>空気亜鉛電池</td><td>O_2</td></tr>
<tr><td>アルカリマンガン乾電池</td><td rowspan="3">MnO_2</td></tr>
<tr><td>マンガン乾電池</td><td>$ZnCl_2aq$
NH_4Claq</td></tr>
<tr><td>リチウム電池</td><td>Li</td><td rowspan="2">有機電解質
（リチウム塩）</td></tr>
<tr><td rowspan="4">二次電池</td><td>リチウムイオン電池</td><td>LiC_6</td><td>$Li_{1-x}CoO_2$</td></tr>
<tr><td>ニッケル・カドミウム電池</td><td>Cd</td><td rowspan="2">KOHaq</td><td rowspan="2">NiO（OH）</td></tr>
<tr><td>ニッケル・水素電池</td><td>MH ※</td></tr>
<tr><td>鉛蓄電池</td><td>Pb</td><td>H_2SO_4aq</td><td>PbO_2</td></tr>
<tr><td colspan="2">（水素）燃料電池（リン酸形）</td><td>H_2</td><td>H_3PO_4aq</td><td>O_2</td></tr>
</table>

※ MHのMは水素吸蔵合金でMHは水素を吸蔵した状態

スマホの電池って
どれだろう？

story 2 鉛蓄電池

(1) 鉛蓄電池の原理

鉛蓄電池って重いのに，何で自動車に使われているの？

確かに**鉛蓄電池**（なまりちくでんち）は重いけど，くり返し充電・放電しても性能が落ちにくいすばらしい二次電池なんだよ。電池は英語でBattery だけど，自動車のバッテリーには鉛蓄電池が多く使われているんだ。電池の構造を次のように表すこともあるよ。

$$(-)\ Pb \mid H_2SO_4aq \mid PbO_2\ (+)$$

それでは原理を見てみよう。

Point! 鉛蓄電池の原理

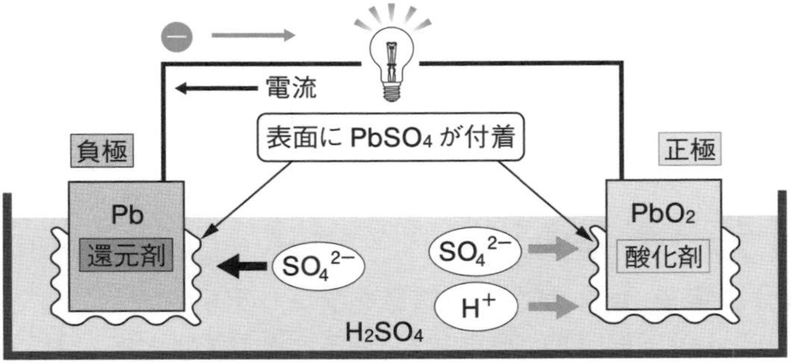

電流
表面に $PbSO_4$ が付着
負極
正極
Pb
還元剤
PbO_2
酸化剤
SO_4^{2-}
SO_4^{2-}
H^+
H_2SO_4

負極(−) $Pb + SO_4^{2-} \longrightarrow PbSO_4 + 2e^-$

正極(＋) $PbO_2 + 4H^+ + SO_4^{2-} + 2e^-$
$\longrightarrow PbSO_4 + 2H_2O$

全体反応 $PbO_2 + Pb + 2H_2SO_4 \underset{充電}{\overset{放電}{\rightleftarrows}} 2PbSO_4 + 2H_2O$

(2) 放電時の電解液・電極の質量変化

放電するにつれて，**両方の電極には $PbSO_4$ が付着し，電解液の硫酸は水に変わってうすまっていく**んだ。2 mol の電子が流れると，化学反応式より，電解液，負極（Pb），正極（PbO_2）の質量は次のように変わるよ。

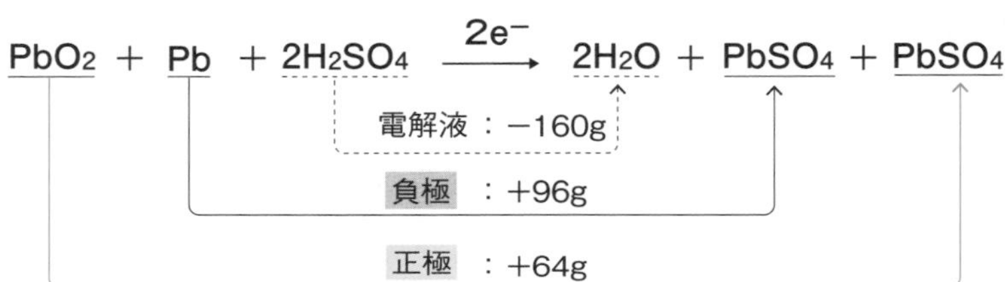

PbO2 + Pb + 2H2SO4 —2e⁻→ 2H2O + PbSO4 + PbSO4
電解液：−160g
負極：+96g
正極：+64g

上の式は放電時の反応を書いたけど，**充電するときには逆向きの反応が起こって起電力が回復する**代表的な**二次電池**（**蓄電池**）なんだよ。放電を続けると，負極も正極も表面に硫酸鉛（Ⅱ）$PbSO_4$ の白い結晶が付着して，電極が重くなるのが特徴だ。また，入試では計算問題もよく出題されているから，全反応式と質量の増減はしっかり理解しておこう。**ファラデー定数**を使った計算もマスターしようね！

(3) ファラデー定数

1 mol の電子（e^-）がもつ電気量を**ファラデー定数**といって，F = 96500 C/mol（96500 クーロンパーモルと読む）と書かれるよ。また，**1C = 1A × 1s**（1 クーロン =1 アンペア × 1 秒）の関係から 96500 C/mol ＝ 96500 A·s/mol の関係が得られるよ。

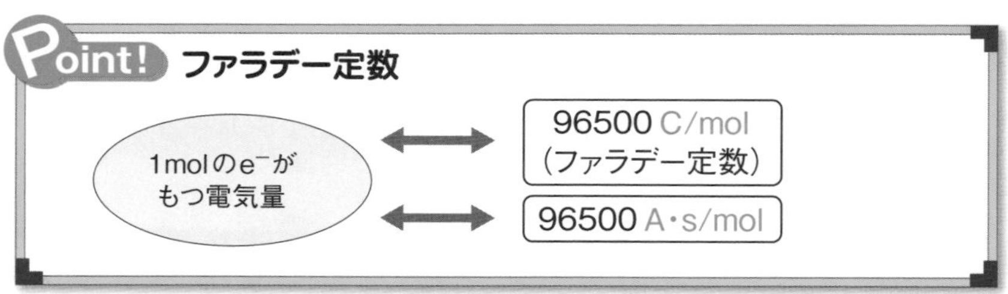

Point! ファラデー定数
1molのe⁻がもつ電気量
96500 C/mol（ファラデー定数）
96500 A・s/mol

story 3 燃料電池

燃料電池って，何でそんな名前なんですか？

灯油やガソリンって燃料というでしょ，燃料を燃やす反応って化学的には酸化剤は空気中の酸素 O_2 で，還元剤は灯油などの燃料というわけだ。燃料を空気中の酸素で燃やす反応と同じ化学変化の電池を**燃料電池**（ねんりょうでんち）というんだ。正確には還元剤にメタンを使えば"メタン燃料電池"，メタノールを使えば"メタノール燃料電池"というわけなんだ。高校で学習するのは，還元剤に水素 H_2 を用いた水素燃料電池で，電解液にリン酸を用いたリン酸形を最初に学ぶよ。さっそく構造を見てみよう。

Point! 燃料電池（リン酸形）の原理

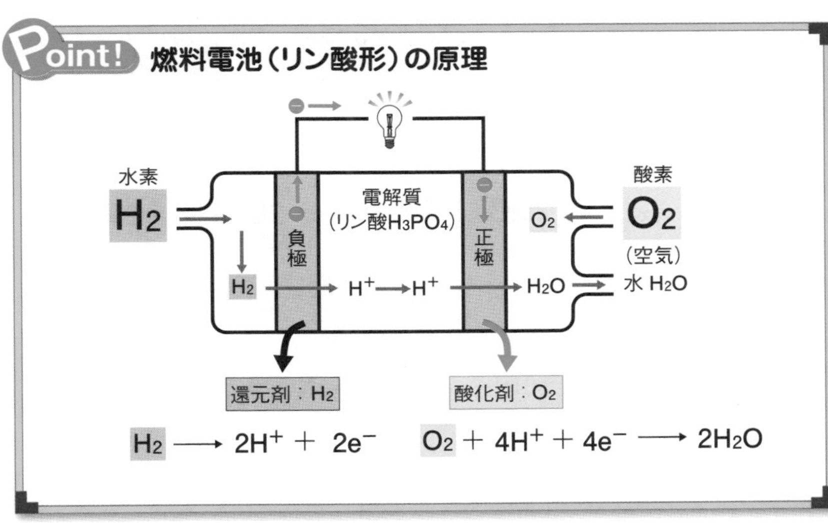

水素
H_2
H_2
負極
電解質
（リン酸 H_3PO_4）
$H^+ \longrightarrow H^+$
正極
O_2
酸素
O_2
（空気）
H_2O
水 H_2O
還元剤：H_2
酸化剤：O_2

$H_2 \longrightarrow 2H^+ + 2e^-$　　$O_2 + 4H^+ + 4e^- \longrightarrow 2H_2O$

全反応式をつくると，確かに H_2 燃料を燃焼させたときと同じ反応になるね。

$$
\begin{array}{rl}
\text{正極（＋）：酸化剤＝} & O_2 + \cancel{4H^+} + \cancel{4e^-} \longrightarrow 2H_2O \\
+)\ \text{負極（－）：還元剤＝} & 2H_2 \longrightarrow \cancel{4H^+} + \cancel{4e^-} \\
\hline
 & 2H_2 + O_2 \longrightarrow 2H_2O
\end{array}
$$

story 4 リチウムイオン電池

スマホの電池って何ですか?

え～！　自分のスマホだから，覚えておいてね。君のスマホの電池は恐らくリチウムイオン電池だよ。起電力は鉛蓄電池の倍で約4Vもあるんだ。しかもリチウムは最も軽い金属だから，超軽量，ハイパワーの素晴らしい電池なんだ。開発に大きく貢献した吉野彰（あきら）博士が2019年にノーベル賞を受賞したこともあって，試験にも良く出題されているよ。さて，電池の構成は次の通りだ。

（－）LiC_6 ｜有機電解質（リチウム塩）｜ $Li_{1-x}CoO_2$（＋）（$0<x<1$）

この電池の負極材料である LiC_6 は層状構造の黒鉛の層間に，Li^+ が取り込まれた構造をしているんだ。化学的性質は単体の Li と似ているため，水と次のように反応してしまうんだ。

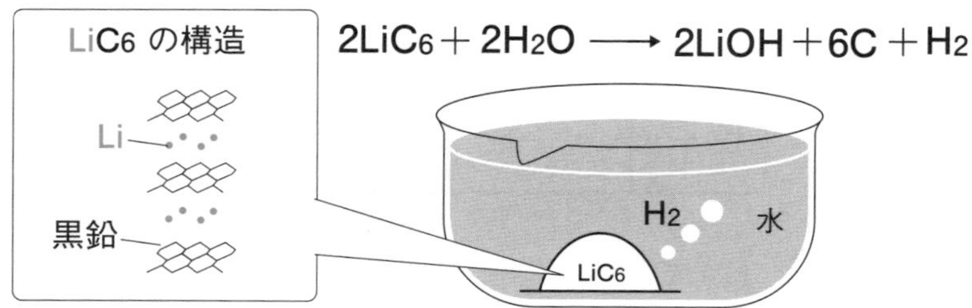
LiC6 の構造
Li
黒鉛
2LiC6＋2H2O ⟶ 2LiOH＋6C＋H2
H2
水
LiC6

そのため，電解液に水ではなく有機電解質（イオンを運べる有機化合物）にリチウム塩を加えたものを使っているよ。

次ページのリチウムイオン電池の原理図をみて確認してね。

電極は負極も正極も層状構造になっていて，リチウムイオン Li^+ がその層の中に入ったり出たりしているんだ。君が今夜充電するときも，Li^+ が正極から出てきて負極に移動するんだ。面白いでしょ。

Point! リチウムイオン電池の原理

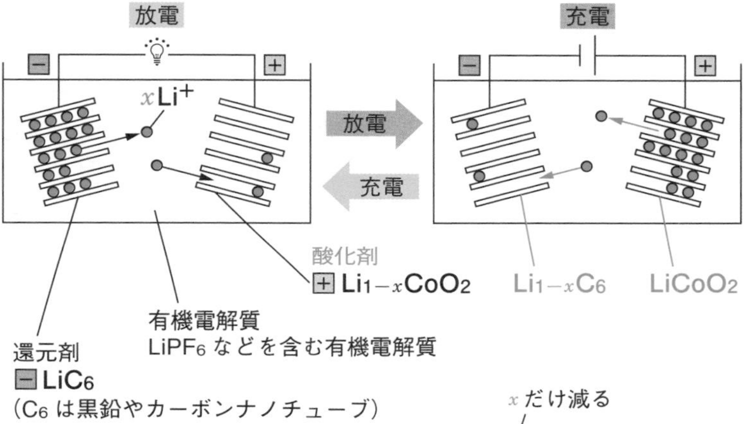

放電

充電

xLi^+

放電

充電

酸化剤

⊞ $Li_{1-x}CoO_2$

$Li_{1-x}C_6$　$LiCoO_2$

有機電解質

$LiPF_6$ などを含む有機電解質

還元剤

⊟ LiC_6

（C_6 は黒鉛やカーボンナノチューブ）

x だけ減る

負極(−)：　$LiC_6 \rightleftarrows Li_{1-x}C_6 + xLi^+ + xe^-$ ……①

移動

正極(＋)：$Li_{1-x}CoO_2 + xLi^+ + xe^- \rightleftarrows LiCoO_2$ ……②

①＋②

全反応式　$LiC_6 + Li_{1-x}CoO_2 \underset{充電}{\overset{放電}{\rightleftarrows}} Li_{1-x}C_6 + LiCoO_2$

xLi^+　　xLi^+

Li⁺がバトミントンの羽（シャトルコック）のような動きをするので，シャトルコック型電池ともいわれているんだ。

Li+

それでは電気量の計算を含んだ電池の問題をやってみよう。

問題 1 いろいろな電池と電気量の計算

次の問いに答えよ。必要なら以下の数値を用い，答えは有効数字２桁で求めよ。ファラデー定数 F ＝96500 C/mol，0℃，101.3KPa の気体のモル体積22.4 L/mol，原子量は **H** ＝1.0，**O** ＝16.0，**S** ＝32.0，**Cu** ＝63.5，**Zn** ＝65.4，**Pb** ＝207 とする。

(1) 2.0 A の電流を193 秒間流したとき，流れた電子の物質量はいくらか。
(2) 5.0 A の電流を12 分52 秒間流したとき，流れた電子の物質量はいくらか。
(3) ダニエル電池を３分13 秒間放電させたら，平均で0.020 A の電流が流れた。正極の増加量は何 mg か。
(4) 鉛蓄電池を６分26 秒間放電させたら，平均0.10 A の電流が流れた。正極の増加量は何 mg か。
(5) H_2 燃料電池を25 分44 秒間放電させたら，平均で1.0 A の電流が流れた。消費した気体の合計は0℃，101.3KPa で何 L か。

解説

電流〔A〕×時間〔s〕で電気量〔C〕なので，まずは流れた電子の物質量から計算し，電極の増加量を求める。

(1) $\dfrac{2.0\cancel{A} \times 193\cancel{s}}{96500\cancel{A}\cdot\cancel{s}/\text{mol}} = 4.0 \times 10^{-3}\text{mol}$

(2) $\dfrac{5.0\cancel{A} \times (12 \times 60 + 52)\cancel{s}}{96500\cancel{A}\cdot\cancel{s}/\text{mol}} = 4.0 \times 10^{-2}\text{mol}$

(3) 流れた e^- は，$\dfrac{0.020\cancel{A} \times (3 \times 60 + 13)\cancel{s}}{96500\cancel{A}\cdot\cancel{s}/\text{mol}} = 4.0 \times 10^{-5}\text{mol}$

$Cu^{2+} + 2e^- \longrightarrow Cu$ より銅の析出量は

$$\frac{4.0 \times 10^{-5}\text{mol}}{2} \times 63.5\text{g/mol} = 1.27 \times 10^{-3}\text{g} \fallingdotseq 1.3\text{mg}$$

(4) 流れたe^-は，$\dfrac{0.10\text{A} \times (6 \times 60 + 26)\text{s}}{96500\text{A}\cdot\text{s/mol}} = 4.0 \times 10^{-4}\text{mol}$

$\boxed{PbO_2} + 4H^+ + SO_4^{2-} + 2e^- \longrightarrow \boxed{PbSO_4} + 2H_2O$ より

e^-が2mol流れるとSO_2分の64gが増加する。

よって，$\dfrac{4.0 \times 10^{-4}\text{mol}}{2} \times 64\text{g/mol} = 12.8 \times 10^{-3}\text{g}$

$\fallingdotseq 13\text{mg}$

(5) 流れたe^-は，$\dfrac{1.0\text{A} \times (25 \times 60 + 44)\text{s}}{96500\text{A}\cdot\text{s/mol}} = 1.6 \times 10^{-2}\text{mol}$

燃料電池は4molのe^-が流れて$2H_2 + O_2 \longrightarrow 2H_2O$の反応が起こり，このとき，合計3molの気体が消費される。あとはe^-の物質量と消費した気体の体積の比例式をつくる。

e^-の物質量：消費した気体の体積

$= 4\text{mol} : 3\text{mol} \times 22.4\text{L} / \text{mol} = 1.6 \times 10^{-2}\text{mol} : V〔\text{L}〕$

より

$V = 0.2688 \fallingdotseq 0.27\text{L}$

解答

(1) 4.0×10^{-3}mol　(2) 4.0×10^{-2}mol　(3) 1.3mg

(4) 13mg　(5) 0.27L

BATTERY

鉛蓄電池は車やバイクにたくさん使われているよ！

確認問題

次の1～6の問いに答えよ。ただし，ファラデー定数を96500 C/mol とする。

1 電池について，(1)～(3)の電極は正極か負極かを答えよ。

(1) 酸化剤が反応する電極
(2) 酸化反応が起こる電極
(3) 電子が流れ込む電極

解答
(1) 正極
(2) 負極
(3) 正極

2 次の(1)～(4)の電池の酸化剤（正極活物質）を化学式で書け。

(1) ダニエル電池
(2) 鉛蓄電池
(3) マンガン乾電池
(4) H_2－O_2 燃料電池

解答
(1) Cu^{2+}
(2) PbO_2
(3) MnO_2
(4) O_2

3 ダニエル電池の起電力を大きくする方法として正しいものを①～④から全て選べ。

① 硫酸亜鉛 $ZnSO_4$ 水溶液の濃度を上げる。
② 硫酸銅（Ⅱ）水溶液の濃度を上げる。
③ 負極の亜鉛 Zn を鉄 Fe にかえる。
④ 硫酸銅（Ⅱ）水溶液を硝酸銀水溶液にかえて，正極の Cu を Ag にかえる。

解答 ② ④

4 鉛蓄電池の放電時に関する次の①～⑤の記述から正しいものを全て選べ。

① 両極表面に硫酸鉛（Ⅱ）$PbSO_4$ の白色結晶が付着する。
② 正極の質量が32g 増加するとき，負極の質量は96g 増加する。
③ 硫酸の濃度が減少する。

解答 ① ③

④ 酸化剤は鉛 Pb である。
⑤ 負極で水 H_2O が生成する。

5 水素燃料電池（リン酸形）に関する次の問いに答えよ。原子量は H＝1.0，O＝16 とする。
(1) 還元剤（負極活物質）を化学式で答えよ。
(2) 正極のイオン反応式を書け。
(3) 全体の反応式を書け。
(4) H_2O が 18g 生成されるとき，流れる電子の物質量は何 mol か。

6 リチウムイオン電池に関する (1) ～ (3) の問いに答えよ。
(1) 負極の材料として最も適当なものを①～⑤から 1 つ選べ。
①黒鉛　② CF　③ Li
④ LiC_6　⑤ C_6O
(2) 正極の材料として最も適当なものを①～⑤から 1 つ選べ。
① Co　② $Li_{1-x}CoO_2$
③ $Li_{1-x}C_6$　④ $Li_{1-x}Co$　⑤黒鉛
(3) 充電時におけるリチウムイオンの移動の向きを①～③から 1 つ選べ。
①正極→負極　②負極→正極
③移動しない

解答

5
(1) H_2
(2) $O_2+4H^++4e^- \longrightarrow 2H_2O$
(3) $2H_2+O_2 \longrightarrow 2H_2O$
(4) 2mol

6
(1) ④
(2) ②
(3) ①

Li+

第12章 電気分解

お菓子収集所
お菓子返してよ～

お菓子配付所
お菓子を差し上げます！

▶電気分解はお菓子（電子）を配布する場所と回収する場所で構成されている。

story 1 電気分解の原理

(1) 電極の名称

電気分解と電池ってゴチャゴチャになっちゃうんですけど。

そういう人が多いんだ。それを突破するコツは，還元剤が反応しているのか，酸化剤が反応しているのかを意識することだよ。焦らずやれば大丈夫！　まずは，電極の名称からチェックだ。

陰極…電池の負極がつながっている電極
（電子が負極から流れ込んで**還元反応**が起こる）
陽極…電池の正極がつながっている電極
（**酸化反応**が起こって電子が吸い取られる）

次に電極のイメージだけど，電子がエクレアだとしたら，陰極は電子が流れ込んでくる電極だから，エクレアが配られている“天国”みたいな場所なんだ。だから電子（エクレア）を取りに来る酸化剤が反応するよ。一方，陽極は電子（エクレア）が吸い取られている“地獄”みたいな電極なんだ。だから，電子（エクレア）を渡す還元剤が反応するというわけなんだ。地獄では，電極が還元剤になる場合と，溶液中の物質が還元剤になる２パターンがあるけど，まずはイメージをきちんと作ろう。

Point! 電気分解のイメージ

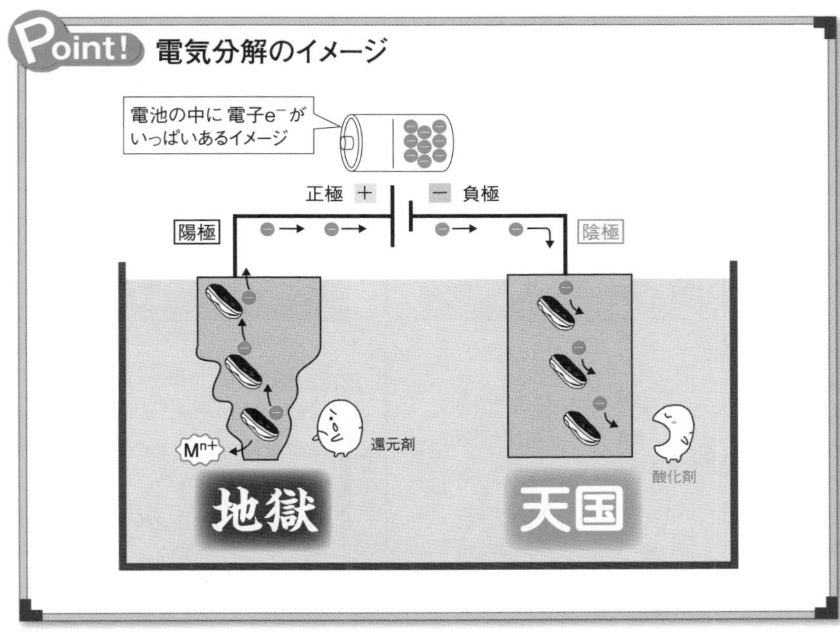

電池の中に 電子e⁻が
いっぱいあるイメージ
正極 ＋
－ 負極
陽極
陰極
M^{n+}
還元剤
酸化剤
地獄
天国

(2) 陽極（地獄）の反応の注意点（水溶液）⇒還元剤が反応

陽極は電子（エクレア）が吸い取られている地獄だったね。だから還元剤が電子（エクレア）を出す反応をするんだった。ここで最も反応しやすい還元剤は電極の金属なんだ。**還元力のほとんどない金 Au，白金 Pt，黒鉛 C 以外は電極自体が還元剤として反応**して，イオンになって溶解するものが多いんだ。

白金 Pt などの安定な電極のときは水溶液中の塩化物イオンCl^-などの還元剤が反応するんだ。まとめると次のようになるよ。

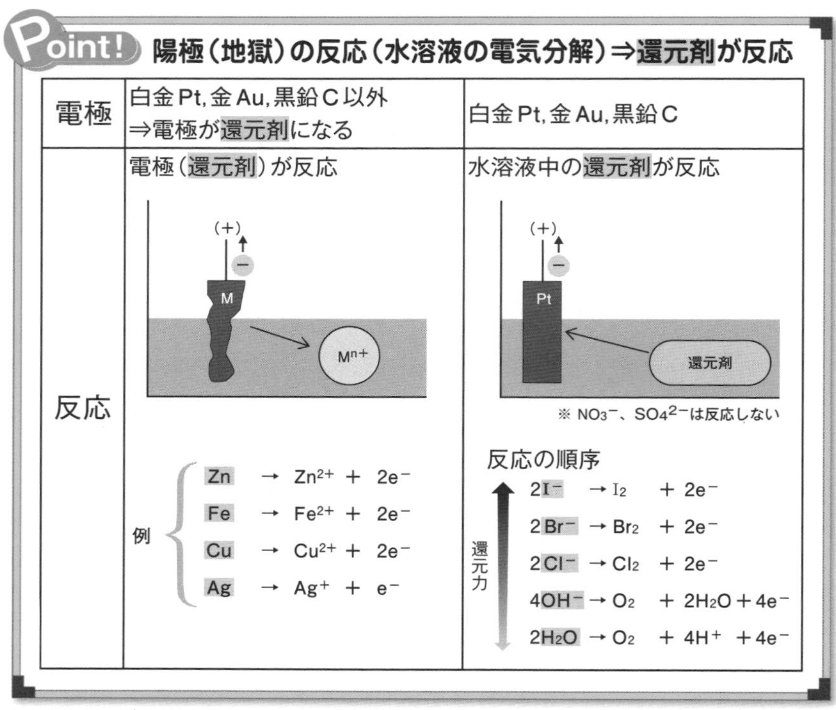

Point! 陽極（地獄）の反応（水溶液の電気分解）⇒還元剤が反応

電極	白金 Pt，金 Au，黒鉛 C 以外 ⇒電極が還元剤になる	白金 Pt，金 Au，黒鉛 C
反応	電極（還元剤）が反応 (+) M → M^{n+} 例 Zn → Zn^{2+} ＋ $2e^-$ Fe → Fe^{2+} ＋ $2e^-$ Cu → Cu^{2+} ＋ $2e^-$ Ag → Ag^+ ＋ e^-	水溶液中の還元剤が反応 (+) Pt ← 還元剤 ※ NO_3^-、SO_4^{2-}は反応しない 反応の順序（還元力） $2I^-$ → I_2 ＋ $2e^-$ $2Br^-$ → Br_2 ＋ $2e^-$ $2Cl^-$ → Cl_2 ＋ $2e^-$ $4OH^-$ → O_2 ＋ $2H_2O$ ＋ $4e^-$ $2H_2O$ → O_2 ＋ $4H^+$ ＋ $4e^-$

(3) 陰極（天国）の反応の注意点（水溶液）⇒酸化剤が反応

陰極は電子（エクレア）が配られている天国だったね。ここではエクレアを取りに酸化剤がやってくるんだ。でもアルカリ金属やアルカリ土類金属のイオン，Al^{3+} などは酸化力が弱すぎて反応しないから，H^{+} や H_2O が反応するよ。

また，酸化力の強い貴金属のイオン（Cu^{2+}，Ag^{+}）が存在すれば，電極表面に金属が析出するよ。これを**電気めっき**と呼ぶんだ。このときの金属の析出量が電気量（C）に比例することをファラデーが最初に発見したので，**ファラデーの電気分解の法則**というよ。酸化力が貴金属のイオンほど強くない Zn^{2+}，Ni^{2+}，Fe^{2+}，Sn^{2+}，Pb^{2+} も電気めっきされるけど，条件によって水素ガスも発生するから注意だよ。

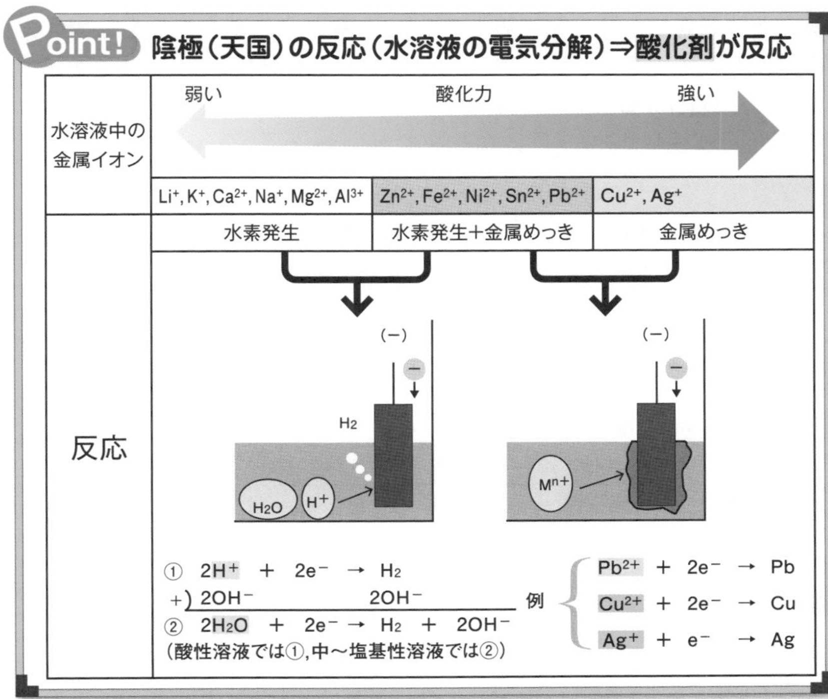

Point!
陰極（天国）の反応（水溶液の電気分解）⇒酸化剤が反応
水溶液中の金属イオン
弱い
酸化力
強い
Li+, K+, Ca2+, Na+, Mg2+, Al3+
Zn2+, Fe2+, Ni2+, Sn2+, Pb2+
Cu2+, Ag+
反応
水素発生
水素発生＋金属めっき
金属めっき
(−)
H2
H2O
H+
(−)
Mn+
① 2H+ + 2e− → H2
+) 2OH− 2OH−
② 2H2O + 2e− → H2 + 2OH−
（酸性溶液では①，中〜塩基性溶液では②）
例
Pb2+ + 2e− → Pb
Cu2+ + 2e− → Cu
Ag+ + e− → Ag

story 2 水の電気分解

(1) 硫酸水溶液の電気分解（水 H_2O の電気分解）

水の電気分解の反応式が書けませ〜ん。

確かに，簡単そうに見えて難しいのが水の電気分解だね。わかりやすく基礎から説明するね。まず，純水は電気を通さないから硫酸水溶液を電気分解するよ。水を徹底的に電離させてみるんだ。

$$H_2O \rightleftarrows H^+ + OH^- \ (\rightleftarrows 2H^+ + O^{2-})$$

O^{2-}は塩基性が強すぎて（H^+を受け取る力が強すぎて）水中では存在できない。

O^{2-}は非常に強い塩基で，水中では存在できないけど，化学平衡の理論上は非常にわずかに存在していると考えられるんだ。そう考えたら，電子を欲しがっているプラスイオンの酸化剤はH^+で，電子を持っている還元剤はO^{2-}とすぐにわかるね。（$SO_4{}^{2-}$は還元剤にならないので無視して大丈夫）。反応式も次のようにシンプルだ。

陰極（天国）→ 酸化剤のH^+が電子を受け取る　：$2H^+ + 2e^- \rightarrow H_2$

陽極（地獄）→ 還元剤のO^{2-}が電子を奪われる：$2O^{2-} \rightarrow O_2 + 4e^-$

ところが水溶液中ではO^{2-}では存在できないから，両辺に硫酸から出たH^+を足してH_2Oにすると，簡単に陽極の式が完成するよ。

還元剤　$2O^{2-} \longrightarrow O_2 + 4e^-$

＋）$4H^+ \qquad 4H^+$

還元剤　$2H_2O \longrightarrow O_2 + 4H^+ + 4e^-$

整理すると次のようになるね。

●硫酸 H_2SO_4 水溶液の電気分解（水 H_2O の電気分解）

陰極（天国）→ 酸化剤　$2H^+ + 2e^- \rightarrow H_2$　…①

陽極（地獄）→ 還元剤　$2H_2O \rightarrow O_2 + 4H^+ + 4e^-$　…②

①× 2+ ②の反応式は $2H_2O \rightarrow O_2 + 2H_2$ となって，結局，水の電気分解だとわかるね。

(2) 水酸化ナトリウム NaOH 水溶液の電気分解（水 H_2O の電気分解）

NaOH 水溶液中での反応式も同様に考えればオッケーだ。今度は H^+ を OH^- で中和，O^{2-} を H_2O で中和するだけなんだ（Na^+ は酸化剤にならないので無視して大丈夫）。

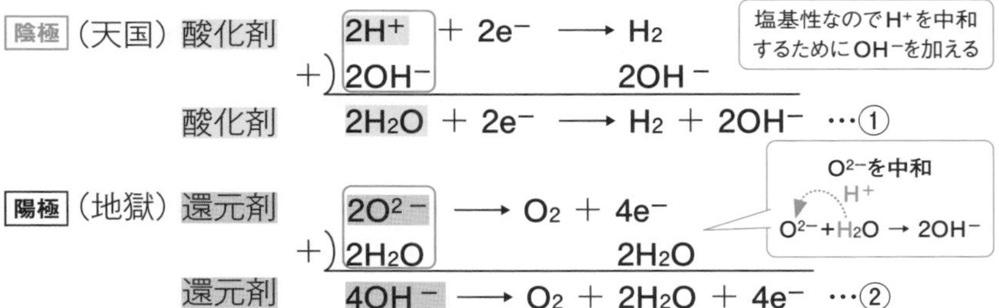

陰極（天国）酸化剤 2H⁺ ＋ 2e⁻ ⟶ H2
＋) 2OH⁻　2OH⁻
酸化剤 2H2O ＋ 2e⁻ ⟶ H2 ＋ 2OH⁻ …①
塩基性なので H⁺を中和するために OH⁻を加える
陽極（地獄）還元剤 2O²⁻ ⟶ O2 ＋ 4e⁻
＋) 2H2O　2H2O
還元剤 4OH⁻ ⟶ O2 ＋ 2H2O ＋ 4e⁻ …②
O²⁻を中和
H⁺
O²⁻＋H2O → 2OH⁻

①× 2+ ②の反応式は $2H_2O \rightarrow O_2 + 2H_2$ となって，こちらも結局，水の電気分解だね。

(3) 硫酸ナトリウム Na_2SO_4 水溶液の電気分解（水 H_2O の電気分解）

Na_2SO_4 は中性水溶液だから，左辺に H^+ とか OH^- を書けないので，陰極では酸化剤の H^+ を中和して H_2O，陽極では還元剤の O^{2-} を中和して H_2O にすればオッケーだ。

陰極：（天国）→ 酸化剤 $2H_2O + 2e^- \longrightarrow H_2 + 2OH^-$ …①

陽極：（地獄）→ 還元剤 $2H_2O \longrightarrow O_2 + 4H^+ + 4e^-$ …②

①× 2+ ②の反応式は $2H_2O \rightarrow O_2 + 2H_2$ となって，こちらも結局，水の電気分解という訳なんだ。

硫酸ナトリウム Na_2SO_4 水溶液を使った水の電気分解の図は，次のようになるよ。

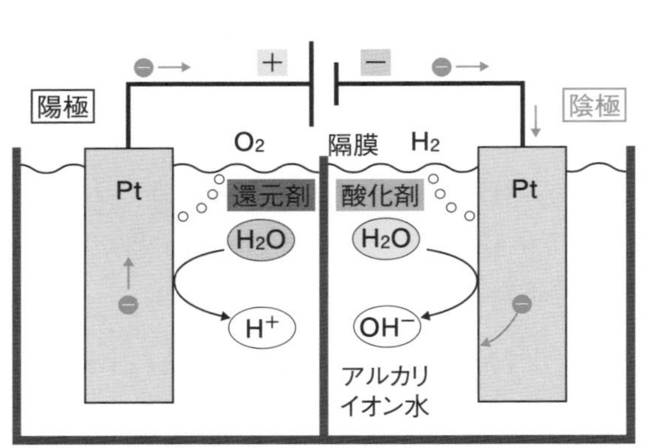

+
−
陽極
陰極
O_2
隔膜
H_2
Pt
Pt
還元剤
酸化剤
H_2O
H_2O
H^+
OH^-
アルカリ
イオン水

水を電気分解したときに陰極側の水がアルカリ性（塩基性）になるから，アルカリイオン水といわれているよ！

硫酸水溶液，水酸化ナトリウム水溶液，硫酸ナトリウム水溶液を白金電極で電気分解した結果をまとめて整理してみよう。

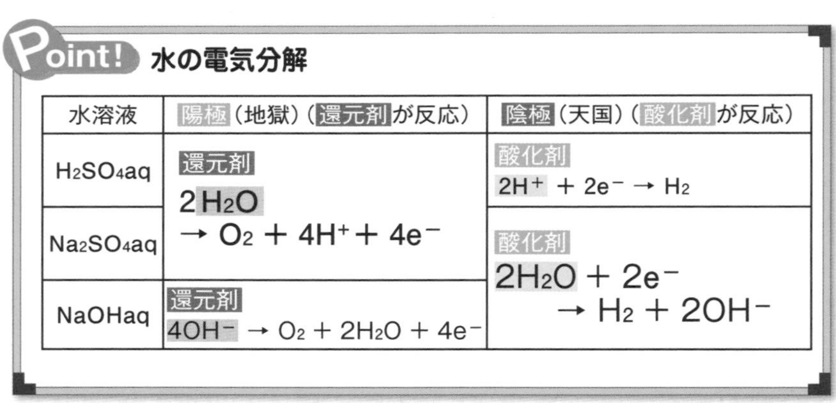

Point! 水の電気分解

水溶液	陽極（地獄）（還元剤が反応）	陰極（天国）（酸化剤が反応）
H_2SO_4aq	還元剤 $2H_2O \rightarrow O_2 + 4H^+ + 4e^-$	酸化剤 $2H^+ + 2e^- \rightarrow H_2$
Na_2SO_4aq	（同上）	酸化剤 $2H_2O + 2e^- \rightarrow H_2 + 2OH^-$
$NaOHaq$	還元剤 $4OH^- \rightarrow O_2 + 2H_2O + 4e^-$	（同上）

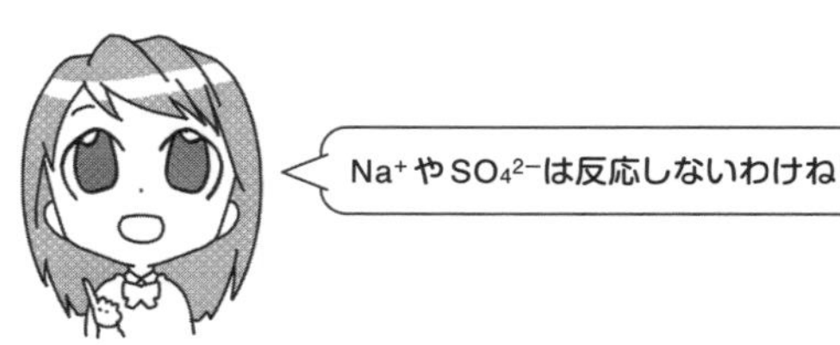

Na^+やSO_4^{2-}は反応しないわけね！

story 3 水溶液の電気分解

(1) 電気分解の例

試験で出題されやすい電気分解を教えて下さい!

試験に出るトップクラスの電気分解といえば，それは食塩水の電気分解だよ。でも，せっかく原理を学んだから，色々な電気分解の例を見てみよう。

<table>
<tr><th rowspan="2">水溶液</th><th colspan="2">陽極（地獄）</th><th colspan="2">陰極（天国）</th></tr>
<tr><th>電極</th><th>還元剤 の反応</th><th>電極</th><th>酸化剤 の反応</th></tr>
<tr><td rowspan="2">$CuCl_2$aq</td><td>Pt</td><td>$2Cl^- \rightarrow Cl_2 + 2e^-$</td><td>Pt</td><td rowspan="4">$Cu^{2+} + 2e^- \rightarrow Cu$</td></tr>
<tr><td rowspan="2">Cu</td><td rowspan="2">$Cu \rightarrow Cu^{2+} + 2e^-$</td><td rowspan="2">Cu</td></tr>
<tr><td rowspan="2">$CuSO_4$aq</td></tr>
<tr><td rowspan="2">Pt</td><td rowspan="2">$2H_2O \rightarrow O_2 + 4H^+ + 4e^-$</td><td rowspan="2">Pt</td></tr>
<tr><td rowspan="2">$AgNO_3$aq</td><td rowspan="2">$Ag^+ + e^- \rightarrow Ag$</td></tr>
<tr><td>Ag</td><td>$Ag \rightarrow Ag^+ + e^-$</td><td>Ag</td></tr>
<tr><td>KIaq</td><td>Pt</td><td>$2I^- \rightarrow I_2 + 2e^-$</td><td>Pt</td><td rowspan="2">$2H_2O + 2e^- \rightarrow H_2 + 2OH^-$</td></tr>
<tr><td>NaClaq</td><td>C</td><td>$2Cl^- \rightarrow Cl_2 + 2e^-$</td><td>C</td></tr>
</table>

SO_4^{2-}, NO_3^-, K^+, Na^+は反応しない

陽極（地獄）ではCuやAg電極は溶解する!

陰極（天国）ではCu^{2+}, Ag^+があれば金属めっき, K^+, Na^+があればH_2Oが反応してH_2発生

(2) イオン交換膜法

それでは早速，食塩水の電気分解を見てもらうよ。何故，この電気分解が大切かというと，この電気分解で水酸化ナトリウム NaOH を製造している会社が世界中に沢山あるからなんだ。特徴としては，**真ん中に陽イオンだけを通す陽イオン交換膜（こうかんまく）をはさんで，陰極側に水酸化ナトリウム NaOH 水溶液，陽極側に薄い塩化ナトリウム NaCl 水溶液を入れて，電気分解する**んだ。**イオン交換膜法**ともいうよ。

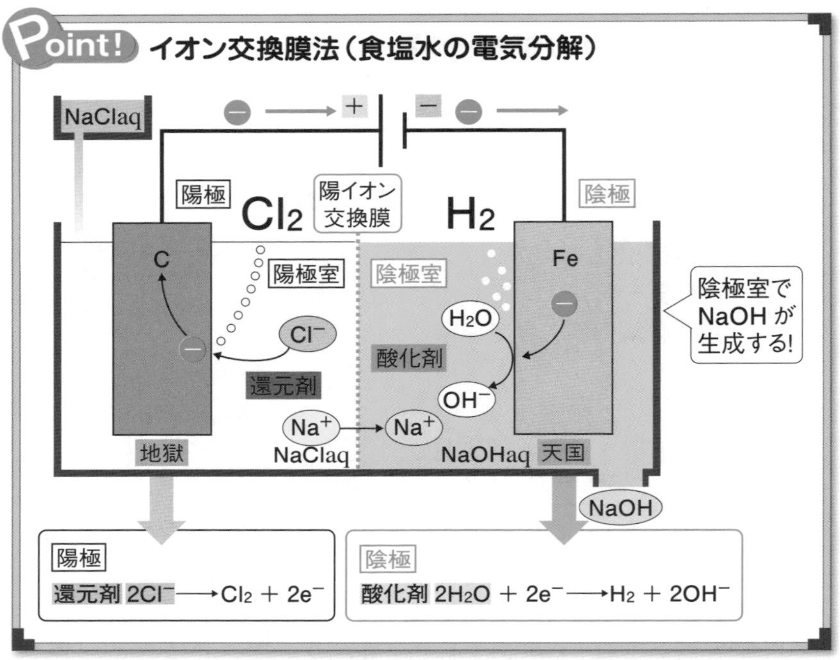
Point! イオン交換膜法（食塩水の電気分解）
NaClaq
+
−
陽極
Cl2
陽イオン交換膜
H2
陰極
C
陽極室
陰極室
Fe
陰極室でNaOHが生成する!
H2O
Cl−
酸化剤
還元剤
OH−
Na+
Na+
地獄
NaClaq
NaOHaq
天国
NaOH
陽極
還元剤 2Cl− ⟶ Cl2 + 2e−
陰極
酸化剤 2H2O + 2e− ⟶ H2 + 2OH−

陽極室では Cl^- が電子を取られて塩素 Cl_2 が発生し，陰極室では水素 H_2 が発生するとともに水酸化ナトリウム NaOH が生成するよ。全反応式を書いてみると明らかだよ。

陽極 $\quad 2Cl^- \longrightarrow Cl_2 + 2e^-$

陰極 $\quad +)\ 2H_2O + 2e^- \longrightarrow H_2 + 2OH^-$

$$2Cl^- + 2H_2O \longrightarrow H_2 + 2OH^- + Cl_2$$

$$+)\ 2Na^+ \qquad\qquad 2Na^+$$

$$2NaCl + 2H_2O \longrightarrow \underbrace{H_2 + 2NaOH}_{\text{陰極室}} + \underbrace{Cl_2}_{\text{陽極室}}$$

両辺に Na^+ をたす。

陰極室に生成した NaOH は石けんや洗剤の原料，紙の製造など工業界でいろいろな方面に利用されているんだよ。

story 4 製錬での応用

(1) 銅の電解精錬

銅を作るとき，粗銅が陽極か陰極かわかりませ〜ん。

それは簡単で，粗銅は溶かしたいから地獄側，つまり陽極だよ。それより，基本からきちんと学んでみよう。

黄銅鉱などの銅の鉱物から不純物が入った粗銅が得られるんだ。この粗銅の主成分は勿論 Cu だけど，不純物として Fe，Ni，Ag，Au などが含まれるんだよ。イオン化傾向の順番に並べると次の通りだね。

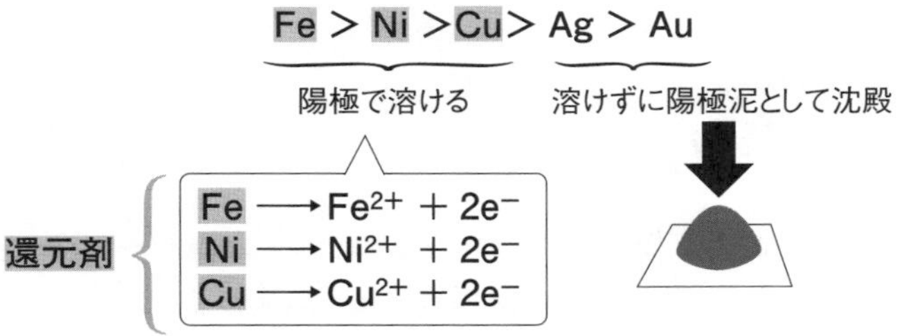

Fe ＞ Ni ＞Cu＞ Ag ＞ Au
陽極で溶ける
溶けずに陽極泥として沈殿
還元剤
Fe ⟶ Fe²⁺ ＋ 2e⁻
Ni ⟶ Ni²⁺ ＋ 2e⁻
Cu ⟶ Cu²⁺ ＋ 2e⁻

陽極では Cu よりイオン化傾向の大きい Fe や Ni などは Cu とともに溶解して，**イオン化傾向が小さい Ag や Au などはそのまま沈殿するんだ。陽極の下に沈殿するから**陽極泥(ようきょくでい)とよばれるよ。

陽極泥は名前は泥だけど，Au や Ag が入っているんだよ。
最高の泥だわ！

一方，陰極では，$Cu^{2+} + 2e^- \longrightarrow Cu$ の反応により，銅が析出するけど，このとき，Fe や Ni は Cu よりイオン化傾向が大きいためイオンのままで水溶液中に残り，析出することはないんだ。この方法で

陰極に析出した銅は純度が99.99% 以上のまさに純銅というわけなんだ。

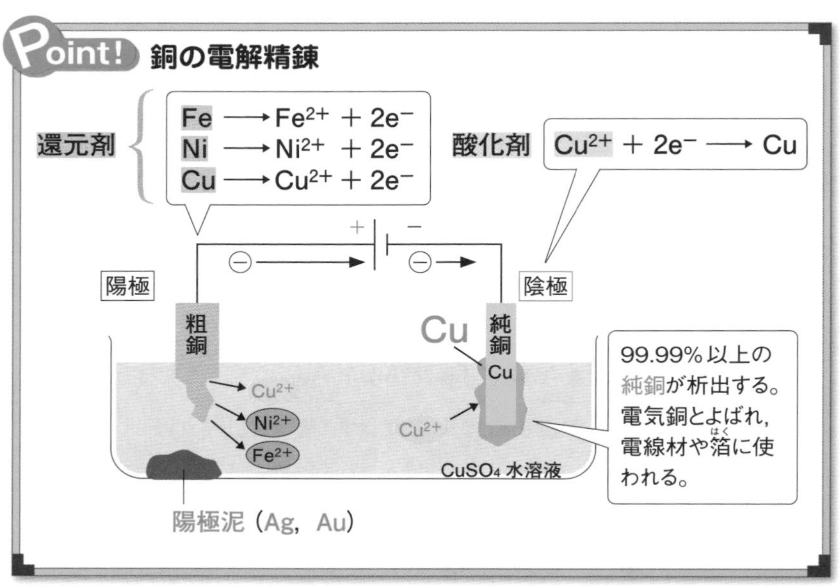

Point! 銅の電解精錬
還元剤
$Fe \longrightarrow Fe^{2+} + 2e^-$
$Ni \longrightarrow Ni^{2+} + 2e^-$
$Cu \longrightarrow Cu^{2+} + 2e^-$
酸化剤
$Cu^{2+} + 2e^- \longrightarrow Cu$
+
−
陽極
陰極
粗銅
純銅
Cu
Cu
Cu^{2+}
Ni^{2+}
Fe^{2+}
Cu^{2+}
$CuSO_4$ 水溶液
99.99% 以上の純銅が析出する。電気銅とよばれ，電線材や箔に使われる。
陽極泥（Ag，Au）

(2) アルミナの溶融塩電解

アルミニウムって陰極で金属めっきはできないんですか?

そんなことはないんだ。塩に水を入れずに融解させて電気分解することを**溶融塩電解**というけど，この方法で実際に **Al** が作られているんだ。

まず，ボーキサイトなどの **Al** を含む鉱物を精製して酸化アルミニウム Al_2O_3 を作るんだ。この Al_2O_3 を水を入れずに融解させるんだが，Al_2O_3 の融点は2054℃と非常に高温なため，通常のガスバーナーでは溶けないんだ。

そこで，**融点が約1000℃の氷晶石（主成分 Na_3AlF_6）を融解させて，これに少量ずつ Al_2O_3 を加えると凝固点降下（融点降下）により1000℃付近で Al_2O_3 も融解**するんだ。

この方法で融解した氷晶石とアルミナを黒鉛の電極で電気分解すると，陰極から Al が析出して，陽極では黒鉛が還元剤となり，CO や CO_2 が発生するよ。

Point! 酸化アルミニウムの溶融塩電解

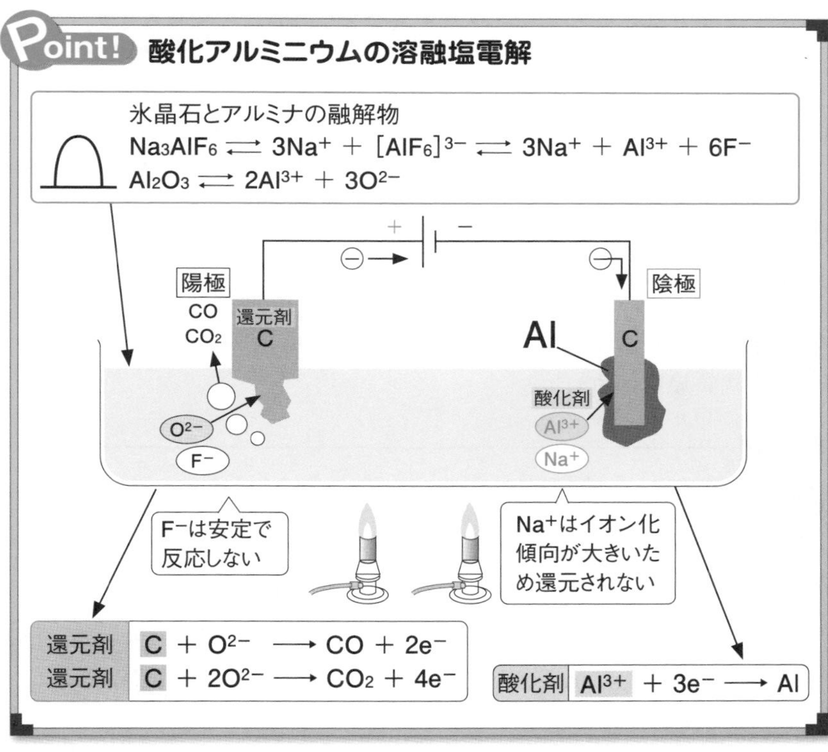

氷晶石とアルミナの融解物
Na3AlF6 ⇄ 3Na+ + [AlF6]3− ⇄ 3Na+ + Al3+ + 6F−
Al2O3 ⇄ 2Al3+ + 3O2−
+
−
陽極
CO
CO2
還元剤
C
O2−
F−
陰極
Al
C
酸化剤
Al3+
Na+
F−は安定で反応しない
Na+はイオン化傾向が大きいため還元されない
還元剤 C + O2− ⟶ CO + 2e−
還元剤 C + 2O2− ⟶ CO2 + 4e−
酸化剤 Al3+ + 3e− ⟶ Al

確認問題

1　電気分解に関する次の①～④の記述から正しいものを全て選べ。
① 陽極では酸化反応が起こっている。
② 陰極では酸化剤が反応する。
③ 陽極では電極が溶解する反応が起こることがある。
④ 陰極では水から酸素 O_2 が発生する反応が起こることがある。

解答　①②③

2　硫酸水溶液の電気分解における陽極の反応式を書け。

解答　$2H_2O \longrightarrow O_2 + 4H^+ + 4e^-$

3　水を電気分解したときに塩基性になるのは陰極側か，陽極側か。

解答　陰極側

4　水2 mol を電気分解するときに，流れる電子の物質量は何 mol か。

解答　4 mol

解説

水の電気分解の全反応式は次のようになるね。

陽極	$2H_2O$	$\longrightarrow$	$O_2 + \cancel{4H^+} + \cancel{4e^-}$
陰極	$+)\ \cancel{4H_2O} + \cancel{4e^-}$	$\longrightarrow$	$2H_2 + \cancel{4OH^-}$
	$2H_2O$	$\longrightarrow$	$2H_2 + O_2$

H_2O が 2 mol 分解されると 4 mol の電子（e^-）が流れることがわかるね。

全反応式では e^- は消えてしまうから，$\longrightarrow$ の上に書いておくと便利だよ。

5　水5 mol を電気分解するときに，両極で発生する気体の物質量の合計は何 mol か。

解答

7.5 mol

解説

水の電気分解は**4**と同じだね。全反応式から，2 mol の H_2O が電気分解されると H_2 と O_2 が合計3 mol 生じることがわかるから，H_2O の1.5 倍の物質量の気体が生じることになるね。よって，5 mol × 1.5 = 7.5 mol

6　食塩水の電気分解で陽極の反応を化学反応式で書け。

7　銅の電解精錬では，粗銅は陰極か，陽極か。

8　酸化アルミニウムの溶融塩電解で使用される塩を次の中から１つ選べ。

① 岩塩　② 赤鉄鉱　③ 氷晶石
④ 黄銅鉱　⑤ クジャク石

解答

$2Cl^- \longrightarrow Cl_2 + 2e^-$

陽極

③

AlもCuも電気分解で出来ていたんだ！
1
10

VI

反応速度と平衡

第13章 反応速度

GoAL!

▶越えなければならない壁があるように，化学変化も越えるべき遷移状態がある。

story 1 反応速度の考え方

(1) 反応速度

反応速度って，何ですか?

反応速度は単位時間あたりのモル濃度の変化量だよ。言葉より式を見た方がわかるよ。

$$\text{反応速度}\ v = \frac{\text{濃度の変化量〔mol/L〕}}{\text{単位時間〔s〕}} = \frac{\Delta c}{\Delta t}$$

1秒間に何mol/L変化するかという値

物質の濃度–時間のグラフで見ると，もっとわかりやすいよ！

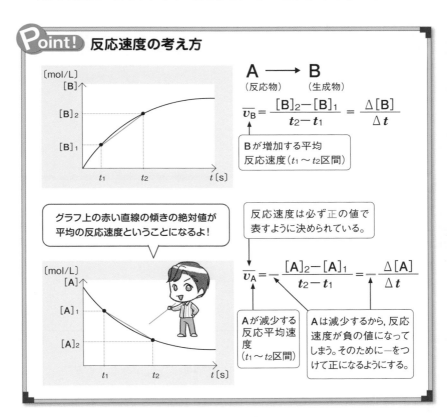

Point! 反応速度の考え方

〔mol/L〕
[B]
$[B]_2$
$[B]_1$
t_1
t_2
t〔s〕

A ⟶ B
（反応物）　（生成物）

$$\overline{v_B}=\frac{[B]_2-[B]_1}{t_2-t_1}=\frac{\Delta[B]}{\Delta t}$$

Bが増加する平均反応速度（t_1～t_2区間）

グラフ上の赤い直線の傾きの絶対値が平均の反応速度ということになるよ！
〔mol/L〕
[A]
$[A]_1$
$[A]_2$
t_1
t_2
t〔s〕

反応速度は必ず正の値で表すように決められている。

$$\overline{v_A}=-\frac{[A]_2-[A]_1}{t_2-t_1}=-\frac{\Delta[A]}{\Delta t}$$

Aが減少する反応平均速度（t_1～t_2区間）

Aは減少するから，反応速度が負の値になってしまう。そのために－をつけて正になるようにする。

このグラフの傾きが反応速度ということが簡単にわかるね。注意することは，**反応速度は正の値で定義する**ので，**傾きが負のものには－（マイナス）をつけて正の値にする**のを忘れないようにね！

(2) 反応速度の公式

次に A ⟶ 2B の反応を考えてみよう。BはAの2倍の速度で増加していくので，v_A ＝0.3mol/(L·s) の速度でAが分解しているとき，Bの生成速度は2倍の値，つまり v_B ＝0.6mol/(L·s) となるね。

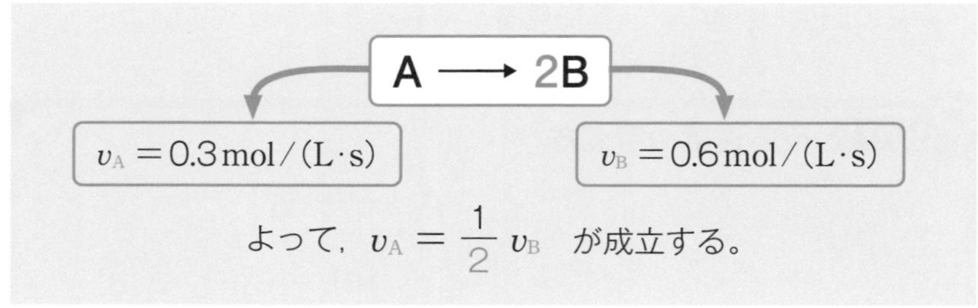
$A \longrightarrow 2B$
$v_A = 0.3\,\mathrm{mol/(L \cdot s)}$
$v_B = 0.6\,\mathrm{mol/(L \cdot s)}$
よって，$v_A = \frac{1}{2} v_B$　が成立する。

この関係が成立するのと同様に，次のような公式が成立するよ。

Point! 反応速度の表し方

$$a_1 A_1 + a_2 A_2 + \cdots \xrightarrow{v} b_1 B_1 + b_2 B_2 + \cdots$$

（a_1，a_2，…，b_1，b_2 …：係数，A_1，A_2，…，B_1，B_2 …：物質）

A_1の減少速度　$v_{A_1} = -\dfrac{\Delta[A_1]}{\Delta t}$

B_1の増加速度　$v_{B_1} = \dfrac{\Delta[B_1]}{\Delta t}$

$$\frac{1}{a_1} v_{A_1} = \frac{1}{a_2} v_{A_2} = \cdots\cdots = \frac{1}{b_1} v_{B_1} = \frac{1}{b_2} v_{B_2} = \cdots\cdots$$

反応速度って，反応式の係数を
逆数にすれば良いんだ！

story 2 反応速度式

(1) 反応次数と反応速度

反応次数って，何ですか?

反応速度が反応物質の何乗に比例しているかの値なんだ。具体的に書いてみると，たとえば A ⟶ 2B という反応がある場合，その反応速度は次のように表されるんだ。

Point! 反応速度式

$$A \xrightarrow{v} 2B$$

反応速度

$$v = -\frac{\Delta[A]}{\Delta t} = \frac{1}{2} \times \frac{\Delta[B]}{\Delta t}$$

$$v = k[A]^n$$ ← n 次反応という!

k:反応速度定数　反応速度式

●反応次数と反応速度の関係

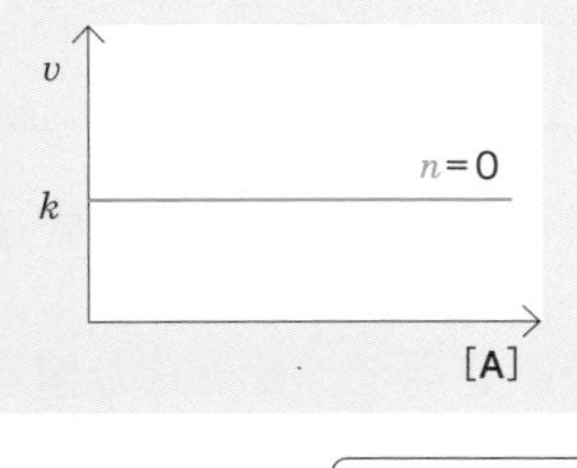

v
k
n=0
[A]

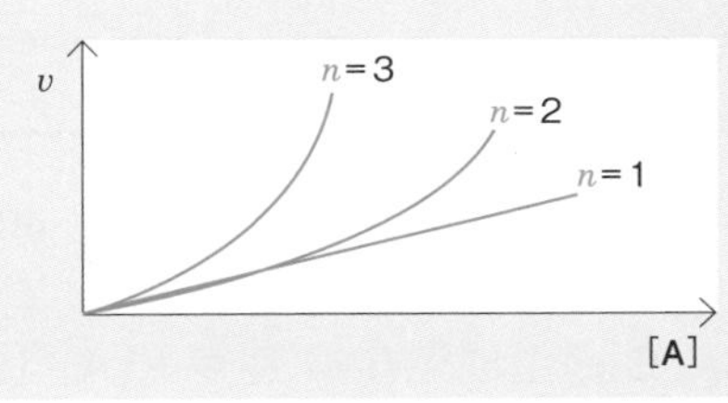

v
n=3
n=2
n=1
[A]

n=0
0次反応では
速度は一定

1次反応，2次反応などではAの濃度[A]が増加すると速度 v はどんどん増加する。

(2) 反応速度式

例えば，$v = k[A]^n$ のような式を**反応速度式**といって，このときの n が**反応次数**になるんだ。反応速度が反応物の濃度の0乗に比例していれば0次反応（つまり，濃度に無関係で速度一定），1乗に比例していれば1次反応という具合だよ。ところで，この反応次数 n がいくらになるかは，反応式を見てもわからないんだ。実際に実験してみないとわからない数値だから，反応式を見てわからなくても不安にならないでオッケーだよ！

問題 1 反応速度式

$A + 2B \longrightarrow C$ という反応について，A，B の濃度を変えて C の生成速度 v_C〔mol/(L･s)〕を測定したら，次の表のような結果になった。この反応に関して次の問いに答えよ。

実験	[A]	[B]	v_C〔mol/L･s〕
1	0.10	0.10	0.0020
2	0.10	0.30	0.0060
3	0.30	0.30	0.0540

(1) A の濃度を一定にして B の濃度を3倍にすると，C の生成速度は何倍になるか。

(2) C の生成速度は $v_C = k[A]^x[B]^y$ で表される。x と y の値を求めよ。

(3) $v_C = k[A]^x[B]^y$ の反応速度定数 k を求めよ。

(4) 同じ反応で [A] = 0.20 mol/L，[B] = 0.20 mol/L のとき，C の生成速度 v_C〔mol/(L･s)〕を求めよ。

(5) 実験1のとき，Aの減少速度 v_A と B の減少速度 v_B を求めよ。

解説

実験結果から反応速度を読み取る典型的な問題だよ。

(1) まず，AかBのどちらかの濃度を一定にして考えるんだ。両方の値を動かすとわからなくなるからね。実験１と実験２ではAの濃度［A］が同じだから，［A］を一定にして，Bの濃度［B］を見てみよう。

実験	[A]	[B]	v_C〔mol/(L·s)〕
1	0.10	0.10	0.0020
2	0.10	0.30	0.0060
3	0.30	0.30	0.0540

（[B]：0.10→0.30　3倍，v_C：0.0020→0.0060　3倍）

Bの濃度［B］を３倍にするとCの生成速度 v_C〔mol/(L·s)〕が３倍になることがわかるね。よって３倍が正解だよ。

このことから，v_C は［B］の**１乗**に比例することがわかるんだ。

$$v_C = k[\mathrm{A}]^x[\mathrm{B}]^1$$

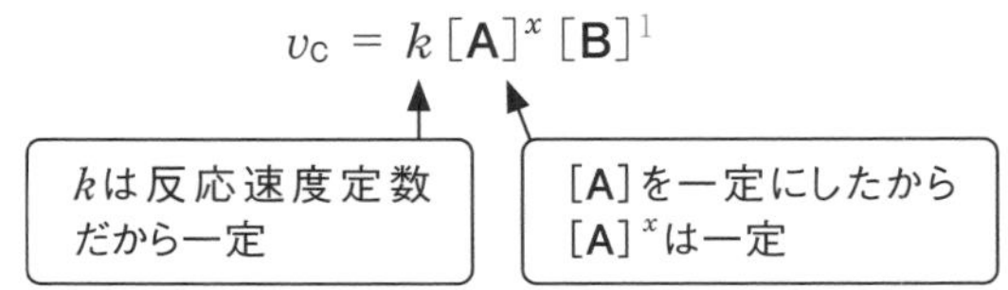
kは反応速度定数
だから一定
[A]を一定にしたから
[A]^{x}は一定

(2) 次にBの濃度［B］を一定にしてAの濃度［A］を見てみよう。

実験	[A]	[B]	v_C〔mol/(L·s)〕
1	0.10	0.10	0.0020
2	0.10	0.30	0.0060
3	0.30	0.30	0.0540

（[A]：0.10→0.30　3倍，v_C：0.0060→0.0540　9倍）

Aの濃度 [A] を3倍にするとCの生成速度 v_C が9倍，つまり 3^2 倍になることから，v_C は [A] の**2乗**に比例することがわかる。

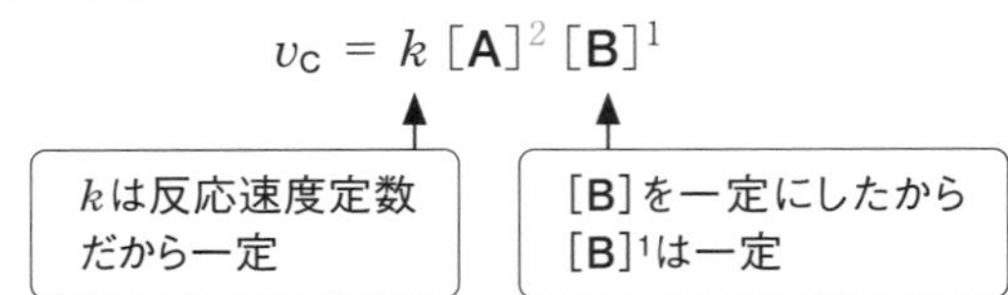
$v_C = k\,[A]^2\,[B]^1$
kは反応速度定数だから一定
[B]を一定にしたから[B]¹は一定

よって，反応速度式は $v_C = k\,[A]^2\,[B]^1$ と表されるから，$x = 2$，$y = 1$ が正解だね。

(3)　実験1～3のどの数値を反応速度式に入れても反応速度定数 k は同じ値になるよ。

$$v_C = k\,[A]^2\,[B]^1$$

実験1より　$0.0020 = k \times 0.10^2 \times 0.10$

実験2より　$0.0060 = k \times 0.10^2 \times 0.30$

実験3より　$0.0540 = k \times 0.30^2 \times 0.30$

$$k = 2.0\,\mathrm{L^2/(mol^2 \cdot s)}$$

(4)　$k = 2.0\,\mathrm{L^2/(mol^2 \cdot s)}$ を代入

$$v_C = 2.0\,[A]^2\,[B]^1 = 2.0 \times 0.2^2 \times 0.2$$
$$= 0.016\,\mathrm{mol/(L \cdot s)}$$

(5)　$A + 2B \longrightarrow C$ より $v_A = \dfrac{1}{2} v_B = v_C$ で，

表より $v_C = 0.0020\,\mathrm{mol/(L \cdot s)}$ を代入

$v_A = v_C = 0.0020\,\mathrm{mol/(L \cdot s)}$，

$v_B = 2v_C = 0.0040\,\mathrm{mol/(L \cdot s)}$

解答

(1)　3倍　(2)　$x = 2$，$y = 1$　(3)　$2.0\,\mathrm{L^2/(mol^2 \cdot s)}$

(4)　$0.016\,\mathrm{mol/(L \cdot s)}$　(5)　$v_A = 0.0020\,\mathrm{mol/(L \cdot s)}$，$v_B = 0.0040\,\mathrm{mol/(L \cdot s)}$

story 3 反応速度を変化させる要因

(1) 活性化エネルギー

反応速度定数って，本当にいつも一定なんですか?

それはすばらしい質問だね。**反応速度定数**は確かに定数なんだけど，実は**温度と活性化エネルギー**によって変化するんだ。まずは，気体Aが反応して気体Bに変化することを考えてみよう。この反応の反応速度を上げる方法は次の3つだよ。

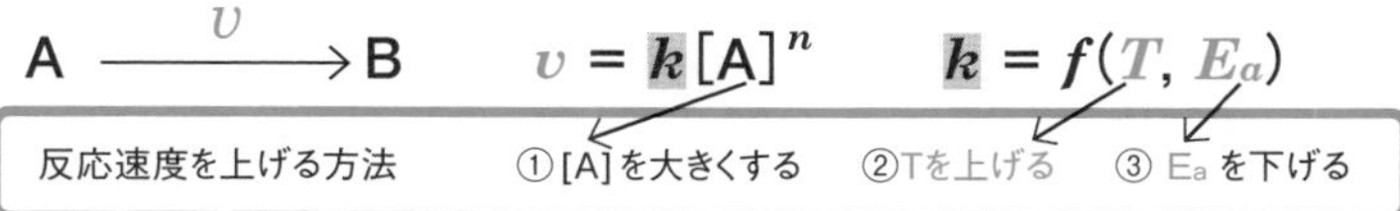

A $\xrightarrow{v}$ B　　$v = k[\mathrm{A}]^n$　　$k = f(T, E_a)$
反応速度を上げる方法
① [A] を大きくする
② T を上げる
③ E_a を下げる

まず温度の影響を考えてみよう。気体の場合，A分子の内部エネルギーは運動エネルギーとほぼ等しく，A分子の数の割合は次のようなグラフになるんだ。(マクスウェル分布)

Aの分子の数の割合
0
A分子の運動エネルギー
E
模擬試験の点数と人数分布のグラフに似ている!
人数
点数

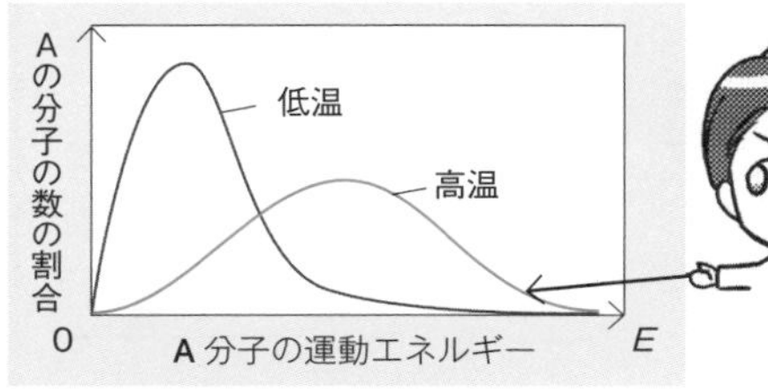

Aの分子の数の割合
低温
高温
0
A分子の運動エネルギー
E
高温にすると分子の速度が増加して，全体に運動エネルギーが大きい分子が増えるよ!

▲ A分子のもつエネルギー

この分布の関数は大学で勉強するとして，ここでは形だけわかっていればいいよ。

次に，活性化エネルギーについて話そう。

この考え方はさまざまなエネルギー，エントロピーなどにも使われるので，グラフの縦軸は単にエネルギーとしておくよ。（エンタルピーだと思って見てみてね）A → B が発熱反応だとしてエネルギーの図（エンタルピーの図）を見てみよう。

A → B ΔH＜0のとき
エネルギー
A
ΔH
B
ゆら〜
A
B
エネルギーは低い方が安定だから，Aは全部Bになってしまいそう！

エネルギーは低い方が安定で A 分子はすべて安定な B 分子に変化してしまいそうだけど，実際には A が B になるとき，超えなければならない壁みたいなエネルギーがあるんだ。それが**活性化エネルギー**だ。また，エネルギーの頂点の状態（壁の頂上）を**遷移状態**というんだ。だから，**活性化エネルギーとは遷移状態になるために必要な最小のエネルギー**といえるね。

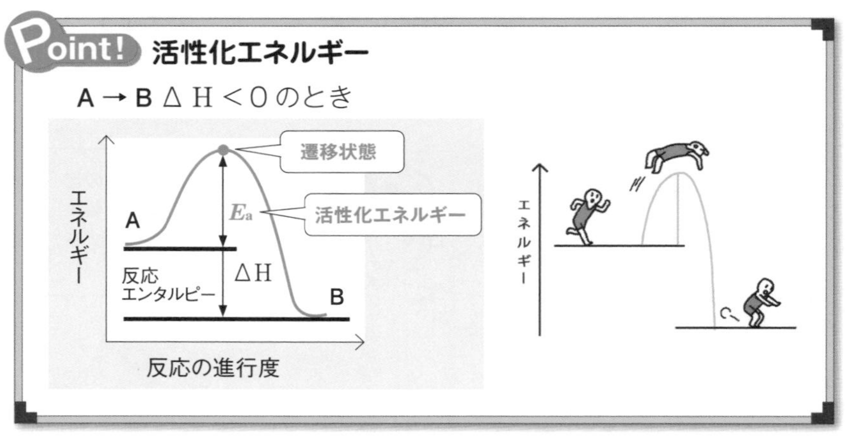

Point! 活性化エネルギー
A → B ΔH＜0のとき
遷移状態
エネルギー
A
E_a
活性化エネルギー
ΔH
反応エンタルピー
B
反応の進行度
エネルギー

実際の例を見てもらおう。

$$H\text{-}H（気）+\ I\text{-}I（気）\rightarrow 2H\text{-}I（気）\quad \Delta H = -9kJ$$

この反応の遷移状態では，結合が切れた**2H**（気）**+2I**（気）でなく，2分子が接近してできる不安定な結合体を作っていると考えられているんだ。これを**活性錯体**又は**活性複合体**（activated complex）と呼んでいるよ。

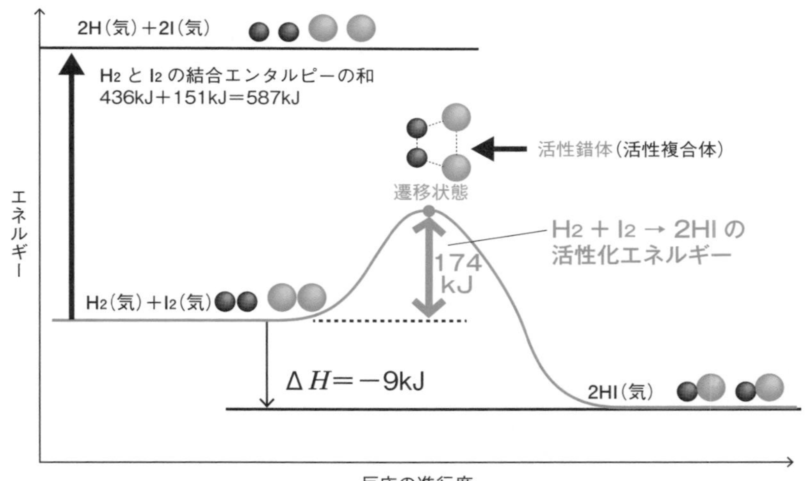

2H（気）+2I（気）
H2 と I2 の結合エンタルピーの和
436kJ+151kJ=587kJ
活性錯体（活性複合体）
遷移状態
エネルギー
H2 + I2 → 2HI の
活性化エネルギー
174
kJ
H2（気）+I2（気）
ΔH=−9kJ
2HI（気）
反応の進行度

▲ヨウ化水素の生成反応におけるエネルギー変化

(2) 活性化エネルギーと反応速度

A 分子のうち，この活性化エネルギー以上のエネルギーをもつものだけが B になれる，つまり反応するわけなんだ。この**反応する A 分子の数の割合（下の右の図中の赤色の部分の面積）が反応速度定数 k に比例する**んだ。

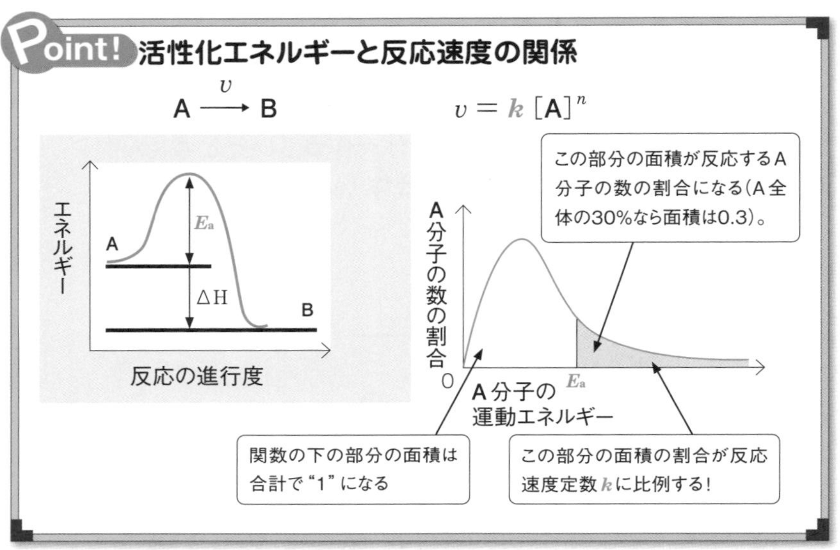
Point! 活性化エネルギーと反応速度の関係
A ⟶(v) B
$v = k\,[\mathrm{A}]^n$
エネルギー
A
E_a
ΔH
B
反応の進行度
A分子の数の割合
この部分の面積が反応するA分子の数の割合になる(A全体の30%なら面積は0.3)。
0
E_a
A分子の運動エネルギー
関数の下の部分の面積は合計で“1”になる
この部分の面積の割合が反応速度定数kに比例する!

(3) 温度と反応速度

温度を上げると必ず反応速度は増加するの?

A ⟶ B みたいな**一方通行の反応では，温度を上げると必ず反応速度は上がる**んだよ。温度の影響もグラフで簡単に理解できるよ。

HOT!
温度が上がると必ず
反応速度は上がるよ!

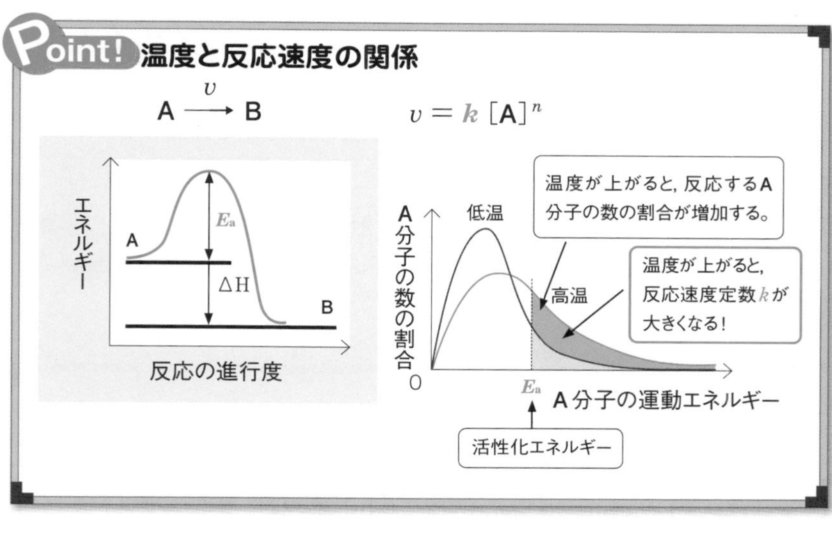
Point! 温度と反応速度の関係
A →(v) B
$v = k\,[\mathrm{A}]^n$
エネルギー
A
E_a
ΔH
B
反応の進行度
A分子の数の割合
低温
高温
0
E_a
A分子の運動エネルギー
温度が上がると, 反応するA分子の数の割合が増加する。
温度が上がると, 反応速度定数 k が大きくなる!
活性化エネルギー

つまり，**温度を上げると反応する分子の割合が増加し，反応速度定数 k が大きくなることで，反応速度も大きくなる**んだ。

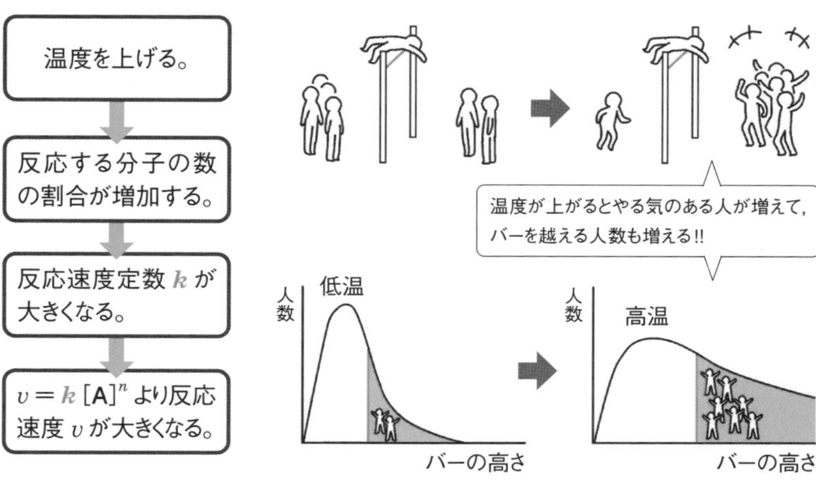
温度を上げる。
反応する分子の数の割合が増加する。
反応速度定数 k が大きくなる。
$v = k\,[\mathrm{A}]^n$ より反応速度 v が大きくなる。
温度が上がるとやる気のある人が増えて, バーを越える人数も増える!!
人数
低温
バーの高さ
人数
高温
バーの高さ

(4) 触媒と反応速度

触媒を入れると何で反応速度が上がるんですか?

それは触媒が活性化エネルギー E_a を下げるからなんだ。グラフを見る前に触媒には**均一触媒**(きんいつしょくばい)と**不均一触媒**(ふきんいつしょくばい)の2種類あることも覚えておこう。内容は簡単なので，次のPoint!にまとめておいたよ。

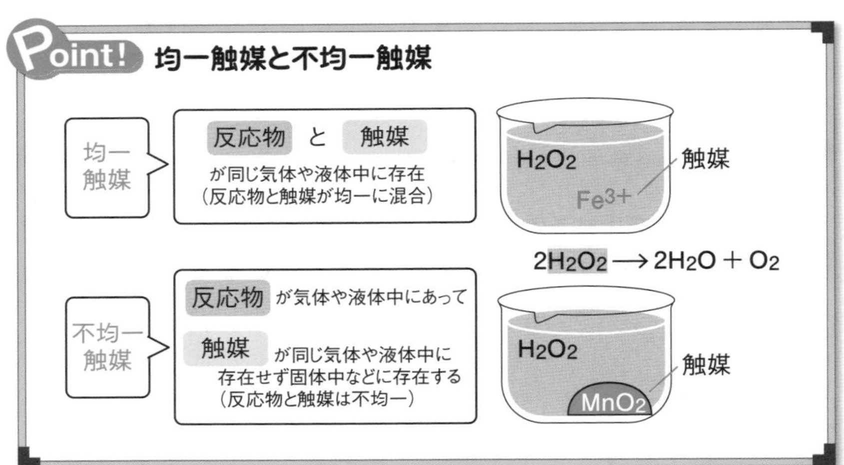

Point! 均一触媒と不均一触媒
均一触媒
反応物 と 触媒
が同じ気体や液体中に存在
(反応物と触媒が均一に混合)
H2O2
Fe3+
触媒
2H2O2 → 2H2O + O2
不均一触媒
反応物 が気体や液体中にあって
触媒 が同じ気体や液体中に存在せず固体中などに存在する
(反応物と触媒は不均一)
H2O2
MnO2
触媒

それでは早速，これらの触媒が活性化エネルギー E_a を下げる図を見てもらうよ。この図とマクスウェル分布を見れば，触媒を入れると活性化エネルギー以上のエネルギーを持つ分子の割合が増加して，反応速度が上昇するのがわかるよ。

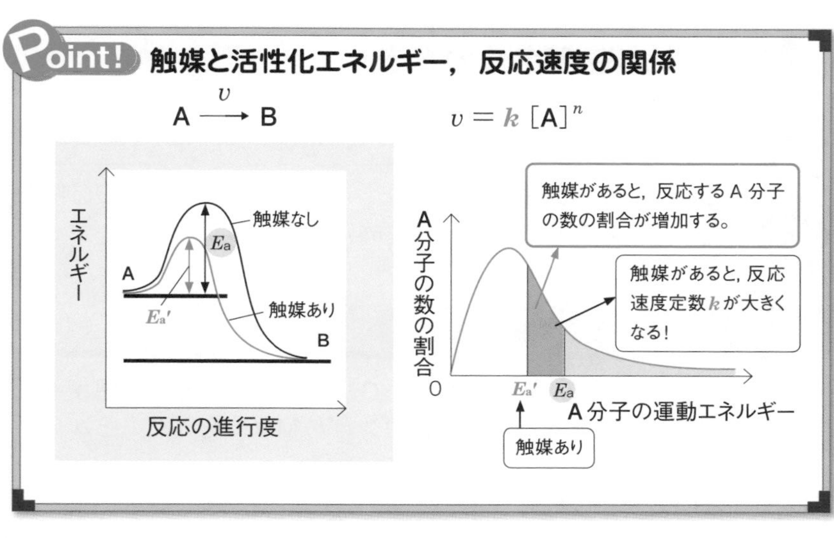
Point! 触媒と活性化エネルギー，反応速度の関係
A $\xrightarrow{v}$ B
$v = k[\mathrm{A}]^n$
エネルギー
A
触媒なし
E_a
E_a'
触媒あり
B
反応の進行度
触媒があると，反応するA分子の数の割合が増加する。
触媒があると，反応速度定数 k が大きくなる！
A分子の数の割合
0
E_a'
E_a
A分子の運動エネルギー
触媒あり

つまり，**触媒を入れると活性化エネルギーが下がり，反応速度定数 k が大きくなることで反応速度が大きくなる**んだ。

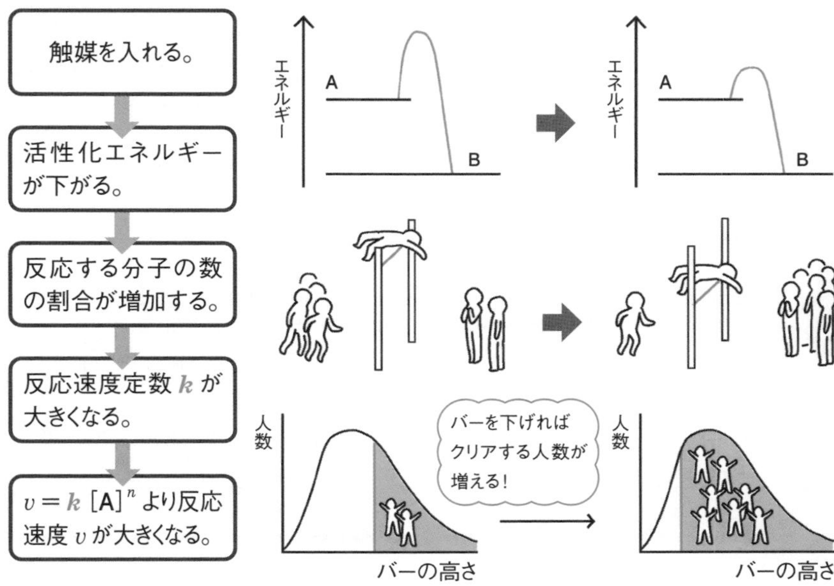
触媒を入れる。
活性化エネルギーが下がる。
反応する分子の数の割合が増加する。
反応速度定数 k が大きくなる。
$v = k[\mathrm{A}]^n$ より反応速度 v が大きくなる。
エネルギー
A
B
エネルギー
A
B
人数
バーの高さ
バーを下げればクリアする人数が増える！
人数
バーの高さ

story 4 反応速度定数の算出

反応速度定数を出す実験をしたんだけど，よくわかりません！

では，コツを教えてあげよう！　過酸化水素 H_2O_2 の分解を例に，問題を解きながら具体的に説明するよ。

問題 2 反応速度定数

濃度 1.0 mol/L の過酸化水素 H_2O_2 の水溶液がある。温度を一定に保ち，触媒である酸化マンガン（Ⅳ）MnO_2 を入れたら次の反応が始まった。

$$2H_2O_2 \longrightarrow 2H_2O + O_2$$

この反応は 1 次反応であり，H_2O_2 の減少速度 v は次のように表される。

$$v = k[H_2O_2]$$

なお，k は反応速度定数〔/min〕である。

5 分ごとに濃度を測定したら表のような結果になった。この実験に関する次の問いに答えよ。答えは有効数字 2 桁で求めよ。

時間〔min〕	0	5	10	15
$[H_2O_2]$	1.0	0.54	0.29	0.16

(1)　5 分後から 10 分後の間の H_2O_2 の平均の減少速度を求めよ。

(2)　5 分後から 10 分後の間の H_2O_2 の平均の濃度を求めよ。

(3)　5 分後から 10 分後の間の H_2O_2 の平均の減少速度と平均の濃度から，反応速度定数 k を求めよ。

(4)　0 分から 5 分，5 分から 10 分，10 分から 15 分の間の平均の反応速度定数を算出し，その平均値を出せ。

解説

まずは縦軸を反応物の濃度，横軸を時間にしてグラフを書くのがコツなんだ！　そのグラフの傾きが反応速度だから，グラフを書けば，ビジュアル的に理解できるよ。ここで，実際のグラフの傾きは負だけど，減少速度 v は正の値に定義されているから注意するんだよ。

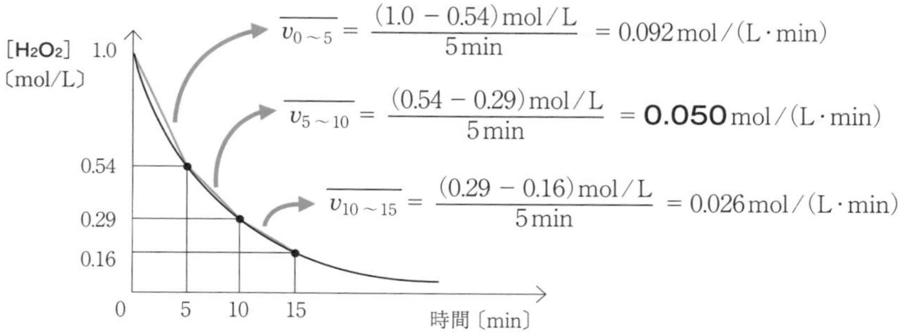

[H2O2]〔mol/L〕
1.0
0.54
0.29
0.16
0
5
10
15
時間〔min〕
$\overline{v_{0\sim5}} = \dfrac{(1.0-0.54)\,\mathrm{mol/L}}{5\,\mathrm{min}} = 0.092\,\mathrm{mol/(L\cdot min)}$
$\overline{v_{5\sim10}} = \dfrac{(0.54-0.29)\,\mathrm{mol/L}}{5\,\mathrm{min}} = \mathbf{0.050}\,\mathrm{mol/(L\cdot min)}$
$\overline{v_{10\sim15}} = \dfrac{(0.29-0.16)\,\mathrm{mol/L}}{5\,\mathrm{min}} = 0.026\,\mathrm{mol/(L\cdot min)}$

(1)　上の計算より，5分後から10分後の間の平均速度は **0.050** mol/(L·min) だとわかるね。

(2)　次に，データ整理のための表をつくるよ。ここでのポイントはすべて平均値で出すということなんだ。

$v = k[\mathrm{H_2O_2}]$ を変形すると，$k = \dfrac{v}{[\mathrm{H_2O_2}]}$ だけど，速度 v が平均値だから，濃度 $[\mathrm{H_2O_2}]$ も平均値を出す必要があるんだ。よって $k = \dfrac{\overline{v}}{\overline{[\mathrm{H_2O_2}]}}$ ← 速度 v の平均値 ← $[\mathrm{H_2O_2}]$ の平均値

のように k を出すよ。それでは，各区間の平均を出すための表を書こう！

濃度も各区間の平均だから注意だよ。

$$\overline{[H_2O_2]}_{0\sim5} = \frac{1.0 + 0.54}{2}\ \text{mol/L} = 0.770\ \text{mol/L}$$

$$\overline{[H_2O_2]}_{5\sim10} = \frac{0.54 + 0.29}{2}\ \text{mol/L} = 0.415\ \text{mol/L} \fallingdotseq 0.42\ \text{mol/L}$$

$$\overline{[H_2O_2]}_{10\sim15} = \frac{0.29 + 0.16}{2}\ \text{mol/L} = 0.225\ \text{mol/L}$$

時間〔min〕	0～5	5～10	10～15
$\overline{v}$〔mol/(L·min)〕	0.092	**0.050**	0.026
$\overline{[H_2O_2]}$〔mol/L〕	0.770	**0.415**	0.225
$k = \dfrac{\overline{v}}{\overline{[H_2O_2]}}$〔/min〕	0.119	**0.120**	0.115

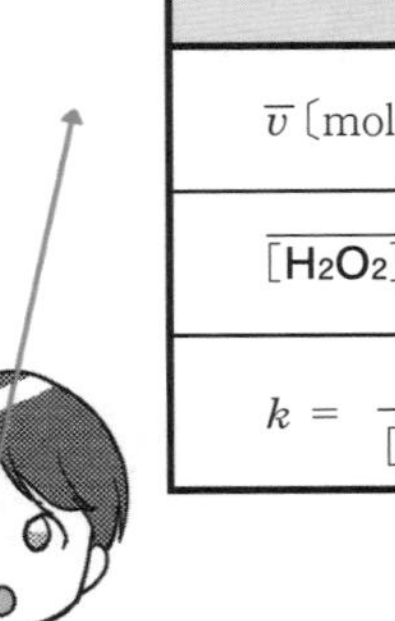

(3)　(2)の表より

$$k_{5\sim10} = \frac{\overline{v_{5\sim10}}}{\overline{[H_2O_2]}_{5\sim10}} = \frac{0.050\ \text{mol/(L·min)}}{0.415\ \text{mol/L}}$$

$$= 0.120\cdots\ /\text{min} \fallingdotseq \mathbf{0.12}/\text{min}$$

(4)　(2)の表より

$$\overline{k} = \frac{0.119 + 0.120 + 0.115}{3}\ /\text{min}$$

$$= 0.118/\text{min} \fallingdotseq 0.12/\text{min}$$

解答

(1)　0.050 mol/(L·min)　(2)　0.42 mol/L　(3)　0.12/min
(4)　0.12/min

確認問題

1 反応速度式が $v = k\,[\mathrm{A}]^3$ で表される反応は何次反応か。

解答

3次反応

2 反応速度式が $v = k\,[\mathrm{A}]\,[\mathrm{B}]$ で表される反応は何次反応か。

2次反応

解説

反応次数は反応物のモル濃度〔mol/L〕の何乗に比例するかで決まるから，$v = k\,[\mathrm{A}]\,[\mathrm{B}]$ よりモル濃度の2次式に比例で2次反応。

3 反応速度式が $v = k\,[\mathrm{A}]^3[\mathrm{B}]^2[\mathrm{C}]$ で表される反応は何次反応か。

解答

6次反応

4 触媒が変化させるものを，次の①～⑤から全て選べ。

① 反応エンタルピー
② 反応する分子の割合
③ 活性化エネルギー
④ 反応速度定数
⑤ 反応速度

②③④⑤

解説

触媒は活性化エネルギーを下げるから，反応する分子の数の割合が増加する。また，活性化エネルギーが下がれば反応速度定数 k が大きくなることで反応速度が増加するね。

物質の状態と気体 ｜ 固体の構造 ｜ 溶液 ｜ 熱化学 ｜ 電池と電気分解 ｜ 反応速度と平衡 ｜ 非金属元素 ｜ 金属元素の単体と化合物 ｜ 遷移元素の単体と化合物

5 A ⟶ B の反応の反応速度 v は，$v = k[\mathrm{A}]$ と表される。これについて，次の問いに答えよ。

(1) この反応は何次反応か。
(2) 定数 k を何というか。
(3) k は何によって変化するか。

解答

(1) 一次反応
(2) 反応速度定数
(3) 温度と活性化エネルギー（触媒）

6 A ⟶ B の反応の反応速度 v は，$v = k[\mathrm{A}]$ と表される。他の条件は変えずに温度のみを上げたとき成立するものを，次の①～⑥から全て選び番号で答えよ。

① v は必ず大きくなる。
② v は小さくなる場合もある。
③ v は変化しない。
④ k は必ず大きくなる。
⑤ k は必ず小さくなる。
⑥ k は変化しない。

解答

①④

解説

温度を上げると反応速度定数 k が大きくなり，反応速度 v も大きくなるよ。

7 $2H_2O_2$ → $2H_2O$ ＋ O_2 の反応における不均一触媒を①～④から 1 つ選べ。

① KI　② $FeCl_3$　③ NaCl　④ MnO_2

解答

④

第14章

化学平衡

カップル成立
x組/日
カップル別離
x組/日

▶一日に成立するカップルの数と別れるカップルの数が等しければ，カップルの数は一定になる。これをカップルの数が平衡状態に達したという。

story 1 可逆反応

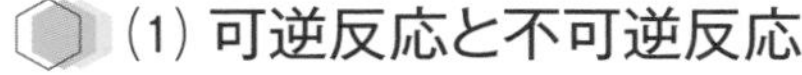

(1) 可逆反応と不可逆反応

可逆反応って，何ですか？

反応物を A，生成物を B としたときにその化学反応は２つ考えられるんだ。**一方通行型の不可逆(ふかぎゃく)反応と双方向型の可逆反応**だ。

可逆反応では右向きに進む反応を正反応，左向きに進む反応を逆反応というよ。

可逆反応と不可逆反応

$$A \longrightarrow B \qquad A \underset{逆反応}{\overset{正反応}{\rightleftarrows}} B$$

不可逆反応　　　　可逆反応

(2) 可逆反応と活性化エネルギー

可逆反応の活性化エネルギーを見てみると面白いことがわかるよ。

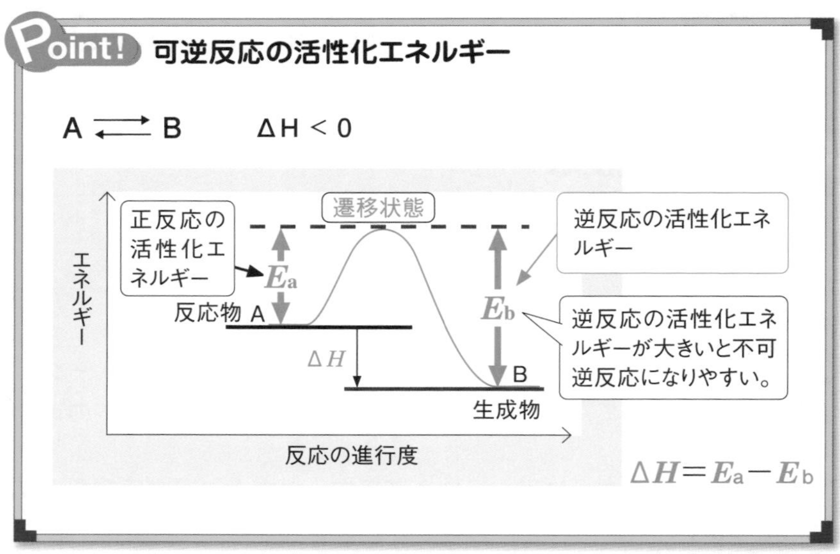

Point!
可逆反応の活性化エネルギー
A ⇄ B　　ΔH < 0
遷移状態
正反応の活性化エネルギー
逆反応の活性化エネルギー
Ea
Eb
エネルギー
反応物 A
ΔH
B
生成物
逆反応の活性化エネルギーが大きいと不可逆反応になりやすい。
反応の進行度
ΔH＝Ea－Eb

逆反応の活性化エネルギーが大きいと逆反応が起こりにくくなるので，一般に不可逆反応 A ⟶ B になりやすいことがわかるね。逆反

応の活性化エネルギーを大きくする最大の原因は反応エンタルピーΔHなんだ。だから **|ΔH|が大きいほど E_b が大きくなって，不可逆反応になりやすいよ。**

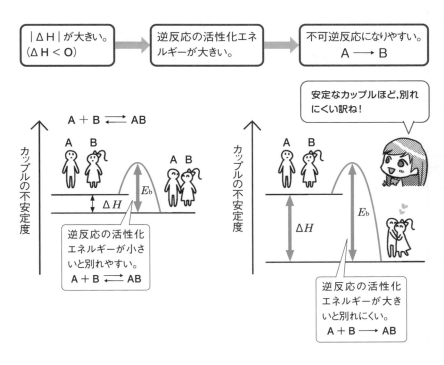

|ΔH|が大きい。(ΔH < O) → 逆反応の活性化エネルギーが大きい。 → 不可逆反応になりやすい。A ⟶ B

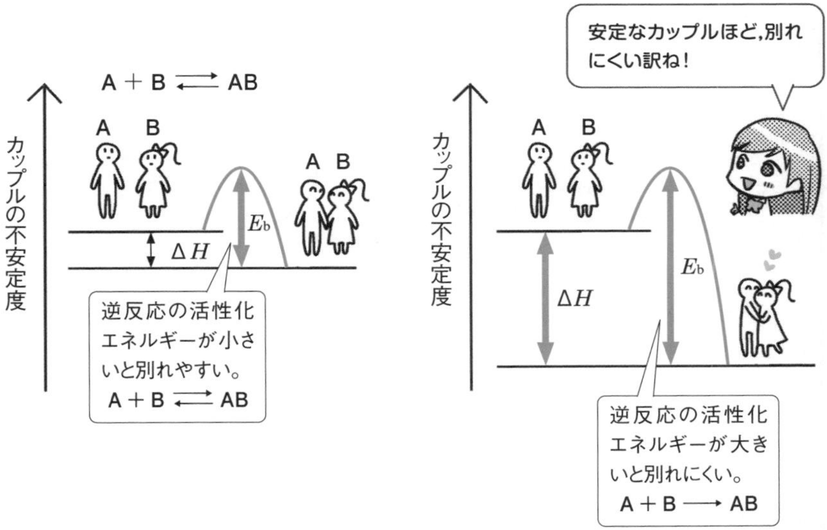

安定なカップルほど，別れにくい訳ね！

$A + B \rightleftarrows AB$

カップルの不安定度

A　B

A　B

E_b

ΔH

逆反応の活性化エネルギーが小さいと別れやすい。
$A + B \rightleftarrows AB$

カップルの不安定度

A　B

E_b

ΔH

逆反応の活性化エネルギーが大きいと別れにくい。
$A + B \longrightarrow AB$

story 2 化学平衡

(1) 可逆反応と不可逆反応の比較

化学平衡の状態って反応が止まった状態なんですか?

化学平衡(へいこう)の状態になると，濃度がすべて一定になっているから，確かに反応が終了したように見えるが，そうではないんだ。まずは，可逆反応と不可逆反応の比較から見てもらおう。

▼可逆反応と不可逆反応の比較

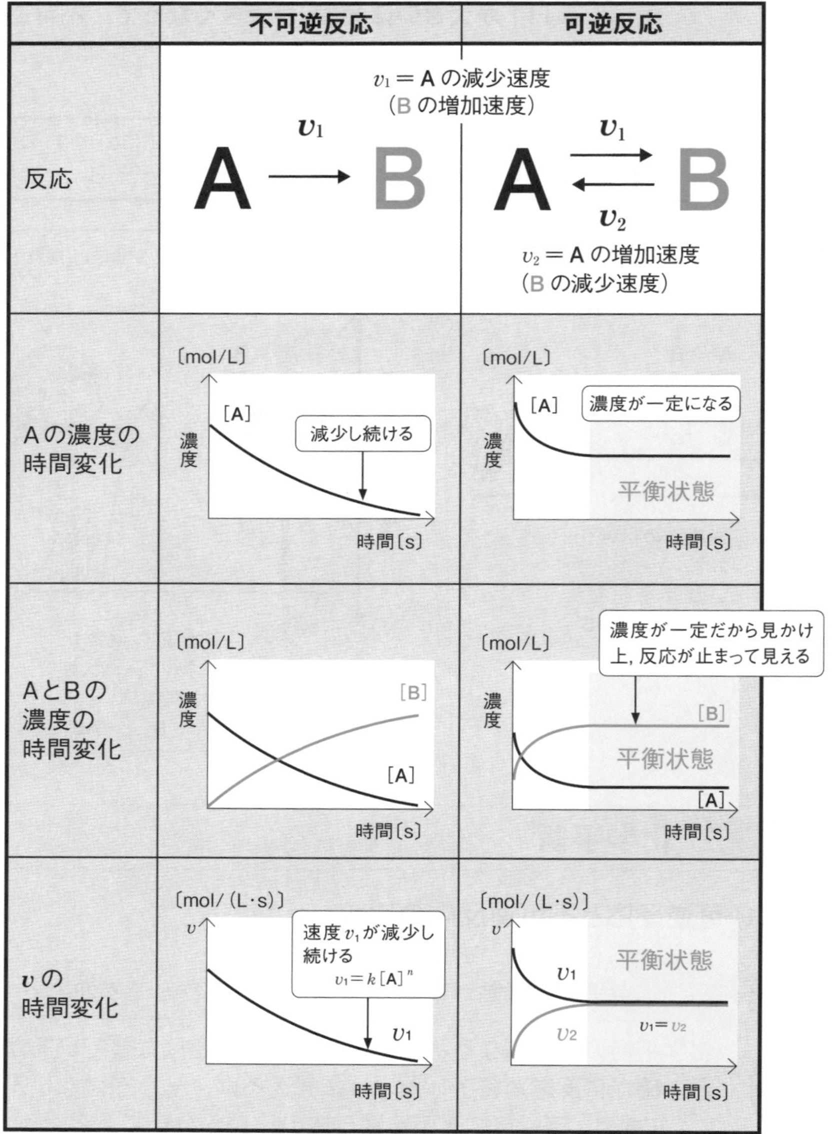

不可逆反応
可逆反応
反応
v_1 = A の減少速度
（B の増加速度）
A → B
A ⇄ B
v_2 = A の増加速度
（B の減少速度）
A の濃度の時間変化
〔mol/L〕
濃度
[A]
減少し続ける
時間〔s〕
濃度が一定になる
平衡状態
A と B の濃度の時間変化
[B]
濃度が一定だから見かけ上, 反応が止まって見える
v の時間変化
〔mol/(L・s)〕
速度 v_1 が減少し続ける
$v_1 = k[A]^n$
v_1
v_2
$v_1 = v_2$

(2) 可逆反応と化学平衡

不可逆反応では反応物 A は減少し続け，生成物 B は増加し続けて，A がなくなれば反応が終了ということは誰でもわかるよね。

だけど，**可逆反応では，時間が経つと，全ての成分の濃度が一定になる**んだ。これを**化学平衡の状態**または単に**平衡状態**と呼んでいるんだよ。平衡状態で，濃度が一定になるのは，**正反応と逆反応の速度が等しくなる**からなんだよ。

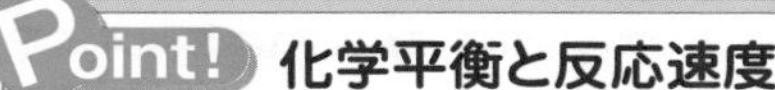

Point!
化学平衡と反応速度

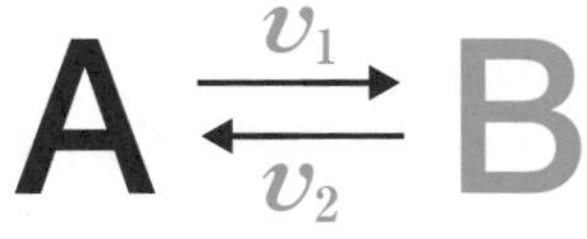

A
v_1
v_2
B

化学平衡

$$v_1 = v_2$$

[A] = 一定，[B] = 一定

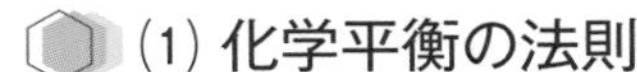

story 3

化学平衡の法則

(1) 化学平衡の法則

平衡状態のときに成り立つ公式って，どんな式ですか?

平衡状態のときに成立する公式は何といっても次の式だね。

Point! 平衡状態のときに成立する法則

$$a_1\mathrm{A}_1 + a_2\mathrm{A}_2 + a_3\mathrm{A}_3 + \cdots \rightleftarrows b_1\mathrm{B}_1 + b_2\mathrm{B}_2 + b_3\mathrm{B}_3 + \cdots$$

a_1, a_2, a_3, …, b_1, b_2, b_3, …：係数，A_1, A_2, A_3, …, B_1, B_2, B_3, …：物質

$$K_c = \frac{[\mathrm{B}_1]^{b_1}\ [\mathrm{B}_2]^{b_2}\ [\mathrm{B}_3]^{b_3}\cdots}{[\mathrm{A}_1]^{a_1}\ [\mathrm{A}_2]^{a_2}\ [\mathrm{A}_3]^{a_3}\cdots} = \text{一定}$$

（温度一定のとき）

濃度平衡定数

(2) 圧平衡定数

この関係が成立することを**化学平衡の法則**というよ。
もし，A_1，A_2，A_3, …　B_1，B_2，B_3, …　が全て気体であれば，その分圧を P_{A_1}，P_{A_2}，P_{A_3}，…　P_{B_1}，P_{B_2}，P_{B_3}，…　として次の関係も成立するから同時に覚えておくと便利だよ。

Point! 圧平衡定数

$$K_p = \frac{P_{\mathrm{B}_1}{}^{b_1}\ P_{\mathrm{B}_2}{}^{b_2}\ P_{\mathrm{B}_3}{}^{b_3}\cdots}{P_{\mathrm{A}_1}{}^{a_1}\ P_{\mathrm{A}_2}{}^{a_2}\ P_{\mathrm{A}_3}{}^{a_3}\cdots} = \text{一定}$$

（温度一定のとき）

圧平衡定数

(3) 濃度平衡定数と圧平衡定数の関係

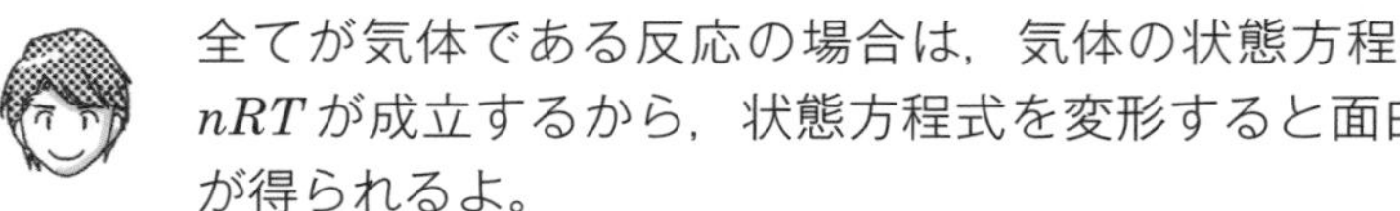

全てが気体である反応の場合は，気体の状態方程式 $PV = nRT$ が成立するから，状態方程式を変形すると面白い関係が得られるよ。

$PV = nRT$ より，$P = \dfrac{n}{V} RT$

ここで $\dfrac{n}{V}$ 〔mol/L〕は濃度だから，例えば気体が A_1 だとした場合，次のように書くことができるね。

$P = \dfrac{n}{V} RT$ より　$P_{A_1} = [A_1] RT$

この関係を A_2，A_3…，B_1，B_2，B_3…などにも適用すると圧平衡定数は次のように変形できるんだ。

$$K_p = \frac{P_{B_1}{}^{b_1} P_{B_2}{}^{b_2} \cdots}{P_{A_1}{}^{a_1} P_{A_2}{}^{a_2} \cdots} = \frac{([B_1]RT)^{b_1}([B_2]RT)^{b_2}\cdots}{([A_1]RT)^{a_1}([A_2]RT)^{a_2}\cdots}$$

$$= \frac{[B_1]^{b_1}\ [B_2]^{b_2}\ [B_3]^{b_3}\cdots}{[A_1]^{a_1}\ [A_2]^{a_2}\ [A_3]^{a_3}\cdots} (RT)^{(b_1+b_2+b_3\cdots)-(a_1+a_2+a_3\cdots)}$$

この部分は K_c

$$= K_c (RT)^{(b_1+b_2+b_3\cdots)-(a_1+a_2+a_3\cdots)}$$

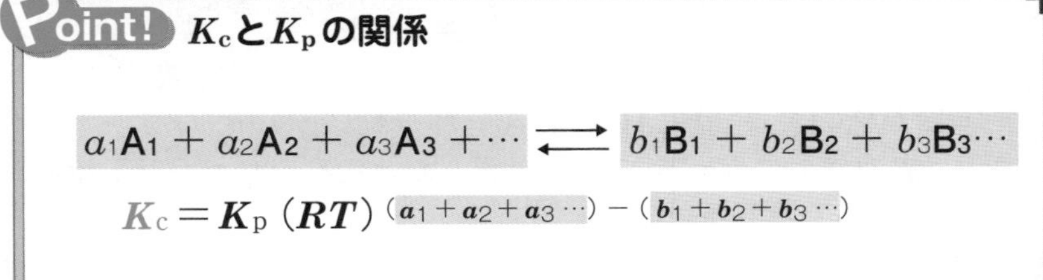

Point! K_c と K_p の関係

$$a_1A_1 + a_2A_2 + a_3A_3 + \cdots \rightleftarrows b_1B_1 + b_2B_2 + b_3B_3 \cdots$$

$$K_c = K_p (RT)^{(a_1+a_2+a_3\cdots)-(b_1+b_2+b_3\cdots)}$$

この公式は便利だから覚えておいてね。わかりやすい実例を出しておくよ。

● K_cとK_pの関係（全て気体とする）

$PCl_5 \rightleftarrows PCl_3 + Cl_2$ ➡ $K_c = K_p(RT)^{1-2} = K_p(RT)^{-1}$

$H_2 + I_2 \rightleftarrows 2HI$ ➡ $K_c = K_p(RT)^{2-2} = K_p$

$2NO_2 \rightleftarrows N_2O_4$ ➡ $K_c = K_p(RT)^{2-1} = K_pRT$

問題 1 化学平衡

次の文章を読み，(1)〜(7)の問いに答えよ。

水素 H_2（気体）とヨウ素 I_2（気体）を混合し，高温に保って放置すると，ヨウ化水素 HI が生成して濃度が一定な状態に達する。

H_2（気）＋ I_2（気）$\rightleftarrows$ 2HI（気）… (i)

次の図は，この反応の進行に伴うエネルギー変化（エンタルピー変化）を表したものである。

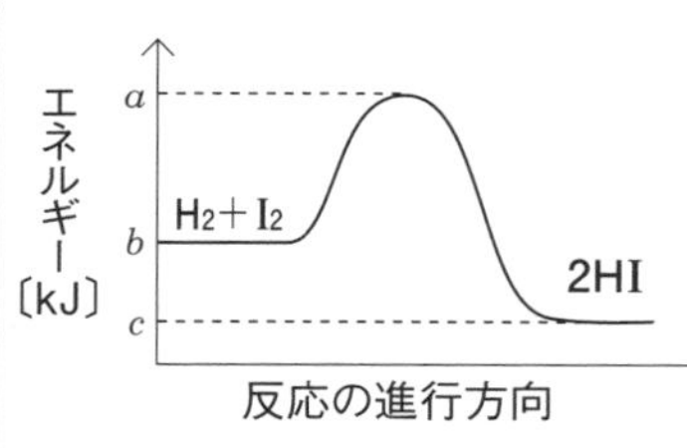
エネルギー〔kJ〕
a
b
c
H₂＋I₂
2HI
反応の進行方向

また，正反応および逆反応の反応速度をそれぞれ v_1，v_2 として表すと次のようになる。

$v_1 = k_1[H_2][I_2]$

（k_1：正反応の反応速度定数）

$v_2 = k_2[HI]^2$

（k_2：逆反応の反応速度定数）

容積が2.0Lの容器に H_2 と I_2 をそれぞれ0.50 mol ずつ入れ，高温（T〔K〕）に保ってしばらく放置したところ，HI が0.80 mol生じたところで濃度が一定になった。

(1) 式 (i) の正反応の反応エンタルピーを図中の a，b，c を用いて表せ。

(2) 式 (i) の逆反応の活性化エネルギーを図中の a，b，c を用いて表せ。

(3) 下線部の状態を何というか。

(4) 下線部の状態のとき，v_1 と v_2 の間にどんな式が成り立つか。

(5) 下線部の状態で，容器内に H_2 は何 mol 存在するか。
(6) 式（i）の反応の T〔K〕における濃度平衡定数 K_c を k_1，k_2 を用いて表せ。
(7) 式（i）の反応の T〔K〕における濃度平衡定数はいくらか。

解説

(1)(2) 活性化エネルギーと反応エンタルピーの関係は次のとおりだよ。

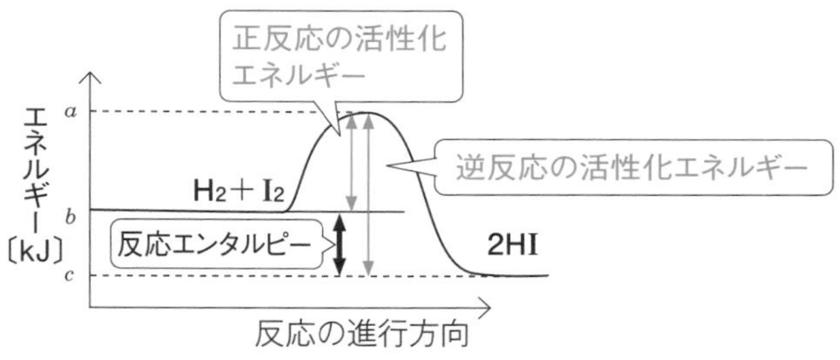
正反応の活性化
エネルギー
逆反応の活性化エネルギー
エネルギー〔kJ〕
a
b
c
H2＋I2
2HI
反応エンタルピー
反応の進行方向

(3) 可逆反応で濃度が一定になったとき，化学平衡の状態または平衡状態といったね。

(4) 平衡状態のときは正反応の反応速度＝逆反応の反応速度だから，$\boldsymbol{v_1 = v_2}$ だね。

(5) 反応した物質の物質量をきちんと書けば簡単にわかるよ。まず問題文から物質量の情報を入れてみると次のようになるよ。

	H_2（気）	＋	I_2（気）	$\rightleftarrows$	2HI（気）
はじめ	0.50 mol		0.50 mol		0 mol
変化量					
平衡時					0.80 mol

このあと，残りの物質量を入れていくんだ。HI の生成量が0.80mol なのは問題文からわかるから，あとは反応式の係数を見て埋めていけばいいよ。

反応式の係数より H_2 と I_2 は HI の半分

	H_2（気）	+	I_2（気）	⇄	2HI（気）
はじめ	0.50 mol		0.50 mol		0 mol
変化量	− 0.40 mol		− 0.40 mol		+ 0.80 mol
平衡時	**0.10 mol**		0.10 mol		0.80 mol

(6) 平衡状態では $v_1 = v_2$ より，$k_1[H_2][I_2] = k_2[HI]^2$

よって $\dfrac{k_1}{k_2} = \dfrac{[HI]^2}{[H_2][I_2]}$　また $K_c = \dfrac{[HI]^2}{[H_2][I_2]}$　より

$$K_c = \frac{\boldsymbol{k_1}}{\boldsymbol{k_2}}$$

(7) $$K_c = \frac{[HI]^2}{[H_2][I_2]} = \frac{\left(\dfrac{0.80\,\text{mol}}{2.0\,\text{L}}\right)^2}{\left(\dfrac{0.10\,\text{mol}}{2.0\,\text{L}}\right) \times \left(\dfrac{0.10\,\text{mol}}{2.0\,\text{L}}\right)} = 64$$

解答

(1) $c - b$〔kJ〕　(2) $a - c$〔kJ〕　(3) 平衡状態（化学平衡）

(4) $v_1 = v_2$　(5) 0.10 mol　(6) $K_c = \dfrac{k_1}{k_2}$　(7) 64

$K_c = \dfrac{k_1}{k_2}$ はよく出題されるから覚えておくと便利だよ！

(4) 平衡定数代入のルール

大学の先輩が，平衡定数に代入するとき，固体のモル濃度は1とするんだよって言っていたのですが本当ですか？

実はその通りなんだ。理由は，固体のモル濃度は平衡に影響を与えないからなんだけど，奥深いので，詳しいことは大学で学べば良いよ。平衡定数に代入するときの本当のルールの一部を教えるね。

Point! 平衡定数代入の本当のルール

- 固体のモル濃度は"1"を代入
  [A（固）]=1
- 希薄溶液の溶媒のモル濃度は"1"を代入
  $[H_2O]=1$

次の3つの例で学んでね。

例1）C（黒鉛）$+CO_2$（気）→ 2CO（気）

$$K_c = \frac{[CO]^2}{[C(黒鉛)][CO_2]} = \frac{[CO]^2}{[CO_2]}$$

[C（黒鉛）]＝1 を代入

例2）AgCl（固）→ $Ag^+ + Cl^-$

$$K = \frac{[Ag^+][Cl^-]}{[AgCl(固)]} = [Ag^+][Cl^-]$$

[AgCl（固）＝1] を代入

例3） $NH_3 + H_2O \rightarrow NH_4^+ + OH^-$

$$K = \frac{[NH_4^+][OH^-]}{[NH_3][H_2O]} = \frac{[NH_4^+][OH^-]}{[NH_3]}$$

例3はアンモニア水中の平衡だけど，高校生のために次のような説明も存在するから，一応，頭のすみに置いておいてね。

溶媒の H_2O のモル濃度は，希薄溶液のため電離前と電離後でほぼ変化しないから，K'［H_2O］を平衡定数 K とする。

$$K' = \frac{[NH_4^+][OH^-]}{[NH_3][H_2O]} \longrightarrow K = K'[H_2O] = \frac{[NH_4^+][OH^-]}{[NH_3]}$$

平衡定数は溶媒の“水”を
無視するのね！

story 4 ルシャトリエの原理

(1) ルシャトリエの原理

ルシャトリエの原理の問題って苦手。助けて!!

基本を押さえて具体例を考えれば簡単にわかるよ。では**ルシャトリエの原理（平衡移動の原理）**をマスターしていこう。

Point! ルシャトリエの原理（平衡移動の原理）

はじめが平衡状態でなければ成立しない！

温度，圧力，濃度など

平衡状態にある可逆反応において，**条件**を変化させると，その**変化を妨げる方向に平衡は移動する。**

条件とは，温度，圧力，濃度（体積）などのことだ。濃度は体積を変えたら変化するから，体積も平衡が移動する条件だよ。

気体の状態方程式 $PV = nRT$，$P = cRT$ で見れば，P，V，c，T を変化させると平衡が移動するんだよ。

勉強しなさい！
やだー
ゲーム

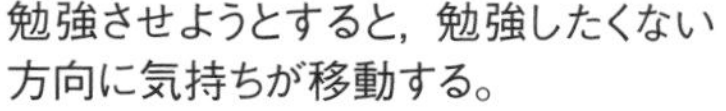
勉強させようとすると，勉強したくない方向に気持ちが移動する。

つきあってくれ！！
このまま友達でいたいっていうか〜…

つきあおうとすると，つきあいたくない方向に気持ちが移動する。

具体的に**アンモニアの合成**（**ハーバー・ボッシュ法**）

$$N_2 + 3H_2 \rightleftarrows 2NH_3$$

で平衡の移動を見てみよう。特に触媒が平衡を移動させないことに注意だよ！

Point! ハーバー・ボッシュ法における平衡移動

● 平衡が右向きに移動する例

濃度	$[N_2]$または$[H_2]$を増加させる。	➡	$[N_2]$または$[H_2]$が**減少する**方向へ
	$[NH_3]$を減少させる。	➡	$[NH_3]$が**増加する**方向へ
圧力	ピストンを押す(加圧)。	➡	気体の総分子数が**減少する**方向へ
温度	温度を下げる。	➡	**発熱反応**の方向へ($\Delta H<0$)

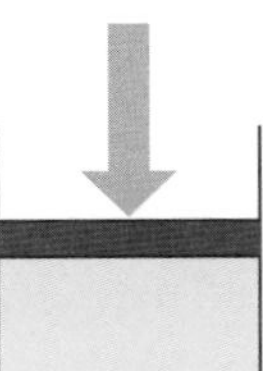

$$\underbrace{N_2 + 3H_2}_{4個} \rightleftarrows \underbrace{2NH_3}_{2個} \quad \Delta H = -92\text{kJ}$$

下界に発熱

● 平衡が左向きに移動する例

濃度	$[N_2]$または$[H_2]$を減少させる。	➡	$[N_2]$または$[H_2]$が**増加する**方向へ
	$[NH_3]$を増加させる。	➡	$[NH_3]$が**減少する**方向へ
圧力	ピストンを引く(減圧)。	➡	気体の総分子数が**増加する**方向へ
温度	温度を上げる。	➡	**吸熱反応**の方向へ

触媒を加えても平衡は移動しない。
(正反応と逆反応の両方の反応速度が増加する)

(2) アルゴンを加えたときの平衡移動

アルゴンを入れて条件を変えるときの平衡移動がわかりませ〜ん！

そうだね。実はそれにはコツがあるから教えるよ。
他の分子と反応しない，**アルゴン Ar みたいな気体分子は入れていても入れていないものとして考える**んだ。その上でルシャトリエの原理を使えば一発なんだよ。先ほどと同じアンモニアの合成のハーバー・ボッシュ法で２つの例をマスターしよう。

❶温度（T）と体積（V）を一定にして Ar を加えた場合

ルシャトリエの原理でいう，“**条件を変化させる**”物質というのは，**反応に関与する物質に限る**んだ。だから，Ar などの貴ガスは反応しないので，どの物質にも影響を及ぼさないから，Ar を入れても，Ar がなかったものとして考えるんだよ。

体積を一定にすると全体の圧力は大きくなるけど，**反応に関与する気体**（N_2, H_2, NH_3）**の分圧は変わっていない。だから，平衡は移動しないん**だよ。

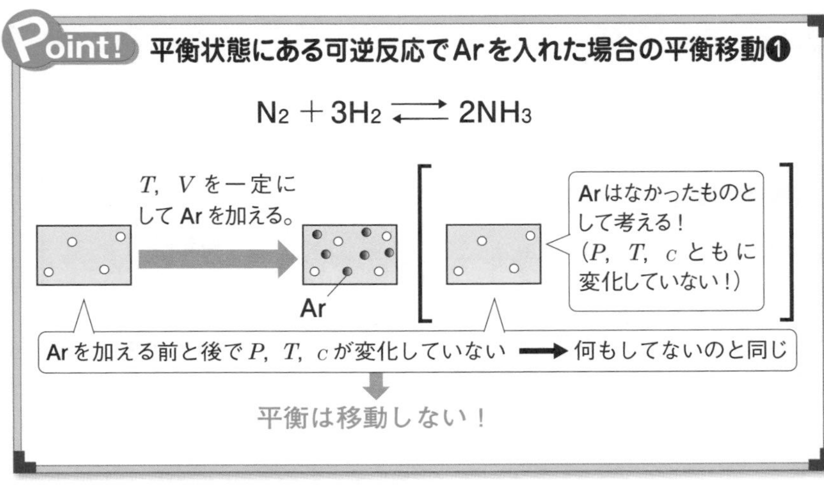

Point!
平衡状態にある可逆反応でArを入れた場合の平衡移動❶
$N_2 + 3H_2 \rightleftarrows 2NH_3$
T, Vを一定にしてArを加える。
Ar
Arはなかったものとして考える！（P, T, cともに変化していない！）
Arを加える前と後でP, T, cが変化していない ➡ 何もしてないのと同じ
平衡は移動しない！

❷温度（T）と圧力（P）を一定にして Ar を加えた場合

ここでは，**圧力を一定**という言葉に惑わされてパニックになる人が多いんだ。

ルシャトリエの原理は反応に関与する物質のみ考えるのが原則だから，$N_2 + 3H_2 \rightleftarrows 2NH_3$ で考えた場合 $P_{全圧}$ を一定にすると次のようになるよ。

Ar を入れる前 → Ar を入れたあと

$$(P_{全圧} = P_{N_2} + P_{H_2} + P_{NH_3}) \Rightarrow (P_{全圧} = \underbrace{P'_{N_2} + P'_{H_2} + P'_{NH_3}} + P'_{Ar})$$

反応に関与する物質の圧力の和が減ってしまっている！

Ar を入れる前と後では確かに全圧は同じだけど，Ar を除いたら圧力が下がっているのと同じになる。だから，**Ar を無視した場合**，**ピストンを引いて減圧したのと同じことになる**んだよ。

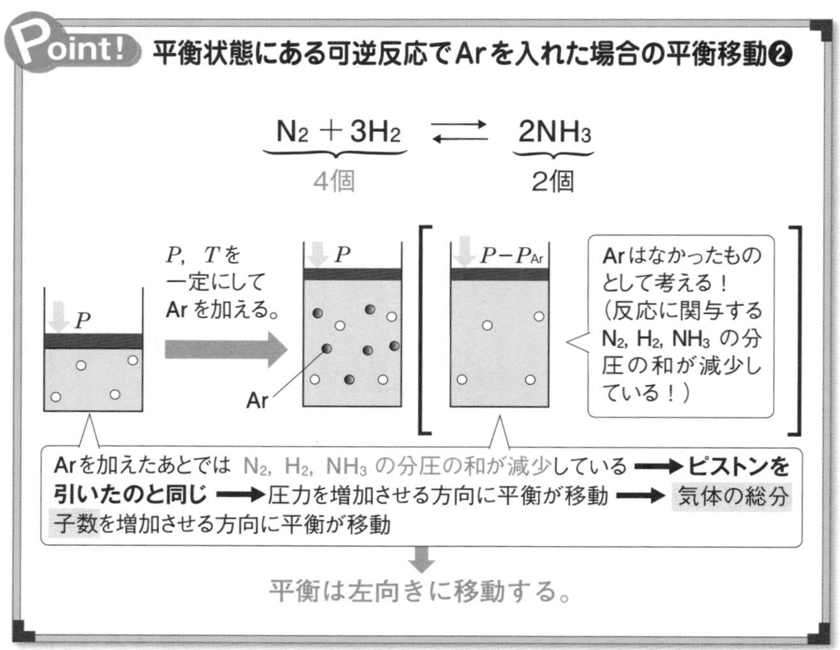
Point! 平衡状態にある可逆反応でArを入れた場合の平衡移動❷
N2 ＋ 3H2 ⇄ 2NH3
4個
2個
P
P，T を一定にして Ar を加える。
P
Ar
P－PAr
Ar はなかったものとして考える！（反応に関与する N2, H2, NH3 の分圧の和が減少している！）
Arを加えたあとでは N2，H2，NH3 の分圧の和が減少している ⟶ ピストンを引いたのと同じ ⟶ 圧力を増加させる方向に平衡が移動 ⟶ 気体の総分子数を増加させる方向に平衡が移動
平衡は左向きに移動する。

確認問題

A $\rightleftarrows$ 2B の反応が化学平衡の状態にあるとする（A，B は気体）。このとき，次の 1～5 の問いに答えよ。

ただし，正反応の反応速度：v_1，逆反応の反応速度：v_2，平衡時の A と B の濃度を［A］，［B］とする。

1 正反応の活性化エネルギーが 152 kJ で，逆反応の活性化エネルギーが 182 kJ のとき正反応の反応エンタルピーは何 kJ か。

解答

−30 kJ

解説

正反応の反応熱＝（正反応の活性化エネルギー）−（逆反応の活性化エネルギー）＝152 kJ − 182 kJ ＝−30 kJ

2 化学平衡の状態のとき，v_1 と v_2 の間に成立する式を表せ。

3 濃度平衡定数 K_c を［A］と［B］で表せ。

4 濃度平衡定数 K_c を圧平衡定数 K_p，気体定数 R，温度 T を用いて表せ。

5 次の(1)～(6)の操作では平衡はどちらに移動するかを答えよ。

(1) A を加える（温度，体積は一定）。
(2) 温度を上げる（反応エンタルピーは 1 を使用）。
(3) 触媒を加える。
(4) 全圧を増加する（温度は一定）。
(5) アルゴン Ar を加える（温度，体積は一定）。
(6) Ar を加える（温度，圧力は一定）。

解答

$v_1 = v_2$

$K_c = \dfrac{[B]^2}{[A]}$

$K_c = K_p(RT)^{-1}$ $\left(K_c = \dfrac{K_p}{RT}\right)$

(1) 右
(2) 左
(3) 移動しない
(4) 左
(5) 移動しない
(6) 右

解説

(2)　$\Delta H = -30\,\mathrm{kJ}$ とルシャトリエの原理より，
温度を上げる ⟶ 吸熱反応（逆反応）の方向へ移動 ⟶
左へ移動，となるよ。

(4)　全圧を大きくする ⟶ 気体の総分子数が減少する方向へ
移動 ⟶ 左へ移動だね。

(5)　体積一定だから，**Ar** を無視したら何もしていないのと同じだね。よって，移動しないが正解。

(6)　圧力（全圧）一定では，**A** と **B** の分圧の和が減少しているからピストンを引いたのと同じで，分子数が増加する右方向へ移動だね。

ルシャトリエは
これで完璧だ！

第
15
章

電離平衡

▶ 外部からの衝撃を緩衝材で防いでいる。

story 1 電離定数

(1) 酸・塩基の電離定数

酸の強さって何で決まっているんですか?

それは酸の電離定数の大きさなんだ。まずは，電離定数の定義から説明するよ。水溶液中の酸 HA は次式のように電離していて，溶媒である水のモル濃度 $[H_2O]$ を無視した平衡定数（前章の  **平衡定数代入の本当のルール**を参照）を K_a **で表し，酸解離定数** (acidity constant) 又は**酸の電離定数**と呼んでいるんだ。

$$\overset{H^+}{HA + H_2O \rightleftarrows A^- + H_3O^+} \qquad K_a = \frac{[A^-][H^+]}{[HA]}$$

Acid
酸

H_3O^+：H^+と表記

K_a：酸解離定数 (acidity constant)
又は酸の電離定数

同様に塩基（ブレンステッドの定義における塩基）の電離定数も次のように定義されているんだ。

$$B + H_2O \rightleftarrows HB^+ + OH^-$$

Base
塩基

$$K_b = \frac{[HB^+][OH^-]}{[B]}$$

K_b：塩基解離定数（basicity constant）又は塩基の電離定数

平衡定数は "$\frac{右辺の項}{左辺の項}$" で計算するので，平衡定数が大きいというのは，その反応が右辺に行きやすいということを示しているんだ。つまり，K_a や K_b が大きいということは，その酸や塩基が電離しやすいことを意味するよ。一般的には，酸や塩基の K_a，K_b が 1 以上のとき，その酸や塩基は強酸，強塩基といわれるんだ。

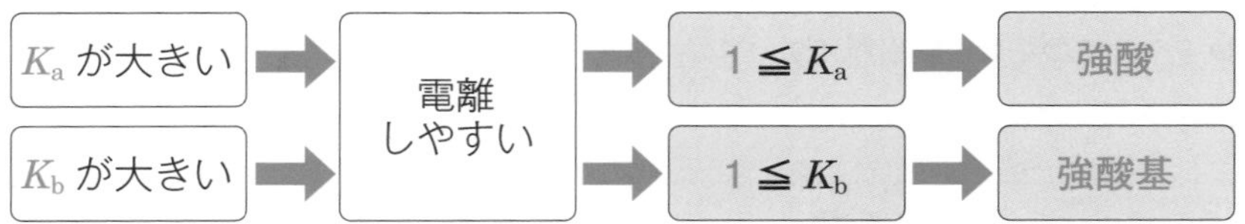

K_a が大きい
K_b が大きい
電離しやすい
$1 \leqq K_a$
$1 \leqq K_b$
強酸
強酸基

25℃で塩酸 HCl は $K_a \fallingdotseq 10^6$ だから強酸，酢酸 CH_3COOH は $K_a \fallingdotseq 10^{-5}$ だから弱酸というわけなんだ。また，K_a，K_b が 10^{-11} 以下だと，酸や塩基としての性質が弱すぎて一般には酸といわれていない場合が多いよ。過酸化水素 H_2O_2 の $K_a = 10^{-11.7}$ なので非常に弱い酸だけど，一般に弱酸とはいわれていないのはそのためなんだ。確かに，なめても酸っぱくないしね。

また２価の酸 H_2A の K_a は K_{a1}，K_{a2} のように表記するよ。２つの電離式を足した平衡式の電離定数は $K_{a1} \times K_{a2}$ になることも確認しておいてね。

Point! 2価の酸の電離定数

$$\overset{H^+}{\curvearrowright}$$

$$H_2A + H_2O \rightleftarrows HA^- + H_3O^+ \quad K_{a1} = \frac{[HA^-][H^+]}{[H_2A]}$$

$$+)\ HA^- + H_2O \rightleftarrows A^{2-} + H_3O^+ \quad K_{a2} = \frac{[A^{2-}][H^+]}{[HA^-]}$$

$$H_2A + 2H_2O \rightleftarrows A^{2-} + 2H_3O^+ \quad K_{a1}K_{a2} = \frac{[A^{2-}][H^+]^2}{[H_2A]}$$

(2) 水のイオン積

水のイオン積って何なのですか?

実は水のイオン積 $\boldsymbol{K_w}$ って平衡定数なんだ。水は酸にも塩基にもなる両性物質で，H_2O 分子同士が酸・塩基反応するよ。

$$H_2O + H_2O \rightleftarrows OH^- + H_3O^+$$

この式を単純化して表したものが

$$H_2O \rightleftarrows OH^- + H^+$$

という訳なんだ。そしてどちらの式にしても，水溶液又は純粋な水の場合，溶媒である水のモル濃度 $[H_2O]$ は無視するので（前章の Point! **平衡定数代入の本当のルール**を参照），平衡定数は同じとなる訳なんだ。平衡定数は温度の関数なので，温度によって変化するよ。一般的に物理や化学で扱う定数は25℃のときの値だから，$K_w = 10^{-14}$ も25℃の値なんだ。

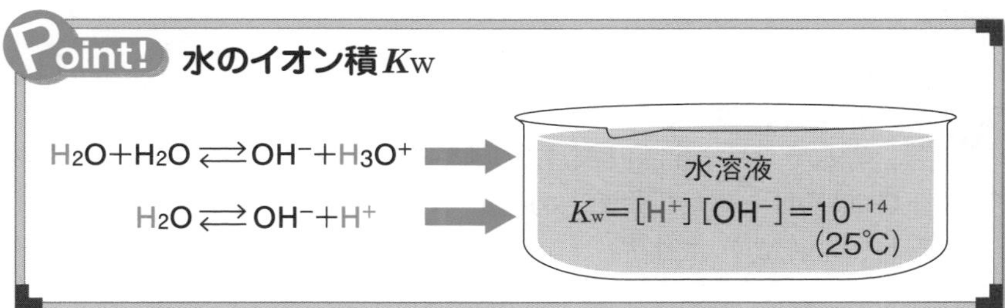
Point! 水のイオン積Kw
H2O+H2O ⇄ OH⁻+H3O⁺
H2O ⇄ OH⁻+H⁺
水溶液
Kw=[H⁺][OH⁻]=10⁻¹⁴
(25℃)

また，p ＝－ $\log_{10}$ と考えると，**pH**，**pOH** の定義は次のようになるよ。

$pH = -\log_{10}[H^+]$	$pOH = -\log_{10}[OH^-]$

25℃のときの $K_w = [H^+][OH^-] = 10^{-14}$ の両辺の対数をとれば，

$$-\log_{10}[H^+][OH^-] = -\log_{10}10^{-14}$$
$$-\log_{10}[H^+] - \log_{10}[OH^-] = 14$$
$$pH + pOH = 14$$

水溶液中における **pH** と **pOH** の関係は次のようになるね。

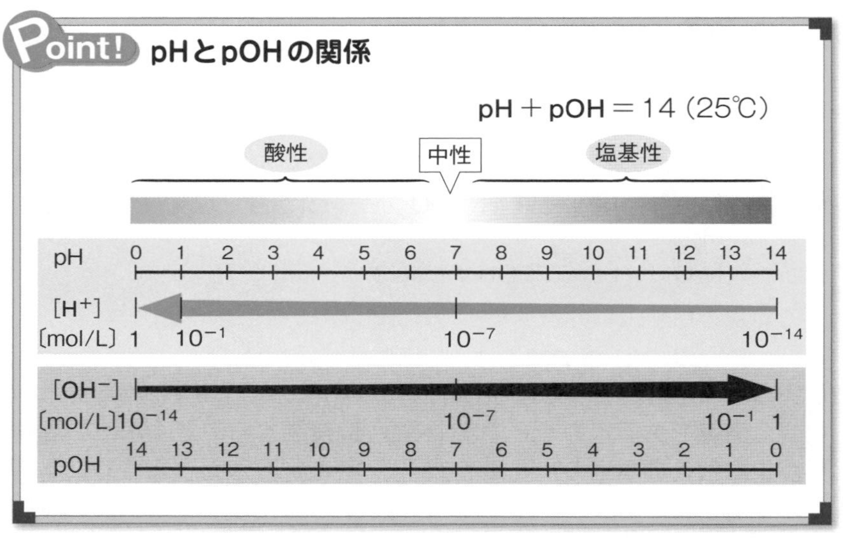

Point! pHとpOHの関係
pH＋pOH＝14（25℃）
酸性
中性
塩基性
pH 0 1 2 3 4 5 6 7 8 9 10 11 12 13 14
[H+]〔mol/L〕 1 10−1 10−7 10−14
[OH−]〔mol/L〕10−14 10−7 10−1 1
pOH 14 13 12 11 10 9 8 7 6 5 4 3 2 1 0

せんせい，中性の pH って 7 ですよね？

25℃の中性は確かに7 だけど，温度によって中性の **pH** は変わるんだ。

そもそも中性は純粋な水の液性を指すんだが，純粋な水の中では $H_2O \rightleftarrows OH^- + H^+$ の反応しか起こっていないため，$[H^+] = [OH^-]$ となるわけなんだ。よって，純粋な水の **pH**（中性の **pH**）は次のように算出できるよ。K_w は平衡定数で温度によって変わることに注意してね。

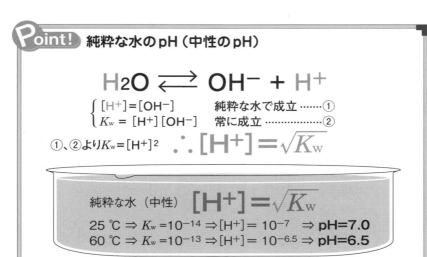

Point! **純粋な水のpH（中性のpH）**

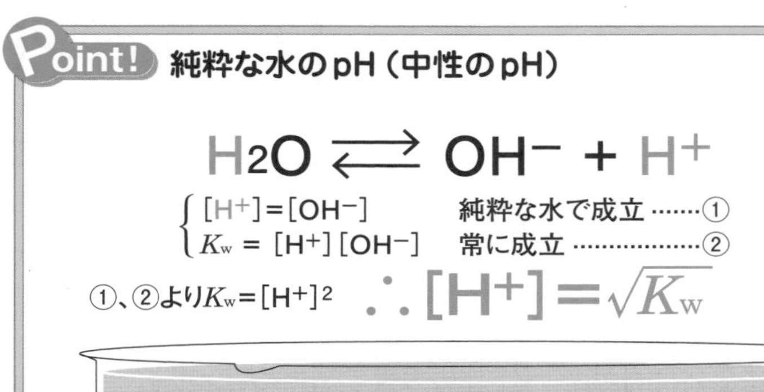

$H_2O \rightleftarrows OH^- + H^+$
$[H^+]=[OH^-]$　純粋な水で成立 ……①
$K_w=[H^+][OH^-]$　常に成立 ……………②
①、②より$K_w=[H^+]^2$　$\therefore [H^+]=\sqrt{K_w}$

純粋な水（中性）　$[H^+]=\sqrt{K_w}$

25 ℃ ⇒ $K_w=10^{-14}$ ⇒ $[H^+]=10^{-7}$ ⇒ **pH=7.0**

60 ℃ ⇒ $K_w=10^{-13}$ ⇒ $[H^+]=10^{-6.5}$ ⇒ **pH=6.5**

story 2　弱酸・弱塩基のpH

電離定数を使った弱酸と弱塩基の公式を教えてください！

そうだね。**弱酸の $[H^+]$ と弱塩基の $[OH^-]$ を求める公式**は有名だから，みんな覚えるはずだけど，きちんと意味を知ると，実は非常に応用がきくから，しっかり理解してね！

(1) 弱酸の K_a，$[H^+]$ を求める式

c〔mol/L〕の弱酸 HA が電離する場合，電離度を α とすると，平衡時の濃度は次のように表されるよ。

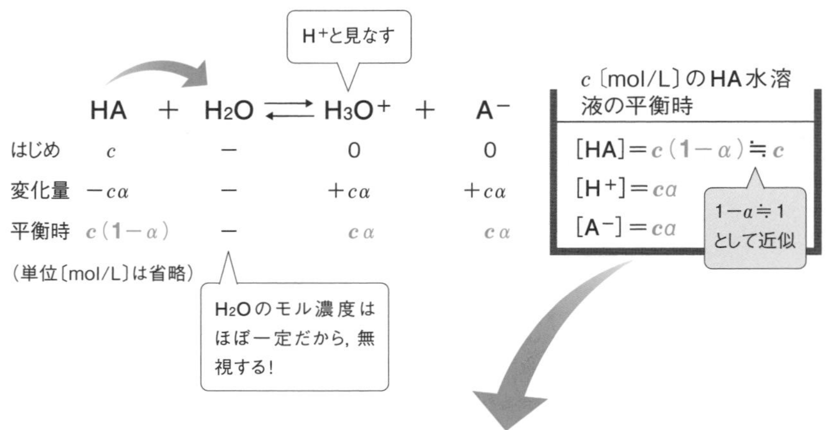
H⁺と見なす
HA + H₂O ⇄ H₃O⁺ + A⁻
はじめ c － 0 0
変化量 －cα － ＋cα ＋cα
平衡時 c(1－α) － cα cα
(単位〔mol/L〕は省略)
H₂Oのモル濃度はほぼ一定だから，無視する！
c〔mol/L〕のHA水溶液の平衡時
[HA]＝c(1－α)≒c
[H⁺]＝cα
[A⁻]＝cα
1－α≒1として近似

電離度αが非常に小さい場合（$0 < \alpha < 0.05$ 程度），
$1-\alpha \fallingdotseq 1$ と見なせる。
例　$\alpha = 0.01$ のとき，$1-\alpha = 1-0.01 = 0.99 \fallingdotseq 1$
　　$\alpha = 0.02$ のとき，$1-\alpha = 1-0.02 = 0.98 \fallingdotseq 1$
　　$\alpha = 0.03$ のとき，$1-\alpha = 1-0.03 = 0.97 \fallingdotseq 1$

$$K_a = \frac{[H^+][A^-]}{[HA]} = \frac{c\alpha \times c\alpha}{c(1-\alpha)} = \frac{c\alpha^2}{1-\alpha} \fallingdotseq c\alpha^2 \quad (\alpha \ll 1)$$

$1-\alpha \fallingdotseq 1$

$K_a \fallingdotseq c\alpha^2$ より $\alpha \fallingdotseq \sqrt{\dfrac{K_a}{c}}$

$[H^+] = c\alpha \fallingdotseq c\sqrt{\dfrac{K_a}{c}} = \sqrt{cK_a}$　$(\alpha \ll 1)$

普段は…
ねぇねぇ
つーん
…
弱ると…
ありがとう…
超可愛い…♥

● **ゴロ合わせ暗記**
弱ると超かわいい
弱酸ルート$c\ K_a$
（弱酸　$[H^+] \fallingdotseq \sqrt{cK_a}$ ）

(2) 弱塩基のK_b, [OH⁻]を求める式

c〔mol/L〕の弱塩基Bを考えた場合，電離度をαとして，平衡時の濃度は次のように表されるよ。

	B	＋ H_2O ⇄	HB^+	＋ OH^-
はじめ	c	−	0	0
変化量	$-c\alpha$	−	$+c\alpha$	$+c\alpha$
平衡時	$c(1-\alpha)$	−	$c\alpha$	$c\alpha$

（単位〔mol/L〕は省略）

C〔mol/L〕のB水溶液の平衡時

[B]	$c(1-\alpha) \fallingdotseq c$
$[HB^+]$	$c\alpha$
$[OH^-]$	$c\alpha$

$1-\alpha \fallingdotseq 1$ として近似

$$K_b = \frac{[HB^+][OH^-]}{[B]} = \frac{c\alpha \times c\alpha}{c(1-\alpha)} = \frac{c\alpha^2}{1-\alpha} \fallingdotseq c\alpha^2 \quad (\alpha \ll 1)$$

$1-\alpha \fallingdotseq 1$

$K_b \fallingdotseq c\alpha^2$ より，$\alpha \fallingdotseq \sqrt{\dfrac{K_b}{c}}$

$$[OH^-] = c\alpha \fallingdotseq c\sqrt{\frac{K_b}{c}} = \sqrt{cK_b} \quad (\alpha \ll 1)$$

問題 1 弱酸の電離定数とイオン濃度

0.10mol/Lの酢酸水溶液について，次の値を計算せよ。ただし，酢酸の電離定数を$K_a = 2.0 \times 10^{-5}$ mol/L，$\sqrt{2} = 1.4$，$\log_{10}2 = 0.30$，$\alpha < 0.05$なら$1-\alpha \fallingdotseq 1$と近似し，答えは全て有効数字2桁で求めよ。

(1) 酢酸の電離度　(2) 酢酸分子の濃度
(3) 酢酸イオンの濃度　(4) 水素イオン濃度
(5) pH

解説

(1) まずは，α を近似式で出して $\alpha \ll 1$ と見なせるかを確かめよう。

$K_a \fallingdotseq c\alpha^2$ より

$$\alpha \fallingdotseq \sqrt{\frac{K_a}{c}} = \sqrt{\frac{2 \times 10^{-5}}{0.10}} = \sqrt{2} \times 10^{-2} = 1.4 \times 10^{-2}$$

電離度は $\alpha \fallingdotseq 0.014$ つまり 0.05 以下だから，$1 - \alpha \fallingdotseq 1$ と近似して問題ないことがわかるね。

(2)〜(4) 酢酸の平衡時の濃度を整理すれば全てわかるよ。

平衡時のモル濃度

$[CH_3COOH] \fallingdotseq c(1-\alpha) \fallingdotseq c = 0.10\,mol/L$

$\left.\begin{array}{l}[CH_3COO^-] \fallingdotseq c\alpha \\ [H^+] \fallingdotseq c\alpha\end{array}\right\} 0.1 \times 0.014\,mol/L$

(5) $[H^+] \fallingdotseq 1.4 \times 10^{-3}\,mol/L$ から計算するのは難しいので，(1)の結果を使い，$\alpha \fallingdotseq \sqrt{2} \times 10^{-2}$ を代入するよ。

$[H^+] = 0.10\alpha \fallingdotseq \sqrt{2} \times 10^{-3}$

$$\mathrm{pH} = -\log_{10}(\sqrt{2} \times 10^{-3}) = -(\log_{10}2^{\frac{1}{2}} + \log_{10}10^{-3})$$
$$= 3 - \frac{1}{2}\log_{10}2 = 3 - 0.15 = 2.85 \fallingdotseq 2.9$$

解答

(1) 1.4×10^{-2}　(2) 0.10 mol/L

(3) 1.4×10^{-3} mol/L　(4) 1.4×10^{-3} mol/L　(5) 2.9

story 3 塩の加水分解

(1) 共役酸と共役塩基

せんせい，塩の加水分解がわかりません。

そうだよね。加水分解って特殊な反応に聞こえるからね。実は，単なる酸・塩基反応なんだ。つまり中和だね。まずは，ブレンステッドの定義の酸と塩基を復習しよう。

酸（ブレンステッド酸）　…H^+を与える物質（例 CH_3COOH）
塩基（ブレンステッド塩基）…H^+を受け取る物質（例 CH_3COO^-）

さらに，元々同じ物質で H^+を持っているものを**共役酸**，持っていないものを**共役塩基**というんだ。そして，共役酸の K_a と共役塩基の K_b の積が水のイオン積 K_w になる公式は重要だよ。

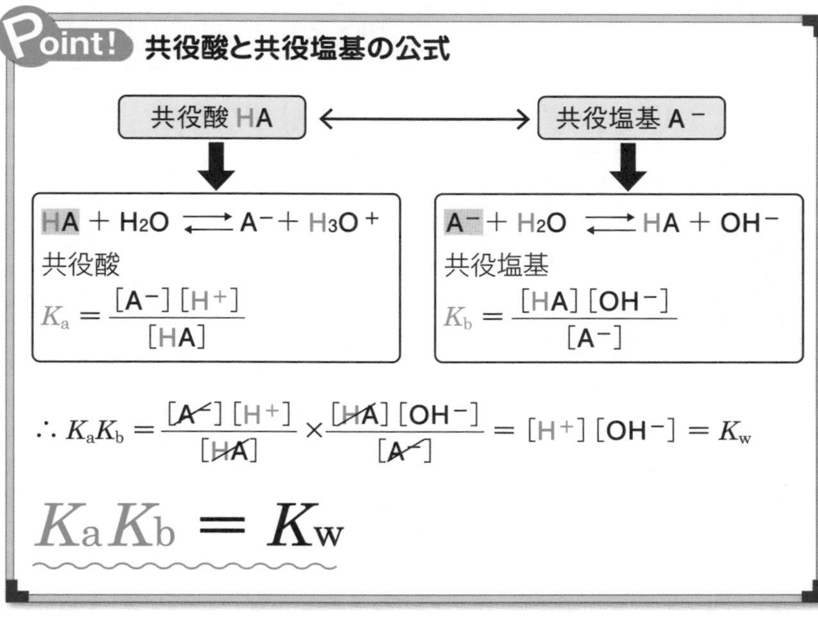

Point! 共役酸と共役塩基の公式
共役酸 HA
共役塩基 A^-
$HA + H_2O \rightleftarrows A^- + H_3O^+$
共役酸
$K_a = \dfrac{[A^-][H^+]}{[HA]}$
$A^- + H_2O \rightleftarrows HA + OH^-$
共役塩基
$K_b = \dfrac{[HA][OH^-]}{[A^-]}$
$\therefore K_aK_b = \dfrac{[A^-][H^+]}{[HA]} \times \dfrac{[HA][OH^-]}{[A^-]} = [H^+][OH^-] = K_w$
$K_aK_b = K_w$

$K_aK_b=K_w$ の式は K_a と K_b の積が定数になる訳だから，K_a が大きければ（強い酸）ならば，K_b は小さくなる（弱い塩基になる）ことを指しているんだ。実例をしっかり理解しようね。

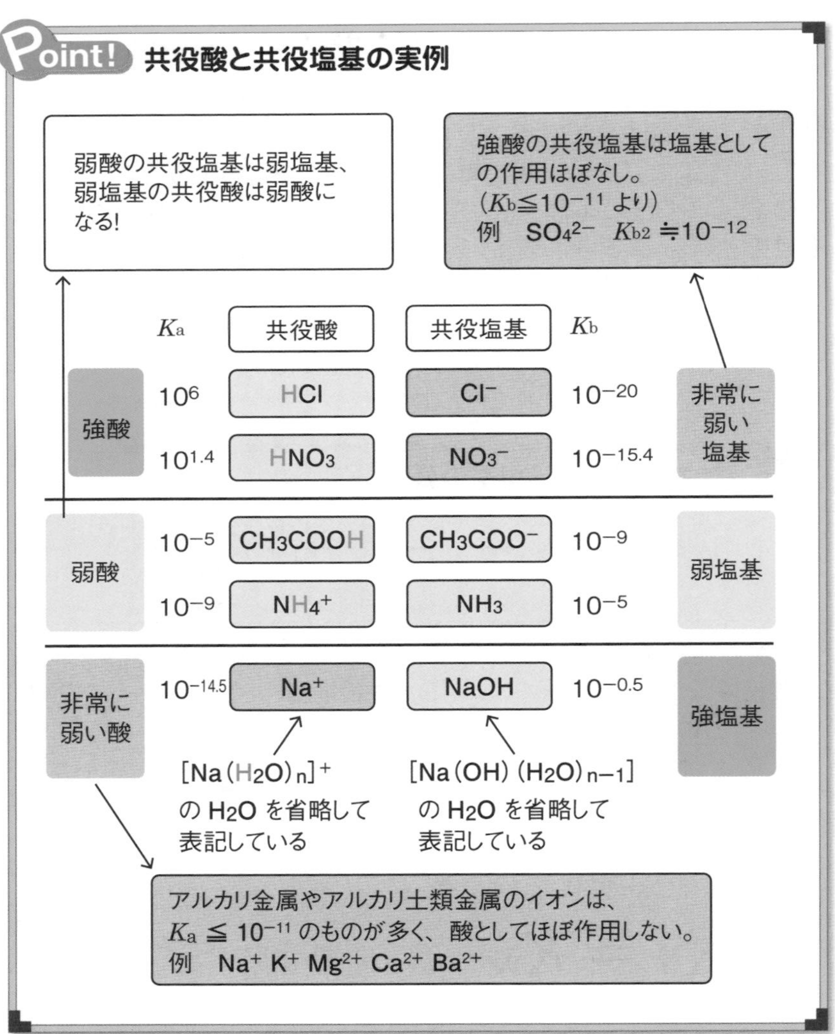

Point!
共役酸と共役塩基の実例
弱酸の共役塩基は弱塩基、
弱塩基の共役酸は弱酸に
なる!
強酸の共役塩基は塩基として
の作用ほぼなし。
(K_b≦10^{-11} より)
例　SO_4^{2-}　K_{b2} ≒10^{-12}
K_a
共役酸
共役塩基
K_b
強酸
10^6
HCl
Cl^-
10^{-20}
非常に
弱い
塩基
$10^{1.4}$
HNO_3
NO_3^-
$10^{-15.4}$
弱酸
10^{-5}
CH_3COOH
CH_3COO^-
10^{-9}
弱塩基
10^{-9}
NH_4^+
NH_3
10^{-5}
非常に
弱い酸
$10^{-14.5}$
Na^+
NaOH
$10^{-0.5}$
強塩基
$[Na(H_2O)_n]^+$
の H_2O を省略して
表記している
$[Na(OH)(H_2O)_{n-1}]$
の H_2O を省略して
表記している
アルカリ金属やアルカリ土類金属のイオンは、
K_a ≦ 10^{-11} のものが多く、酸としてほぼ作用しない。
例　Na^+ K^+ Mg^{2+} Ca^{2+} Ba^{2+}

この Point! は塩を理解する上でとても重要だからね。

(2) 塩の考え方

ところで塩とは“陽イオンと陰イオンでできているもの”なんだ。水溶液中で沈殿するものを除いて，塩は強電解質と考えて良く，完全にイオンに電離しているんだ。陽イオンは金属イオン M^{n+} が多く，これらは $[M(H_2O)_m]^{n+}$ を省略して書いているので，次のように電離する酸なんだ。

$$\underset{\text{酸}}{[M(H_2O)_m]^{n+}} + H_2O \rightleftarrows [M(OH)(H_2O)_{m-1}]^{(n-1)+} + H_3O^+$$

また陰イオンは，水素イオン H^+ を受け取るものがほとんどで，すべての陰イオンは塩基であるといっても過言ではないんだ。

$$\underset{\text{塩基}}{B^-} + H_2O \rightleftarrows HB + OH^-$$

以上をまとめると次のようになるよ。

Point! 塩の考え方

定義　塩 ・・・ 陽イオンと陰イオンでできているもの

考え方　●陽イオン M^{n+} は酸が多い

（ただし，Na^+，K^+，Mg^{2+}，Ca^{2+}，Ba^{2+} などは $K_a \leqq 10^{-11}$ で酸としてほぼ作用しない）

○陰イオンは塩基が多い

（ただし，Cl^-，$NO_3{}^-$，$SO_4{}^{2-}$ などは $K_b \leqq 10^{-11}$ で塩基としてほぼ作用しない）

早速，よく質問される正塩の反応を考えよう。

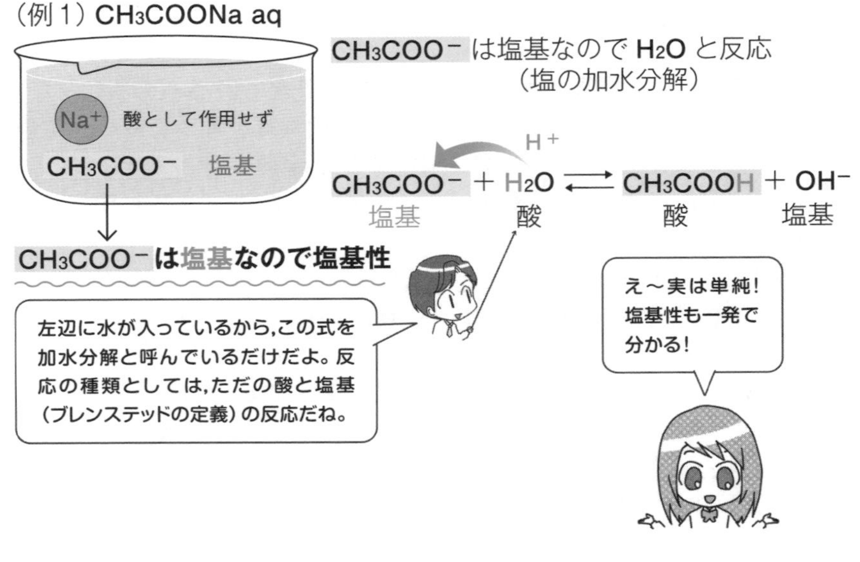
（例1）CH_3COONa aq
CH_3COO^- は塩基なので H_2O と反応
（塩の加水分解）
Na^+ 酸として作用せず
CH_3COO^- 塩基
H^+
$CH_3COO^- + H_2O \rightleftarrows CH_3COOH + OH^-$
塩基 酸 酸 塩基
CH_3COO^- は塩基なので塩基性
左辺に水が入っているから，この式を加水分解と呼んでいるだけだよ。反応の種類としては，ただの酸と塩基（ブレンステッドの定義）の反応だね。
え～実は単純！塩基性も一発で分かる！

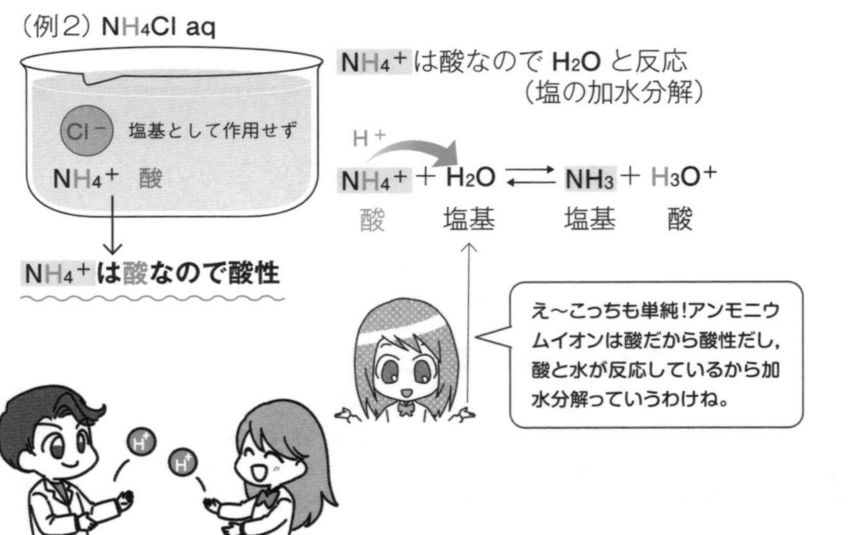
（例2）NH_4Cl aq
NH_4^+ は酸なので H_2O と反応
（塩の加水分解）
Cl^- 塩基として作用せず
NH_4^+ 酸
H^+
$NH_4^+ + H_2O \rightleftarrows NH_3 + H_3O^+$
酸 塩基 塩基 酸
NH_4^+ は酸なので酸性
え～こっちも単純！アンモニウムイオンは酸だから酸性だし，酸と水が反応しているから加水分解っていうわけね。

(3) 酸性塩の考え方

せんせい，なんで炭酸水素ナトリウムって塩基性なんですか?

2価の酸 H_2A の場合，HA^-のような，H^+ を与えることも，受け取ることもできる物質を**両性物質**（amphiprotic substance）というんだ。

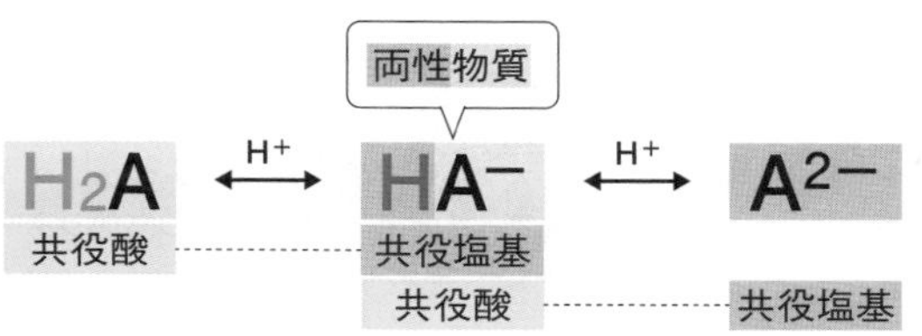

両性物質
H_2A
H^+
HA^-
H^+
A^{2-}
共役酸
共役塩基
共役酸
共役塩基

早速，炭酸水素ナトリウム $NaHCO_3$ 水溶液を見てもらうと，Na^+ は酸として弱いから無視して，両性物質の HCO_3^-を考えるよね。そこで，HCO_3^-の K_a と K_b の値を比べてみると，K_b の方が大きいので，酸性より塩基性の方が強いんだ。だから，最も起こると考えられる反応式は塩基としての式なんだよ。頻出なので，HCO_3^-は塩基性が強いって覚えておいてね。

(例1) $NaHCO_3aq$

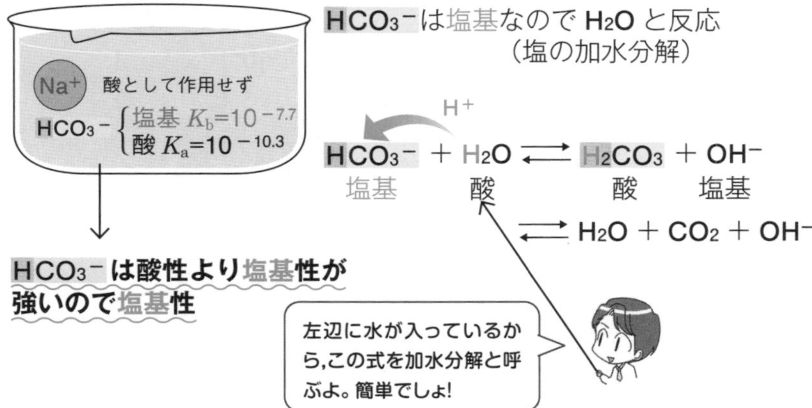

Na^+ 酸として作用せず
HCO_3^- 塩基 $K_b=10^{-7.7}$
酸 $K_a=10^{-10.3}$
HCO_3^-は酸性より塩基性が強いので塩基性
HCO_3^-は塩基なので H_2O と反応
（塩の加水分解）
H^+
$HCO_3^- + H_2O \rightleftarrows H_2CO_3 + OH^-$
塩基 酸 酸 塩基
$\rightleftarrows H_2O + CO_2 + OH^-$
左辺に水が入っているから,この式を加水分解と呼ぶよ。簡単でしょ!

もう1つ硫酸水素ナトリウム $NaHSO_4$ 水溶液を見てもらおう。

(例2) NaHSO4aq

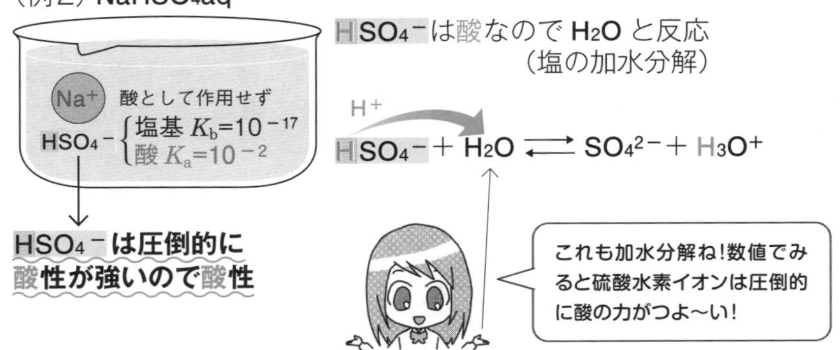
Na+
酸として作用せず
HSO4−
塩基 Kb=10−17
酸 Ka=10−2
HSO4−は圧倒的に酸性が強いので酸性
HSO4−は酸なのでH2Oと反応
(塩の加水分解)
H+
HSO4− + H2O ⇄ SO42− + H3O+
これも加水分解ね！数値でみると硫酸水素イオンは圧倒的に酸の力がつよ〜い！

問題2 塩のpH

0.20 mol/L の酢酸ナトリウム CH_3COONa 水溶液の pH を計算せよ。ただし，酢酸の電離定数を $K_a = 2.0 \times 10^{-5}$mol/L，$K_w = 1.0 \times 10^{-14}$mol/L とし，答えは有効数字2桁で表せ。

解説

まずは CH_3COOH の K_a から公式を使って，K_b を出すよ。

$K_aK_b = K_w$ より，$K_b = \dfrac{K_w}{K_a} = \dfrac{10^{-14}}{2.0 \times 10^{-5}} = \dfrac{1}{2} \times 10^{-9}$

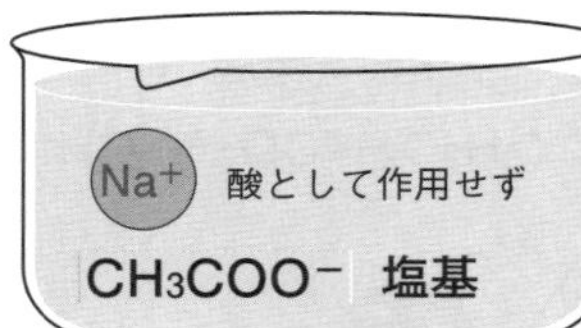
Na+
酸として作用せず
CH3COO− 塩基

CH_3COO^- は塩基なので塩基の公式より，

$K_b \fallingdotseq c\alpha^2$

$$\alpha \fallingdotseq \sqrt{\frac{K_b}{c}} = \sqrt{\frac{0.5 \times 10^{-9}}{0.2}} = 5 \times 10^{-5}$$

($\alpha \ll 1$ が成立)

$[OH^-] = ca \fallingdotseq 0.2 \times 5 \times 10^{-5} = 10^{-5}$
$\therefore pOH = -\log_{10}(10^{-5}) = 5.0$
pH ＋ pOH ＝ 14 より，pH ＝ 14 － pOH ＝ 14 － 5 ＝ 9.0

解答

9.0

story 4 緩衝液

(1) 緩衝作用と緩衝液

緩衝液って複雑な気がするんですが?

いやいや，それは気のせい。ブレンステッドの定義で理解していれば，非常にシンプルなんだ。まず，緩衝作用から教えるね！

緩衝というのは“衝撃を和らげる”という意味なんだけど，化学でいう**緩衝作用**とは次の通りなんだ。

> **緩衝作用**…少量の酸や塩基を加えたときの**pHの変動を抑える**作用

つまり，pHが変動する衝撃を抑える作用なんだ。緩衝作用をもつ溶液を**緩衝液**（buffer solution）といい，緩衝液に必要なものはズバリ，共役酸 HA と共役塩基 A^- だよ。なぜなら，緩衝液に H^+ を加えたら共役塩基が働き，OH^- を加えたら共役酸が働くからなんだ。

Point! 緩衝作用

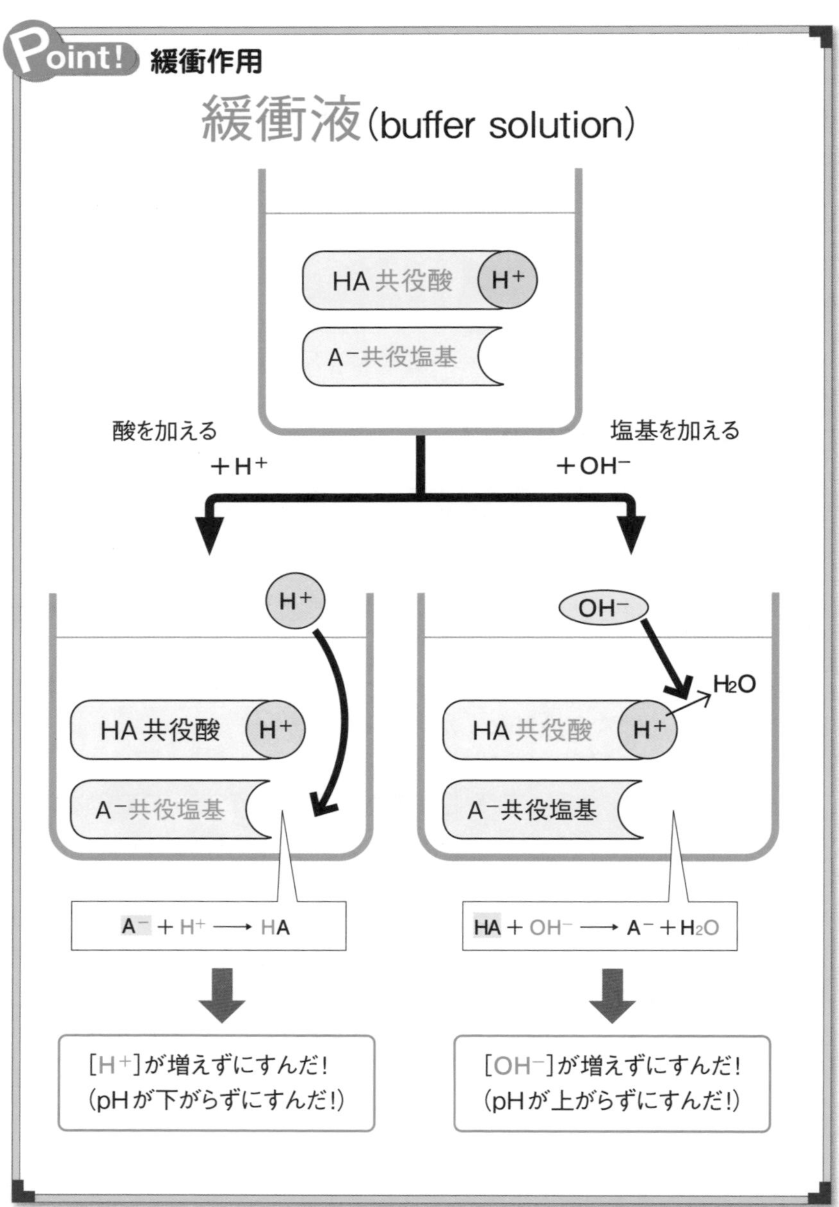

緩衝液(buffer solution)
HA 共役酸
H+
A−共役塩基
酸を加える
+H+
塩基を加える
+OH−
H+
HA 共役酸
H+
A−共役塩基
A− + H+ ⟶ HA
[H+]が増えずにすんだ!
(pHが下がらずにすんだ!)
OH−
H2O
HA 共役酸
H+
A−共役塩基
HA + OH− ⟶ A− + H2O
[OH−]が増えずにすんだ!
(pHが上がらずにすんだ!)

例えるなら，緩衝液には共役酸と共役塩基の２種類の部隊があって，空から降ってくる H^+ や OH^- という二種類の爆弾を無力化している感じだ。つまり緩衝液はこの部隊によって平和が保たれている緩衝王国なんだ！

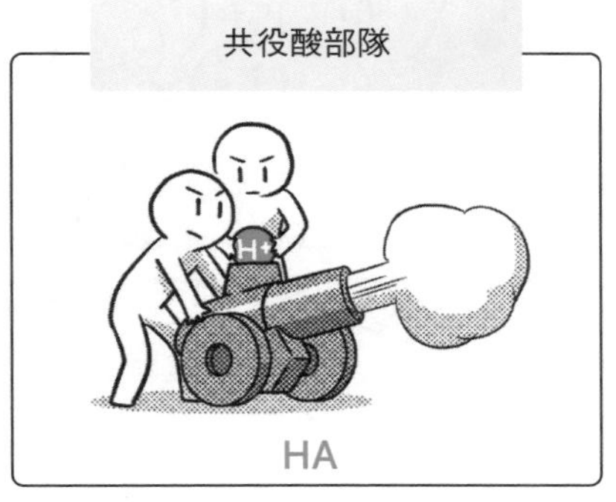
共役酸部隊
H+
HA

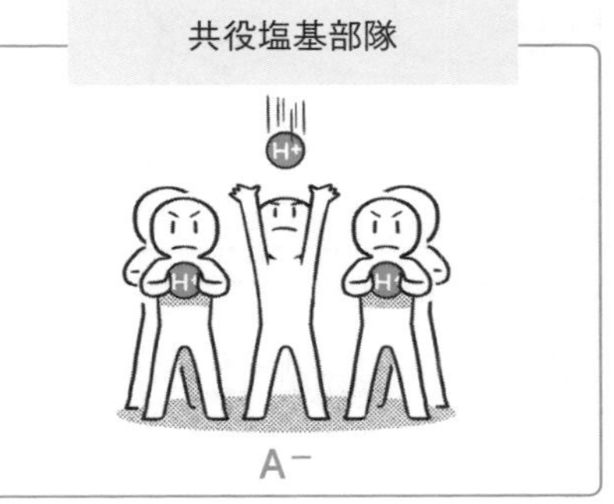
共役塩基部隊
H+
A−

(2) 緩衝液の例

緩衝液の具体例を教えて下さい!

共役酸と**共役塩基**のどちらか，あるいは両方を塩の形で入れて作るよ。良く出る例を２つあげるね。

共役酸	CH_3COOH	⇒ 弱酸
共役塩基	CH_3COO^-	⇒ 弱酸からできた塩　（CH_3COONa）
	Na^+	

共役塩基	NH_3	⇒ 弱塩基
共役酸	NH_4^+	⇒ 弱塩基からできた塩　（NH_4Cl）
	Cl^-	

Na^+ や Cl^- はブレンステッドの酸塩基反応に影響を与えないので，緩衝液を作るときには良く使用されるんだ。

緩衝王国の平和を守るのだ！！
オーッ!
共役塩基部隊
共役酸部隊

OH⁻爆弾にH⁺ミサイルを打ち込んで空中で爆発させるんだ！
ボーン!!
H₂O

きたぞー！H⁺爆弾を落とさずにキャッチするんだ！
ワァァァァァァァ

我が国の平和は保たれた！！
ワァァ
ァァァ

(3) 緩衝液のpH

緩衝液の pH 計算を教えてください！

実は，弱酸や弱塩基の **pH** 計算よりはるかに簡単で，**共役酸**と**共役塩基**の比を酸の電離定数 K_a の式に代入するだけなんだ！

例 $\begin{cases} CH_3COOH = n_a \text{〔mol〕} \\ CH_3COONa = n_b \text{〔mol〕} \end{cases}$ を含む緩衝液の **pH**

CH_3COOH	$= n_a$〔mol〕	共役酸
CH_3COO^-	$= n_b$〔mol〕	共役塩基
Na^+	$= n_b$〔mol〕	

$$K_a = \frac{[CH_3COO^-][H^+]}{[CH_3COOH]}$$ より

全体の体積をVとして計算

$$[H^+] = \frac{[CH_3COOH] \times K_a}{[CH_3COO^-]} = \frac{\frac{n_a}{V}}{\frac{n_b}{V}} K_a = \boldsymbol{\frac{n_a}{n_b} K_a}$$

問題 3 緩衝液のpH

酢酸 **CH_3COOH** 0.10 molと酢酸ナトリウム **CH_3COONa** 0.20molを含む1L の水溶液がある。この水溶液の pH を求めよ。ただし，酢酸の電離定数を $K_a = 2.0 \times 10^{-5}$ mol/L とする。

解説

酢酸の電離定数を変形しなくても，簡単に算出できるよ。

$$K_a = \frac{[CH_3COO^-][H^+]}{[CH_3COOH]} = \frac{0.20\,mol}{0.10\,mol}[H^+] = 2[H^+]$$

よって，$K_a = 2.0 \times 10^{-5}$を代入すると

$$2.0 \times 10^{-5} = 2[H^+]$$

$$[H^+] = 1.0 \times 10^{-5} \qquad \therefore \quad pH = 5.0$$

解答

5.0

story 5 溶解度積

(1) 溶解度積

溶解度積を使った沈殿生成の判定がよくわかりません！

グラフで理解するやり方があるから教えるね。まずは，沈殿する塩の溶解平衡から考えよう。A_aB_bという沈殿する塩を水に入れると，ほんのわずか水に溶けてイオンになるんだ。そして**溶解平衡**に達するよ。**小中学生のときはこの状態を飽和したといっていたんだが，これからは溶解平衡に達したというようにしよう**。この溶解平衡の平衡定数が**溶解度積**（ようかいどせき）なんだ。

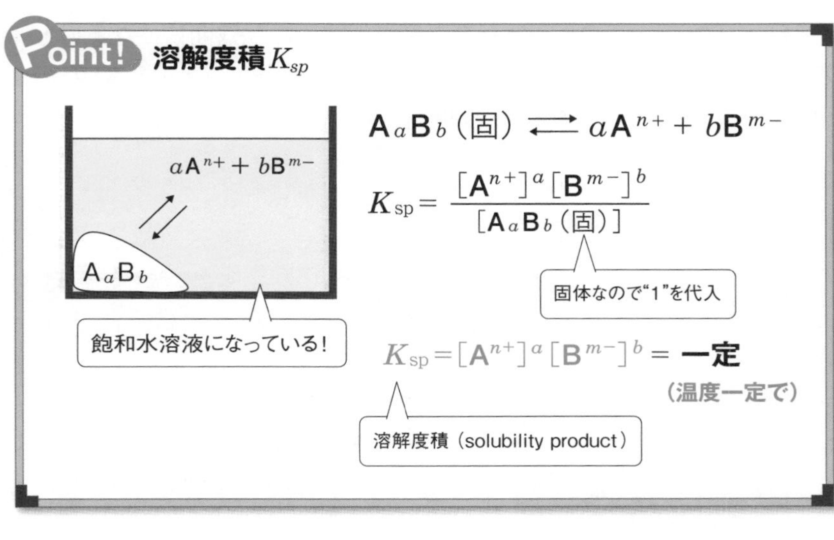
Point! 溶解度積K_{sp}
$aA^{n+} + bB^{m-}$
A_aB_b
飽和水溶液になっている!
A_aB_b(固) ⇄ $aA^{n+} + bB^{m-}$
$K_{sp} = \frac{[A^{n+}]^a[B^{m-}]^b}{[A_aB_b(固)]}$
固体なので"1"を代入
$K_{sp} = [A^{n+}]^a[B^{m-}]^b$ = 一定
(温度一定で)
溶解度積 (solubility product)

(2) 溶解度積と沈殿の有無

具体的に塩化銀 **AgCl** を水に入れて，溶解平衡に達したときのことを考えてみよう。

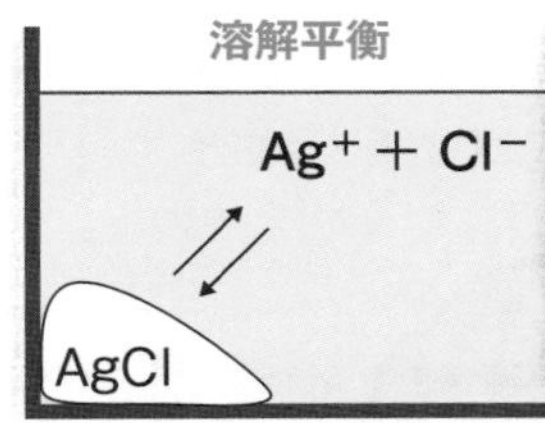
溶解平衡
$Ag^+ + Cl^-$
AgCl

$$AgCl(固) \rightleftarrows Ag^+ + Cl^-$$

$$K_{sp} = [Ag^+][Cl^-] \fallingdotseq 10^{-10} \text{mol}^2/\text{L}^2$$

(25℃)

沈殿がある飽和溶液って
溶解平衡に達しているんだよ!

$[Ag^+][Cl^-] = 10^{-10}$のグラフを書いてみると双曲線になるけど，このグラフより右上は飽和溶液よりイオンの積が多いので，$10^{-10} < [Ag^+][Cl^-]$の時は沈殿が生成するというわけなんだ。逆に左下は不飽和溶液ということになるね。

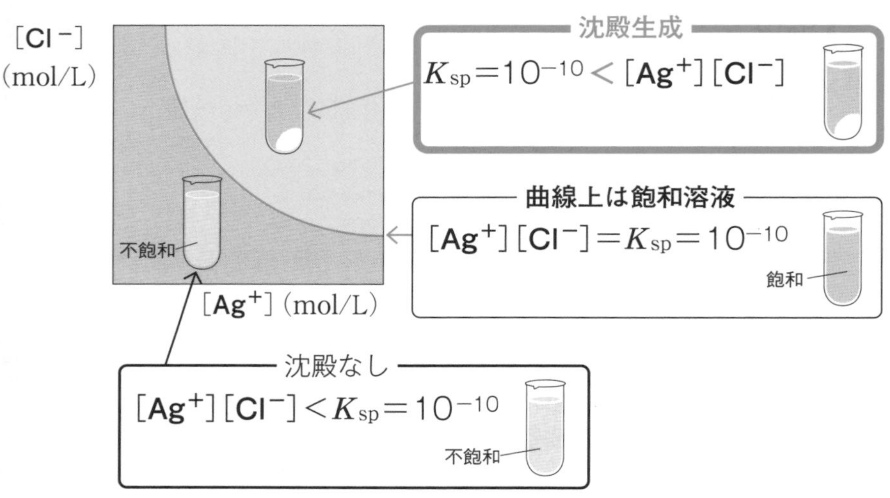

[Cl⁻]
(mol/L)
[Ag⁺] (mol/L)
不飽和
沈殿生成
$K_{sp} = 10^{-10} < [Ag^+][Cl^-]$
曲線上は飽和溶液
$[Ag^+][Cl^-] = K_{sp} = 10^{-10}$
飽和
沈殿なし
$[Ag^+][Cl^-] < K_{sp} = 10^{-10}$
不飽和

沈殿の判定を一般化すると次の通りだよ。

グラフにすれば
沈殿形成の
条件は簡単だよ！

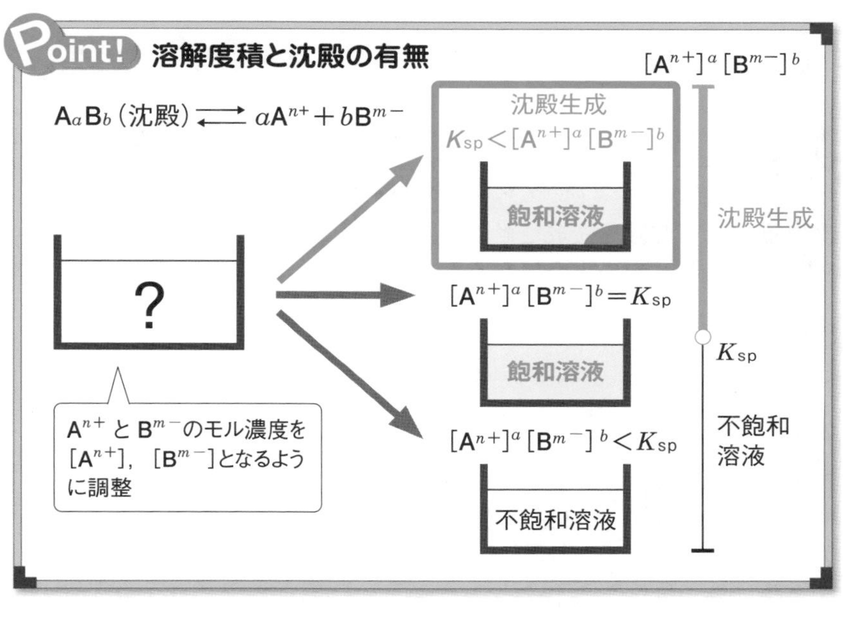

Point! 溶解度積と沈殿の有無
A_aB_b(沈殿) ⇄ $aA^{n+} + bB^{m-}$
沈殿生成
$K_{sp} < [A^{n+}]^a[B^{m-}]^b$
飽和溶液
?
$[A^{n+}]^a[B^{m-}]^b = K_{sp}$
飽和溶液
$[A^{n+}]^a[B^{m-}]^b < K_{sp}$
不飽和溶液
A^{n+} と B^{m-} のモル濃度を $[A^{n+}]$, $[B^{m-}]$ となるように調整
$[A^{n+}]^a[B^{m-}]^b$
沈殿生成
K_{sp}
不飽和溶液

(3) 共通イオン効果

共通イオン効果の例を教えてください。

あるイオンを含む溶液に，それと共通のイオンを加えると，ルシャトリエの原理によって平衡の移動が起こるよね。この現象を**共通イオン効果**というんだ。具体的には飽和食塩水を用意して，塩化水素ガスを吹き込むと，食塩 NaCl が析出する現象があるよ。

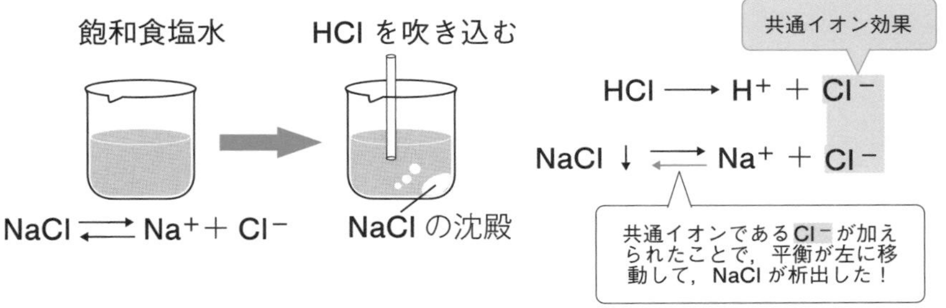

飽和食塩水
HCl を吹き込む
$NaCl \rightleftarrows Na^{+} + Cl^{-}$
NaCl の沈殿
共通イオン効果
$HCl \longrightarrow H^{+} + Cl^{-}$
$NaCl\downarrow \rightleftarrows Na^{+} + Cl^{-}$
共通イオンである Cl^{-} が加えられたことで，平衡が左に移動して，NaCl が析出した！

(4) 硫化物沈殿

硫化物沈殿って何で pH と関係あるのですか?

金属イオン M^{n+}の分離の実験では，硫化水素 H_2S を吹き込んで沈殿を生成させるんだけど，このときの平衡を考えてみると，次のようになるんだ。

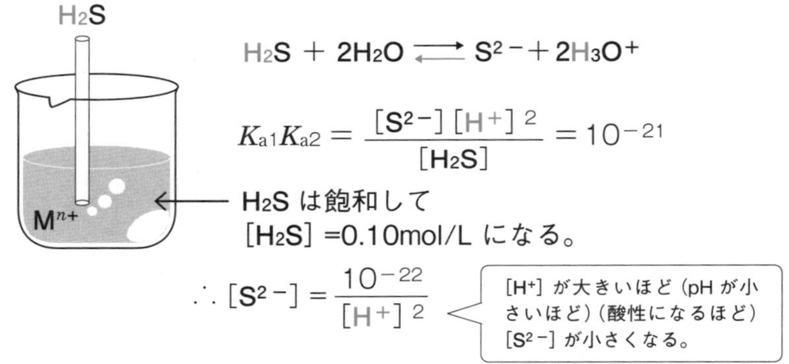

H_2S
M^{n+}
$H_2S + 2H_2O \rightleftarrows S^{2-} + 2H_3O^+$
$K_{a1}K_{a2} = \dfrac{[S^{2-}][H^+]^2}{[H_2S]} = 10^{-21}$
H_2S は飽和して
$[H_2S] = 0.10$mol/L になる。
$\therefore [S^{2-}] = \dfrac{10^{-22}}{[H^+]^2}$
$[H^+]$ が大きいほど（pH が小さいほど）（酸性になるほど）$[S^{2-}]$ が小さくなる。

ここで，$[Cu^{2+}] = [Zn^{2+}] = 10^{-3}$ (mol/L) の溶液に H_2S ガスを吹き込んで沈殿をつくることを考えよう。CuS と ZnS の溶解度積は次の値だ。

$$[Cu^{2+}][S^{2-}] = 6.5 \times 10^{-30} \text{ mol}^2/\text{L}^2$$

$$[Zn^{2+}][S^{2-}] = 2.2 \times 10^{-18} \text{ mol}^2/\text{L}^2$$

この２つのグラフを書くと，沈殿のエリアがはっきりとわかるんだ。

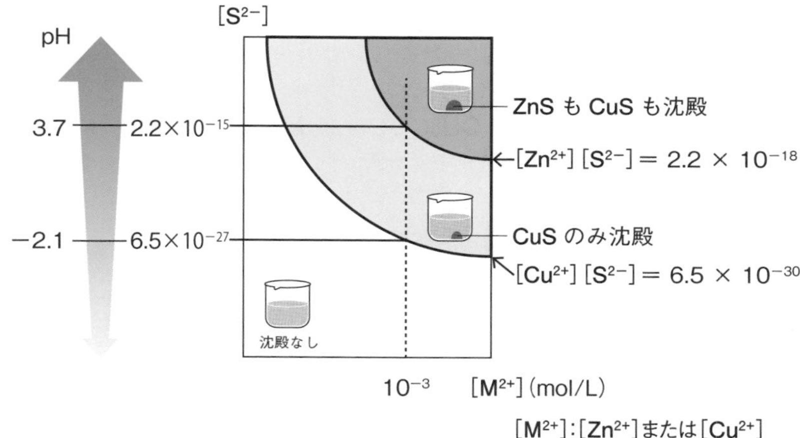
pH
[S²⁻]
3.7
2.2×10⁻¹⁵
−2.1
6.5×10⁻²⁷
ZnS も CuS も沈殿
←[Zn²⁺] [S²⁻] = 2.2 × 10⁻¹⁸
CuS のみ沈殿
[Cu²⁺] [S²⁻] = 6.5 × 10⁻³⁰
沈殿なし
10⁻³
[M²⁺] (mol/L)
[M²⁺]:[Zn²⁺]または[Cu²⁺]

よってこの図より **pH** によって，沈殿の有無をコントロールできることがわかるね。(**pH** は $0 \leqq$ **pH** $\leqq 14$ が一般的だが，計算上はマイナスの値も出てくる)

ZnS も **CuS** も沈殿させたい ⇒ $3.7 \leqq$ **pH**
CuS のみ沈殿させたい ⇒ $-2.1 <$ **pH** $\leqq 3.7$
両方沈殿させない ⇒ **pH** $\leqq -2.1$

このようにして硫化物は **pH** によって沈殿をコントロール出来るんだ。

グラフでやれば
ZnSだけが
沈殿する条件も
一発ね！

確認問題

次の1〜6の問いに答えよ。ただし，計算問題の答えは全て有効数字2桁とし，2〜4の電離度は$\alpha << 1$とせよ。

必要なら次の値を用いよ。CH_3COOH の $K_a = 2.8 \times 10^{-5}$mol/L，NH_3 の $K_b = 2.8 \times 10^{-5}$mol/L，水のイオン積 $K_w = 1.0 \times 10^{-14}$，$\log_{10}2.8 = 0.447$，$\sqrt{2.8} = 1.67$

1 共役の関係にある酸の K_a と塩基の K_b の間の関係式を書け。

解答 $K_aK_b = 1.0 \times 10^{-14}$

2 0.10mol/L の酢酸 CH_3COOH 水溶液の pH を答えよ。

解答 2.8

解説

酸の公式より

$$[H^+] \fallingdotseq \sqrt{cK_a} = \sqrt{0.10 \times 2.8 \times 10^{-5}}\ \text{mol/L}$$
$$= \sqrt{2.8} \times 10^{-3}\ \text{mol/L}$$
$$\therefore\ \ pH = -\log_{10}(2.8^{\frac{1}{2}} \times 10^{-3})$$
$$= 3 - \frac{1}{2}\log_{10}2.8 = 2.7765 \fallingdotseq 2.8$$

3 0.10mol/L のアンモニア NH_3 水中のアンモニウムイオン NH_4^+ のイオン濃度を求めよ。

解答 1.7×10^{-3}mol/L

解説

塩基の公式より

$$[NH_4^+] = [OH^-] \fallingdotseq \sqrt{cK_b} = \sqrt{0.10 \times 2.8 \times 10^{-5}}\ \text{mol/L}$$
$$= \sqrt{2.8} \times 10^{-3}\text{mol/L} = 1.67 \times 10^{-3}\text{mol/L}$$
$$\fallingdotseq 1.7 \times 10^{-3}\text{mol/L}$$

4 0.10 mol/L の酢酸ナトリウム CH_3COONa 水溶液の pH を求めよ。

解答

8.8

解説

塩基の公式より

$[OH^-] \fallingdotseq \sqrt{cK_b}$, $K_b = \dfrac{K_w}{K_a}$ から

$$[OH^-] = \sqrt{\frac{K_w}{K_a}c} = \sqrt{\frac{1.0 \times 10^{-14}}{2.8 \times 10^{-5}} \times 0.1} = \frac{10^{-5}}{\sqrt{2.8}}$$

$$[H^+] = \frac{K_w}{[OH^-]} = 10^{-14} \div \frac{10^{-5}}{\sqrt{2.8}} = \sqrt{2.8} \times 10^{-9}$$

$$pH = 9 - \frac{1}{2} \times \log_{10} 2.8 = 8.7765 \fallingdotseq 8.8$$

5 1.0 L 中に酢酸 CH_3COOH と酢酸ナトリウム CH_3COONa を 0.10 mol ずつ含む緩衝液の pH を答えよ。

解答

4.6

解説

$[CH_3COOH] = 0.10\,mol/L$, $[CH_3COO^-] = 0.10\,mol/L$ より

$$K_a = \frac{[CH_3COO^-][H^+]}{[CH_3COOH]} = [H^+]$$

よって，$[H^+] = K_a = 2.8 \times 10^{-5}$

$$pH = -\log_{10}(2.8 \times 10^{-5}) = 5 - \log_{10} 2.8$$
$$= 4.553 \fallingdotseq 4.6$$

6 1.0 L 中にアンモニア NH_3 と塩化アンモニウム NH_4Cl を 0.10 mol ずつ含む緩衝液に 0.001 mol の水酸化ナトリウム NaOH を入れたときのイオン反応式を書け。

解答

$NH_4^+ + OH^- \longrightarrow NH_3 + H_2O$

VII

非金属元素

第16章 水素と貴ガス

みんな大変ね～
あのスーパーアイドルがまさかの……！
あんた私のプリン食べたでしょ！
アルゴン
Ar
熱愛発覚

▶ アルゴンなどの貴ガスは，ほとんどの物質と反応しない安定した元素である。

story 1 水素の製法と性質

(1) 水素の製法

宇宙で一番多い元素は何ですか?

それは原子番号１の**水素**なんだよ。宇宙が誕生したときも，現在もダントツトップなんだ。太陽みたいな恒星が，水素から原子番号２以上の元素を製造していて，水素はほんの少しずつ減ってはいるけどね。太陽もほぼ水素の塊みたいなものなんだよ。

水素の単体 H_2 は，実験室ではイオン化傾向が水素より大きい亜鉛 **Zn** や鉄 **Fe** などに塩酸や希硫酸を加えて作るよ。工業的には天然ガスの主成分であるメタンと水蒸気の反応などによって生成されているんだ。

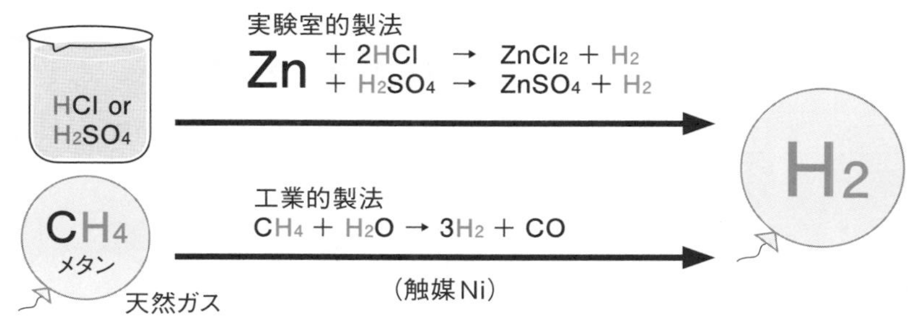

HCl or
H_2SO_4
実験室的製法
Zn + 2HCl → $ZnCl_2$ + H_2
+ H_2SO_4 → $ZnSO_4$ + H_2
CH_4
メタン
天然ガス
工業的製法
$CH_4 + H_2O \rightarrow 3H_2 + CO$
(触媒Ni)
H_2

▲ **水素の製法**

(2) 水素の性質

水素は代表的な還元剤であり，水素燃料電池などに利用されるんだ。また，アンモニアやメタノール，塩化水素などの原料でもあるよ。

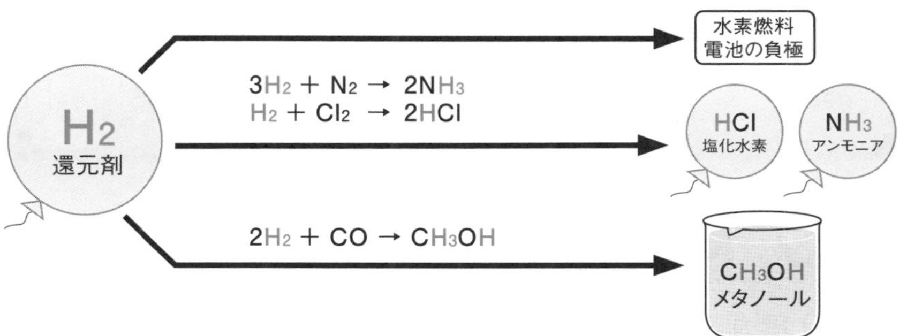

H_2
還元剤
水素燃料
電池の負極
$3H_2 + N_2 \rightarrow 2NH_3$
$H_2 + Cl_2 \rightarrow 2HCl$
HCl
塩化水素
NH_3
アンモニア
$2H_2 + CO \rightarrow CH_3OH$
CH_3OH
メタノール

(3) 水素の化合物

水素と陽性の強い Na や Ca との化合物は，金属イオンと**水素化物イオン** H^-とのイオン結晶なんだ。水酸化物イオンは非常に強い還元剤で，反応性が高いので扱いには注意を要するよ。

NaH（イオン結晶）$\rightleftarrows$ $Na^+ + H^-$

CaH_2（イオン結晶）$\rightleftarrows$ $Ca^{2+} + 2H^-$

水素化物イオン
（非常に強い還元剤）

また，14 族～17 族元素との化合物は次の通りだよ。17 族との化合物であるハロゲン化水素は酸になるけど，15 族との化合物は塩基になるよ。

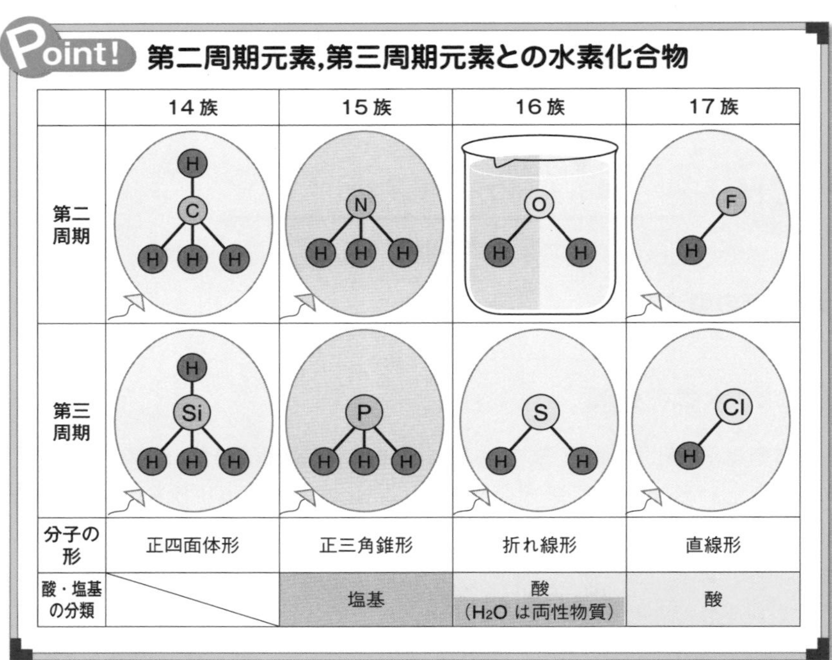
H C H H H
H N H H
O H H
F H
H Si H H H
P H H H
S H H
Cl H

Point! 第二周期元素,第三周期元素との水素化合物

	14族	15族	16族	17族
第二周期				
第三周期				
分子の形	正四面体形	正三角錐形	折れ線形	直線形
酸・塩基の分類		塩基	酸 (H_2O は両性物質)	酸

story 2 貴ガス

(1) 貴ガスの名称

なぜ，貴ガスってそんな不思議な名前なんですか?

“**貴**” とは反応性に乏しいことを指すんだ。例えば，反応性に乏しい錆びにくい金属を “**貴**金属” というでしょ。それと同じように反応性に乏しい気体なので “**貴**ガス” というわけなんだ。

化学的に安定な理由は電子配置にあるよ。貴ガスの電子配置を見てもらおう。

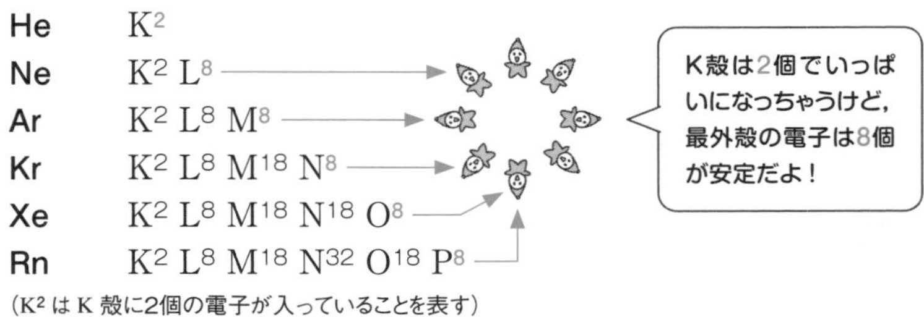
He K^2
Ne $K^2 L^8$
Ar $K^2 L^8 M^8$
Kr $K^2 L^8 M^{18} N^8$
Xe $K^2 L^8 M^{18} N^{18} O^8$
Rn $K^2 L^8 M^{18} N^{32} O^{18} P^8$
K殻は2個でいっぱいになっちゃうけど，最外殻の電子は8個が安定だよ！

（K^2 は K 殻に2個の電子が入っていることを表す）

K 殻は２個以上の電子は入らないけど，**He** 以外の貴ガスはすべて最外殻に８個の電子が入っているだろう。この**最外殻に８個の電子が入っている状態を閉殻構造**というんだ。閉殻構造をもつ18族の元素は化学的に安定だよ。

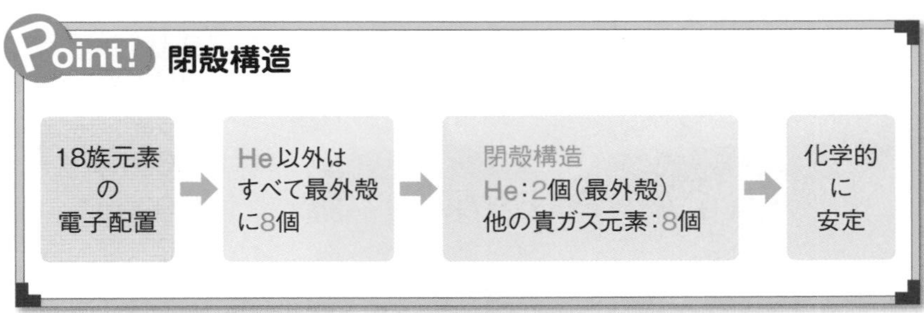
Point! 閉殻構造
18族元素の電子配置
He以外はすべて最外殻に8個
閉殻構造 He：2個（最外殻） 他の貴ガス元素：8個
化学的に安定

また，貴ガス同士も結合しないため，He_2 のような分子として存在できず，**He** 原子１個で気体となって飛んでいるんだ。このように貴ガスはすべて**単原子分子**の気体だよ。

浮く風船には貴ガスのヘリウムが入っているんだ。
He
He
ヘリウムは飛行船にも入っているんだよ。

(2) 空気の組成

貴ガスはどこにあるんですか?

貴ガスは空気中にあるんだ。空気の組成を見てもらうと**3番目に多いのがアルゴン Ar** だね。空気中で4番目に多い気体までは覚えておいてね。だから，貴ガスは空気を液化後，分留して得られるんだ。ヘリウムは天然ガスの分留でも得られるけどね。

昔は希ガスと言っていたけど,アルゴンは3番目に多いので,希(まれ)なガスではないね!

空気中の気体		物質量%
酸素	O_2	20.93
窒素	N_2	78.10
アルゴン	Ar	0.9325
二酸化炭素	CO_2	0.03
ネオン	Ne	0.0018
ヘリウム	He	0.0005
クリプトン	Kr	0.0001
キセノン	Xe	0.000009

少ないけど貴ガスって空気中にあるんだ!

● ゴロ合わせ暗記

空気中で，
窒息 させずに 歩く コツ

窒素　酸素　アルゴン　CO_2

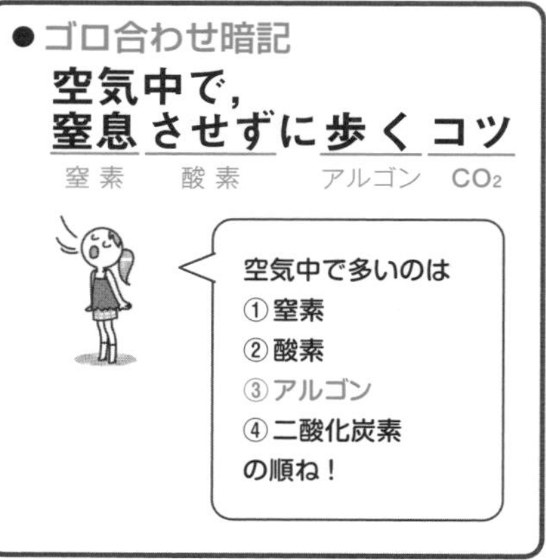
空気中で多いのは
①窒素
②酸素
③アルゴン
④二酸化炭素
の順ね!

(3) ネオンサイン

ネオンサインって柔らかな光で好きなんですが，ネオンが入っているんですか？

私もネオンサインの柔らかな感じの光は好きだな。ネオンに限らず，**貴ガスを封入したガラス管の両端に電圧をかけると発光するよ**。ネオンは赤橙色しか出せないので，アルゴンを中心に他の貴ガスを混ぜたり，蛍光物質を使ったりして様々な色を出しているんだ。貴ガスを放電管に入れたときの発光の色は次の通りだよ。

▼放電管の色

He	黄白色
Ne	赤橙色
Ar	青色
Kr	緑紫色
Xe	淡紫色

OPEN

街でガラス管が発光
しているような看板
を見たら，ネオンサインかもしれないよ！

(4) ヘリウムとアルゴン

ヘリウムやアルゴンって何に使われているんですか？

ヘリウムHeは空気よりもはるかに軽くて安定なガスなので，飛行船などに使われているよ。また，**Heはすべての分子の中で最も分子間力が小さく**，**沸点も最も低い4.22K** なんだ。だから，**液体ヘリウムは超伝導などの極低温の実験に使われる**んだ。

アルゴンArは空気中に約1％あって，貴ガスの中では比較的安価なので，**電球や蛍光灯の封入ガス**に使われているよ。またArは金属の溶接時に高温になった金属が空気中の酸素などと反応しないようにシールドガス（保護ガス）として利用されているんだ。金属溶接では有名なんだよ。

確認問題

1 次の水素化合物の中から，水中で酸として働くものを2つ選べ。
①NH_3 ②PH_3 ③CH_4 ④HCl ⑤HF

解答 ④⑤

2 NaH 中に存在するイオンを全て書け。

Na^+，H^-

3 次の気体の中から，空気中で3番目に多く含まれるものを選べ。
①Ar ②Ne ③CO_2 ④H_2 ⑤O_2

①

4 飛行船に使われている貴ガスは何か。

ヘリウム（He）

5 次の気体の中から，単原子分子で存在するものをすべて選べ。
①水素 ②ヘリウム ③窒素
④メタン ⑤二酸化炭素 ⑥ネオン
⑦アルゴン ⑧キセノン

②⑥⑦⑧

6 次の原子の中から，電子配置が閉殻構造であるものをすべて選べ。
①H ②He ③Li ④C ⑤F
⑥Ne

②⑥

7 放電管に入れて発光させると赤橙色に光る貴ガスの元素記号を書け。

Ne

8 最も沸点の低い貴ガスの元素記号を書け。

He

第17章

ハロゲン単体の性質

ノドは
ヨウ素 I_2
で消毒
歯は
フッ化物イオンF^-
で強化
水道水は
塩素 Cl_2
で殺菌

▶ ハロゲンは，日常のさまざまなところで使われている。

story 1 ハロゲン単体の状態

ハロゲンはどれが気体で，どれが液体ですか?

周期表の17 族元素を**ハロゲン**とよぶんだが，ハロゲン単体は二原子分子で**無極性**なので，その分子の大きさによって分子間力が決定するよ。周期表は下にいくほど，原子半径が大きくなるので，ハロゲンの単体の**分子間力（ファンデルワールス力）**は下のほうが大きいんだ。よって，分子間力が大きいほど沸点，融点も大きくなるから，**常温常圧でフッ素と塩素は気体だけど**，**臭素は液体**，**ヨウ素は固体**だよ。

Point! ハロゲン単体の状態と色

17族の単体	分子の大きさ 分子間力（ファンデルワールスカ）	沸点・融点	常温常圧の状態	色
F_2 F−F	↓	↓	気体	淡黄色
Cl_2 Cl−Cl	↓	↓	気体	黄緑色
Br_2 Br−Br	↓	↓	液体	赤褐色
I_2 I − I	大	高い	固体	黒紫色（暗紫色）

story 2 ハロゲン単体の酸化力

ハロゲンの単体の酸化力の問題って，さっぱりわからないんですが，解くコツがありますか？

ハロゲンの酸化力の強さを問う問題は非常に多いね。もちろん，問題を解くためにはきちんと理解するのが一番早いよ。

ハロゲン単体の化学反応は**酸化還元反応**ばかりだから，酸化力の強さを理解すれば簡単に解けるんだよ。

酸化還元の復習をすると，酸化剤（電子を奪う物質）と還元剤（電子を与える物質）の関係を表したものが半反応式だね。ハロゲンの酸化力は原子番号が小さいほど（上に行くほど）強いんだ。次のポイントにまとめておいたよ。

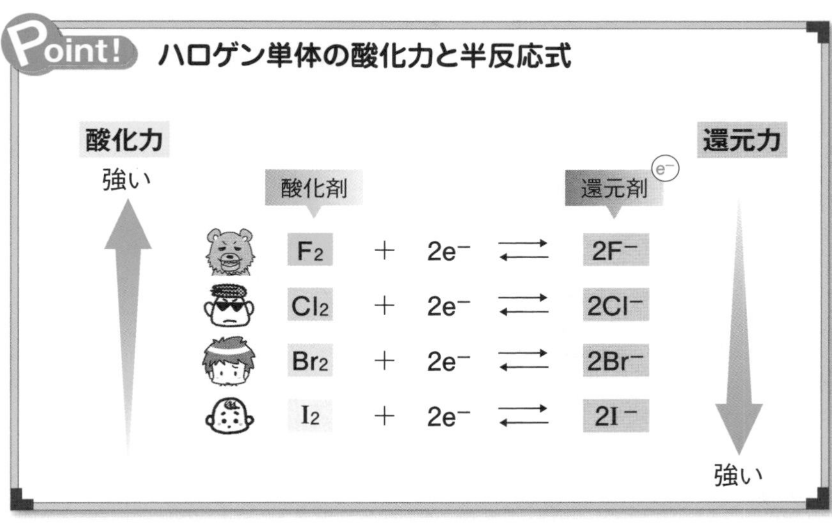
Point!
ハロゲン単体の酸化力と半反応式
酸化力
強い
還元力
強い
酸化剤
還元剤
e⁻
F2 + 2e⁻ ⇄ 2F⁻
Cl2 + 2e⁻ ⇄ 2Cl⁻
Br2 + 2e⁻ ⇄ 2Br⁻
I2 + 2e⁻ ⇄ 2I⁻

“酸化力の強さ”とは，いわば“エクレアを奪う力”みたいなものだから，ハロゲンの場合は，F_2 ＞ Cl_2 ＞ Br_2 ＞ I_2 の順に，ヒグマ＞大人＞少年＞赤んぼう　の順になっているようなものなんだ。

ここで，反応する組み合わせは左上と右下になるんだ。これは，エクレア争奪戦では，強いものが勝つためだよ。

だから，反応する組み合わせは次の6 種類だよ。

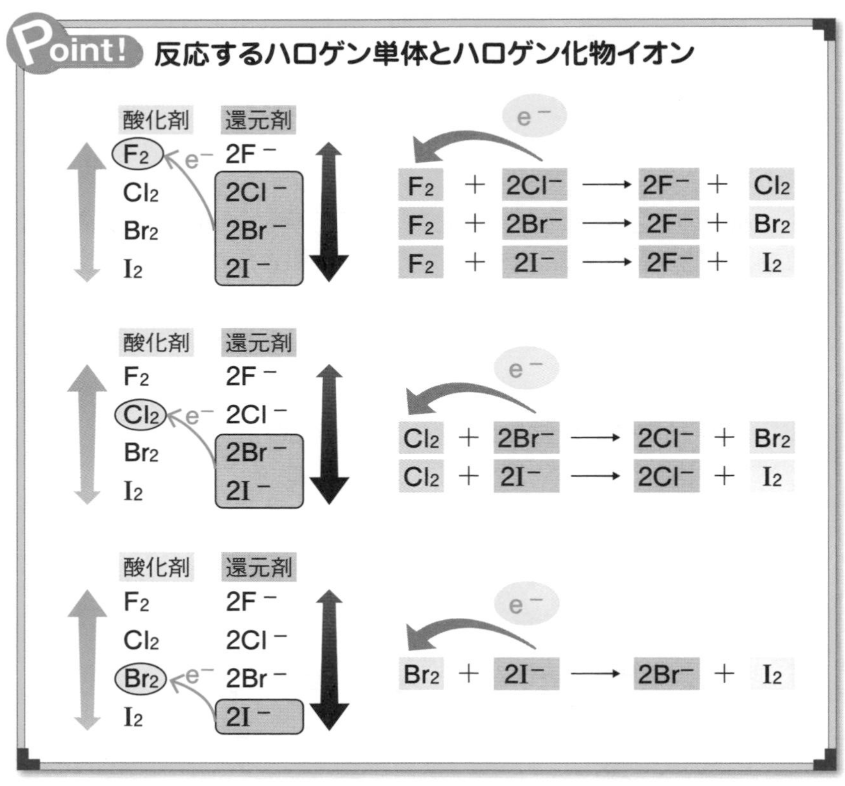
Point!
反応するハロゲン単体とハロゲン化物イオン
酸化剤
還元剤
F2
Cl2
Br2
I2
2F⁻
2Cl⁻
2Br⁻
2I⁻
e⁻
F2 + 2Cl⁻ ⟶ 2F⁻ + Cl2
F2 + 2Br⁻ ⟶ 2F⁻ + Br2
F2 + 2I⁻ ⟶ 2F⁻ + I2
Cl2 + 2Br⁻ ⟶ 2Cl⁻ + Br2
Cl2 + 2I⁻ ⟶ 2Cl⁻ + I2
Br2 + 2I⁻ ⟶ 2Br⁻ + I2

両辺に反応に関与しないカリウムイオン K^+を加えたら，カリウム塩の形で反応式ができるよ。

$$
\begin{array}{rl}
 & Cl_2 + 2I^- \longrightarrow 2Cl^- + I_2 \\
+) & \quad\quad 2K^+ \quad\quad\quad 2K^+ \\
\hline
 & Cl_2 + 2KI \longrightarrow 2KCl + I_2
\end{array}
$$

両辺にカリウムイオンを足す

story 3 塩素単体の製法

(1) 塩素の工業的製法

塩素はどうやってつくるんですか?

塩素の製法は入試では特に重要だから覚えてね。工業的には**塩素は食塩水の電気分解でつくられている**んだ。実験室では塩酸に塩素より強い酸化剤を加えて作るんだ。

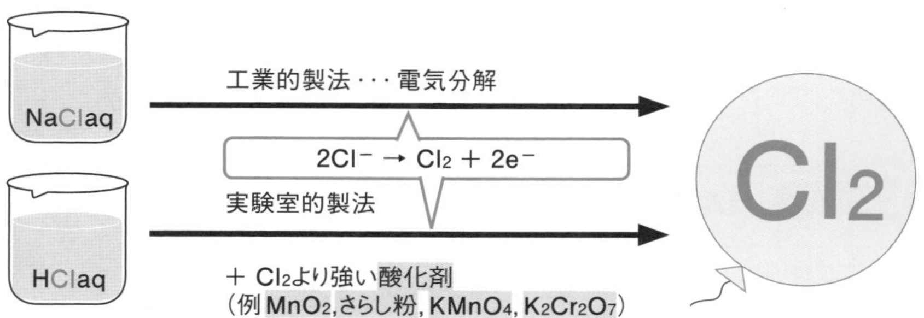
NaClaq
工業的製法・・・電気分解
2Cl⁻ → Cl₂ + 2e⁻
実験室的製法
HClaq
+ Cl₂より強い酸化剤
(例 MnO₂,さらし粉, KMnO₄, K₂Cr₂O₇)
Cl₂

▲ 塩素の製法

塩素は非常に強い酸化剤だから，塩素より強い酸化剤は多くないよ。実例をあげると，**過マンガン酸カリウム $KMnO_4$，二クロム酸カリウム $K_2Cr_2O_7$，酸化マンガン(Ⅳ) MnO_2，さらし粉 $CaCl(ClO)\cdot H_2O$** などが有名だね。よく使われるのは酸化マンガン(Ⅳ) MnO_2 とさらし粉 $CaCl(ClO)\cdot H_2O$ なんだ。まずは MnO_2 と濃塩酸の反応式をつくってみよう。

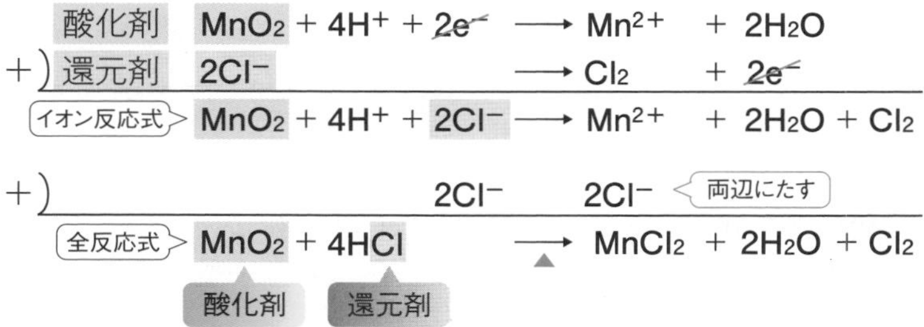
酸化剤 MnO₂ + 4H⁺ + 2e⁻ ⟶ Mn²⁺ + 2H₂O
+) 還元剤 2Cl⁻ ⟶ Cl₂ + 2e⁻
イオン反応式 MnO₂ + 4H⁺ + 2Cl⁻ ⟶ Mn²⁺ + 2H₂O + Cl₂
+) 2Cl⁻ 2Cl⁻ 両辺にたす
全反応式 MnO₂ + 4HCl ⟶ MnCl₂ + 2H₂O + Cl₂
酸化剤
還元剤

さらし粉と塩酸の反応は，塩素 Cl_2 を水に溶かしたときの反応式

$$Cl_2 + H_2O \rightleftarrows HCl + HClO \rightleftarrows 2H^+ + Cl^- + ClO^-$$

を逆にして，足りないイオンを足せば完成だ。

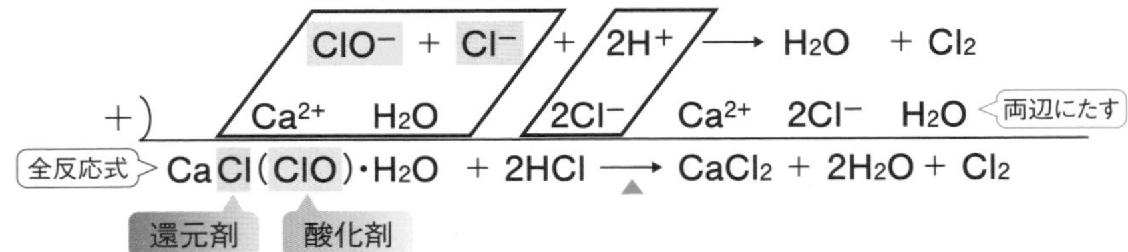
ClO⁻ + Cl⁻ + 2H⁺ → H₂O + Cl₂
+) Ca²⁺ H₂O 2Cl⁻ Ca²⁺ 2Cl⁻ H₂O
両辺にたす
全反応式 CaCl(ClO)·H₂O + 2HCl → CaCl₂ + 2H₂O + Cl₂
還元剤
酸化剤

次に，塩素の発生装置を見てもらおう。この反応は加熱が必要なので，丸底フラスコに入れて加熱するんだ。また，発生した塩素から不純物を除くために水と濃硫酸を入れた洗気びんに通すんだ。

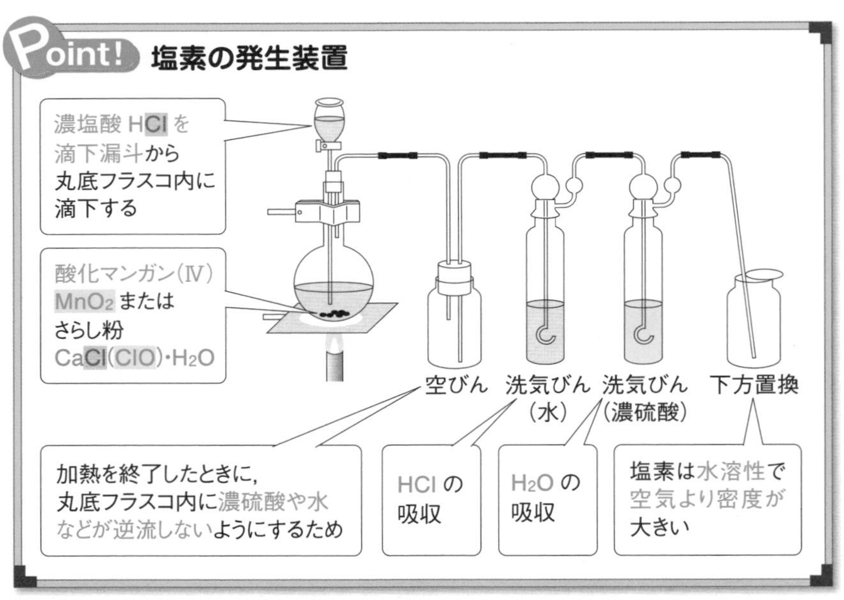
Point! 塩素の発生装置
濃塩酸 HCl を滴下漏斗から丸底フラスコ内に滴下する
酸化マンガン(Ⅳ) MnO₂ または さらし粉 CaCl(ClO)·H₂O
空びん
洗気びん（水）
洗気びん（濃硫酸）
下方置換
加熱を終了したときに，丸底フラスコ内に濃硫酸や水などが逆流しないようにするため
HCl の吸収
H₂O の吸収
塩素は水溶性で空気より密度が大きい

空びんは実験が終了して火を消したときに，洗気びんの中にある水や濃硫酸が丸底フラスコ内に逆流しないようにつけているんだよ。また，発生した塩素は水に少し溶け，空気より分子量が大きいよね（Cl_2

の分子量71に対して空気の平均分子量は29)。よって，空気より密度が大きく下のほうにたまるので**下方置換**にするんだ。

story 4 ハロゲン単体の性質

(1) 水素との反応

水素と塩素の混合気体に点火すると爆発するって聞いたんですけど，本当ですか?

そうなんだよ。水素と塩素を等モルずつ混合した気体に点火すると，すごい大きな音をたてて爆発するんだ。これはハロゲンの単体が酸化剤となる反応式だ。詳しく見てみよう。

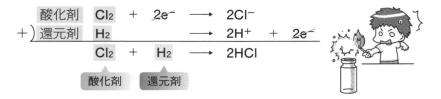

$$
\begin{array}{llcl}
\text{酸化剤} & Cl_2 + \cancel{2e^-} & \longrightarrow & 2Cl^- \\
+)\ \text{還元剤} & H_2 & \longrightarrow & 2H^+ + \cancel{2e^-} \\
\hline
 & Cl_2 + H_2 & \longrightarrow & 2HCl
\end{array}
$$

Cl_2：酸化剤　H_2：還元剤

ハロゲン単体の酸化力は周期表の上にいくほど強いから，水素との反応は上にいくほど爆発的になるんだ。

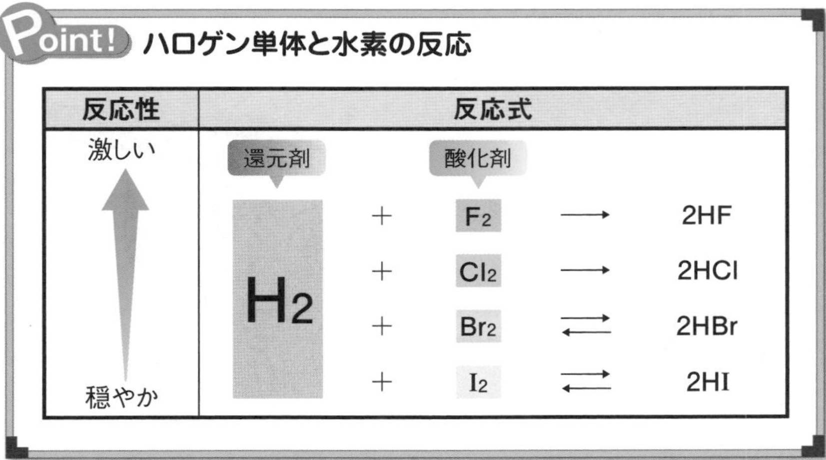

Point! ハロゲン単体と水素の反応

反応性	反応式
激しい	H_2（還元剤） + F_2（酸化剤） $\longrightarrow$ 2HF
↑	H_2 + Cl_2 $\longrightarrow$ 2HCl
	H_2 + Br_2 $\rightleftarrows$ 2HBr
穏やか	H_2 + I_2 $\rightleftarrows$ 2HI

フッ素はひょっとして水とも激しく反応しますか?

その通りなんだ。フッ素 F_2 は最強といっても良いくらいの酸化剤だから，水分子から電子を奪って酸素ガスを発生させるよ。

水の電気分解と同じ式

$$
\begin{array}{llcl}
\text{酸化剤} & 2F_2 + 4e^- & \longrightarrow & 4F^- \\
+)\ \text{還元剤} & 2H_2O & \longrightarrow & O_2 + 4H^+ + 4e^- \\
\hline
& 2F_2 + 2H_2O & \rightleftarrows & O_2 + 4HF
\end{array}
$$

$2F_2$：酸化剤　$2H_2O$：還元剤

酸化力は F_2 > O_2 なので，逆反応は起こらない!

塩素や臭素は水と一部反応するんだ。この反応は自己酸化還元反応で次のようになるよ。

$$
\underset{0}{Cl_2} + H_2O \rightleftarrows \underset{-1}{HCl} + \underset{+1}{HClO}
$$

酸化数：Cl_2 0，HCl −1，HClO +1

Cl_2：酸化剤・還元剤

HCl：塩酸（強酸）

HClO：次亜塩素酸〔強い酸化剤〕（弱酸）

生成した**次亜塩素酸は弱酸だけど，非常に強い酸化剤**なんだ。実際には，次亜塩素酸の中の次亜塩素酸イオン（ClO^-）が強い酸化剤となることから，多くの殺菌剤が作られているんだ。ハロゲン単体と水の反応をまとめると次の通りだよ。

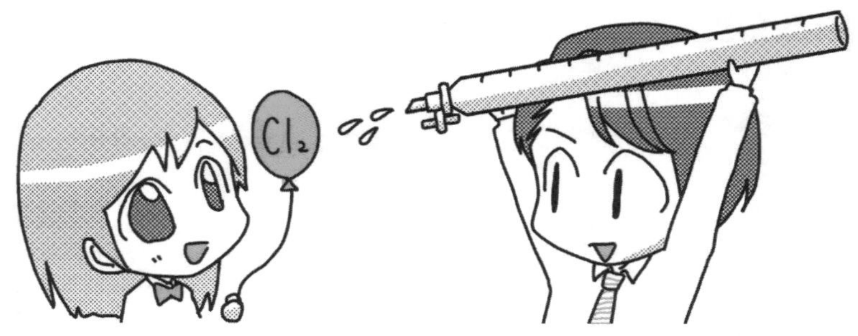
Cl2

Point! ハロゲン単体と水の反応

	水への溶解	水との反応式
F_2	非常によく溶ける（激しく反応）	$2F_2 + 2H_2O \longrightarrow 4HF + O_2$
Cl_2	一部溶ける	$Cl_2 + H_2O \rightleftarrows HCl + HClO$ HCl：塩酸（強酸） HClO：次亜塩素酸〔強い酸化剤〕（弱酸）
Br_2	↑	$Br_2 + H_2O \rightleftarrows HBr + HBrO$
I_2	ほとんど溶けない	$I_2 + H_2O \rightleftarrows HI + HIO$

(2) 水との反応

カルキはさらし粉のことだよ。
1

① さらし粉

殺菌剤として有名なものに，さらし粉 $CaCl(ClO)\cdot H_2O$ があるよ。さらし粉は電離により生じる次亜塩素酸イオンが強い酸化剤として作用するため，プールの消毒や酸化漂白剤として使われているんだ。

● さらし粉の電離

$$CaCl(ClO)\cdot H_2O \rightleftarrows Ca^{2+} + Cl^- + ClO^- + H_2O$$

酸化剤　$ClO^- + 2H^+ + 2e^- \longrightarrow Cl^- + H_2O$

②さらし粉の製法

さらし粉は消石灰 $Ca(OH)_2$ に塩素 Cl_2 を作用させてできるんだ。反応式は意外とシンプルだよ。

$$\underset{\text{消石灰}}{Ca(OH)_2} + \underset{\text{塩素}}{Cl_2} \longrightarrow \underset{\text{さらし粉}}{CaCl(ClO)\cdot H_2O}$$

物質の状態と気体
固体の構造
溶液
熱化学
電池と電気分解
反応速度と平衡
非金属元素
金属元素の単体と化合物
遷移元素の単体と化合物

また，酸化剤である次亜塩素酸イオン ClO^- の割合を高めた高度さらし粉 $Ca(ClO)_2 \cdot H_2O$ もあるから覚えておいてね。

(3) ヨウ素の溶解

ヨウ素は水に溶けないのに，ヨウ素溶液というのを中学校で使った覚えがあるんですけど。

いいことを思い出したね。それは緑色の葉が光合成により合成したデンプンを，ヨウ素デンプン反応で確認する実験だね。このときに使うヨウ素溶液は確かに水溶液なんだよ。順を追って話そうね。

ヨウ素 I_2 は無極性分子だから極性の小さい溶媒であるヘキサン C_6H_{14} や四塩化炭素 CCl_4，ベンゼン C_6H_6 などの有機溶媒に溶けるんだ。また，極性が中程度のエタノール C_2H_5OH のような有機溶媒にも溶けるんだが，**極性が非常に強い水には溶けない**んだ。**水はイオンなどの極性の強い物質はよく溶かすんだけど，無極性の物質はなかなか溶かさない**からね。

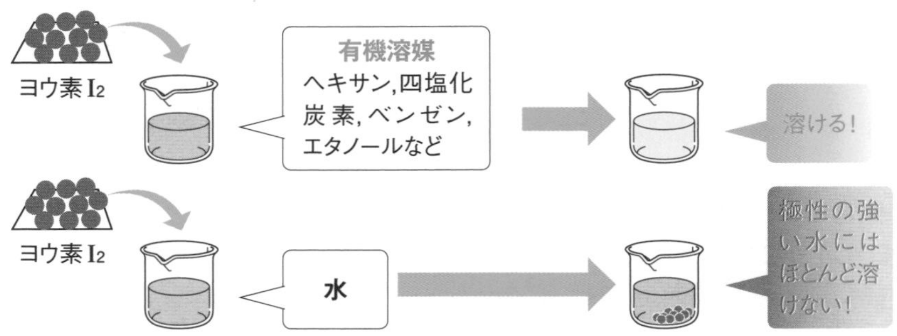

ヨウ素 I2
有機溶媒
ヘキサン,四塩化炭素,ベンゼン,エタノールなど
溶ける!
ヨウ素 I2
水
極性の強い水にはほとんど溶けない!

ところが，ヨウ化カリウム KI を溶かした水の中では，次の反応により**三(さん)ヨウ化物(かぶつ)イオン** I_3^- を生成して溶解するんだ。

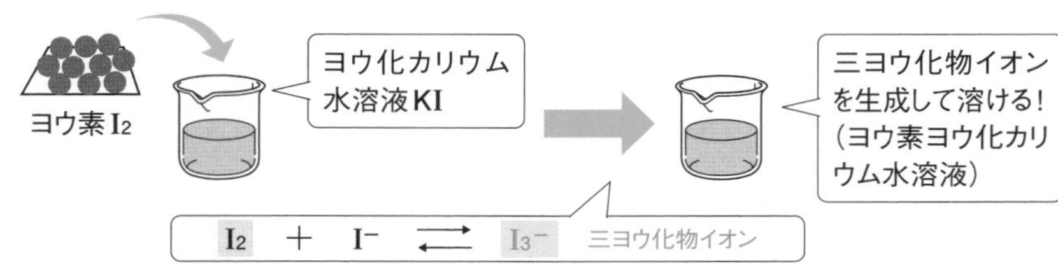
ヨウ素 I_2
ヨウ化カリウム
水溶液KI
三ヨウ化物イオン
を生成して溶ける！
（ヨウ素ヨウ化カリ
ウム水溶液）
$I_2 + I^- \rightleftarrows I_3^-$ 三ヨウ化物イオン

この方法で生成したヨウ素ヨウ化カリウム水溶液とデンプンを反応させると，ヨウ素がデンプンを構成する分子であるアミロースやアミロペクチンなどのらせん構造の中に取り込まれるんだ。その際に，ヨウ素とデンプンの分子の間に弱い結合が生じて，その結合が赤色の光や黄色の光を吸収するために青紫色に見えるというのが，有名な**ヨウ素デンプン反応**なんだよ。

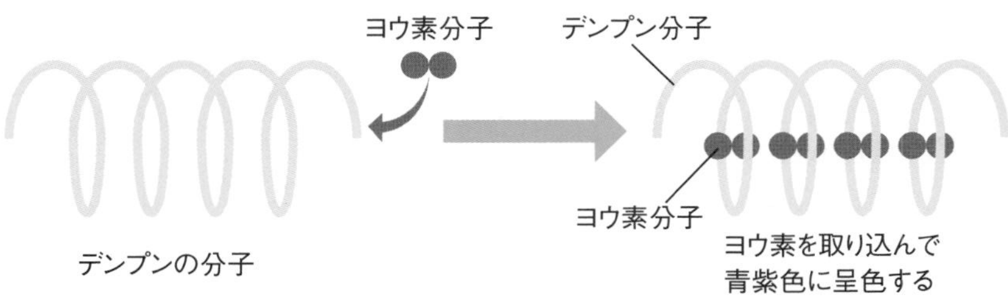
ヨウ素分子
デンプン分子
ヨウ素分子
デンプンの分子
ヨウ素を取り込んで
青紫色に呈色する

▲ ヨウ素デンプン反応

確認問題

1　ハロゲン単体のうち，常温常圧で気体のものをすべて分子式で書け。

2　ハロゲン単体のうち，最も分子間力の小さいものを分子式で書け。

3　次のハロゲン単体の色を答えよ。
(1)　F_2　(2)　Cl_2　(3)　Br_2　(4)　I_2

4　ハロゲン単体のうち，最も小さな分子を分子式で答えよ。

5　次のハロゲン単体の中から，最も酸化力が弱いものを選べ。
①F_2　②Cl_2　③Br_2　④I_2

6　次の反応式の中から，実際に反応が起こるものをすべて選べ。
① $Cl_2 + 2F^- \longrightarrow 2Cl^- + F_2$
② $Cl_2 + 2Br^- \longrightarrow 2Cl^- + Br_2$
③ $Br_2 + 2Cl^- \longrightarrow 2Br^- + Cl_2$
④ $I_2 + 2F^- \longrightarrow 2I^- + F_2$

7　次の物質の中から，濃塩酸と反応して塩素を発生するものをすべて選べ。
①$KMnO_4$　②MnO_2　③$MnCl_2$
④MnO　⑤さらし粉　⑥臭素
⑦Cr_2O_3　⑧$NaCl$

解答

1　F_2，Cl_2

2　F_2

3
(1)　淡黄色
(2)　黄緑色
(3)　赤褐色
(4)　黒紫色（暗紫色）

4　F_2

5　④

6　②

7　①②⑤

8　濃塩酸を使って塩素を発生させる実験装置で，発生させた気体を次の洗気びんで洗浄する際，どの順序で通すか答えよ。
①濃硫酸を入れた洗気びん
②水を入れた洗気びん

解答 ②→①

9　次のハロゲン単体の中から，水素と最も激しく反応するものを選べ。
①フッ素　②塩素　③臭素　④ヨウ素

解答 ①

10　フッ素と水の化学変化を化学反応式で表せ。

解答 $2F_2 + 2H_2O \longrightarrow 4HF + O_2$

11　水に溶けた塩素の一部が水と反応する化学変化を化学反応式で表せ。

解答 $Cl_2 + H_2O \rightleftarrows HCl + HClO$

12　塩素と消石灰からさらし粉が生成する反応式を表せ。

解答 $Cl_2 + Ca(OH)_2 \longrightarrow CaCl(ClO) \cdot H_2O$

13　次の中から，ヨウ素をよく溶かすことのできる溶媒をすべて選べ。
①ヘキサン　②ベンゼン　③水
④四塩化炭素　⑤ヨウ化カリウム水溶液

解答 ①②④⑤

ハロゲンって
おもしろ～い!

第18章 ハロゲン化合物の性質

せんせい、すっぱいものが上がってくる感じなんです
それは塩酸ですね！

▶胃酸は塩酸が主成分である。

story 1 ハロゲン化水素

(1) ハロゲン化水素の水溶液

塩酸って液体なのに，塩化水素は気体なんですか?

その通りなんだよ。塩酸はよく耳にする酸だけど，胃の中にもある強酸で，**塩化水素**という気体を水に溶かしたものなんだ。

ハロゲン化水素は，25℃，大気圧下ではすべてが気体で，すべてが水によく溶けるんだよ。水に溶かした水溶液は「**ハロゲン化水素酸**(かすいそさん)」とよばれているんだ。具体的にいえば，HF の水溶液を**フッ化水素酸**，HBr の水溶液を**臭化水素酸**，HI の水溶液を**ヨウ化水素酸**という具合だ。でも HF と HCl の水溶液だけは一般に**フッ酸**，**塩酸**とよぶから注意だね。

(2) フッ化水素酸とガラスの反応

フッ化水素酸は弱酸なのに，こわい酸なんですか？

めちゃくちゃ危険だよ。HF は酸としては弱いけど，小さな分子で**多くの元素と反応する**んだ。HF を扱うことは少ないと思うけど，もし扱うときには，換気のよい場所で必ずゴム手袋をはめて，保護眼鏡をして扱ってもらいたいね。もし，高濃度のフッ化水素酸が皮膚(ひふ)についたら，激痛とともに組織がやられてしまうからね。この恐ろしいフッ化水素酸の反応として有名なのは反応性の低い**ガラスとの反応**なんだ。ガラスの主成分である二酸化ケイ素 SiO_2 と次のように反応するんだ。

$$SiO_2 + 6HF \longrightarrow H_2SiF_6 + 2H_2O$$

生成したヘキサフルオロケイ酸 H_2SiF_6 は強酸で，フッ化水素酸中に溶けていくので，どんどんガラスの溶解が進行するんだ。

フッ化水素酸はガラスを溶かしてしまうので，多くの化学実験で使うガラスの試験管やガラスの容器が使えないんだ。よって，**フッ化水素酸の保存にはポリエチレンの容器を使う**んだ。

フッ化水素酸をガラスのビーカーに入れたら，ガラスが溶けて曇りガラスになっちゃった！

フッ化水素酸はガラスを溶かしてしまうからポリエチレンの容器に保存するんだよ！

(3) 塩化水素の製法

塩化水素を得るには，どうしたらいいのですか?

一番有名なものは食塩に濃硫酸を加えて加熱する方法だよ。反応を説明すると，市販の濃硫酸は95％以上が硫酸 H_2SO_4 で水をほとんど含んでいないため，あまり電離していないんだ。そこにイオン結晶である食塩を入れて加熱すると，気体の塩化水素 HCl が発生するんだ。

$$
\begin{array}{lcl}
 & NaCl \longrightarrow Na^+ + Cl^- \\
+) & H_2SO_4 \longrightarrow HSO_4^- + H^+ \\
\hline
 & NaCl + H_2SO_4 \xrightarrow{\triangle} NaHSO_4 + HCl\uparrow
\end{array}
$$

HClは揮発性

HCl は気体だから加熱するとすぐに気体になってしまうというわけなんだ。加熱するために，発生装置は次のようになるよ。

Point! 塩化水素の発生装置

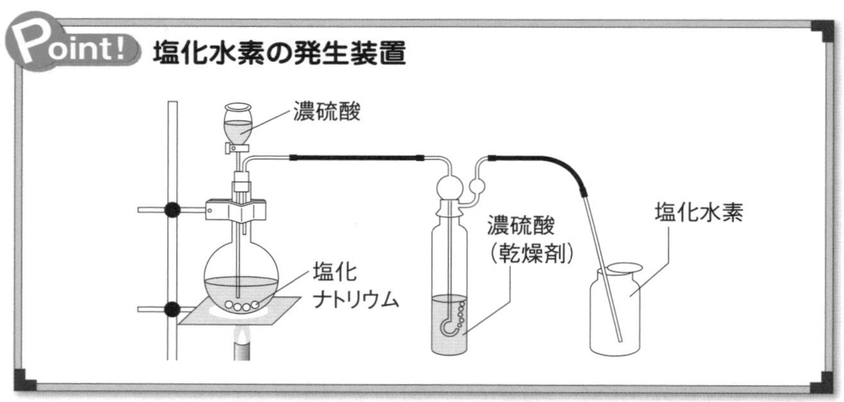
濃硫酸
塩化
ナトリウム
濃硫酸
（乾燥剤）
塩化水素

発生した塩化水素 HCl はアンモニア NH_3 と混合して白煙で確認したりするよ。

$NH_3 + HCl \longrightarrow NH_4Cl$（空気中に微小な結晶ができ白煙となる）

story 2　塩素のオキソ酸

塩素のオキソ酸の名称

～塩素酸っていう名前の酸がいっぱいあって覚えられないんですが，何かコツがありますか？

塩素のオキソ酸の名前は簡単だよ。酸素の入った酸をオキソ酸というのだけど，塩素のオキソ酸は４種類あるんだ。一番重要なのは，ズバリ“**塩素酸**(えんそさん) **$HClO_3$**”の化学式を覚えることだよ。オキソ酸の名称はルールも教えよう。

次亜～酸	亜～酸	～酸	過～酸
HXO_{n-2}	HXO_{n-1}	HXO_n	HXO_{n+1}

（X：ハロゲン元素）

実際に塩素酸の仲間で命名してみると，次の通りだよ。

次亜塩素酸	亜塩素酸	塩素酸	過塩素酸
$HClO$	$HClO_2$	$HClO_3$	$HClO_4$

Point!　塩素のオキソ酸

	次亜塩素酸	亜塩素酸	塩素酸	過塩素酸
化学式	$HClO$	$HClO_2$	$HClO_3$	$HClO_4$
構造	HO–Cl	HO–Cl=O	HO–Cl(=O)=O	HO–Cl(=O)(=O)=O
Clの酸化数	+1	+3	+5	+7
酸の強さ	$HClO$	< $HClO_2$	< $HClO_3$	< $HClO_4$ （強い→）
酸化剤としての反応速度（常温）	$HClO$ （←速い）	> $HClO_2$	> $HClO_3$	> $HClO_4$

story 3 ハロゲン化銀

塩化銀は沈殿するって習いましたが，フッ化銀も臭化銀もヨウ化銀も沈殿しますか?

そうだね，ハロゲン化銀の中でも唯一フッ化銀は水に溶解するよ。色と溶解性をまとめておいたよ。

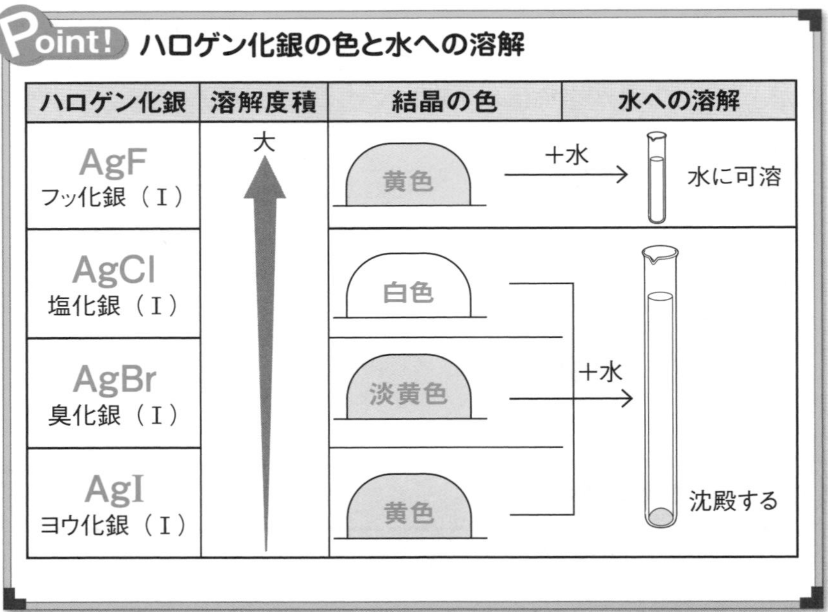

Point! ハロゲン化銀の色と水への溶解

ハロゲン化銀	溶解度積	結晶の色	水への溶解
AgF フッ化銀（I）	大	黄色	＋水 → 水に可溶
AgCl 塩化銀（I）	↑	白色	＋水 → 沈殿する
AgBr 臭化銀（I）	↑	淡黄色	＋水 → 沈殿する
AgI ヨウ化銀（I）	↑	黄色	＋水 → 沈殿する

ハロゲン化銀(Ⅰ)にアンモニア NH_3 水を加えると錯イオンをつくって溶ける傾向があるけど，一番沈殿しやすい**ヨウ化銀(Ⅰ)AgIは溶けない**から注意だよ。ところが，チオ硫酸ナトリウム $Na_2S_2O_3$ は錯イオンをつくる力がアンモニア NH_3 より強いため，すべてのハロゲン化銀を溶かすことができるんだ。

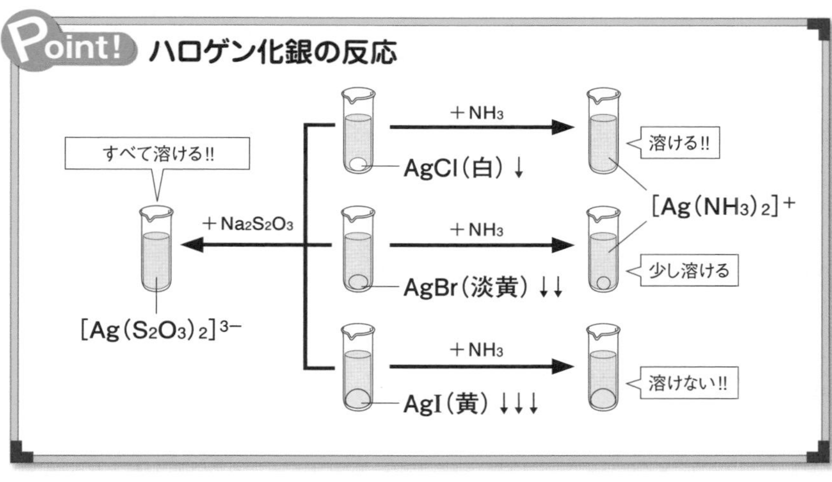
Point! ハロゲン化銀の反応
すべて溶ける!!
＋$Na_2S_2O_3$
$[Ag(S_2O_3)_2]^{3-}$
＋NH_3
AgCl(白)↓
溶ける!!
$[Ag(NH_3)_2]^+$
＋NH_3
AgBr(淡黄)↓↓
少し溶ける
＋NH_3
AgI(黄)↓↓↓
溶けない!!

どうやって溶かすか！
それが重要ね！

確認問題

1　次のハロゲン化水素の水溶液の中から，弱酸であるものをすべて選べ。
①HF　②HCl　③HBr　④HI

解答：①

2　次のハロゲン化水素の水溶液の中で，最も強い酸を選べ。
①HF　②HCl　③HBr　④HI

解答：④

3　次のハロゲン化水素を沸点の高いほうから順に並べよ。
①HF　②HCl　③HBr　④HI

解答：①④③②

4　ガラスの主成分である二酸化ケイ素とフッ化水素酸の反応を化学反応式で表せ。

解答：$SiO_2 + 6HF \longrightarrow H_2SiF_6 + 2H_2O$

5　H_2SiF_6 の名称を答えよ。

解答：ヘキサフルオロケイ酸

6　次の塩素のオキソ酸の中で，最も強い酸を選べ。
①HClO　②$HClO_2$
③$HClO_3$　④$HClO_4$

解答：④

7　塩素のオキソ酸の中から，塩素の酸化数が最も高いものを選び，化学式で書け。

解答：$HClO_4$

8　次のハロゲン化銀の中から，水に可溶なものをすべて選べ。
①AgF　②AgCl　③AgBr　④AgI

解答：①

9 次のハロゲン化銀の中から，アンモニア水にほとんど溶けないものを１つ選べ。
① **AgF** ② **AgCl** ③ **AgBr** ④ **AgI**

10 臭化銀（I）**AgBr** の色を答えよ。

11 塩化銀（I）**AgCl** がアンモニア水に溶解するときの化学変化を化学反応式で表せ。

12 塩化銀がチオ硫酸ナトリウムに溶解するときの化学変化を化学反応式で表せ。

解答

9. ④
10. 淡黄色
11. $AgCl + 2NH_3 \longrightarrow [Ag(NH_3)_2]Cl$
12. $AgCl + 2Na_2S_2O_3 \longrightarrow Na_3[Ag(S_2O_3)_2] + NaCl$

これでハロゲンは
完璧！

物質の状態と気体　固体の構造　溶液　熱化学　電池と電気分解　反応速度と平衡　非金属元素　金属元素の単体と化合物　遷移元素の単体と化合物

第
19
章

酸素とその化合物

はさみで切ったから
過酸化水素で消毒しなくちゃ
まずは過酸化水素で脱色しましょうね！
過酸化水素でカラーリングお願いします！
H2O2

▶ 過酸化水素は強い酸化剤で，髪のメラニン色素を脱色するだけでなく，染色液を酸化して発色するのにも使われる。

story 1 オゾン

オゾンって体によさそうだから，たくさん吸ったほうがいいですか?

何をアホなことをいっているの。オゾン O_3 は**非常に強い酸化剤で有毒な物質**だから吸ったらダメだよ！　だいたい，大気中のオゾン濃度が増加すると**光化学スモッグ**（こうかがく）になるといわれているんだよ。酸化剤としての半反応式を確認してね。

酸化剤　$O_3 + H_2O + 2e^- \longrightarrow 2OH^- + O_2$　（中性〜塩基性溶液中）
酸化剤　$O_3 + 2H^+ + 2e^- \longrightarrow H_2O + O_2$　（酸性溶液中）

オゾン O_3 はこの**強い酸化力**のため，さまざまなものを**酸化殺菌**（さんかさっきん）するのに利用されているんだ。水道水の殺菌には，通常塩素を使っているけど，最近では O_3 を使っている浄水場もあるんだ。また，O_3 は臭(にお)いのもとになる物質も簡単に酸化してしまうので，**脱臭剤**(だっしゅうざい)としても広く利用されているんだ。また，酸化力はヨウ素よりも強いから，O_3 をヨウ化カリウム水溶液に通すと，**ヨウ化カリウム中のヨウ化物イオンを酸化して**，**ヨウ素が遊離する**よ。

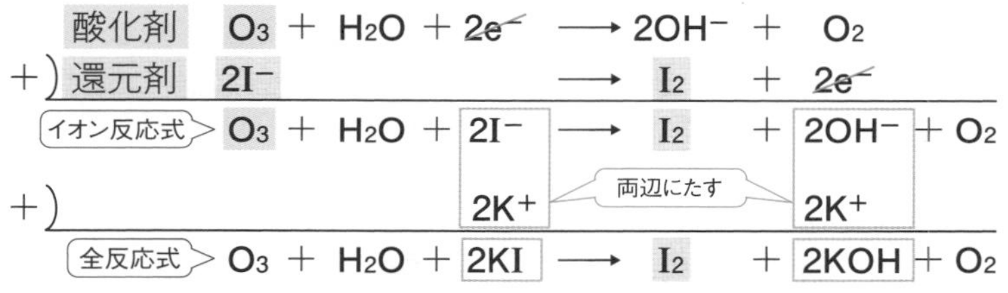

酸化剤 $O_3 + H_2O + 2e^- \longrightarrow 2OH^- + O_2$
+) 還元剤 $2I^- \longrightarrow I_2 + 2e^-$
イオン反応式 $O_3 + H_2O + 2I^- \longrightarrow I_2 + 2OH^- + O_2$
両辺にたす
+) $2K^+$ $2K^+$
全反応式 $O_3 + H_2O + 2KI \longrightarrow I_2 + 2KOH + O_2$

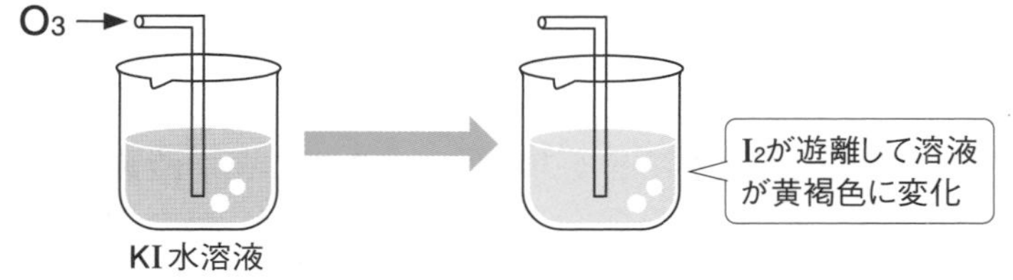

O_3
KI 水溶液
I_2が遊離して溶液が黄褐色に変化

▲ **ヨウ化カリウム水溶液とオゾンの反応**

O_3
水で湿らせたヨウ化カリウムデンプン紙（KI ＋ デンプン）
I_2が遊離してデンプンに取り込まれて青紫色に変化する

▲ **ヨウ化カリウムデンプン紙とオゾンの反応**

オゾンは気体だから，殺菌剤や脱臭剤として使うときには，ボンベが普通ですか?

それが違うんだ。O_3 の便利なところはボンベがいらないことなんだよ。電気さえあればその場でつくれるんだ。空気中の酸素に対して空気中で放電するだけで発生させられるんだ。

$$3O_2 \xrightarrow[\text{または紫外線}]{\text{空気中で放電}} 2O_3$$

実際に O_3 を発生させるときは，あまり電流が流れず，音がしないように高電圧をかけて放電させるんだ。これを**無声放電**（むせいほうでん）というよ。コンセントのある場所ならどこでも簡単に O_3 を発生させられるんだ。業務用から家庭で使用できるものまで，いろいろなオゾン脱臭装置が販売されているけれど，どれもボンベは必要ないんだよ。

お姉ちゃんが靴の脱臭装置をもっていた！ 確かオゾン脱臭って，言ってた！

酸素から O_3 を発生させる方法は他にもあって，**酸素に紫外線**を浴びせてもいいんだ。大気の上空は紫外線が強いから，地上より多く酸素から O_3 が生成されているんだ。地上から30km程度の上空には比較的 O_3 濃度が高い**オゾン層**（そう）があり，太陽からの有害な紫外線を吸収しているのは知っている人も多いよね。

あと，O_3 は**淡青色**（たんせいしょく）の気体で，少量であっても生臭い（なまぐさい）**特異臭**（とくいしゅう）がするんだ。分子は二等辺三角形（**折れ線形**）をしているよ。基本的なことは覚えておいてね。

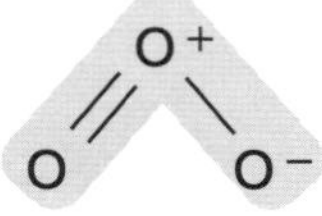

O^+
O
O^-

オゾンはブーメラン形の分子で，特異臭がする淡青色の気体だよ！

story 2 過酸化水素

消毒薬のオキシドールって，何でできているんですか?

オキシドールは過酸化水素の水溶液のことなんだ。市販のものは３％程度の濃度なんだよ。過酸化水素 H_2O_2 も非常に強い酸化剤で，３％の濃度でも十分，殺菌が可能なくらい強力なんだ。酸化剤としての半反応式は次の通りだよ。

酸化剤　$H_2O_2 + 2H^+ + 2e^- \longrightarrow 2H_2O$　（酸性）

酸化剤　$H_2O_2 + 2e^- \longrightarrow 2OH^-$　（中性～塩基性）

過酸化水素水も，O_3 と同様にヨウ化カリウムデンプン紙と反応するんだ。

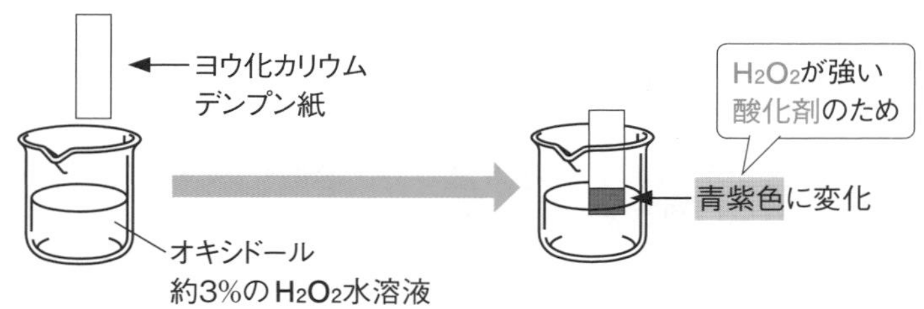

ヨウ化カリウム
デンプン紙
オキシドール
約3%のH_2O_2水溶液
H_2O_2が強い
酸化剤のため
青紫色に変化

ヨウ化カリウムデンプン紙は相手が気体でも液体でも，酸化剤をチェックできることがよくわかったでしょう。

100%の過酸化水素水は，売ってないんですか?

過酸化水素は非常に強い酸化剤なだけでなく，**自己酸化還元反応**を起こすんだ。反応式は次の通りだよ。

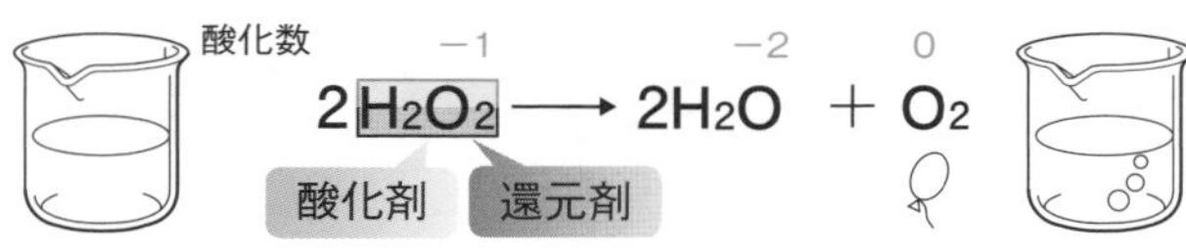

酸化数
−1
−2
0
$2H_2O_2 \longrightarrow 2H_2O + O_2$
酸化剤
還元剤

物質の状態と気体　固体の構造　溶液　熱化学　電池と電気分解　反応速度と平衡　非金属元素　金属元素の単体と化合物　遷移元素の単体と化合物

この反応の**触媒**(しょくばい)は**酸化マンガン（Ⅳ）MnO_2**，**鉄（Ⅲ）イオンFe^{3+}**，**カタラーゼ**（**酵素**）が有名だけど，もし，過酸化水素に触媒が少量でも混入したら，この反応により酸素が大量に発生して容器が爆発する危険があるんだ。

６％を超える過酸化水素水は劇物に指定されているくらいで，高濃度試薬でも約30％程度のものなんだ。いかに，危険な試薬なのかというのがわかるね。

傷口の消毒にオキシドールを使ったら，泡が出てきた！
それは血中にあるカタラーゼという酵素が，過酸化水素の自己酸化還元反応を促進させたためだよ。泡の正体は酸素だね！

story 3　酸素の製法

実験室で酸素を得る方法って，過酸化水素の自己酸化還元反応以外にありますか？

そうだね，過酸化水素の自己酸化還元反応が一般的なんだけど，他にも塩素酸カリウム$KClO_3$の自己分解も有名なんだ。どちらの反応も**酸化マンガン（Ⅳ）MnO_2が触媒**になるから，よく覚えておいてね。塩素酸カリウムの自己分解の場合は，固体の塩素酸カリウムと固体の酸化マンガン（Ⅳ）を混ぜて加熱するよ。

MnO_2は触媒になるのね！
MnO_2

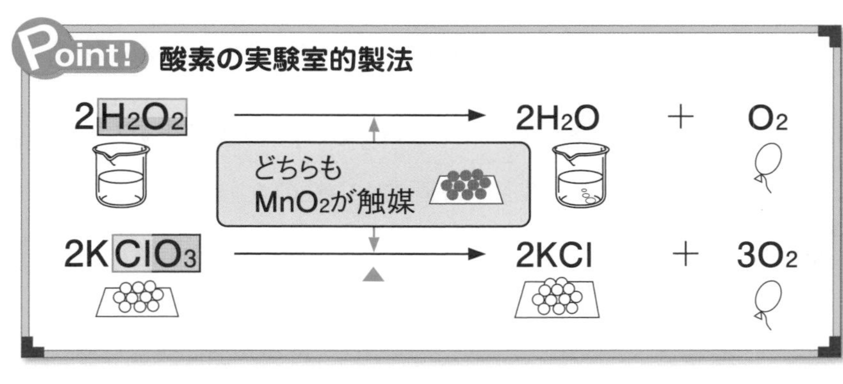
Point! 酸素の実験室的製法
2H2O2
2H2O
+
O2
どちらも
MnO2が触媒
2KClO3
2KCl
+
3O2

酸素は水に溶けないから，水上置換で集めるよ。過酸化水素水と酸化マンガン(Ⅳ)MnO_2 を使った簡単な実験装置は次の通りだよ。

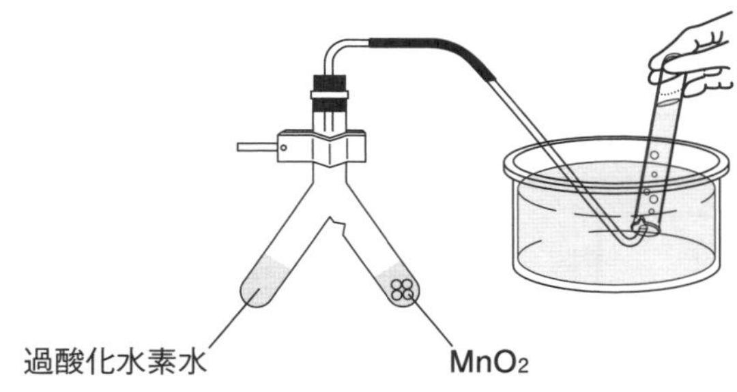
過酸化水素水
MnO2

▲ **酸素の発生装置**

ぶく
ぶく
H2O2の入った漂白剤から泡が
出ていたのは，O2だったのね。

story 4 酸化物とオキソ酸

酸化物って色々な種類があって混乱してます。

そうか，酸性，塩基性，両性，中性の4 種類しかないから頑張ってね。

水との反応も分かると面白いよ。酸性酸化物は水と反応するとオキソ酸に，両性酸化物は水と反応すると両性水酸化物に，塩基性酸化物は金属酸化物（アレニウスの定義でいう塩基）になるんだ。

Point! 酸化物の分類

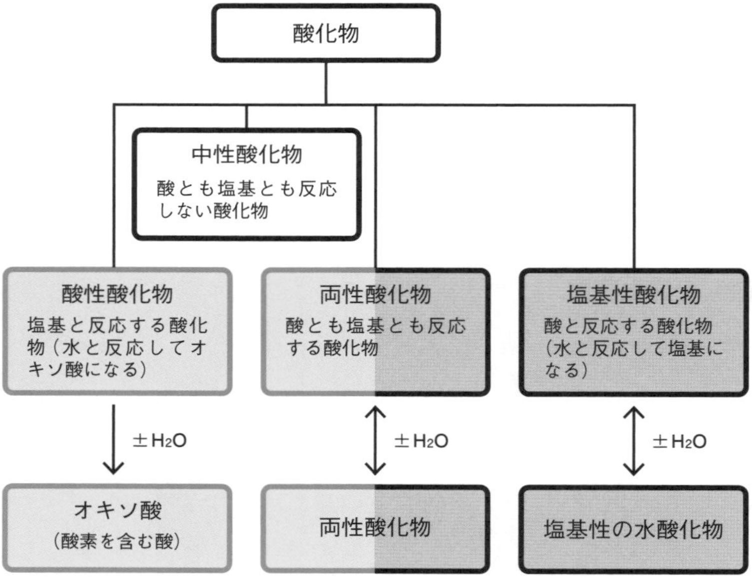

酸化物

- 中性酸化物：酸とも塩基とも反応しない酸化物
- 酸性酸化物：塩基と反応する酸化物（水と反応してオキソ酸になる）
  - ↓ $\pm H_2O$
  - オキソ酸（酸素を含む酸）
- 両性酸化物：酸とも塩基とも反応する酸化物
  - ↕ $\pm H_2O$
  - 両性酸化物
- 塩基性酸化物：酸と反応する酸化物（水と反応して塩基になる）
  - ↕ $\pm H_2O$
  - 塩基性の水酸化物

酸性酸化物は塩基と反応するし，塩基性酸化物は酸と反応するけど，両生酸化物は酸とも塩基とも反応するからね。こちらもチェックしてみて。

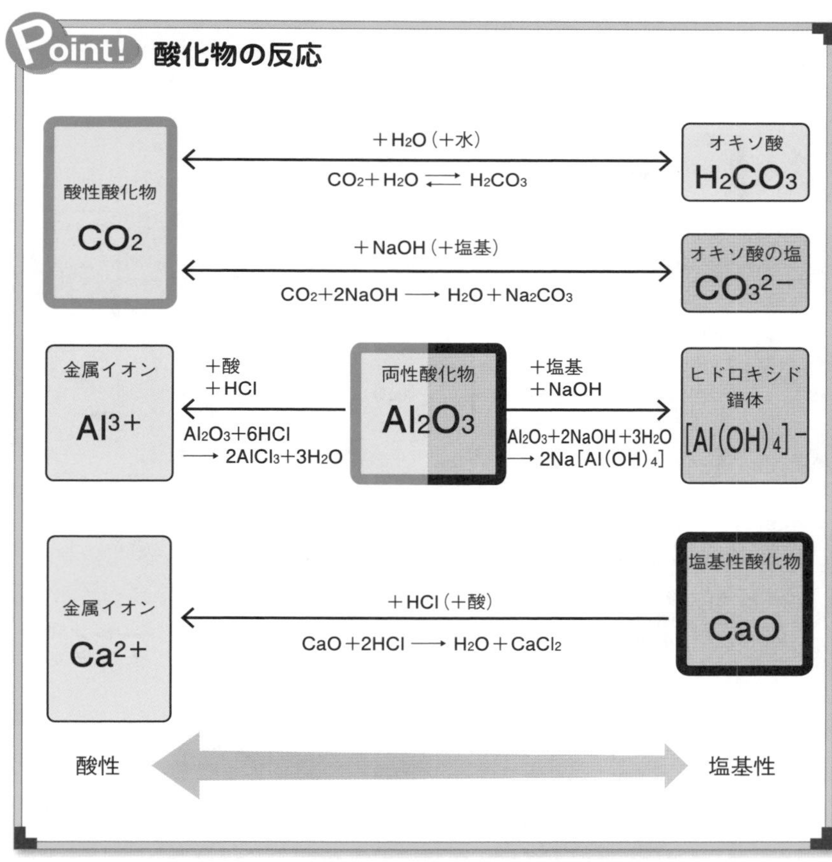

Point! 酸化物の反応
酸性酸化物
CO_2
＋H_2O（＋水）
CO_2＋H_2O ⇄ H_2CO_3
オキソ酸
H_2CO_3
＋NaOH（＋塩基）
CO_2＋2NaOH ⟶ H_2O＋Na_2CO_3
オキソ酸の塩
CO_3^{2-}
金属イオン
Al^{3+}
＋酸
＋HCl
Al_2O_3＋6HCl
⟶ $2AlCl_3$＋$3H_2O$
両性酸化物
Al_2O_3
＋塩基
＋NaOH
Al_2O_3＋2NaOH＋$3H_2O$
⟶ 2Na[$Al(OH)_4$]
ヒドロキシド錯体
$[Al(OH)_4]^-$
金属イオン
Ca^{2+}
＋HCl（＋酸）
CaO＋2HCl ⟶ H_2O＋$CaCl_2$
塩基性酸化物
CaO
酸性
塩基性

さらに周期表では，左側の１族，２族などの酸化物の多くは塩基性酸化物になり，遷移元素などは酸化数によって異なるけど両性酸化物になることが多いよ。右側の元素は非金属なので酸性酸化物となるんだ。中性酸化物は N_2O，NO，CO くらいしかないから簡単だよ。

Point! 酸化物と周期表

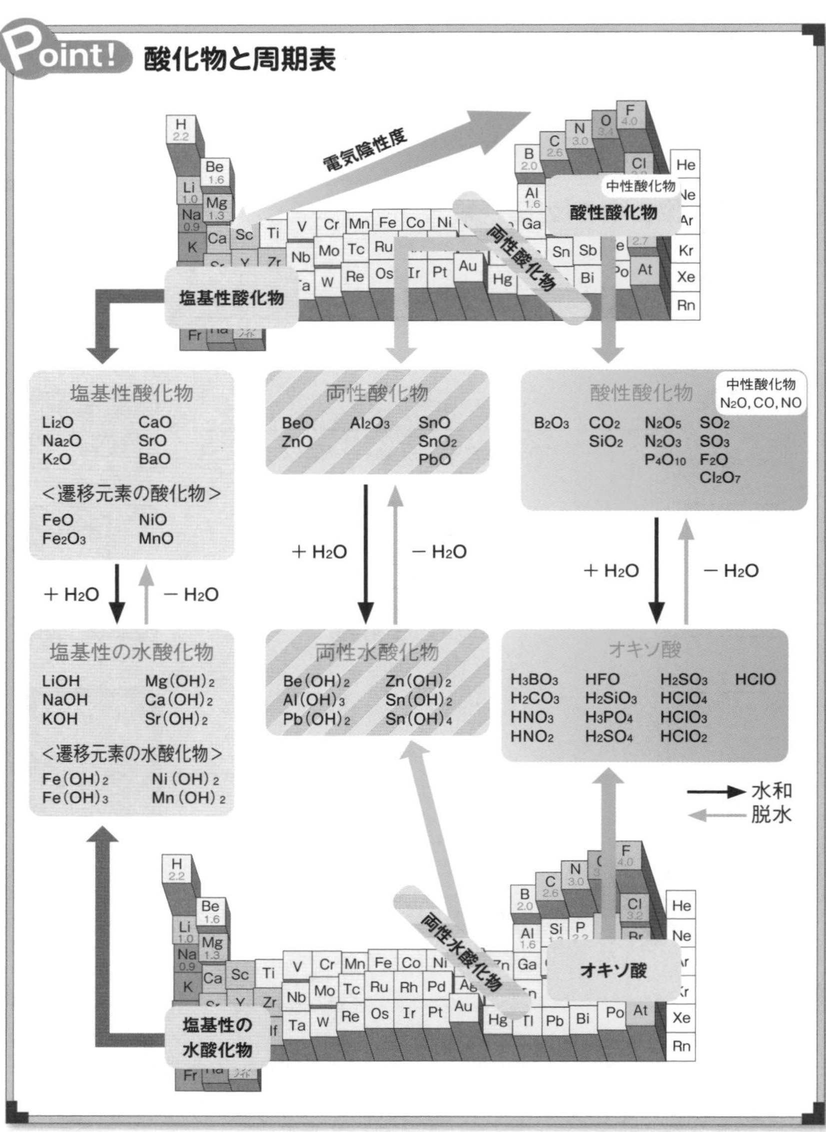

電気陰性度
中性酸化物
酸性酸化物
両性酸化物
塩基性酸化物
塩基性酸化物
Li_2O CaO
Na_2O SrO
K_2O BaO
<遷移元素の酸化物>
FeO NiO
Fe_2O_3 MnO
両性酸化物
BeO Al_2O_3 SnO
ZnO SnO_2
PbO
酸性酸化物
中性酸化物
N_2O, CO, NO
B_2O_3 CO_2 N_2O_5 SO_2
SiO_2 N_2O_3 SO_3
P_4O_{10} F_2O
Cl_2O_7
$+H_2O$
$-H_2O$
塩基性の水酸化物
LiOH $Mg(OH)_2$
NaOH $Ca(OH)_2$
KOH $Sr(OH)_2$
<遷移元素の水酸化物>
$Fe(OH)_2$ $Ni(OH)_2$
$Fe(OH)_3$ $Mn(OH)_2$
両性水酸化物
$Be(OH)_2$ $Zn(OH)_2$
$Al(OH)_3$ $Sn(OH)_2$
$Pb(OH)_2$ $Sn(OH)_4$
オキソ酸
H_3BO_3 HFO H_2SO_3 HClO
H_2CO_3 H_2SiO_3 $HClO_4$
HNO_3 H_3PO_4 $HClO_3$
HNO_2 H_2SO_4 $HClO_2$
水和
脱水
両性水酸化物
オキソ酸
塩基性の水酸化物

酸素を含む酸を**オキソ酸**というけど，多くは酸性酸化物が水と反応してできるんだ。また，オキソ酸は酸素の数が多いほど（中心原子の酸化数が大きいほど）強くなるよ。

Point! オキソ酸と酸性の強さ

オキソ酸	分子式	Cl の酸化数	酸の強さ
過塩素酸	$HClO_4$	＋7	強 ↑
塩素酸	$HClO_3$	＋5	
亜塩素酸	$HClO_2$	＋3	
次亜塩素酸	$HClO$	＋1	弱

オキソ酸	分子式	P の酸化数	酸の強さ
リン酸	H_3PO_4	＋5	中 ↑
亜リン酸	H_3PO_3	＋3	弱

オキソ酸	分子式	S の酸化数	酸の強さ
硫酸	H_2SO_4	＋6	強 ↑
亜硫酸	H_2SO_3	＋4	弱

オキソ酸	分子式	N の酸化数	酸の強さ
硝酸	HNO_3	＋5	強 ↑
亜硫酸	HNO_2	＋3	弱

有名なオキソ酸って意外と少ないんだ！
整理して覚えたら簡単ね！

確認問題

解答

1　酸素からオゾンをつくるための方法として正しいものをすべて選べ。
① 無声放電を行う。
② 紫外線を当てる。
③ 赤外線を当てる。
④ 加熱した酸化マンガン(Ⅳ)と反応させる。

①②

2　オゾンの気体の色とオゾンの分子の形を答えよ。

淡青色，二等辺三角形(折れ線形)

3　オゾンとヨウ化カリウムの反応では，オゾンは酸化剤，還元剤のどちらとして働くか。

酸化剤

4　オゾンは何に利用されているか。次の中からあてはまるものをすべて選べ。
① 殺菌剤　② 消炎剤　③ 芳香剤
④ 脱臭剤　⑤ 消化剤

①④

5　オゾンはどのような臭いがするか答えよ。

特異臭

6　過酸化水素が自己分解するときの化学変化を化学反応式で表せ。

$2H_2O_2 \longrightarrow 2H_2O + O_2$

7　過酸化水素が自己分解するときに使える触媒を次の中からすべて選べ。
① Fe^{2+}　② Fe^{3+}　③ MnO_2　④ アミラーゼ
⑤ カタラーゼ　⑥ インベルターゼ

②③⑤

8　塩素酸カリウムと酸化マンガン(Ⅳ)の混合物を加熱したときの化学反応式を示せ。

$2KClO_3 \longrightarrow 2KCl + 3O_2$

9 次の酸化物の中から，塩基性酸化物をすべて選べ。
① Li_2O　② SO_2　③ Al_2O_3
④ FeO　⑤ ZnO

10 次の酸化物の中から，両性酸化物をすべて選べ。
① Na_2O　② NO_2　③ Al_2O_3
④ SnO　⑤ ZnO

11 次の酸化物の中から，中性酸化物をすべて選べ。
① MgO　② NO　③ CO
④ SO_3　⑤ SO_2

12 次の酸化物の中から，酸性酸化物をすべて選べ。
① BeO　② B_2O_3　③ CO_2
④ SO_2　⑤ N_2O_5

13 酸性酸化物を水和して生成する酸は何か。

14 オキソ酸を脱水してできる酸化物は一般に何とよばれるか。

15 硝酸と亜硝酸はどちらが強い酸か，化学式で答えよ。

解答

9: ①④
10: ③④⑤
11: ②③
12: ②③④⑤
13: オキソ酸
14: 酸性酸化物
15: HNO_3（硝酸）

酸素も完璧！

物質の状態と気体 / 固体の構造 / 溶液 / 熱化学 / 電池と電気分解 / 反応速度と平衡 / 非金属元素 / 金属元素の単体と化合物 / 遷移元素の単体と化合物

第20章 硫黄とその化合物

今日の天気予報
金星
LIVE
今日の金星は雨でしょう
0%
10%
90%
濃硫酸の雨が降り注ぐ！

▶ 金星には濃硫酸の雲が浮いていますが，実際には地上に雨は降りません。

story 1 硫黄の単体

温泉でみられる黄色い硫黄って，いろいろある同素体のうちのどれですか?

確かに単体の硫黄は温泉などで普通に見られるね。温泉地などでよく見られる，常温で一番安定な硫黄は**斜方硫黄**（しゃほういおう）だ。

斜方硫黄をゆっくり加熱して，すべて溶けたところでろ紙上で結晶化させると針状結晶の**単斜硫黄**（たんしゃいおう）ができるよ。一般に，95℃以上では単斜硫黄のほうが安定なんだ。温泉地でも高温で硫黄がふき出しているような場所では単斜硫黄があるよ。

また，250℃まで加熱して冷たい水の中に入れて急冷すると**ゴム状硫黄**ができるよ。

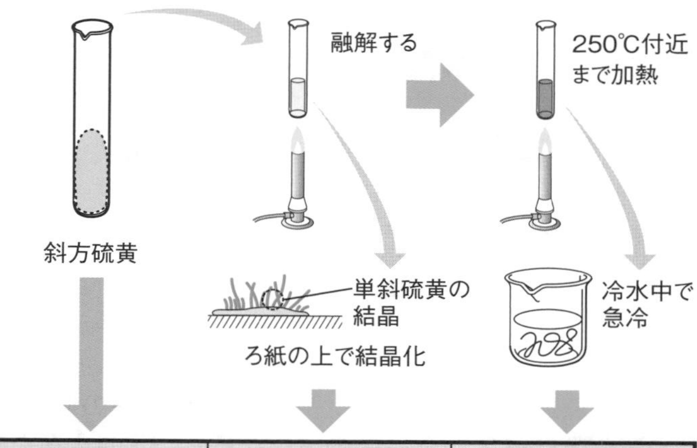
融解する
250℃付近
まで加熱
斜方硫黄
単斜硫黄の
結晶
ろ紙の上で結晶化
冷水中で
急冷

	斜方硫黄	単斜硫黄	ゴム状硫黄
結晶	塊状（かいじょう）結晶（黄色）	針状結晶（黄色）	無定形
分子	S_8分子		ゴム状硫黄分子 S_x 高分子（巨大分子）
CS_2への溶解	溶ける		溶けない

斜方硫黄と単斜硫黄を構成する分子はどちらも S_8 という小さな分子だけど，ゴム状硫黄を構成する分子は非常に長くつながった高分子なんだ。だから，**斜方硫黄，単斜硫黄は二硫化炭素 CS_2 という無極性の液体溶媒に溶けるけど，ゴム状硫黄は高分子（巨大分子）だから溶けない**という性質の違いが出てくるよ。

story 2 硫化水素と二酸化硫黄

(1) 酸化還元反応からみた硫黄化合物

硫黄の化合物って性質や製法を暗記するしかないんですか?

反応式などを暗記しなきゃって思って，困っている人が多いよね。化学変化って酸塩基反応と酸化還元反応しかないわけだから，その２つを意識すれば良いんだ。まずは酸化還元反応の観点から硫黄Ｓ全体を見てみよう。**硫黄の価電子は６なので，Ｓの酸化数は－２から＋６の間になる**んだ。酸化数を縦にしてみると次にようになるよ。

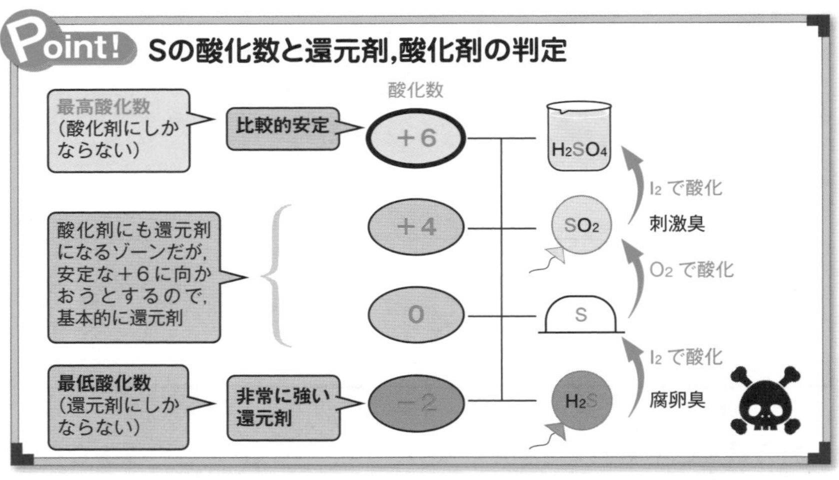

Point! Sの酸化数と還元剤,酸化剤の判定
酸化数
最高酸化数
(酸化剤にしかならない)
比較的安定
+6
H_2SO_4
I_2 で酸化
刺激臭
+4
SO_2
酸化剤にも還元剤になるゾーンだが，安定な＋6に向かおうとするので，基本的に還元剤
O_2 で酸化
0
S
I_2 で酸化
腐卵臭
最低酸化数
(還元剤にしかならない)
非常に強い還元剤
−2
H_2S

空気中の酸素の電気陰性度は3.4なのに対して，硫黄が2.6と比較的小さいため，Ｓは酸素と結合した状態の最高酸化数＋６が比較的安定なんだ。生体内にもコンドロイチン硫酸などのＳの酸化数が +6 の化合物が多く存在しているよ。だから他の酸化数のものは基本的にすべて還元剤で，最低酸化数－２の硫化水素 H_2S などは，非常に強

い還元剤だということも理解できるでしょう。H_2S が非常に強い還元剤ということは，気体を吸ったら体内で化学変化が起きそうだよね。だから毒性が強いということも理解できるね。温泉地で腐卵臭がすることがあるけど，大抵 H_2S の臭いなんだ。

そしてこの図は縦に動くと酸化数が変化するので，**縦に動く反応はすべて酸化還元反応**だよ。硫酸以外はほとんど還元剤なので，酸化されて上にいく反応が多いね。この図を見れば一目瞭然だ。

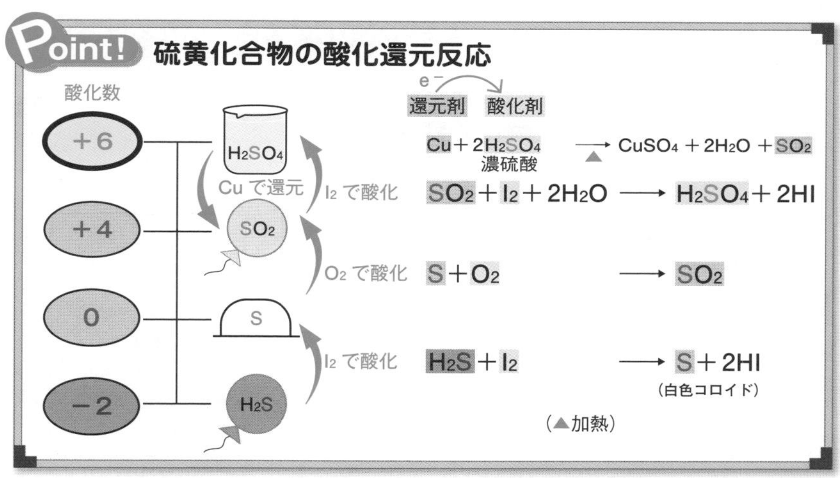

Point! 硫黄化合物の酸化還元反応
酸化数
+6
+4
0
−2
H2SO4
SO2
S
H2S
Cu で還元
I2 で酸化
O2 で酸化
I2 で酸化
e−
還元剤 酸化剤
Cu＋2H2SO4 濃硫酸 →▲ CuSO4 ＋2H2O ＋SO2
SO2＋I2＋2H2O → H2SO4＋2HI
S＋O2 → SO2
H2S＋I2 → S＋2HI (白色コロイド)
(▲加熱)

図中に1つだけ下に向かう反応があるけど，硫酸が酸化剤になっている反応だよ。**酸化力を上げるために熱濃硫酸にする必要がある**からね。

よく見ると細かいこともわかって面白いでしょ。

SO2は還元剤で空気中の酸素にもゆっくり酸化されて硫酸になるんだ。羊毛などを漂白する還元性漂白剤でもあるんだ。
きれいになった！

(生きている羊ちゃんにはかけたりしません)

じゃあ，二酸化硫黄と硫化水素の反応って
この図でみると一発ですか？

その通り，図を見たら一発だよ。硫化水素H_2Sは強い還元剤であり，還元剤にしかならないから，二酸化硫黄は渋々酸化剤になるわけなんだ。酸化数－２のH_2Sも酸化数＋４のSO_2もどちらも酸化数０の硫黄 S に向かうから，４個の電子を授受するためH_2S：SO_2 =２：１で反応するのも納得だ。生成した硫黄は白色コロイドになり，空気中では白煙となるけど，水中でも白色のコロイド溶液になるよ。硫黄が多くなってきたら沈殿して黄白色になるけどね。

Point! 硫化水素と二酸化硫黄の反応

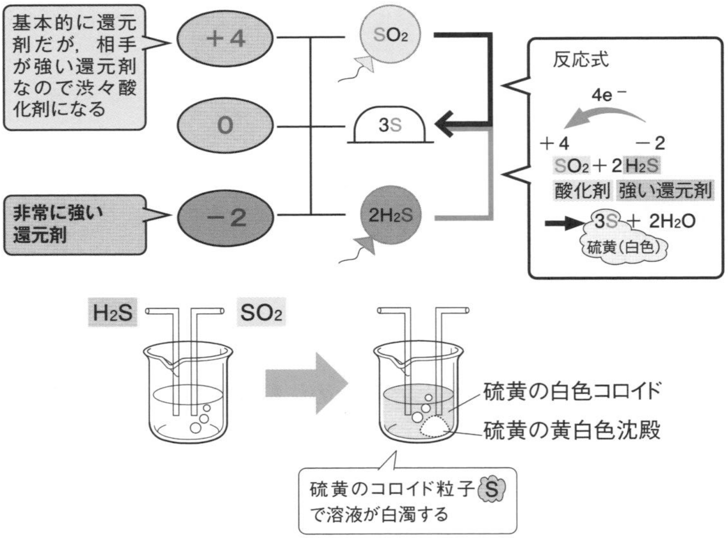

基本的に還元剤だが，相手が強い還元剤なので渋々酸化剤になる

＋4 — SO_2

0 — 3S

－2 — $2H_2S$

非常に強い還元剤

反応式

$4e^-$

＋4　　－2

SO_2＋2H_2S

酸化剤　強い還元剤

→ 3S ＋ $2H_2O$

硫黄（白色）

H_2S　SO_2

硫黄の白色コロイド

硫黄の黄白色沈殿

硫黄のコロイド粒子 S で溶液が白濁する

白い温泉はSのコロイド
ね。黒い殻の温泉卵は
FeSなんだって！

(2) 酸塩基反応からみた硫黄化合物

硫黄化合物の酸塩基反応も知りた〜い!

それは素晴らしい。酸塩基反応はブレンステッドの定義で考えるので，酸と塩基の考え方と例は次の通りだ。

Point! 酸塩基反応の考え方

酸化数	酸		両性物質		塩基
	H^+を与えるもの	＋H^+ ⟷	H^+を与えられ受け取れるもの	＋H^+ ⟷	H^+を受け取るもの
＋6	H_2SO_4 硫酸	⟷	HSO_4^- 硫酸水素イオン	⟷	SO_4^{2-} 硫酸イオン
＋4	$H_2O + SO_2$ ↑↓ H_2SO_3 亜硫酸	⟷	HSO_3^- 亜硫酸水素イオン	⟷	SO_3^{2-} 亜硫酸イオン
＋2	H_2S 硫化水素（酸）	⟷	HS^- 硫酸水素イオン	⟷	S^{2-} 硫化物イオン

（水溶液は硫化水素酸という）

強酸性 ⟵⟶ 強塩基性

＋ HCl
＋ H_2SO_4 など

＋ NaOH
＋ $Ca(OH)_2$ など

今度は左右に移動したら酸塩基反応だよ。

基本的に物質は強酸性にすると酸になり，強塩基性にすると塩基になるんだ。強酸性にするのには塩酸や硫酸が使われるし，強塩基性にするのに水酸化ナトリウムや水酸化カルシウムが使われるよ。

例えば，硫化水素 H_2S を発生させたければ，硫化物イオン S^{2-} を含む塩に塩酸とか硫酸を加えたら良いんだ。（図の S^{2-} から左に移動。Fe^{2+} は反応に関与していない）また二酸化硫黄 SO_2 の気体が欲しければ，亜硫酸イオン SO_3^{2-} か亜硫酸水素イオン HSO_3^- を含む塩に塩酸とか硫酸を加えたら良いんだ。生成した亜硫酸の多くは H_2O と SO_2 に分解するからね。（図の HSO_3^- や SO_3^{2-} から左に移動。Na^+ は反応に関与していない）

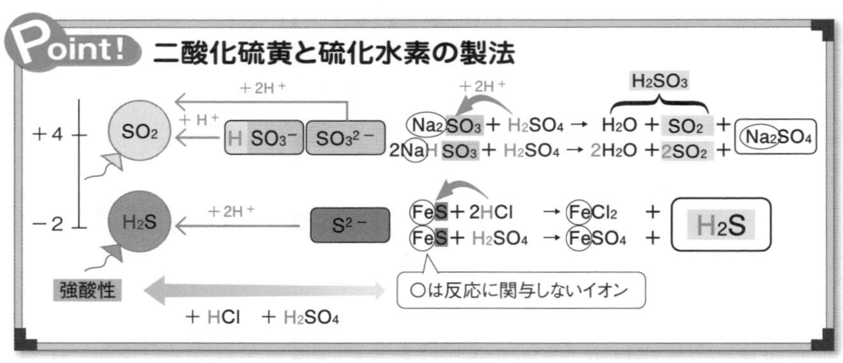
Point!
二酸化硫黄と硫化水素の製法
+4
−2
SO2
H2S
HSO3−
SO32−
S2−
+2H+
+H+
+2H+
+2H+
H2SO3
Na2SO3 + H2SO4 → H2O + SO2 + Na2SO4
2NaHSO3 + H2SO4 → 2H2O + 2SO2 + Na2SO4
FeS + 2HCl → FeCl2 + H2S
FeS + H2SO4 → FeSO4 +
○は反応に関与しないイオン
強酸性
+ HCl　+ H2SO4

あと，硫化物イオン S^{2-} は多くの金属イオンと沈殿を生成するよ。

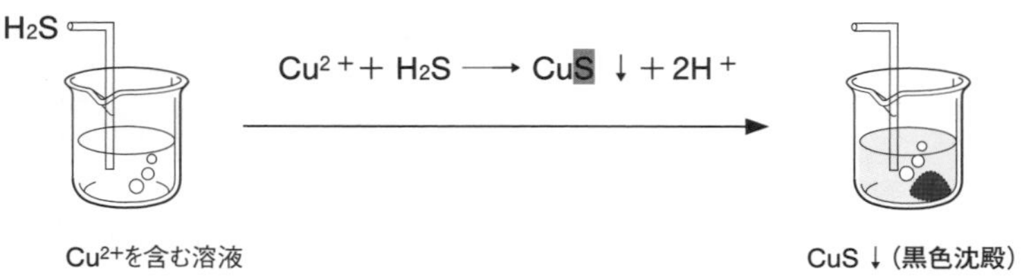
H2S
Cu2+ + H2S ⟶ CuS ↓ + 2H+
Cu2+を含む溶液
CuS ↓（黒色沈殿）

story 3 硫酸

 (1) 硫酸の製法

硫酸の**接触法**って何が接触してるんですか?

確かに暗記だけしていたら訳(わけ)がわからないね。**接触法**(せっしょくほう)は硫酸の製法の略称で正式には**接触式硫酸製造法**(せっしょくしきりゅうさんせいぞうほう)というよ。

硫黄は天然でも産出するけど，原油に入っているので，石油精製工場からも得られるんだ。その硫黄は簡単に燃えて二酸化硫黄 SO_2 になるんだ。SO_2 は還元剤で，酸素によってさらに酸化されて三酸化硫黄 SO_3 になるけど，この反応が遅いので，**酸化バナジウム(V) V_2O_5 の触媒と接触させる必要がある**わけなんだ。

生成した SO_3 は水と反応したら硫酸の生成だよ。

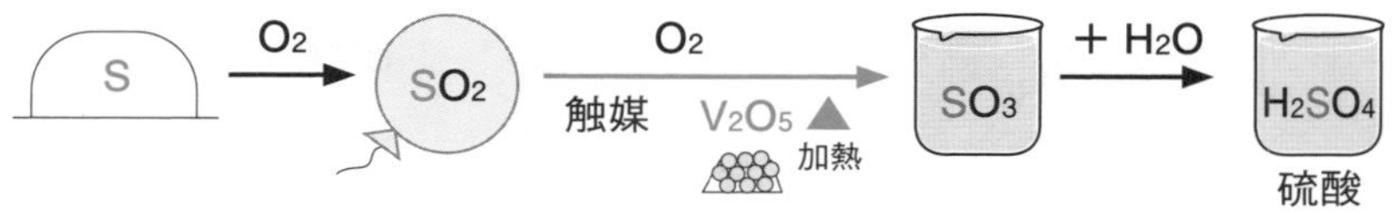
S
O2
SO2
O2
触媒
V2O5
加熱
SO3
+ H2O
H2SO4
硫酸

やった！　これで硫酸の製法は完璧だ～！

いやいや，実はもう１つ重要なポイントがあるから聞いてね。実は三酸化硫黄を水に吸収させる反応で非常に多量の熱が発生するんだ。理想は水に SO_3 が粛々(しゅくしゅく)と吸収されることなんだけど，発生する熱のせいで次式の平衡は左に移動してしまい，けっきょく吸収速度が遅くなってしまうんだ。

$$SO_3(気) + H_2O(液) \rightarrow H_2SO_4(液)\ \Delta H = -200\mathrm{kJ}$$

そこで，**硫酸製造工場では SO_3 を水ではなく濃硫酸に吸収させて，発熱量を抑え，SO_3 の吸収スピードをあげている**んだ。そのときの主な反応は次のようなものだよ。

物質の状態と気体
固体の構造
溶液
熱化学
電池と電気分解
反応速度と平衡
非金属元素
金属元素の単体と化合物
遷移元素の単体と化合物

$$SO_3 + H_2SO_4 \longrightarrow H_2S_2O_7$$

（構造式：HO–S(=O)(=O)–OH，HO–S(=O)(=O)–O–S(=O)(=O)–OH）

三酸化硫黄　濃硫酸 H_2SO_4　　二硫酸 $H_2S_2O_7$

生成した二硫酸は逆反応も起こっているので，三酸化硫黄の白煙を生じるんだ。つまり，**硫酸製造工場では SO_3 を濃硫酸に吸収させて二硫酸と濃硫酸の混合物である発煙硫酸（はつえんりゅうさん）をつくっている**んだ。発煙硫酸は二硫酸を含むから SO_3 の白煙を生じるのがわかったね。

この発煙硫酸に希硫酸を加えて二硫酸の成分を硫酸にすることで濃硫酸をつくっているんだ。

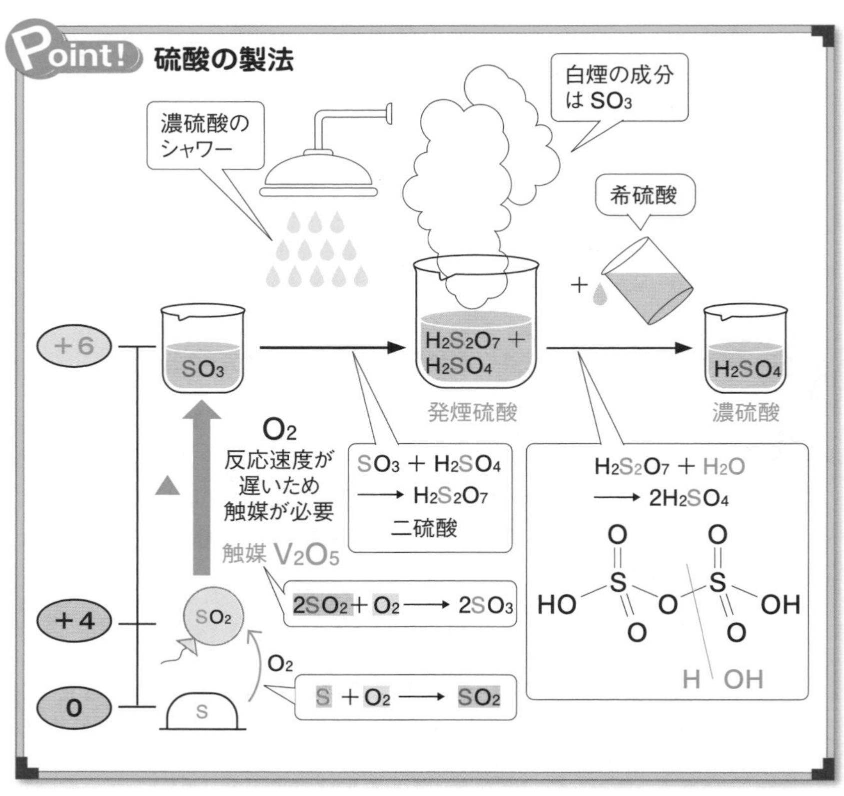
Point!
硫酸の製法
白煙の成分は SO3
濃硫酸のシャワー
希硫酸
+6
+4
0
SO3
H2S2O7 + H2SO4
発煙硫酸
H2SO4
濃硫酸
O2
反応速度が遅いため触媒が必要
触媒 V2O5
SO3 + H2SO4 → H2S2O7
二硫酸
H2S2O7 + H2O → 2H2SO4
2SO2 + O2 → 2SO3
SO2
O2
S
S + O2 → SO2
HO OH
H OH

工業的にはさまざまな工夫をして濃硫酸を製造しているのがわかるね。本当のことがわかるのはおもしろいでしょう！

じゃあ，SO_3を水に溶かして濃硫酸をつくっているというのはウソなの？
$SO_3 + H_2O \longrightarrow H_2SO_4$

?

いやいや，あながちウソとはいえないんだ。2つの反応式をたすと確かにSO_3を水に溶かして硫酸が生成しているという式ができるんだよ！

$$
\begin{array}{rlcl}
 & SO_3 + \cancel{H_2SO_4} & \rightleftarrows & \cancel{H_2S_2O_7} \\
+) & \cancel{H_2S_2O_7} + H_2O & \rightleftarrows & \cancel{2}H_2SO_4 \\
\hline
 & SO_3 + H_2O & \rightleftarrows & H_2SO_4
\end{array}
$$

(2) 濃硫酸の性質

濃硫酸は重いって聞いたんですが，本当ですか？

本当なんだ。我々は液体を見て手にもったときに感覚的に水だと思うんだ。水の密度はだいたい$1.0\,g/cm^3$だけど98％の濃硫酸の密度は**$1.8\,g/cm^3$**なんだ。同じ体積なら水の1.8倍ぐらい重いというわけだよ。およそ濃度90％以上の硫酸水溶液を濃硫酸というから，濃硫酸は全般的に密度が高いんだ。それに**粘性（ねんせい）が大きい**。水飴（あめ）ほどではないけど，サラダ油よりはドロッとした感じだよ。

水の1.8倍の密度だから，濃硫酸は重く感じるんだ！扱いには注意だよ！

濃硫酸って，ドロッとしてる〜！

実験で砂糖に濃硫酸をかけたら黒くなったんですが，どういうことですか？

それは砂糖の分子から水が脱水されたんだよ。濃硫酸の**脱水作用は非常に強く**て分子から水をもぎ取ってしまうんだ。砂糖のような物質は炭水化物とよばれていて，化学式で見ると炭素 C と水 H_2O からできているんだ。だから炭水化物は n と m を整数とすると $C_n(H_2O)_m$ の形で書けるよ。ちなみに，砂糖の主成分はショ糖（スクロース）で化学式は $C_{12}(H_2O)_{11}$ なので，この砂糖に濃硫酸を少量たらすと，濃硫酸が水 H_2O をもぎ取って炭素 C が残って黒くなるというわけだ。

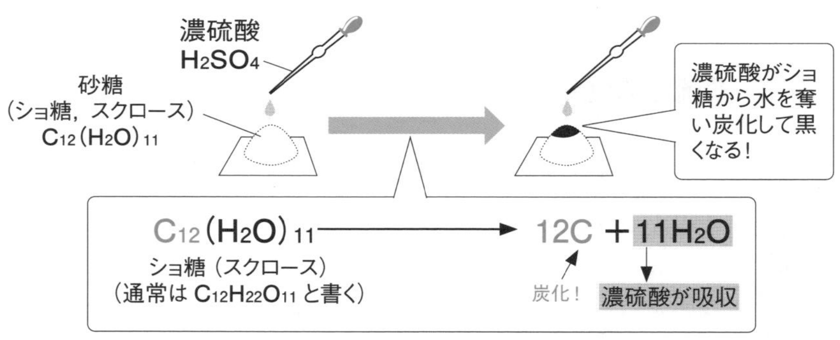

濃硫酸
H_2SO_4
砂糖
（ショ糖，スクロース）
$C_{12}(H_2O)_{11}$
濃硫酸がショ糖から水を奪い炭化して黒くなる！
$C_{12}(H_2O)_{11} \longrightarrow 12C + 11H_2O$
ショ糖（スクロース）
（通常は $C_{12}H_{22}O_{11}$ と書く）
炭化！
濃硫酸が吸収

▲砂糖と濃硫酸の反応

濃硫酸は分子から水を奪うくらい脱水作用が強いから，水蒸気 H_2O を吸収する能力である**吸湿性**（きゅうしつせい）にも優れているんだ。だから，化学の実験では**乾燥剤**（かんそうざい）として利用されることもあるよ。

濃硫酸は不揮発性と習ったんですが，不揮発性って，どんな意味ですか？

不揮発性（ふきはつせい）というのは“**非常に蒸発しにくい**”という意味なんだ。不揮発性のものは蒸気圧が小さく，沸点が高いんだ。

不揮発性
非常に
蒸発しにくい
蒸気圧が
小さく，
沸点が高い
98.3%の
濃硫酸の
沸点338℃

濃硫酸の不揮発性，つまり気体になりにくい性質を利用した有名な実験があるよ。それは濃硫酸と **NaCl** を混ぜて加熱すると，揮発性の塩化水素 **HCl** が発生するというものなんだ。

$$
\begin{array}{llll}
 & NaCl & \longrightarrow & Na^{+} + Cl^{-} \\
+) & H_2SO_4 & \rightleftarrows & HSO_4^{-} + H^{+} \\
\hline
 & NaCl + H_2SO_4 & \xrightarrow{\text{加熱}} & NaHSO_4 + HCl\uparrow
\end{array}
$$

食塩　　濃硫酸　　加熱

加熱すると揮発性の塩化水素HClが発生する

あと，story 2 でも述べたけど，熱濃硫酸は酸化力があって，イオン化傾向の小さい銅や銀でも溶かせるから覚えておこう。反応式は次の通りだよ。

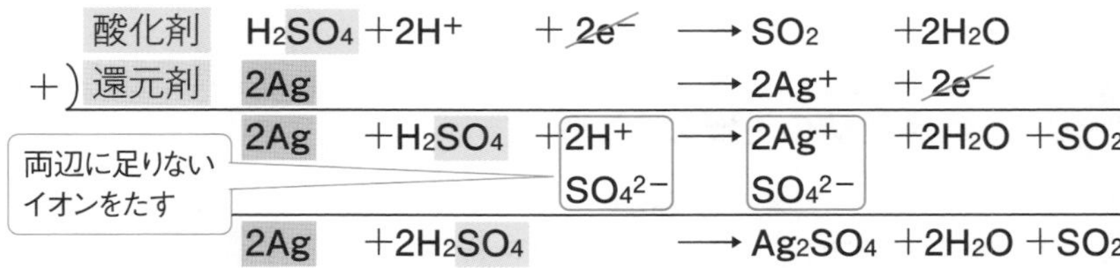
酸化剤　H2SO4 +2H+ +2e− → SO2 +2H2O
+) 還元剤　2Ag → 2Ag+ +2e−
2Ag +H2SO4 +2H+ SO42− → 2Ag+ SO42− +2H2O +SO2
両辺に足りないイオンをたす
2Ag +2H2SO4 → Ag2SO4 +2H2O +SO2

濃硫酸を薄めるときに，濃硫酸に水を入れるのか，水に濃硫酸を入れるのかいつも迷ってしまいます。

そうだね。そういう人が多いんだ。やはり，ここでも丸暗記ではなくて理屈で覚えれば簡単なんだよ。重要なのは**密度と**溶解のときに発生する**熱**なんだ。例えば，酢酸の溶解エンタルピーは－1.7kJ/mol なのに，硫酸は－95kJ/mol なんだ。この熱量は凄い数値で，濃硫酸を２倍，３倍に薄めるときに，もし容器に触ったら火傷してしまうくらいなんだ。だから濃硫酸に少しずつ水を入れると，密度の小さい水が上層になって，その際発生する溶解熱で突沸する危険があるんだ。

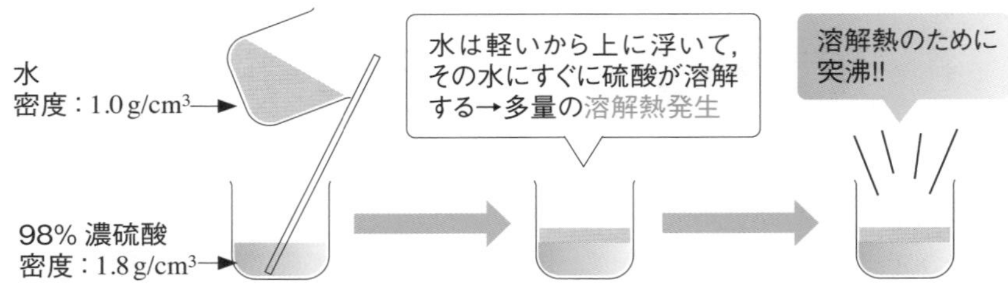
水
密度：1.0 g/cm3
98% 濃硫酸
密度：1.8 g/cm3
水は軽いから上に浮いて，その水にすぐに硫酸が溶解する→多量の溶解熱発生
溶解熱のために突沸!!

だから，濃硫酸を薄めるときは，必ず**水の中に少しずつ濃硫酸を入れる**よ。

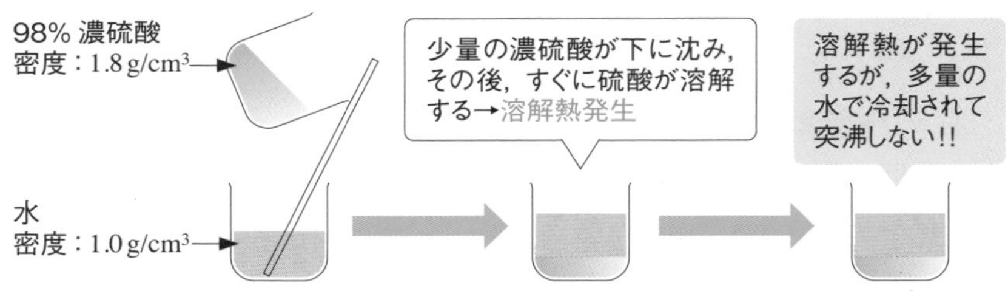
98% 濃硫酸
密度：1.8 g/cm3
水
密度：1.0 g/cm3
少量の濃硫酸が下に沈み，その後，すぐに硫酸が溶解する→溶解熱発生
溶解熱が発生するが，多量の水で冷却されて突沸しない!!

Point! 濃硫酸の性質のまとめ

1　**不揮発性**で沸点が高い
2　**吸湿性**が強く，**乾燥剤**に用いられる
3　脱水作用が強く，**脱水剤**に用いられる
4　**熱濃硫酸は酸化力が強く**，銅や銀を溶かしてSO_2を発生する
5　希釈時に多量の熱が発生するので，**水に濃硫酸を加えて希釈する。**

鉄は濃硫酸になかなか溶けないのに，希硫酸に良く溶けるって本当ですか？

確かにびっくりするけど本当だよ。硫酸をイオンに分けて考えてみると，考えられる酸化剤は水素イオン H^+ と硫酸イオン SO_4^{2-} でしょ。

$$H_2SO_4 \rightleftarrows \underset{\text{酸化剤}}{2H^+} + SO_4^{2-}$$

熱濃硫酸では強い酸化力を発揮するが，常温では比較的安定

常温では SO_4^{2-} は比較的安定なため，主な酸化剤は H^+ なんだ。反応式をみてみると硫酸の電離には水が必要でしょ。でも，市販の濃硫酸の濃度は95～98%くらいなので，水は2～5%くらいしかないんだ。

だから濃硫酸は酸化剤である H^+ が少ないけど，希硫酸は水が多量にあるから H^+ の濃度が高くなっているというわけなんだ。

濃硫酸 $H_2SO_4 + H_2O \rightleftarrows H_3O^+ + HSO_4^-$

濃硫酸
ほとんど H_2SO_4
少し H^+ HSO_4^-

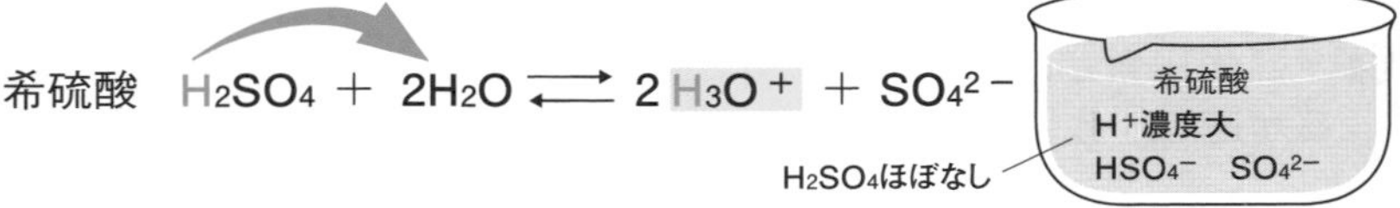
希硫酸 $H_2SO_4 + 2H_2O \rightleftarrows 2H_3O^+ + SO_4^{2-}$
希硫酸
H^+濃度大
HSO_4^- SO_4^{2-}
H_2SO_4ほぼなし

希硫酸中にある豊富な H^+ が酸化剤として作用してイオン化傾向が水素より大きい Al や Zn や Fe を溶かしてしまうんだ。

$$2Al + 3H_2SO_4 \longrightarrow Al_2(SO_4)_3 + 3H_2$$
$$Zn + H_2SO_4 \longrightarrow ZnSO_4 + H_2$$
$$Fe + H_2SO_4 \longrightarrow FeSO_4 + H_2$$

還元剤　酸化剤

確認問題

1 単斜硫黄の分子式を次の中から１つ選べ。
① S_2　② S_4　③ S_6　④ S_8　⑤ SO_2

2 斜方硫黄の分子式を次の中から１つ選べ。
① S_2　② S_4　③ S_6　④ S_8　⑤ SO_2

3 硫黄が燃焼するときの化学変化を化学反応式で表せ。

4 次の硫黄の同素体のうち，CS_2 に溶けないものをすべて選べ。
① 斜方硫黄　② 単斜硫黄　③ ゴム状硫黄

5 腐卵臭のする気体の化学式を書け。

6 硫化水素とヨウ素ヨウ化カリウム水溶液の反応では硫化水素は酸化剤か，還元剤か。また，そのときの硫化水素の半反応式を書け。

7 硫化水素と二酸化硫黄の反応では，どちらが還元剤として作用するか。

8 二酸化硫黄とヨウ素ヨウ化カリウム水溶液の反応では，どちらが還元剤として作用するか。また，そのときの二酸化硫黄の酸性での半反応式を書け。

9 濃硫酸の工業的製法を何というか。

解答

1. ④
2. ④
3. $S + O_2 \longrightarrow SO_2$
4. ③
5. H_2S
6. 還元剤　$H_2S \longrightarrow S + 2H^+ + 2e^-$
7. 硫化水素
8. 二酸化硫黄　$SO_2 + 2H_2O \longrightarrow SO_4^{2-} + 4H^+ + 2e^-$
9. 接触法（接触式硫酸製造法）

10　濃硫酸の工業的製法で二酸化硫黄を酸化するときに使用される触媒を化学式で表せ。

解答

V_2O_5

11　濃硫酸の工業的製法で三酸化硫黄を濃硫酸に吸収させてできる混合物の名称を答えよ。

発煙硫酸

12　ショ糖に濃硫酸を加えて黒変するときの化学変化を化学反応式で表せ。

$C_{12}H_{22}O_{11} \longrightarrow 12C + 11H_2O$

13　食塩に濃硫酸を加えて加熱すると塩化水素が発生する。この反応は濃硫酸のどんな性質によるものか，次の中から１つ選べ。

① 酸化性　② 不揮発性　③ 揮発性
④ 吸湿性　⑤ 脱水性

②

14　濃硫酸を同じ体積の水で薄めたい，このときの操作として正しいものを，次の中から１つ選べ。

① 水の中に少しずつ濃硫酸を入れる。その際，水を入れている容器を冷却する。
② 水の中に少しずつ濃硫酸を入れる。その際，水を入れている容器を加熱する。
③ 濃硫酸の中に少しずつ水を入れる。その際，濃硫酸を入れている容器を冷却する。
④ 濃硫酸の中に少しずつ水を入れる。その際，濃硫酸を入れている容器を加熱する。

①

15　希硫酸に亜鉛を加えたら水素が発生した。この反応は希硫酸のどのような性質によるものか，次の中から選べ。

① 吸湿性　② 脱水性　③ 還元性　④ 酸化性

④

第21章 窒素とその化合物

爆弾に使われている硝酸は肥料の原料だ！
そういうことではないんだよ！
NO3⁻
※危険ですので絶対にマネをしてはいけません

▶硝酸は爆弾や肥料の原料である。

story 1 窒素の化合物

(1) 酸化数からみた窒素化合物

窒素の酸化物や化合物が多くて困ってます。

そうか，硫黄と同様に全体像をみたらスッキリするよ。**窒素の価電子は5なので，Nの酸化数は−3から+5の間になる**んだ。窒素の電気陰性度は3.0とかなり大きいので，窒素は電子が好きなイメージだ。だから酸化数+3以上だと電子を奪う酸化剤が多いんだ。また，最低酸化数−3のアンモニアは二酸化炭素と反応させて窒素肥料の尿素になるばかりでなく，硝酸の原料になるよ。

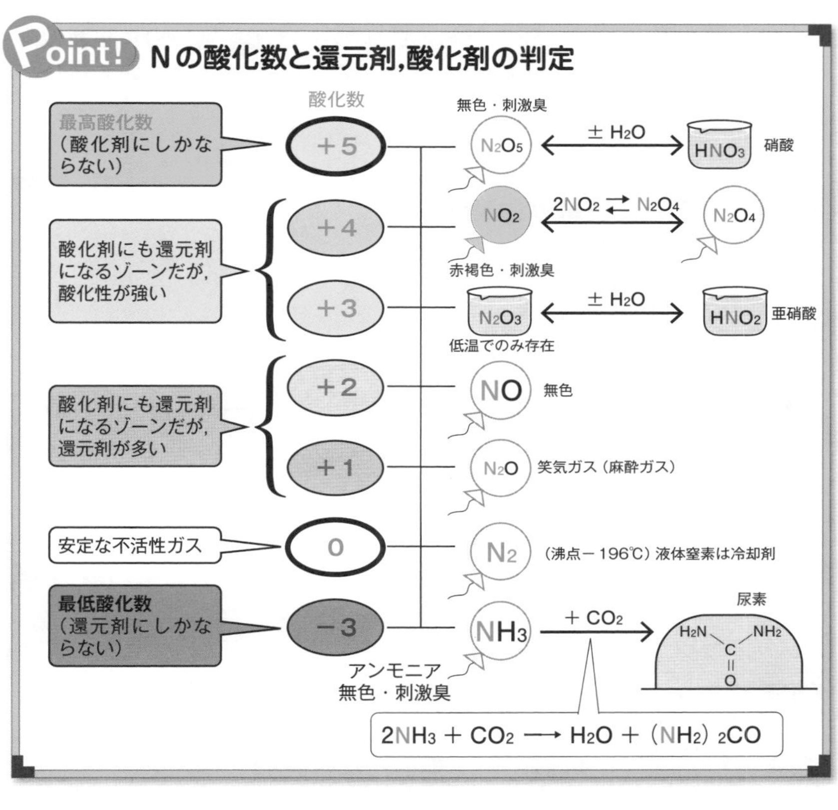
Point! Nの酸化数と還元剤,酸化剤の判定
酸化数
最高酸化数
(酸化剤にしかならない)
+5
無色・刺激臭
N2O5
± H2O
HNO3
硝酸
酸化剤にも還元剤になるゾーンだが,酸化性が強い
+4
NO2
2NO2 ⇄ N2O4
N2O4
赤褐色・刺激臭
+3
N2O3
± H2O
HNO2
亜硝酸
低温でのみ存在
酸化剤にも還元剤になるゾーンだが,還元剤が多い
+2
NO
無色
+1
N2O
笑気ガス(麻酔ガス)
安定な不活性ガス
0
N2
(沸点−196℃)液体窒素は冷却剤
最低酸化数
(還元剤にしかならない)
−3
NH3
+ CO2
尿素
H2N
NH2
C
O
アンモニア
無色・刺激臭
2NH3 + CO2 ⟶ H2O + (NH2)2CO

Nを含む物質で特異的に安定なのがN_2なんだ。これは$N \equiv N$の結合エネルギーが945kJ/molと非常に大きく，結合を切るのに大きなエネルギーが必要なためなんだ。化学的に安定なため，He，Arなどと同様に不活性ガスと呼ばれているよ。だからN_2を反応させるのは大変難しく，一般に高温高圧が必要なことが多いよ。

(2) 窒素の実験室的製法

この安定な窒素を実験室で作るには，酸化数が＋3の亜硝酸イオンNO_2^-と−3のアンモニウムイオンNH_4^+の化合物を加熱すれば良いんだ。酸化数でみると簡単だね。亜硝酸アンモニウムNH_4NO_2の固体を加熱すると爆発する可能性があるから，通常は水溶液を加熱して行うよ。

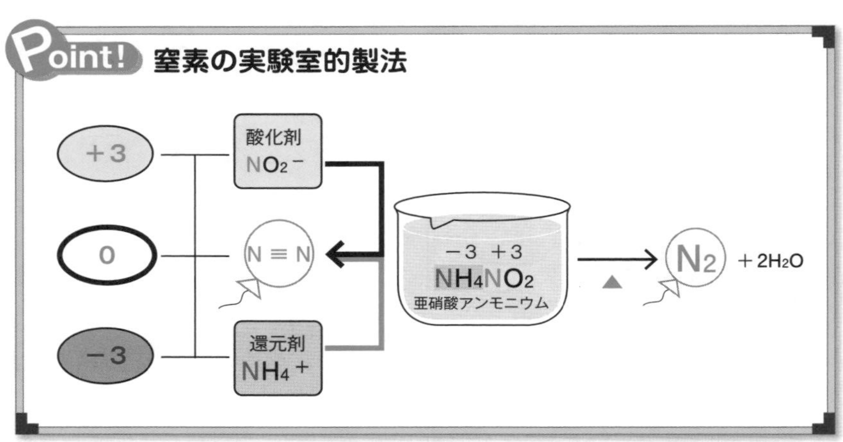
Point! 窒素の実験室的製法
+3
0
−3
酸化剤
NO_2^-
還元剤
NH_4^+
N≡N
−3 +3
NH_4NO_2
亜硝酸アンモニウム
▲
N_2
$+2H_2O$

story 2 アンモニアの製法

ハーバー法は凄いって聞いたんですけど，何が凄いんですか?

それは，空気中にある安定なN_2から，肥料や火薬の原料になるアンモニアを合成することに成功したからだよ。

N_2は非常に安定なため，反応させるのには一般に高温高圧が必要で，有名な反応はエンジン内でN_2とO_2を含む空気が高温高圧に圧縮されてNOを生成する反応なんだ。このようにN_2はなかなか反応してくれないけど，ドイツの化学者Fritz Haber（フリッツ・ハーバー）は高温高圧下で触媒を使って，この安定な窒素と水素からのアンモニア合成に成功したんだ。そして，実際に工場での合成プロセスを考案した人がCarl Bosch（カール・ボッシュ）なので，この方法を**ハーバー・ボッシュ法**というんだよ。

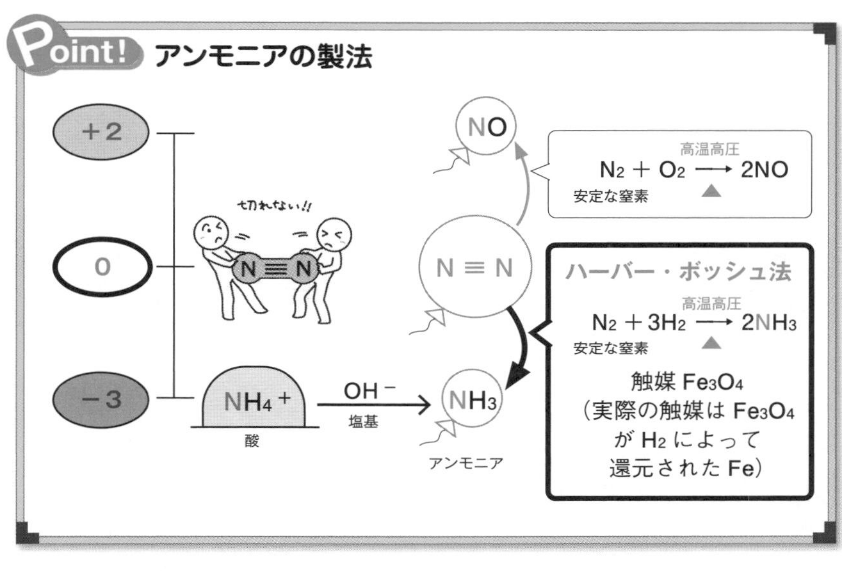
Point! アンモニアの製法
+2
0
−3
切れない!!
N≡N
NO
N ≡ N
高温高圧
N2 ＋ O2 ⟶ 2NO
安定な窒素
ハーバー・ボッシュ法
高温高圧
N2 ＋3H2 ⟶ 2NH3
安定な窒素
触媒 Fe3O4
（実際の触媒は Fe3O4 が H2 によって還元された Fe）
NH4 +
酸
OH −
塩基
NH3
アンモニア

実験室的なアンモニアの製法は，安定な N_2 を使用せず，酸であるアンモニウムイオンを塩基である水酸化物イオン OH^- で中和して得るよ。

アンモニアの実験室的製法のイオン反応式

$$NH_4^+ + OH^- \rightleftarrows NH_3 + H_2O$$

H^+（NH_4^+ から OH^- へ）

酸　　塩基

NH_4^+ を含む化合物としては，塩化アンモニウム NH_4Cl や硫酸アンモニウム $(NH_4)_2SO_4$，OH^- を供給する塩基としては水酸化ナトリウム NaOH や水酸化カルシウム $Ca(OH)_2$ が良く使われるよ。イオン反応ではなくて，全反応式の例は次の通りだよ。仕組みがわかれば，反応式は暗記しなくてもバンバン書けるのがわかるよ。

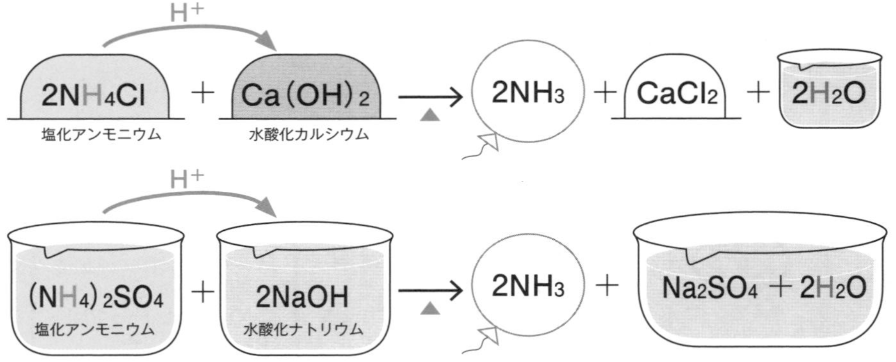
H+
2NH4Cl
塩化アンモニウム
Ca(OH)2
水酸化カルシウム
2NH3
CaCl2
2H2O
H+
(NH4)2SO4
塩化アンモニウム
2NaOH
水酸化ナトリウム
2NH3
Na2SO4 ＋ 2H2O

アンモニアは水への溶解度が高いので，固体を加熱するか，濃厚な水溶液を加熱してアンモニアを固体や液体中から追い出すんだ。

反応物を全部固体にしたときの発生装置は次のようになるよ。アンモニアは水に溶けて空気より密度が軽いから捕集法は上方置換だよ。

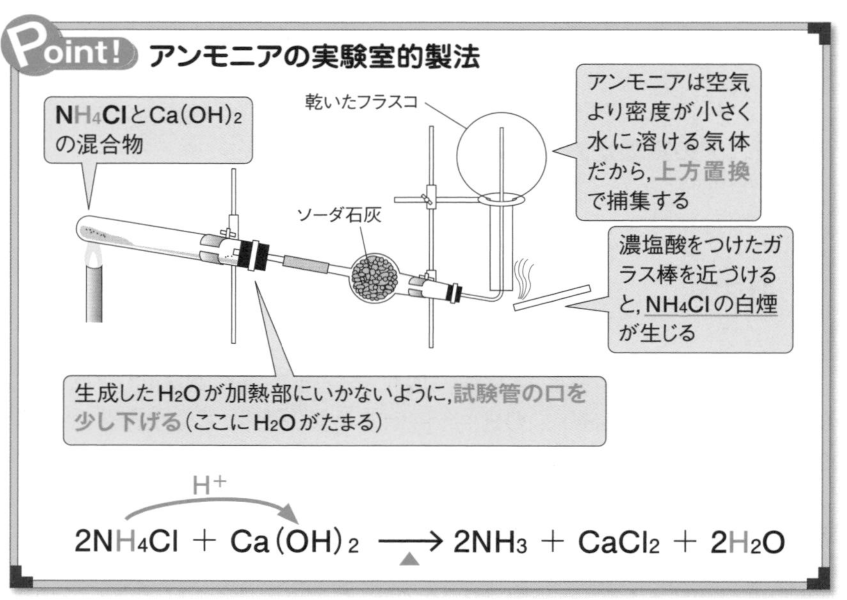
Point! アンモニアの実験室的製法
NH4ClとCa(OH)2の混合物
乾いたフラスコ
アンモニアは空気より密度が小さく水に溶ける気体だから，上方置換で捕集する
ソーダ石灰
濃塩酸をつけたガラス棒を近づけると，NH4Clの白煙が生じる
生成したH2Oが加熱部にいかないように，試験管の口を少し下げる（ここにH2Oがたまる）
H+
2NH4Cl ＋ Ca(OH)2 → 2NH3 ＋ CaCl2 ＋ 2H2O

story 3 硝酸の製法と性質

(1) 硝酸の製法

オストワルト法のポイントを教えて下さい。

最大のポイントは最初の反応の触媒だよ。順を追って説明するね。オストワルト法は硝酸の工業的製法として有名で，アンモニアを空気中の酸素で酸化して硝酸を合成する方法だ。でも，アンモニアを酸素で普通に酸化すると，安定な窒素になってしまうんだ。ところが，**触媒に白金 Pt を使って酸化すると一酸化窒素 NO が生成**するんだ。この触媒が最大のポイントだよ。

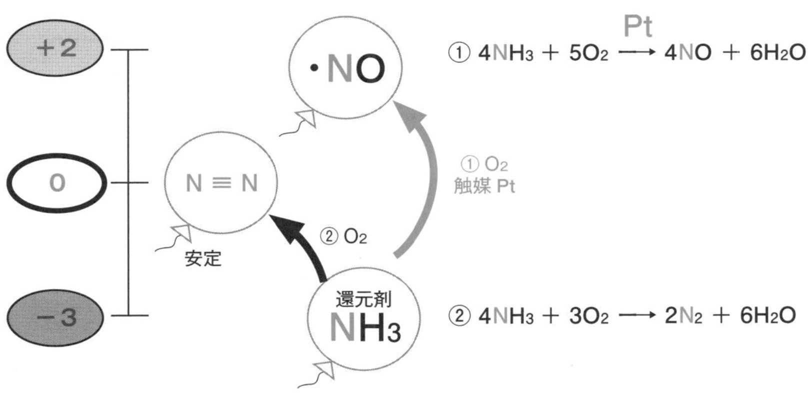

+2
0
−3
・NO
N ≡ N
安定
還元剤
NH3
① O2
触媒 Pt
② O2
① 4NH3 + 5O2 —Pt→ 4NO + 6H2O
② 4NH3 + 3O2 ⟶ 2N2 + 6H2O

▲ アンモニアと酸素の反応

不対電子を持つ物質を反応性が高いのでラジカルと呼ぶんだけど，一酸化窒素は不対電子を持つラジカルなんだ。反応性が高く酸素と無触媒で反応して二酸化窒素 NO_2 になるんだ。また，二酸化窒素 NO_2 もラジカルなので反応性に富み，温水中に通すと容易に自己酸化還元反応を起こして硝酸が生成するんだ。全反応式も聞かれることがあるので書けるようにしておいてね。

Point! オストワルト法（硝酸の工業的製法）

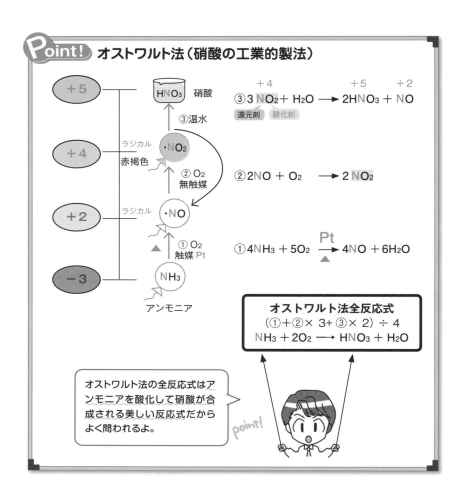

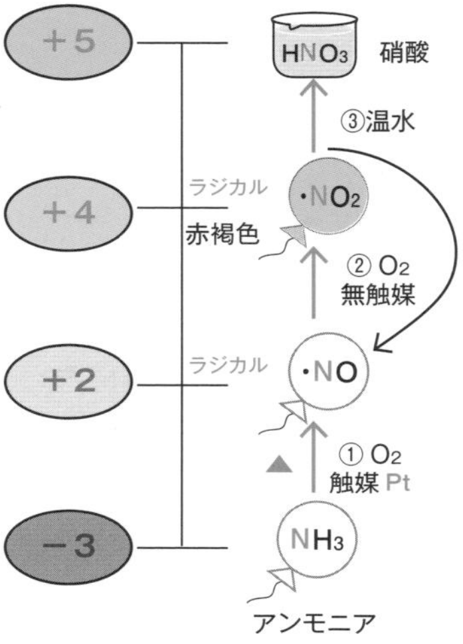

酸化数	物質	反応
+5	HNO_3 硝酸	
	↑ ③温水	③ $3\overset{+4}{NO_2} + H_2O \longrightarrow 2H\overset{+5}{N}O_3 + \overset{+2}{N}O$ （NO_2：還元剤・酸化剤）
+4	ラジカル $\cdot NO_2$ 赤褐色	
	↑ ② O_2 無触媒	② $2NO + O_2 \longrightarrow 2NO_2$
+2	ラジカル $\cdot NO$	
	↑ ① O_2 触媒 Pt、△	① $4NH_3 + 5O_2 \xrightarrow[\triangle]{Pt} 4NO + 6H_2O$
−3	NH_3 アンモニア	

オストワルト法全反応式

（①＋②× 3+ ③× 2）÷ 4

$NH_3 + 2O_2 \longrightarrow HNO_3 + H_2O$

オストワルト法の全反応式はアンモニアを酸化して硝酸が合成される美しい反応式だからよく問われるよ。

point!

不対電子のある・NOや・NO2は活発なラジカルね！
ホクロ

(2) 硝酸の性質

硝酸の性質では，何が重要ですか?

硝酸の性質で一番重要なのは，何といっても強い酸化剤であるということなんだ。酸化剤か還元剤かを考えるときは，電離したイオンを考えるのが一般的なんだ。硝酸の場合は，次のように電離して，生成したイオンは両方とも酸化剤なんだ。

$$HNO_3 \longrightarrow H^+ + NO_3^-$$

（H^+：酸化剤　NO_3^-：酸化剤）

この２つの酸化剤としての半反応式は次の通りだよ。

酸化剤　$2H^+ + 2e^- \longrightarrow H_2$

酸化剤　$HNO_3 + H^+ + e^- \longrightarrow NO_2 + H_2O$（濃硝酸）

酸化剤　$HNO_3 + 3H^+ + 3e^- \longrightarrow NO + 2H_2O$（希硝酸）

硝酸は，このように水素イオンと硝酸イオンのダブル酸化剤なんだけど，酸化力は硝酸イオンのほうが強いから，硝酸イオンが優先して反応することが多いよ。一般に，イオン化傾向が水素より大きい金属は水素イオンと反応してしまうけど，水素より小さい金属である銀や銅は安定だよね。でも，**硝酸イオンの酸化力は水素イオンより強いから，銀や銅も硝酸と反応して溶解してしまう**んだ。

銀のネックレス
濃硝酸

赤褐色の気体を出しながら溶けていく

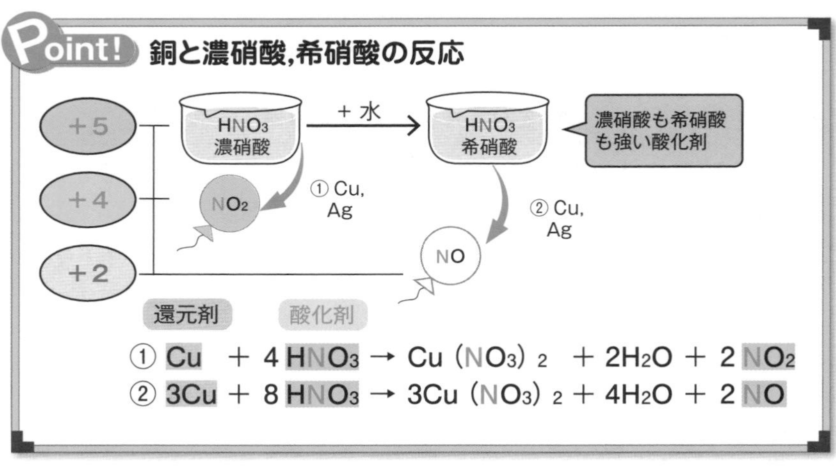
Point! 銅と濃硝酸,希硝酸の反応
+5
+4
+2
HNO3
濃硝酸
+ 水
HNO3
希硝酸
濃硝酸も希硝酸も強い酸化剤
NO2
① Cu, Ag
② Cu, Ag
NO
還元剤
酸化剤
① Cu ＋ 4 HNO3 → Cu (NO3) 2 ＋ 2H2O ＋ 2 NO2
② 3Cu ＋ 8 HNO3 → 3Cu (NO3) 2 ＋ 4H2O ＋ 2 NO

このように，濃硝酸は非常に**強い酸化剤**だから，金や白金以外の金属は溶かせると思ってしまうけど１つ注意があるんだ。それは **Fe，Co，Ni，Al，Cr は**濃硝酸と反応させると**表面に緻密（ちみつ）な酸化被膜（不動態膜（ふどうたいまく））を形成して内部を保護**してしまうんだ。この酸化被膜によって溶けなくなった状態を**不動態**とよんでいるんだ。まるで敵が現れたら硬い甲羅（こうら）で身を守るアルマジロみたいな金属だよ。

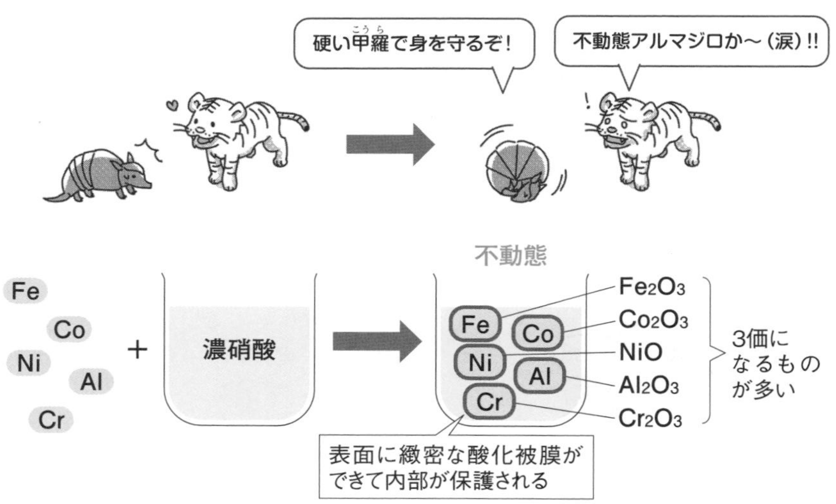
硬い甲羅（こうら）で身を守るぞ！
不動態アルマジロか～（涙）!!
Fe
Co
Ni
Al
Cr
＋
濃硝酸
不動態
Fe
Co
Ni
Al
Cr
Fe2O3
Co2O3
NiO
Al2O3
Cr2O3
3価になるものが多い
表面に緻密な酸化被膜ができて内部が保護される

不動態を形成する金属は３価の陽イオンになるものが多いから，覚えやすいね。ゴロ合わせもつくっておいたよ。

おひろめ会
間に合ったー！
新車両
●ゴロ合わせ暗記
鉄 子 に ある 苦労
Fe Co Ni Al Cr
不動の 参加 日
不動態 酸化 被膜

また，濃硝酸は光や熱によって分子内で**自己酸化還元反応**してしまうのも有名だよ。

酸化数
$4H\overset{+5}{N}\overset{-2}{O_3} \xrightarrow{\text{光や熱}} 4\overset{+4}{N}O_2 + 2H_2O + \overset{0}{O_2}$
酸化剤
還元剤
濃硝酸は光をさえぎるために，褐色びんに保存されるんだ。

確認問題

1 亜硝酸アンモニウムを加熱分解して窒素を生成する化学変化を化学反応式で表せ。

2 アンモニアを酸素で酸化して一酸化窒素を生成するために必要な触媒を次の中から1つ選べ。

① Na　② Fe_3O_4　③ Pt
④ V_2O_5　⑤ $CaCl_2$

3 硫酸アンモニウムと反応してアンモニアが発生する試薬を次の中からすべて選べ。

① NaOH　② KOH　③ HCl
④ 濃硫酸　⑤ NaCl

4 塩化アンモニウムと水酸化カルシウムの固体を加熱したときの化学変化を化学反応式で表せ。

5 ハーバー・ボッシュ法の触媒を次の中から1つ選べ。

① Ca 化合物　② Fe 化合物
③ N 化合物　④ P 化合物
⑤ Li 化合物

6 銅と希硝酸を反応させると発生する気体を次の中から1つ選べ。

① N_2O　② NO　③ NO_2
④ N_2O_5

解答

1: $NH_4NO_2 \longrightarrow N_2 + 2H_2O$

2: ③

3: ① ②

4: $2NH_4Cl + Ca(OH)_2 \longrightarrow CaCl_2 + 2H_2O + 2NH_3$

5: ②

6: ②

	解答
7 銅と濃硝酸を反応させると発生する気体を次の中から1つ選べ。 ① N_2O　② NO　③ NO_2 ④ N_2O_3　⑤ N_2O_5	③
8 赤褐色の気体を次の中から1つ選べ。 ① N_2O　② NO　③ NO_2 ④ N_2O_3　⑤ N_2O_5	③
9 酸素と混合すると徐々に赤褐色に変化する窒素酸化物 A がある。A と酸素の化学変化を化学反応式で表せ。	$2NO + O_2 \longrightarrow 2NO_2$
10 オストワルト法の全反応式を書け。	$NH_3 + 2O_2 \longrightarrow HNO_3 + H_2O$

昔はこんな石が硝酸の原料だったのね！

硝石
KNO3

物質の状態と気体
固体の構造
溶液
熱化学
電池と電気分解
反応速度と平衡
非金属元素
金属元素の単体と化合物
遷移元素の単体と化合物

第22章 リンとその化合物

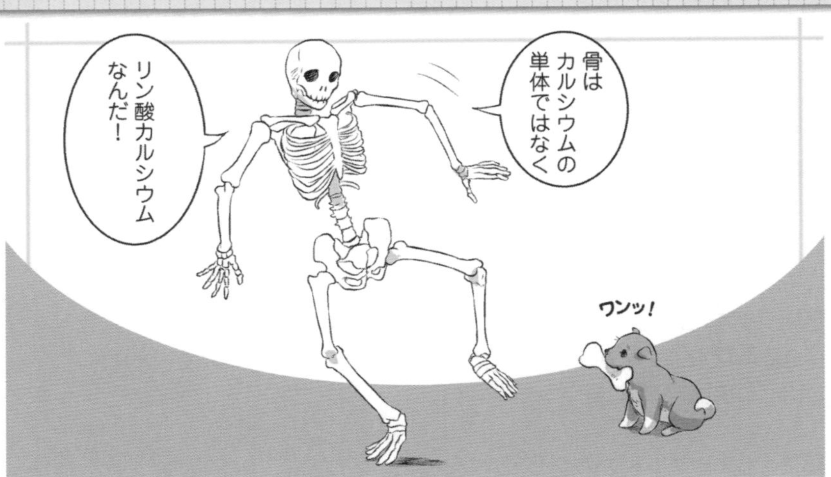

骨はカルシウムの単体ではなく
リン酸カルシウムなんだ！
ワンッ！

▶ 骨や歯の主成分はリン酸カルシウム $Ca_3(PO_4)_2$ である。

story 1 リンの単体

映画で白リン弾っていうのが出てきたんですけど，何ですか？

白リンとは，**黄**(おう)**リン**のことだよ。空気中で純粋な白リンが徐々に黄色に変色していくので，日本では黄リンとよばれていることが多いんだ。**黄リン（白リン）P_4 は自然発火しやすい**ため，空気中で燃焼して十酸化四リン P_4O_{10} の白煙が発生するんだ。

反応式は次の通りだよ。

● 黄リンの燃焼

$$P_4 + 5O_2 \longrightarrow P_4O_{10}$$

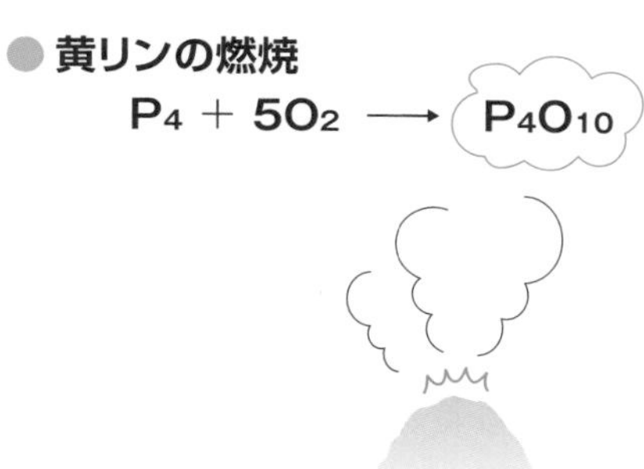

ケホ
黄リン（白リン）は空気中で燃えやすいのね！

黄リン P_4 は正四面体の分子で，有毒なので扱いには十分気をつけなければならないよ。皮膚に触れると火傷（やけど）をするし，生成した P_4O_{10} の白煙が視界を遮ることから，白リン弾という武器が存在するんだね。また，白リンは水には溶けないから，空気を遮断するために**水中で保存**するんだ。水には溶けないけど，P_4 は無極性の小さな分子なので，**無極性溶媒である二硫化炭素 CS_2 には溶解する**よ。

空気中では自然発火するから水中で保存すれば安全ね。
水
P_4
P
P
P
P
正四面体形
黄リンはP_4という小さな無極性分子だから無極性溶媒のCS_2に溶けるんだよ。

赤リンは，自然発火しないんですか?

赤リン P は黄リン P_4 と異なり巨大分子で，黄リンよりはるかに燃えにくいんだ。マッチのやすりの部分の暗赤色の物質が赤リンなんだけど，自然発火することはないよね。マッチの頭の部分にある酸化剤（塩素酸カリウム $KClO_3$）と接触させ，かつ摩擦して高温にしないと発火しないというぐらい赤リンは安定なんだ。

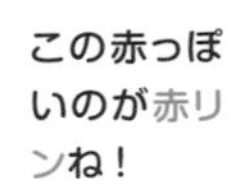
この赤っぽいのが赤リンね！

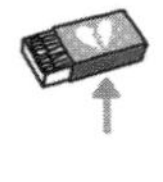

これで，ようやく燃え始める！
シュッ

ただ，赤リンも燃えにくいだけで，燃え始めたら空気中の酸素と反応して黄リンと同様に十酸化四リン P_4O_{10} を生成するんだよ。

$4P + 5O_2 \longrightarrow P_4O_{10}$
赤リンは巨大分子なので組成式で表す。
燃え始めたら全部燃えてしまうよ！

リンの同素体の赤リンと黄リンはどちらも燃焼すると，十酸化四リン P_4O_{10} になるんだけど，黄リンが非常に燃えやすいのに対して，赤リンはかなり安定なことがわかるね。

また，マッチのやすりに使われるくらいだから，赤リンは毒性が低いよ。また，赤リンは黄リンを空気を遮断した状態で約250℃に加熱するとできるよ。

Point! リンの同素体

	黄リン（白リン）	赤リン
色（特徴）	淡黄色 ・ろう状固体 ・**自然発火**するので**水中に**保存する	暗赤色（粉末）
分子の構造	P_4（分子式） P, P, P, P（正四面体形）	P（組成式） 巨大分子（高分子）
毒性	有毒	毒性低い
CS_2 への溶解	溶ける	溶けない
燃焼	自然発火する $P_4 + 5O_2 \longrightarrow P_4O_{10}$	自然発火はしないが，点火すると燃焼する $4P + 5O_2 \xrightarrow{\triangle} P_4O_{10}$

story 2 十酸化四リン

十酸化四リンって，乾燥剤なんですか?

十酸化四リン P_4O_{10} は**潮解性**のある白い粉末で，吸湿性が強いため乾燥剤や脱水剤に使われているんだよ。

空気中の水蒸気を吸収するだけでなく，分子からも**水を脱水する力**をもっている非常に強力な**脱水剤**なんだ。酢酸に P_4O_{10} を入れて加熱すると，脱水されて無水酢酸が生成するのは有名だよ。

P_4O_{10}による脱水反応

$$
\begin{array}{c} CH_3-\overset{\overset{O}{\|}}{C}-O-H \\ CH_3-\underset{\underset{O}{\|}}{C}-O-H \end{array}
\xrightarrow[\triangle]{P_4O_{10}\text{（脱水剤）}}
H_2O + (CH_3CO)_2O
$$

酢酸　CH_3COOH　　　無水酢酸　$(CH_3CO)_2O$

リン酸の生成

十酸化四リン P_4O_{10} は**酸性酸化物**で，水を加えて加熱すると，次のような反応が起きて，リン酸が生成するんだ。

$$P_4O_{10} + 6H_2O \xrightarrow[\triangle]{} 4H_3PO_4$$

リン酸（構造：$O=P(OH)_3$）

story 3　リン酸塩

リン酸が骨に入っているって本当ですか?

骨や歯を構成している物質はヒドロキシアパタイト（hydroxyapatite）とよばれる塩基性塩で $Ca_{10}(PO_4)_6(OH)_2$ と書かれるものなんだ。このヒドロキシアパタイトをもう少し解析すると，次のようになるよ。

$$Ca_{10}(PO_4)_6(OH)_2 \longrightarrow 3Ca_3(PO_4)_2 + Ca(OH)_2$$

ヒドロキシアパタイト　→　リン酸カルシウム　＋　水酸化カルシウム

つまり，リン酸カルシウム：水酸化カルシウム＝３：１の組成をもった塩基性塩というわけなんだ。だから，シンプルにいうと，骨や歯を構成する成分の中で，一番多いのはリン酸カルシウム $Ca_3(PO_4)_2$ ということになるんだ。また，リン酸カルシウムは**リン鉱石**や**リン灰石**の主成分でもあるんだ。

リン鉱石は何に使われるんですか？

リン肥料の原料になるんだ。リン鉱石の主成分であるリン酸カルシウムは水に溶けないから，植物の根からは吸収されない。だから，リン鉱石中に存在するリン酸イオン PO_4^{3-} を酸性にして，次の反応を起こすんだ。

$$PO_4^{3-} \ + \ 2H^+ \longrightarrow H_2PO_4^-$$

生成したリン酸二水素イオン $H_2PO_4^-$ とカルシウムイオン Ca^{2+} との塩であるリン酸二水素カルシウム **$Ca(H_2PO_4)_2$ は水に溶けるため**，すばらしい**化学肥料**になるんだ。具体的には，リン鉱石に酸を加えて加熱する方法があるよ。この方法でつくった**リン肥料**を**過リン酸石灰**というんだ。

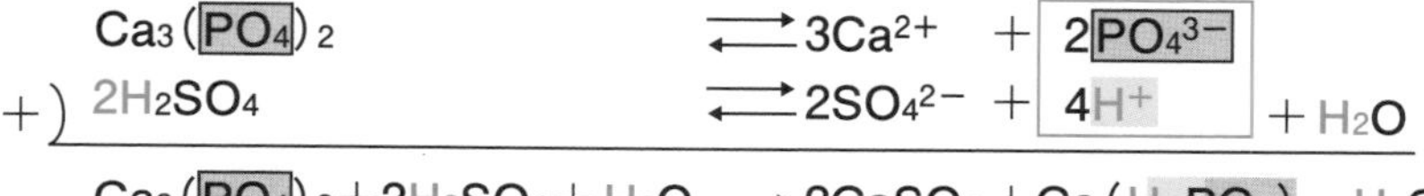

$$Ca_3(PO_4)_2 \rightleftarrows 3Ca^{2+} + 2PO_4^{3-}$$

$$+)\ 2H_2SO_4 \rightleftarrows 2SO_4^{2-} + 4H^+ \quad + H_2O$$

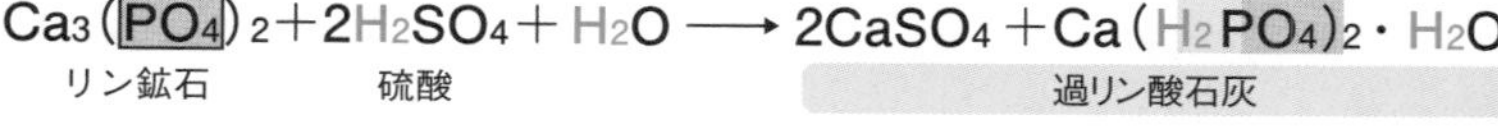

$$\underset{\text{リン鉱石}}{Ca_3(PO_4)_2} + \underset{\text{硫酸}}{2H_2SO_4} + H_2O \longrightarrow \underbrace{2CaSO_4 + Ca(H_2PO_4)_2 \cdot H_2O}_{\text{過リン酸石灰}}$$

肥料

過リン酸石灰って肥料見たことある！有名なリン肥料ね！

確認問題

	解答
1 黄リン分子の分子式を次の中から1つ選べ。 ① P_2　② P_4　③ P_6　④ P_8　⑤ P_4O_{10}	②
2 黄リンが燃焼するときの化学反応式を書け。	$P_4 + 5O_2 \longrightarrow P_4O_{10}$
3 黄リンと赤リンで，二硫化炭素の溶液に溶けるのはどちらか。	黄リン
4 黄リンと赤リンで，水中に保存するのはどちらか。	黄リン
5 酢酸に十酸化四リンを加えて加熱したときの化学変化を化学反応式で表せ。	$2CH_3COOH \longrightarrow H_2O + (CH_3CO)_2O$ （P_4O_{10} は脱水剤）
6 十酸化四リンの性質として適当なものをすべて選べ。 ① 吸湿性がある。　② 脱水性がある。 ③ 発煙性がある。　④ 自然発火する。 ⑤ 乾燥剤になる。　⑥ 風解性がある。	① ② ⑤
7 過リン酸石灰中の水溶性塩を化学式で表せ。	$Ca(H_2PO_4)_2$

第23章 炭素とその化合物

へい、ダイヤモンド一丁！
こっちの黒鉛をダイヤモンドに変えて！

▶ 炭を高圧にすると同素体であるダイヤモンドができるが，焼き鳥屋では困難である。

story 1 炭素の単体

ダイヤモンドって黒鉛の仲間なんですか？

そうなんだよ。元素記号で書けば黒鉛もダイヤモンドも“C”だから，仲間というか同じ元素からできていて，構造だけが異なるいわゆる**同素体**ってやつなんだ。炭素の同素体には，他にもフラーレンやカーボンナノチューブといったものがあるんだよ。

順に１つずつ説明するね。まず，ダイヤモンドだけど，炭素は14族だから４つの価電子が存在するよね。その４つがすべて**共有結合**しているのがダイヤモンドなんだ。

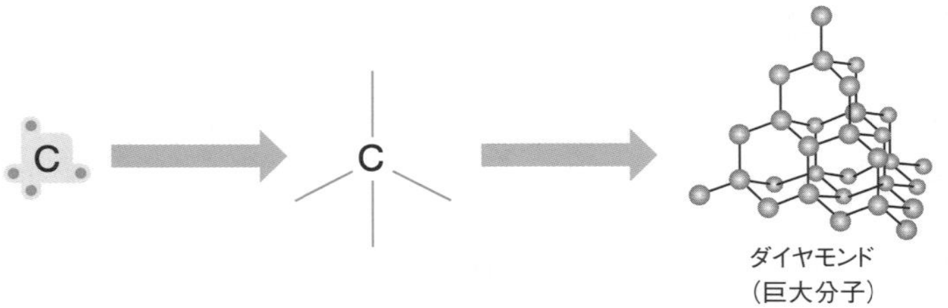
C
C
ダイヤモンド
(巨大分子)

非金属元素は共有結合によって小さな分子をつくることが多いんだけど，ダイヤモンドは非常にたくさんの炭素原子が共有結合して，巨大分子をつくることで知られているんだ。この巨大分子が１つの結晶となっているので，**共有結合結晶**に分類されているんだ。化学結合の中でも共有結合は最大級に強い結合なので，**共有結合のみで構成されているダイヤモンドは非常に結合力が強く**，**硬い物質として知られている**ね。

指輪などの宝石としても有名だけど，工業界では合成されたダイヤモンドが，カッターや研磨剤(けんまざい)として大活躍なんだよ。

黒鉛も巨大分子なのに，硬くないのはなぜなんですか?

それはよい質問だね。黒鉛は炭素の４つの価電子のうち**３つが共有結合した構造**をしているんだ。**炭素から出ている共有結合は３本で１つの価電子が余った状態**になっているんだ。

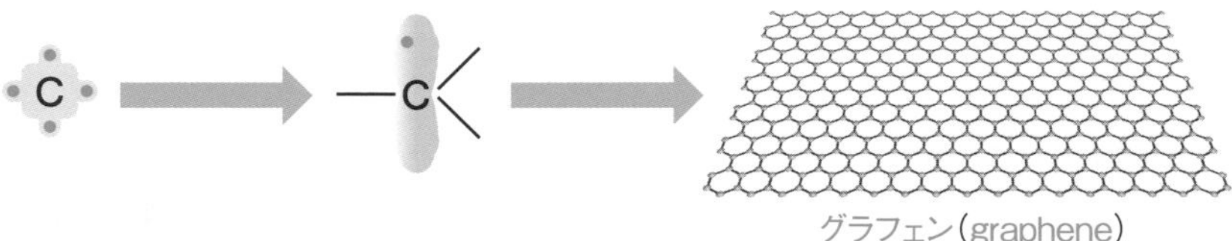
C
C
グラフェン(graphene)

炭素から結合が３本出ていると平面構造になり，ちょうどベンゼンのように六角形に炭素が結合して，平面シート状の巨大分子の**グラ**

フェン（graphene）ができるんだ。各炭素に1個ずつ余っている電子はシートの上下に存在しているイメージだね。このシート状の巨大分子が層状に重なっているものが**黒鉛**（graphite）なんだ。

だから，黒鉛はグラフェンシートの上下に存在する余った電子が自由に動いて自由電子として働き，電気を導くと考えられているんだよ。

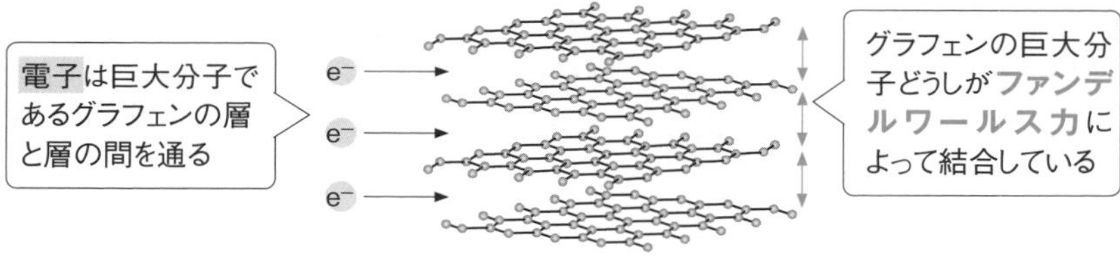
電子は巨大分子であるグラフェンの層と層の間を通る
e⁻
e⁻
e⁻
グラフェンの巨大分子どうしがファンデルワールス力によって結合している

▲ **黒鉛（graphite）の構造**

黒鉛はグラフェン分子が**ファンデルワールス力**によって結晶化しているので，層と層の間は比較的動きやすいといえるね。だから，ダイヤモンドほどの硬さはないんだ。

また，黒鉛からグラフェンを1枚剥がすのは大変だったんだけど，現在は技術が進歩して剥がせるようになってきたんだ。最近ではグラフェン分子も導電性を持つ同素体としてカウントされているよ。炭素は面白いでしょ。

わぁ，おもしろい！　他にもグラフェンの仲間はいないの？

日本人の飯島澄男（いいじますみお）博士が発見した**カーボンナノチューブ**はおもしろいよ。グラフェンシートを筒（つつ）状にしたものなんだ。丸める方向や直径によってさまざまな種類のものが知られているんだ。チューブ状のグラフェンみたいなものだから，グラフェン同様に，導電性があるカーボンナノチューブもあるよ。

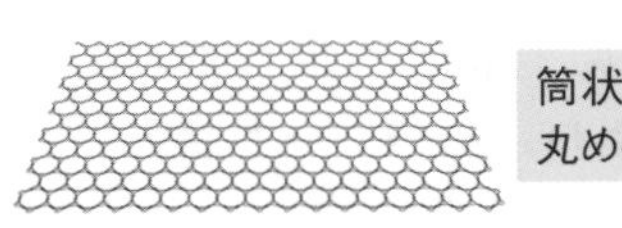
筒状に
丸める

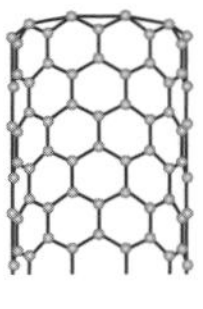
カイラル型

アームチェア型

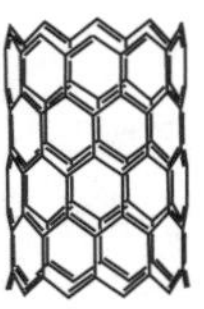
ジグザグ型

カーボンナノチューブ

導電性の**カーボンナノチューブは**，**いわば細い導線**だから，電気製品が小型化している現在では，それだけでも価値があることがわかるね。種類によって，導電体，半導体になるんだ。あと，身近に利用されているものだと，携帯電話などのバッテリーに使われているリチウムイオン電池で，リチウムイオン Li^+ をしまう負極材料として利用されているすごい材料なんだよ！

フラーレンって，ダイヤモンドや黒鉛とは全く違う構造なんですか？

いやいや，**フラーレン**はグラフェンのシート状の分子を球状に丸めた構造をしているんだ。フラーレンは黒鉛を球状にしたものと思えばいいよ。何個の炭素原子で球にするかで，C_{60}，C_{70}，C_{84} などさまざまな大きさのものが知られているよ。

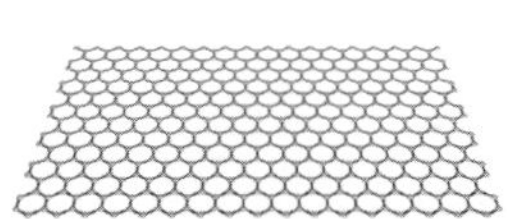

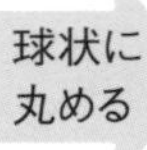
球状に
丸める

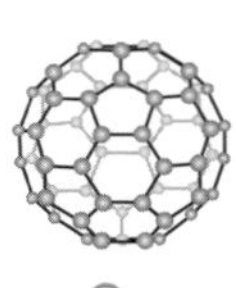
C60

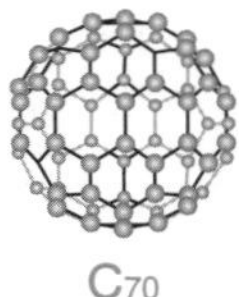
C70

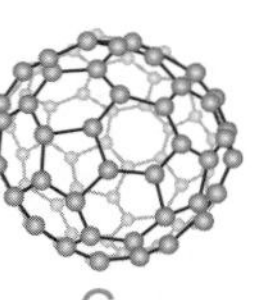
C84

それと，フラーレンは球状にするために，**五角形の構造がある**のも構造上の特徴なんだよ。サッカーボールの模様を見てみるとわかるね。あれは C_{60} の分子式のフラーレンと同じ形なんだ。

フラーレンは**炭素の同素体の中で一番小さい分子だから**，**有機溶媒**（ゆうきようばい）**に溶ける**ことも覚えておいてね。

story 2 炭素の化合物

安定な炭素化合物って何ですか？

それは何と言っても二酸化炭素だね。炭素の価電子は４なので，酸化数は－４ ～ +4 になるね。でも，炭素の電気陰性度は2.6 で空気中の酸素の3.4 より小さいので，酸素と結合した二酸化炭素（Cの酸化数＋４）が安定なんだ。だから，多くの炭素化合物を燃焼させると安定な二酸化炭素が生成するというわけなんだ。

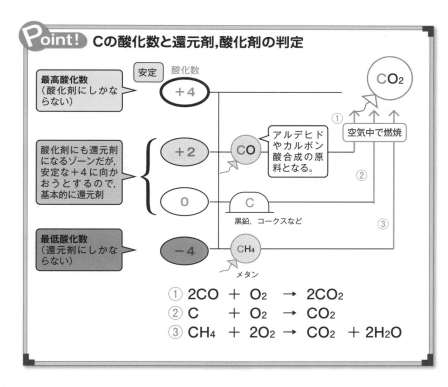

Point! Cの酸化数と還元剤,酸化剤の判定

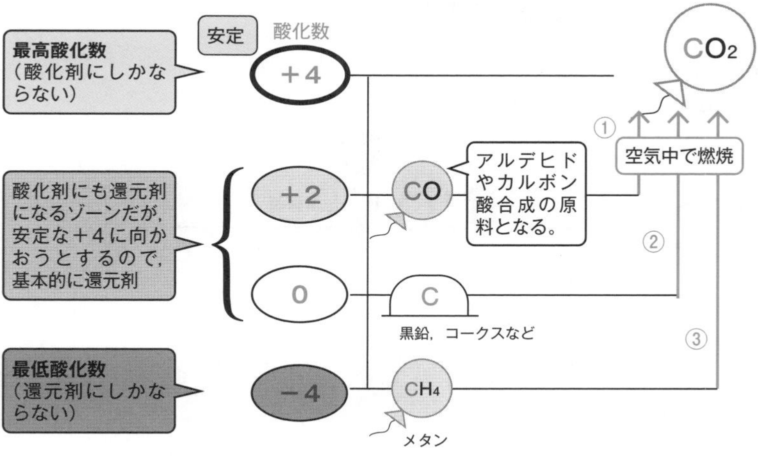

安定
酸化数
最高酸化数（酸化剤にしかならない）
+4
CO_2
酸化剤にも還元剤になるゾーンだが，安定な＋４に向かおうとするので，基本的に還元剤
+2
CO
アルデヒドやカルボン酸合成の原料となる。
空気中で燃焼
0
C
黒鉛，コークスなど
最低酸化数（還元剤にしかならない）
－4
CH_4
メタン

① $2CO + O_2 \rightarrow 2CO_2$
② $C + O_2 \rightarrow CO_2$
③ $CH_4 + 2O_2 \rightarrow CO_2 + 2H_2O$

story 3 一酸化炭素の製法

じゃあ,二酸化炭素が安定だから,
他の不安定な子達はダメダメですね。

いやいや，安定な CO_2 は反応し難いから，多くの有機化合物などを合成する原料としては一酸化炭素 CO が良く使われるんだ。ダメダメじゃないんだよ。でも，CO は血液中のヘモグロビンと結合する極めて有毒な気体だから扱いは要注意だよ。無色無臭で臭いがないしね。

この一酸化炭素を炭素の燃焼によって生成するのは難しいので（CO_2 になるため），次のような製法があるんだ。

Point! 一酸化炭素COの製法

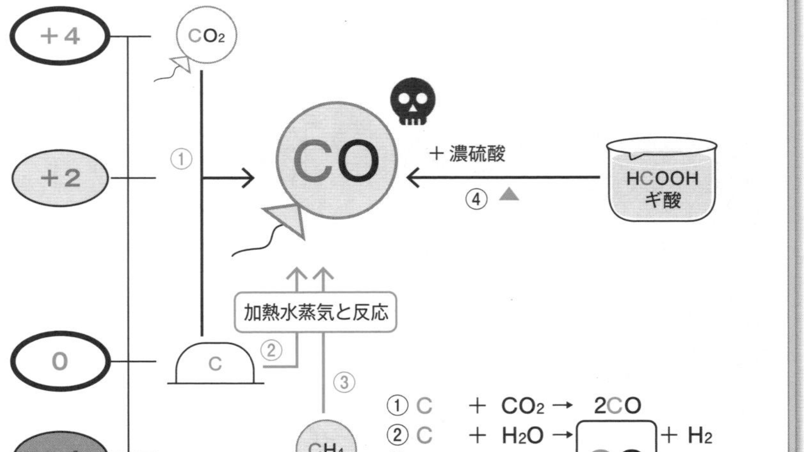

+4 — CO_2
+2 — ① → CO ← ④ ▲ + 濃硫酸 ← HCOOH ギ酸
0 — C ② 加熱水蒸気と反応
−4 — CH_4 ③

① $C + CO_2 \rightarrow 2CO$
② $C + H_2O \rightarrow CO + H_2$
③ $CH_4 + H_2O \rightarrow CO + 3H_2$
④ $HCOOH \rightarrow CO + H_2O$

一酸化炭素は毒ガスだから取り扱い注意だよ!

キケン!

このように合成された一酸化炭素から，メタノールや酢酸が合成されているんだ。

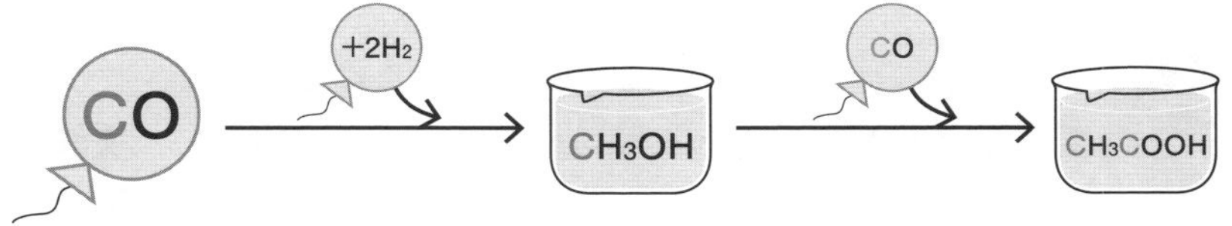
CO
$+2H_2$
CH_3OH
CO
CH_3COOH

▲ **メタノールや酢酸の合成**

story 4 二酸化炭素

二酸化炭素が発生する反応って多い気がするのですが，一気に覚える方法ないですか？

そうだね，炭酸～とか，炭酸水素～みたいな化合物の反応では二酸化炭素がバンバン発生するよね。炭酸について学べば一気に理解できるよ。ブレンステッドの定義では炭酸は次のように考えられるね。ただし，炭酸分子 H_2CO_3 は不安定ですぐに二酸化炭素と水に分解することを意識してね。

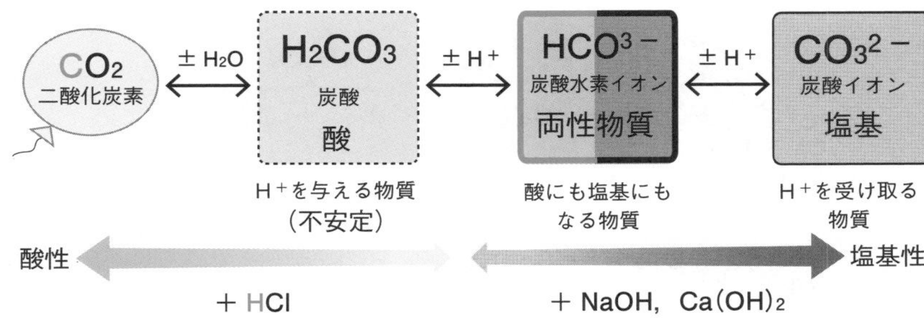
CO_2
二酸化炭素
$\pm H_2O$
H_2CO_3
炭酸
酸
H$^+$を与える物質
（不安定）
$\pm H^+$
HCO^{3-}
炭酸水素イオン
両性物質
酸にも塩基にもなる物質
$\pm H^+$
CO_3^{2-}
炭酸イオン
塩基
H$^+$を受け取る物質
酸性
塩基性
＋ HCl
＋ NaOH，$Ca(OH)_2$

▲ **炭酸の酸塩基**

これを見ると，炭酸水素イオンや炭酸イオンを含む物質を塩酸 HCl などで酸性にすると二酸化炭素 CO_2 が発生するのがわかるでしょ。

凄～い！　たくさん反応式が書けそう！

そうなんだ，陽イオンを気にせず反応式はたくさん書けるよ。炭酸～に塩酸とか，炭酸水素～に塩酸などだよ。この反応は起こりやすいから加熱は必要ないんだ。さらに，炭酸塩（アルカリ金属の炭酸塩を除く）を加熱したり，炭酸水素塩を加熱する反応でも二酸化炭素が発生するんだ。良く出るカルシウム塩を例にまとめるね。

Point! **二酸化炭素の製法と確認**

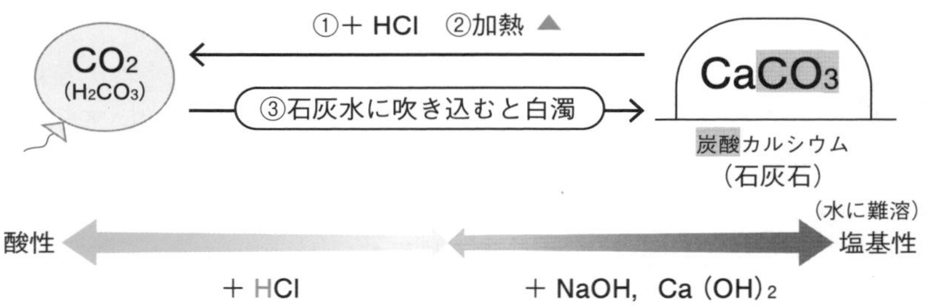

CO_2（H_2CO_3） ←（①＋HCl　②加熱△）― $CaCO_3$ 炭酸カルシウム（石灰石）（水に難溶）

CO_2 ―（③石灰水に吹き込むと白濁）→ $CaCO_3$

酸性 ←――→ 塩基性

＋HCl　　＋NaOH，Ca(OH)$_2$

Ca^{2+}は反応に関与していない

① $CaCO_3$（石灰石）$+ 2HCl \longrightarrow CaCl_2 + \underbrace{H_2O + CO_2}_{H_2CO_3}$

② $CaCO_3$（石灰石）$\xrightarrow{\triangle} CaO + CO_2$

③ $Ca(OH)_2$（石灰水）$+ CO_2 \longrightarrow CaCO_3\downarrow$（白色）$+ H_2O$

あと二酸化炭素は1.013×10^5Pa下では冷却しても液体にならず，－79℃で凝華して固体になるんだ。固体の二酸化炭素は**ドライアイス**と呼ばれ冷却剤に使われているよ。

確認問題

解答

1　炭素の同素体を次の中からすべて選べ。
①グラファイト　②石炭　③石油
④ダイヤモンド　⑤フラーレン

①④⑤

2　黒鉛を構成するシート状のグラフェン分子を結びつけている力は何か。

ファンデルワールス力（分子間力）

3　有機溶媒に可溶な物質を次の中から選べ。
①黒鉛　②フラーレン　③ダイヤモンド

②

4　ギ酸に濃硫酸を加えて加熱したときの化学変化を化学反応式で表せ。

$HCOOH \longrightarrow CO + H_2O$

5　コークスに加熱水蒸気を作用させて水性ガス（H_2＋CO）が発生する化学変化を化学反応式で表せ。

$C + H_2O \longrightarrow H_2 + CO$

6　二酸化炭素と高温の炭素が接触して一酸化炭素が発生する反応式を書け。

$C + CO_2 \longrightarrow 2CO$

7　石灰石を強熱して二酸化炭素が発生する反応式を書け。

$CaCO_3 \longrightarrow CaO + CO_2$

8　石灰石に塩酸を入れると発生する炭素化合物の化学式を書け。

CO_2

9　石灰水に二酸化炭素を入れて生成する白色の固体の化学式を書け。

$CaCO_3$

第24章 ケイ素とその化合物

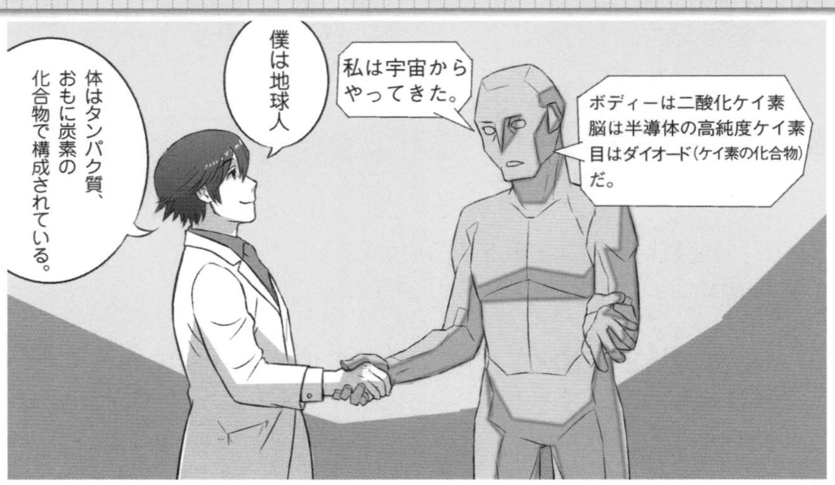
私は宇宙からやってきた。
ボディーは二酸化ケイ素
脳は半導体の高純度ケイ素
目はダイオード（ケイ素の化合物）だ。
僕は地球人
体はタンパク質、おもに炭素の化合物で構成されている。

▶ 半導体材料からガラスまで，ケイ素の単体や化合物はさまざまなところに使われている。

story 1 ケイ素の単体

ケイ素って，どこにあるんですか?

ズバリ地球の表層の厚さ6km～40kmの部分にたくさんあるよ。この表層部分を**地殻**（ちかく）といって，大ざっぱにいえばこの部分は**二酸化ケイ素 SiO_2** を主体とした化合物なんだ。地殻を構成する元素は，多い順に酸素 O，ケイ素 Si，アルミニウム Al，鉄 Fe となっているよ。だから，ケイ素資源は地球上に非常にたくさんあるんだ。ケイ素の単体を得るにはケイ砂（しゃ）やケイ石（せき）（主成分 SiO_2）をコークスで還元するんだよ。反応式は次の通りだ。

$$SiO_2 + 2C \xrightarrow[\triangle]{} Si + 2CO$$

　このようにして得られたケイ素を別の方法で高純度にしたものが**半導体の材料**として使われているんだ。また，コークスを多量に入れて反応させると**炭化ケイ素**ができることも，ついでに覚えておいてね。

$$SiO_2 + 3C \xrightarrow{\triangle} SiC + 2CO$$

炭化ケイ素（カーボランダムの商品名で知られる）

炭化ケイ素は非常に硬く高融点なため，砥石（といし）や研磨（けんま）材，耐火材料などに使われているよ！

ケイ素と炭素は同じ14族元素だから，似ていますか?

それはとてもいい質問だね。確かに似ている性質が多いよ。炭素の単体であるダイヤモンドの構造とケイ素の構造は全く同じだし，CH_4 と SiH_4 は同じ正四面体構造だ。CO_2 と SiO_2 は，次のように反応してオキソ酸である炭酸 H_2CO_3 とケイ酸 H_2SiO_3 をつくるから酸性酸化物だね。

酸性酸化物　　　　オキソ酸

$$CO_2 + H_2O \rightleftarrows H_2CO_3 \text{（炭酸）}$$

$$SiO_2 + H_2O \rightleftarrows H_2SiO_3 \text{（ケイ酸）}$$

　化学式を書く上では非常に似ていることが多いんだけど，構造には大きな違いがあるんだ。ケイ素の化合物の多くは巨大分子（高分子）なんだ。次の表で確認してみてね。

Point! 炭素とケイ素の比較

	炭素の単体と化合物	ケイ素の単体と化合物
単体の構造	ダイヤモンド C カッターや研磨剤に利用 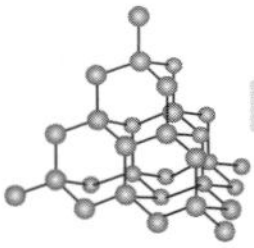	ケイ素 Si 半導体コンピューターや太陽電池に利用 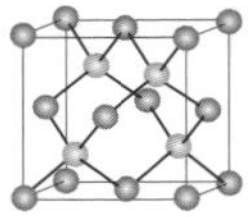 結晶格子(ダイヤモンド型)
水素化物の構造	CH_4(メタン) 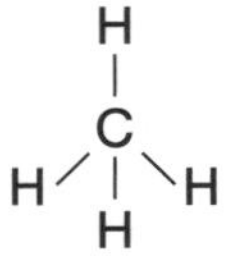	SiH_4(シラン) 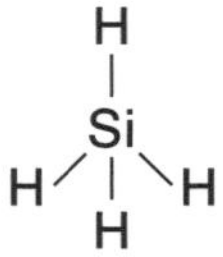
酸化物	CO_2(二酸化炭素) 分子式 O＝C＝O 直線型	SiO_2(二酸化ケイ素) 組成式 巨大分子 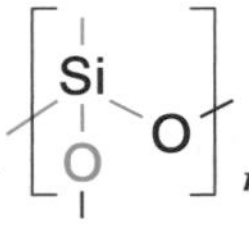
	酸性酸化物	酸性酸化物
オキソ酸の生成	$CO_2 + H_2O \rightleftarrows H_2CO_3$	$SiO_2 + H_2O \rightleftarrows H_2SiO_3$
オキソ酸の構造	H_2CO_3(炭酸) 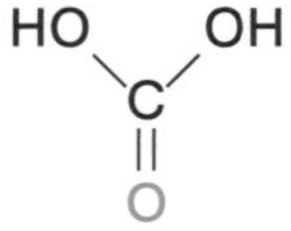	H_2SiO_3(ケイ酸) 巨大分子 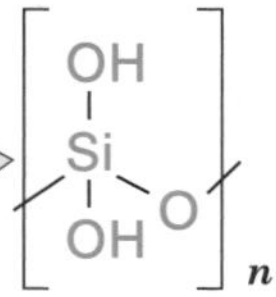
オキソ酸のナトリウム塩	Na_2CO_3(炭酸ナトリウム) 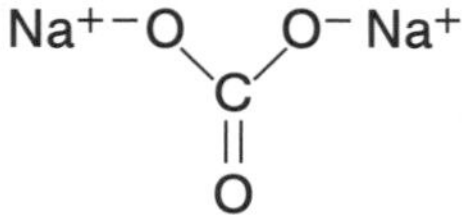 $Na^+ {}^-O$–C(＝O)–$O^- Na^+$	Na_2SiO_3(ケイ酸ナトリウム) 巨大分子 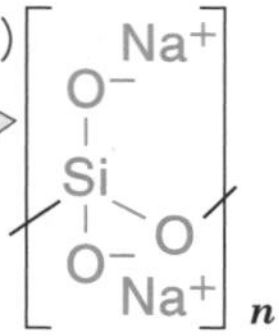  水溶液は水ガラスとよばれる

story 2 二酸化ケイ素とガラス

ケイ素の化合物は，何を覚えればよいですか?

ケイ素を含む化合物はたくさんあるけど，やはり一番重要なのは**二酸化ケイ素 SiO_2** だね。**SiO_2 は Si 原子から四面体方向に出ている４本の手に酸素原子が結合した構造**をしているんだ。この基本構造をもつ結晶がいくつか存在しているんだけど，常温常圧で安定な結晶は**石英**(せきえい)（**quartz**）で，**透明な石英を特に水晶**(すいしょう)とよぶよ。

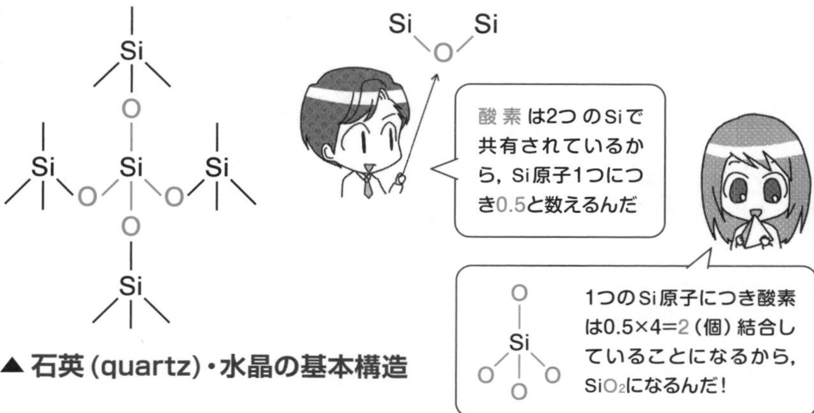
Si
O
Si
O
Si
O
Si
O
Si
Si
O
Si
酸素は2つのSiで共有されているから，Si原子1つにつき0.5と数えるんだ
O
Si
O
O
O
1つのSi原子につき酸素は0.5×4=2（個）結合していることになるから，SiO2になるんだ！

▲ 石英（quartz）・水晶の基本構造

セラミックスって何ですか?

セラミックス（窯業(ようぎょう)製品）って広い意味では無機化合物を焼き固めたものなんだ。SiO_2 やケイ酸塩などを含む場合が多くて，陶磁器，ガラス，セメントなどがあるよ。ここでは特にガラスの作り方を教えるね。ガラスの原料は主にケイ砂で主成分は SiO_2 なんだ。

SiO_2 だけでつくられているガラスは**石英ガラス**といって，耐熱性，耐薬品性，透明性に優れているけど，理化学用の実験器具や光ファイバーなどの特殊な用途でしか使われないんだ。水晶をただ溶かすだけで約1700℃の高熱が必要で，溶けてもかなり粘性が高いから，普通は1900℃くらいにして加工しているんだよ。もちろん，窓ガラスに使われる**ソーダガラス**よりはるかに高価だよ。

私はお金持ちだから
窓ガラスもコップも
全部,石英ガラスの特
注品なんだよ。
はっはっは！

この人，窓ガラス
に硫酸かけたり，
コップを1000℃に
加熱したりするの
かしら！
完全にオーバース
ペックだわ！

身の周りの窓ガラスなどには高い耐熱性や耐薬品性はいらないから，**ソーダガラス**（**ソーダライムガラス**，**ソーダ石灰ガラス**）がよく使われているんだ。ソーダガラスは，原料であるケイ砂に炭酸ナトリウム Na_2CO_3 と炭酸カルシウム $CaCO_3$ を加えたもので，1000℃以下で十分加工できることから，安価なので広く普及しているんだ。ここで加える炭酸ナトリウムは，工業界では，**ソーダ灰**(**soda ash**)とよばれ(単に**ソーダ**ともよばれることもある)，炭酸カルシウムは**石灰石**(**lime stone**)の主成分であることからソーダ石灰ガラス，ソーダライムガラス（soda-lime glass）とよばれるんだよ。

ソーダガラス以外のガラスも教えてください！

もちろん，我々の身の周りにあるガラスがすべてソーダガラスではないんだ。化学の実験で使うメスシリンダーやビーカーは，ソーダガラスの原料であるソーダ灰のかわりに炭酸カリウムを加えてつくる**カリガラス**だし，シャンデリアや高級グラスなどに使われている**鉛ガラス**は酸化鉛(Ⅱ)を含んでいるんだ。**鉛ガラ**

スは屈折率が高くて，キラキラ光るから**クリスタルガラス**(**crystal glass**)とよばれることもあるよ。

また，加熱可能な鍋やポットなどは**ホウケイ酸**(さん)**ガラス**がよく使われていて，これは石灰石のかわりにホウ砂(さ)を使っているんだ。このようにケイ砂を原料にしてさまざまなガラスがつくられているんだ。

地殻に多く存在しているケイ素は半導体だけでなく，ガラスとして大量に使われているんだよ。化学を知ると，物に対する知識が深まって，感動し，新しい発見があるから楽しいんだよ。

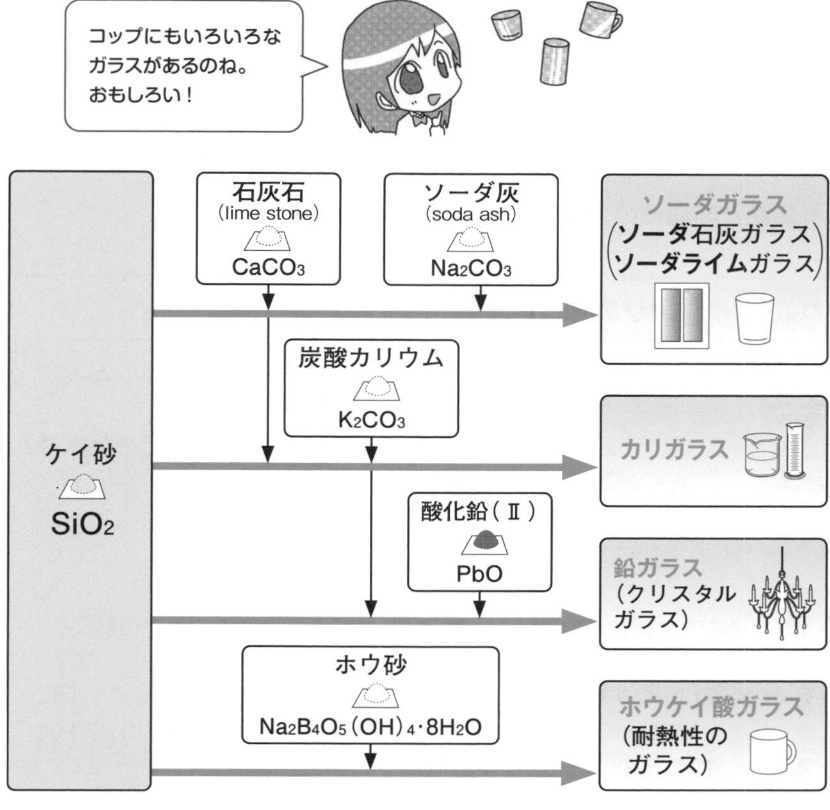
コップにもいろいろなガラスがあるのね。おもしろい！
ケイ砂
SiO_2
石灰石
(lime stone)
$CaCO_3$
ソーダ灰
(soda ash)
Na_2CO_3
炭酸カリウム
K_2CO_3
酸化鉛(Ⅱ)
PbO
ホウ砂
$Na_2B_4O_5(OH)_4 \cdot 8H_2O$
ソーダガラス
(ソーダ石灰ガラス
ソーダライムガラス)
カリガラス
鉛ガラス
(クリスタルガラス)
ホウケイ酸ガラス
(耐熱性のガラス)

▲さまざまなガラスとその原料

ガラスと水晶は何が違うんですか?

ガラスも水晶も主成分は二酸化ケイ素 SiO_2 という点は同じなんだが，決定的に違うのは**水晶は規則的なくり返し構造をもつ結晶であるのに対して，ガラスは規則的なくり返し構造をもっていない**んだ。だから，ガラスは固体といっても結晶ではなく**非晶質**（ひしょうしつ）とか**アモルファス**（amorphous）とよばれるよ。

固体の分類を図にすると，次のようになるよ。

		例
固体	結晶（規則正しいくり返し構造あり）	石英（水晶）組成式 SiO_2
	非晶質（アモルファス）（規則正しいくり返し構造なし）	石英ガラス 組成式 SiO_2

▲ **結晶と非晶質の分類**

story 3 シリカゲル

学校でシリカゲルの製法を試験に出すって言われたんで教えて下さい!

シリカゲルもガラスと同様にケイ砂から作るんだ。手順は次の通りだよ。

シリカゲルの製法

1 ケイ砂に水酸化ナトリウム NaOH かソーダ灰 Na_2CO_3 を入れて加熱して，ケイ酸ナトリウム Na_2SiO_3 の固体を得る。
2 ケイ酸ナトリウムを水に溶かして，水ガラスと呼ばれる粘度の高い液体にする。
3 水ガラスを粒状にして，塩酸や硫酸中に入れゲル状のケイ酸 H_2SiO_3 を得る。
4 ケイ酸を乾燥させてシリカゲルを得る。

次のポイントに構造なども載せておいたから参考にしてね。

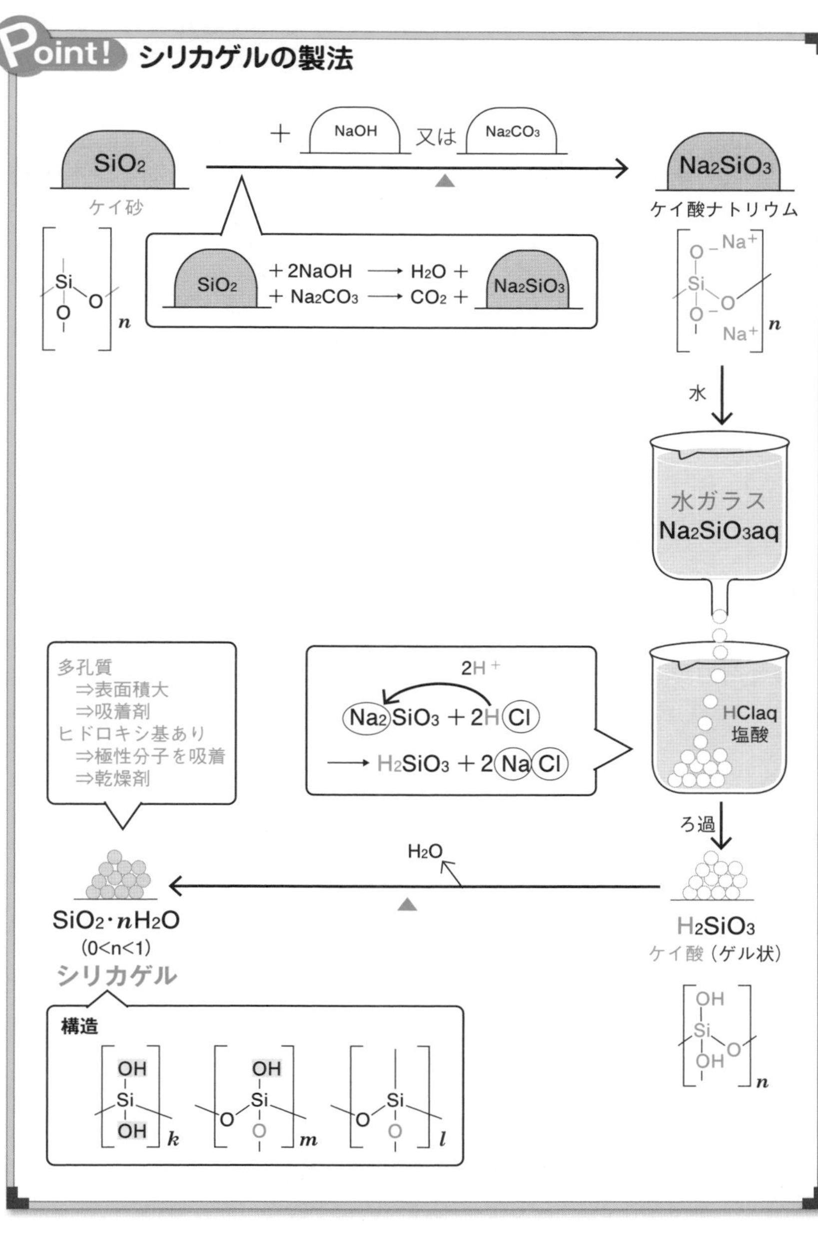
Point! シリカゲルの製法
SiO2
ケイ砂
+ NaOH 又は Na2CO3
△
Na2SiO3
ケイ酸ナトリウム
SiO2 + 2NaOH ⟶ H2O + Na2SiO3
+ Na2CO3 ⟶ CO2 +
Si
O
O
n
O−
Na+
Si
O
O−
Na+
n
水
水ガラス
Na2SiO3aq
HClaq
塩酸
2H+
Na2SiO3 + 2HCl
⟶ H2SiO3 + 2NaCl
多孔質
⇒表面積大
⇒吸着剤
ヒドロキシ基あり
⇒極性分子を吸着
⇒乾燥剤
ろ過
H2O
△
SiO2・nH2O
(0<n<1)
シリカゲル
H2SiO3
ケイ酸（ゲル状）
OH
Si
O
OH
n
構造
OH
Si
OH
k
OH
O
Si
O
m
O
Si
O
l

ケイ酸はゲル状（ゼリー状）の固体で，水をたくさん含んでいるんだよ。球状のつぶつぶゼリーのようなケイ酸を乾燥させると，中の水分が気体になって抜けていくから**多孔質**（穴だらけ）の固体（**キセロゲル**）ができるんだ。これが**シリカゲル**とよばれる吸着剤なんだ。

多孔質の物質は表面積が非常に大きいため，いろいろな分子を吸着するんだ。同じように水をたくさん含んだゲルから水を蒸発させてできた固体（キセロゲル）に棒寒天があるよ。

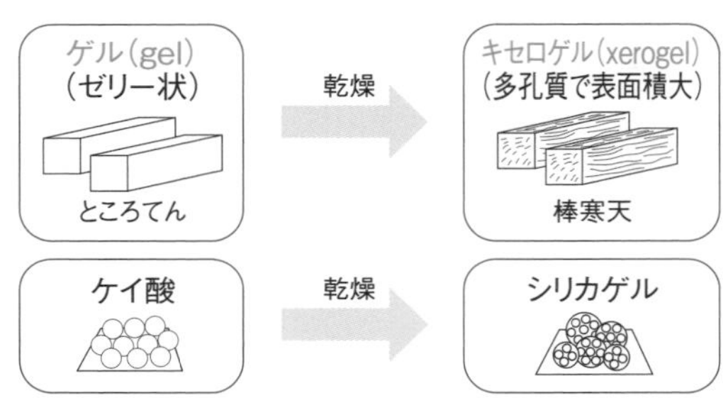

ゲル(gel)
(ゼリー状)
ところてん
乾燥
キセロゲル(xerogel)
(多孔質で表面積大)
棒寒天
ケイ酸
乾燥
シリカゲル

棒寒天は吸着剤には使われないけど，多孔質で表面積の大きい吸着剤としては，**活性炭**や**活性アルミナ**，**ゼオライト**などがあるんだ。

吸着剤は身近な利用法では冷蔵庫の脱臭剤などに使われているよ。

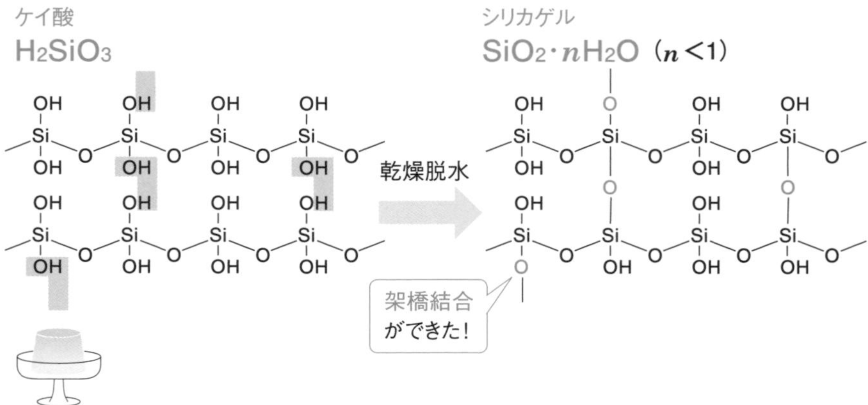

ケイ酸
H2SiO3
シリカゲル
SiO2・nH2O (n<1)
乾燥脱水
架橋結合
ができた！

▲ **ケイ酸が脱水されてシリカゲルが生成される**

シリカゲルは一部にヒドロキシ基を残した状態なので，きれいなくり返し単位にならないんだ。だから $SiO_2 \cdot nH_2O$（$n < 1$）の化学式で表現されることが多いよ。シリカゲルはこの残ったヒドロキシ基のおかげで，水などの**極性の強い分子をよく吸着する**という特徴をもつんだ。だから，多孔質で表面積が広いだけの活性炭などとは異なる特殊な吸着剤であることがわかるね。

シリカゲルは乾燥剤にも脱臭剤にもなるんだ!
乾燥剤
たべられません
DO NOT EAT

物質の状態と気体
固体の構造
溶液
熱化学
電池と電気分解
反応速度と平衡
非金属元素
金属元素の単体と化合物
遷移元素の単体と化合物

確認問題

1　ケイ砂とコークスを加熱してケイ素と一酸化炭素を生成するときの化学変化を化学反応式で表せ。

解答：$SiO_2 + 2C \longrightarrow Si + 2CO$

2　ケイ砂とコークスを加熱して炭化ケイ素と一酸化炭素を生成するときの化学変化を化学反応式で表せ。

解答：$SiO_2 + 3C \longrightarrow SiC + 2CO$

3　透明な石英は何とよばれるか。

解答：水晶

4　石英の化学式を答えよ。

解答：SiO_2

5　石英中のケイ素が酸素原子と結合している立体構造を示せ。

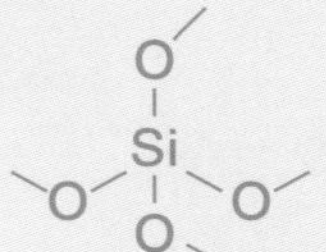

O
Si
O
O
O

6　次の中から分子式でなく組成式で表記されているものをすべて選べ。

①CO_2　②SiO_2　③H_2CO_3
④H_2SiO_3　⑤Na_2CO_3　⑥Na_2SiO_3
⑦CH_4　⑧SiH_4

解答：②④⑥

7　次の中からソーダ石灰ガラスの原料をすべて選べ。

①$CaCO_3$　②$CaCl_2$　③CaF_2
④$CaSO_4$　⑤Na_2CO_3　⑥$NaCl$
⑦NaF　⑧Na_2SO_4　⑨SiO_2

解答：①⑤⑨

8　次のガラスの中から最も耐熱性に優れているガラスを選べ。
① ソーダ石灰ガラス　② カリガラス
③ 鉛ガラス　④ ホウケイ酸ガラス

解答
④

9　ケイ砂と水酸化ナトリウムの固体を強熱したときの化学変化を化学反応式で表せ。

$SiO_2 + 2NaOH \longrightarrow H_2O + Na_2SiO_3$

10　ケイ酸ナトリウムの水溶液は何とよばれるか答えよ。

水ガラス

11　ケイ砂と炭酸ナトリウムの固体を加熱したときの化学変化を化学反応式で表せ。

$SiO_2 + Na_2CO_3 \longrightarrow Na_2SiO_3 + CO_2$

12　ケイ酸ナトリウムの水溶液に硫酸を加えたときの化学変化を化学反応式で表せ。

$Na_2SiO_3 + H_2SO_4 \longrightarrow Na_2SO_4 + H_2SiO_3$

13　ケイ酸ゲルを乾燥してできる吸着剤は何か。

シリカゲル

14　シリカゲルは分子を吸着する高い能力を有している。その性質はシリカゲルのどのような特徴から由来するものか。次の中から1つ選べ。
① 多孔質である。
② 分子量が大きい。
③ ケイ素原子の反応性が大きい。
④ 酸素原子の反応性が大きい。

①

15　シリカゲルは極性の強い分子を吸着する能力に特に優れている。その性質はシリカゲルがもつ次のどの官能基に由来するか。
① エーテル結合　② アルデヒド基
③ エステル結合　④ ヒドロキシ基

④

第
25
章

気体の製法と性質

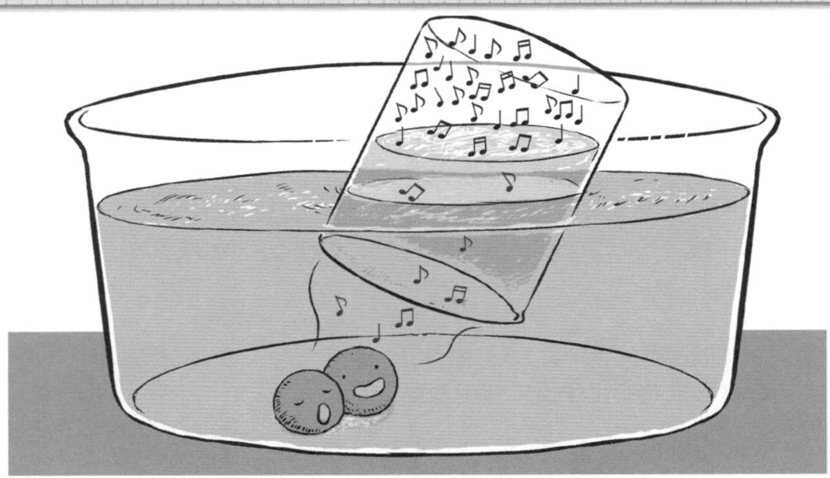

▶マリモが出す酸素は水に溶けないので，水上置換するのが望ましい。

story 1 気体の製法

気体の製法は全部暗記なんでしょうか？

いやいや，何も考えずに暗記していたら大変だよ。酸塩基反応か酸化還元反応か，ギ酸に濃硫酸のように単なる脱水反応なのかに分けてみてみると難しくないよ。また，気体の発生で加熱が必要なパターンをまとめておいたから参考にしてね。

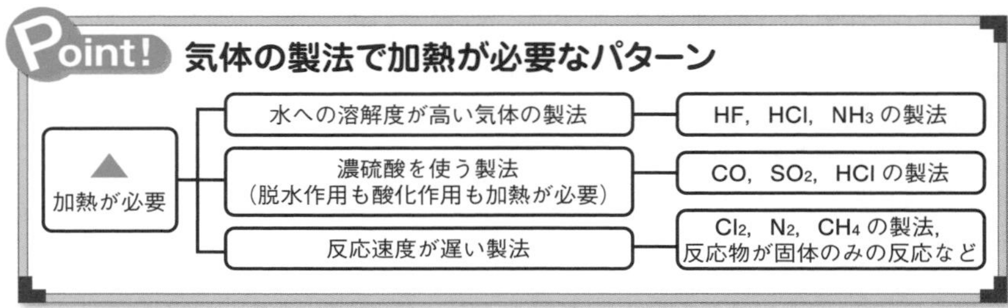
Point!
気体の製法で加熱が必要なパターン
▲
加熱が必要
水への溶解度が高い気体の製法
HF，HCl，NH_3 の製法
濃硫酸を使う製法
（脱水作用も酸化作用も加熱が必要）
CO，SO_2，HCl の製法
反応速度が遅い製法
Cl_2，N_2，CH_4 の製法，
反応物が固体のみの反応など

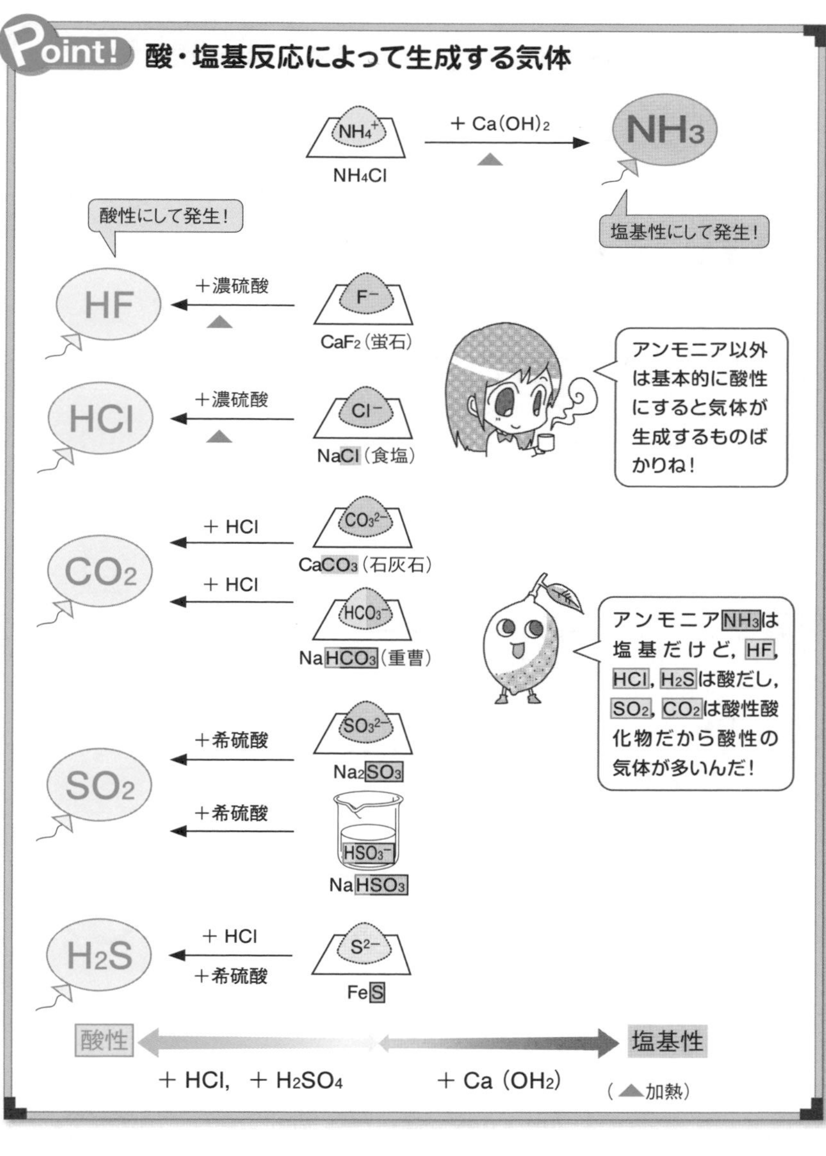
Point! 酸・塩基反応によって生成する気体
NH_4^+
NH_4Cl
＋$Ca(OH)_2$
NH_3
塩基性にして発生！
酸性にして発生！
HF
＋濃硫酸
F^-
CaF_2（蛍石）
アンモニア以外は基本的に酸性にすると気体が生成するものばかりね！
HCl
＋濃硫酸
Cl^-
NaCl（食塩）
CO_2
＋HCl
CO_3^{2-}
$CaCO_3$（石灰石）
＋HCl
HCO_3^-
$NaHCO_3$（重曹）
アンモニアNH_3は塩基だけど，HF，HCl，H_2Sは酸だし，SO_2，CO_2は酸性酸化物だから酸性の気体が多いんだ！
SO_2
＋希硫酸
SO_3^{2-}
Na_2SO_3
＋希硫酸
HSO_3^-
$NaHSO_3$
H_2S
＋HCl
＋希硫酸
S^{2-}
FeS
酸性
塩基性
＋HCl，＋H_2SO_4
＋Ca（OH_2）
（▲加熱）

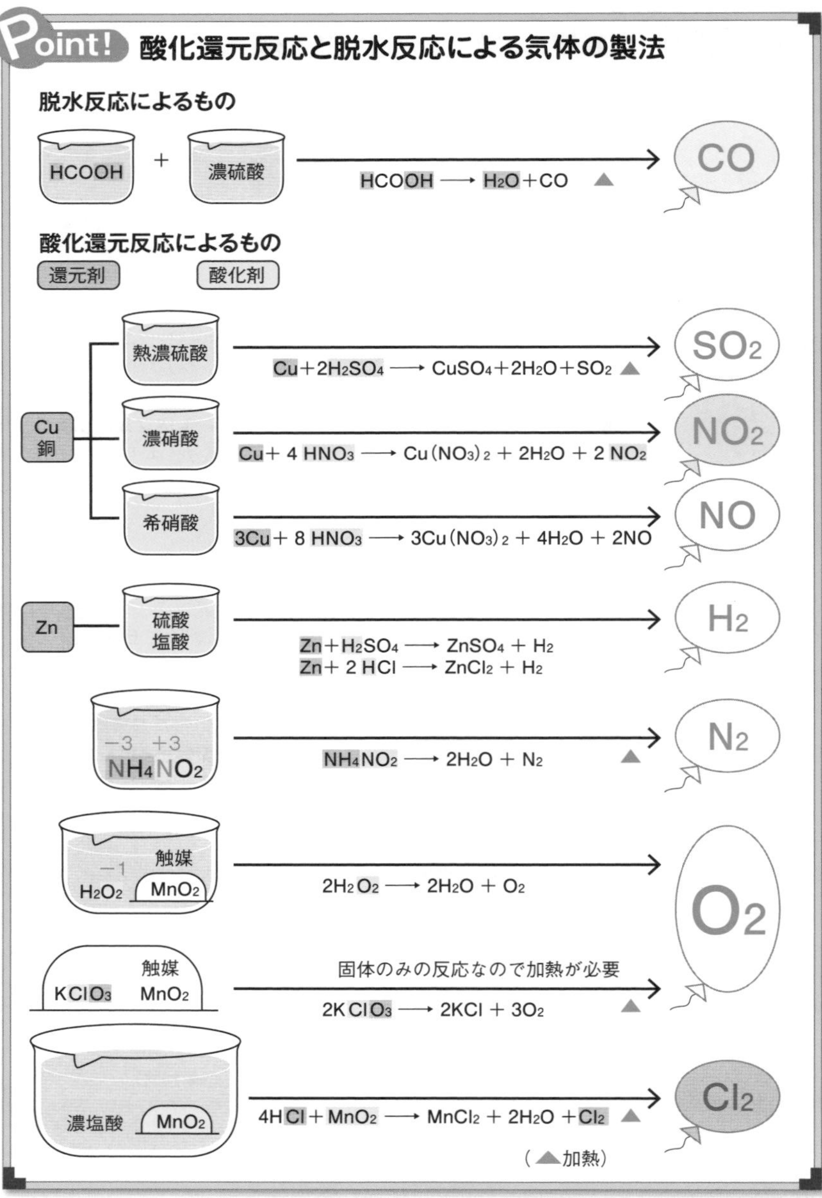

Point! 酸化還元反応と脱水反応による気体の製法
脱水反応によるもの
HCOOH
+
濃硫酸
HCOOH ⟶ H2O＋CO ▲
CO
酸化還元反応によるもの
還元剤
酸化剤
Cu 銅
熱濃硫酸
Cu＋2H2SO4 ⟶ CuSO4＋2H2O＋SO2 ▲
SO2
濃硝酸
Cu＋4 HNO3 ⟶ Cu(NO3)2 ＋ 2H2O ＋ 2 NO2
NO2
希硝酸
3Cu＋8 HNO3 ⟶ 3Cu(NO3)2 ＋ 4H2O ＋ 2NO
NO
Zn
硫酸 塩酸
Zn＋H2SO4 ⟶ ZnSO4 ＋ H2
Zn＋2 HCl ⟶ ZnCl2 ＋ H2
H2
−3 ＋3
NH4NO2
NH4NO2 ⟶ 2H2O ＋ N2 ▲
N2
触媒
−1
H2O2
MnO2
2H2O2 ⟶ 2H2O ＋ O2
触媒
KClO3
MnO2
固体のみの反応なので加熱が必要
2KClO3 ⟶ 2KCl ＋ 3O2 ▲
O2
濃塩酸
MnO2
4HCl＋MnO2 ⟶ MnCl2 ＋ 2H2O ＋Cl2 ▲
Cl2
（▲加熱）

story 2 気体の発生装置と乾燥剤・捕集法

(1) 発生装置

気体の発生装置にはどんなものがあるんですか?

気体の発生の多くは液体と固体を混ぜるから，**ふたまた試験管**や**キップの装置**を使うんだ。この２つは**途中で反応を停止させることができる**から大変便利だよ。ボンベのかわりに使う感覚だね。

もし，途中で反応を停止したり再開したりする必要がないなら，三角フラスコに滴下漏斗(てきかろうと)をつけたものを使ったりするんだ。加熱する場合は三角フラスコでは割れる危険があるから，**丸底フラスコ**(まるぞこ)を使うのが一般的だよ。

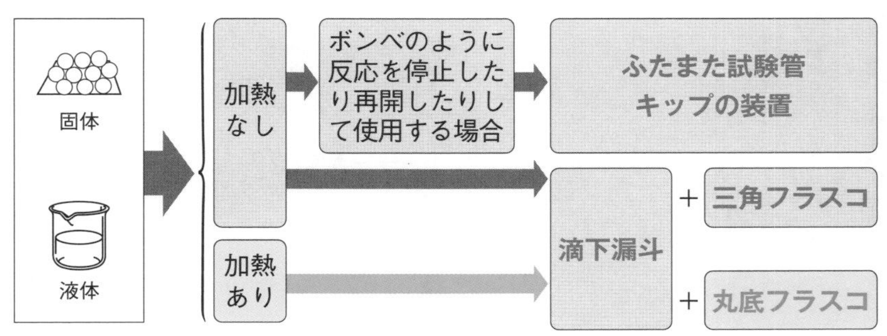

固体
液体
加熱なし
ボンベのように反応を停止したり再開したりして使用する場合
ふたまた試験管
キップの装置
滴下漏斗
＋ 三角フラスコ
加熱あり
＋ 丸底フラスコ

▲ **固体と液体の気体発生装置**

固体のみの反応の場合は，反応速度が遅いから加熱が必要なんだ。試験管を使った簡単な装置で発生させる場合は，加熱部に水が流れると試験管が割れる可能性があるため，**加熱部を少し上げて実験をする**んだよ。水が発生しない反応でも固体が水を含んでいる場合もあるから，念のために加熱部を上げるのが一般的だから覚えておこう。

Point! 気体の発生装置

試薬・加熱		装置
固体＋液体	加熱なし	ふたまた試験管（ストッパー／反応停止・反応） 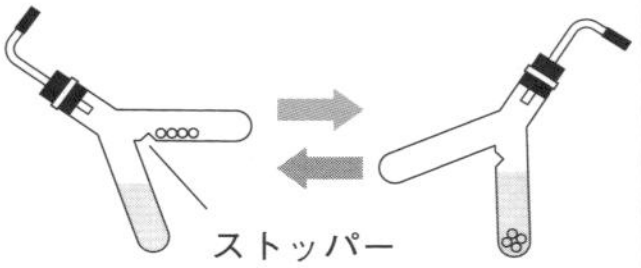 キップの装置（コック／閉・開） 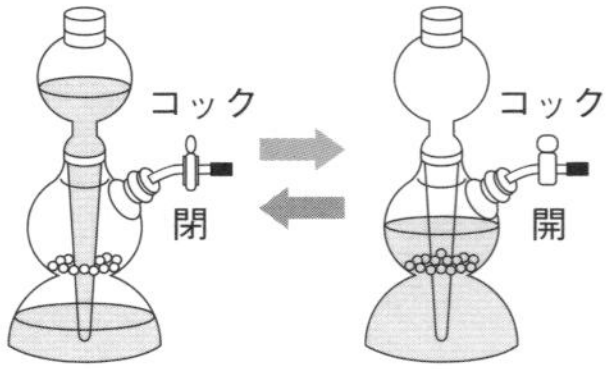 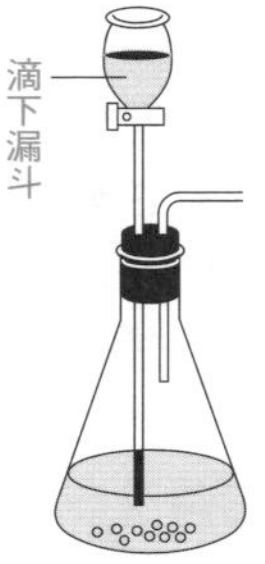 三角フラスコ（滴下漏斗）
固体＋液体	△加熱あり	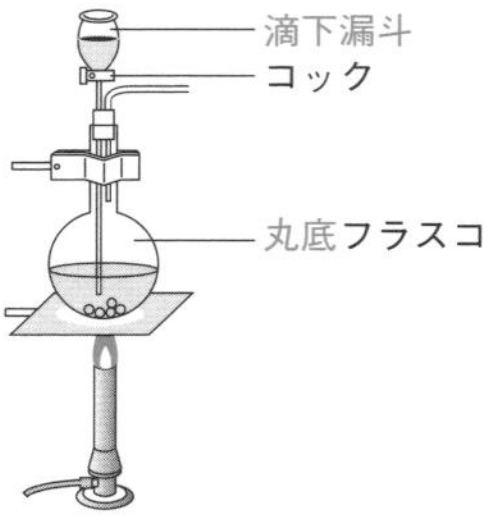 滴下漏斗／コック／丸底フラスコ
固体のみ	△加熱あり	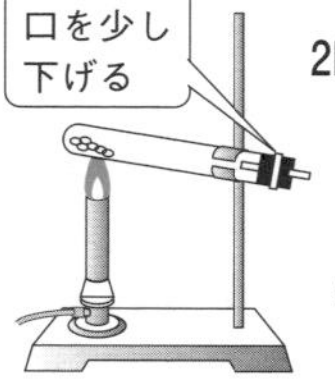 試験管の口を少し下げる $2NH_4Cl + Ca(OH)_2 \xrightarrow{\triangle} CaCl_2 + 2H_2O + 2NH_3\uparrow$ $2NaHCO_3 \xrightarrow{\triangle} Na_2CO_3 + H_2O + CO_2\uparrow$ $CH_3COONa + NaOH \xrightarrow{\triangle} Na_2CO_3 + CH_4\uparrow$

(2) 乾燥剤

気体の乾燥剤と補集法が難しくて困っています。

乾燥剤から整理してみよう。１つのコツとしては気体と乾燥剤を酸性，塩基性，中性に注目して分類してみるとわかりやすいんだ。

気体の乾燥では，混合気体から水蒸気のみを除きたいだろう。だから，酸性の気体を塩基性の乾燥剤に通したり，塩基性の気体を酸性の乾燥剤に通すと，中和が起こって気体そのものが吸収されてしまうからダメなんだ。その意味では中性の気体はどの乾燥剤でもオッケーだ。

この法則に従わない組み合わせが２つあるよ。まず，塩基性の気体の**アンモニアと中性乾燥剤の塩化カルシウム**だ。アンモニアが塩化カルシウムに吸着されてしまい，$CaCl_2 \cdot 8NH_3$ になるので使えないんだ。

また，**酸性気体の硫化水素** H_2S **と濃硫酸** H_2SO_4 は，H_2S の還元性が強過ぎて濃硫酸を還元してしまうので使えないんだ。

乾燥ってH_2Oだけ
を取り除くことね！
H_2O
H_2O

(3) 捕集法

次に気体の捕集法だけど，水に溶けない中性気体は**水上置換**（すいじょうちかん）にするんだ。また，塩基性気体や酸性気体で空気より密度の小さな気体は**上方置換**（じょうほうちかん），空気より密度が大きければ**下方置換**（かほうちかん）にするんだ。でも，上方置換にするのは分子量が17のアンモニア NH_3 だけなので，実は簡単にまとめることができるよ。

Point! 気体の乾燥剤と捕集法

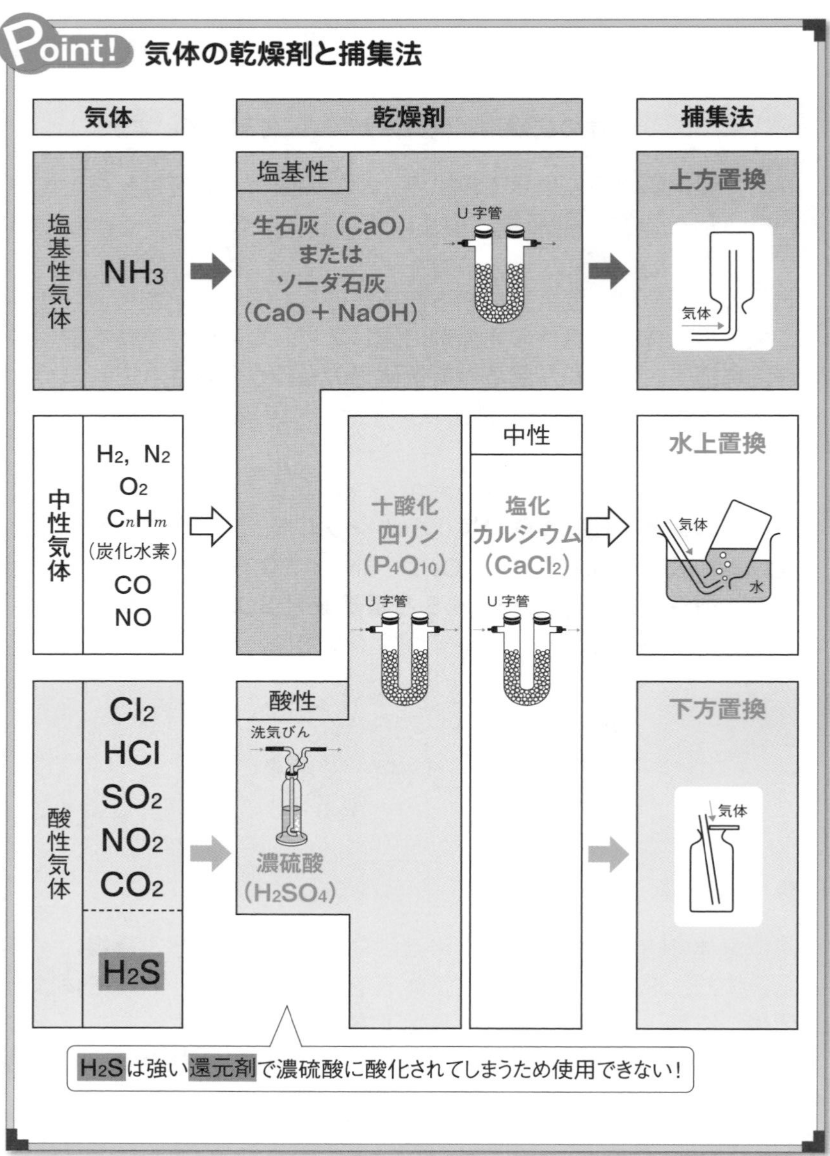

気体
乾燥剤
捕集法
塩基性気体
NH_3
塩基性
生石灰（CaO）
または
ソーダ石灰
（CaO + NaOH）
U字管
上方置換
気体
中性気体
H_2，N_2
O_2
C_nH_m
（炭化水素）
CO
NO
十酸化
四リン
（P_4O_{10}）
U字管
中性
塩化
カルシウム
（$CaCl_2$）
U字管
水上置換
気体
水
酸性気体
Cl_2
HCl
SO_2
NO_2
CO_2
H_2S
酸性
洗気びん
濃硫酸
（H_2SO_4）
下方置換
気体
H_2Sは強い還元剤で濃硫酸に酸化されてしまうため使用できない！

story 3 気体の性質と試験紙の反応

気体の確認はリトマス紙だけで良いですか?

酸性気体か塩基性気体をチェックするのはリトマス紙が良いね。でも他にも確認する方法があるから次の方法をチェックしてね。

Point! 気体の確認

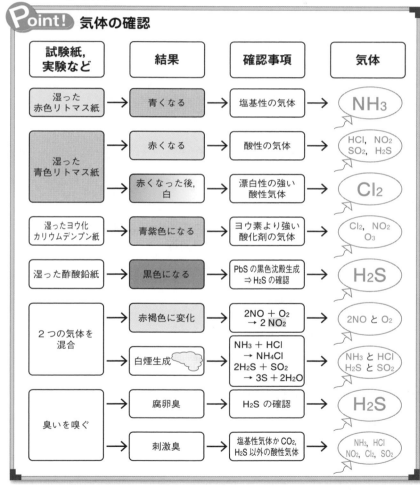

試験紙,実験など	結果	確認事項	気体
湿った赤色リトマス紙	青くなる	塩基性の気体	NH_3
湿った青色リトマス紙	赤くなる	酸性の気体	HCl, NO_2, SO_2, H_2S
湿った青色リトマス紙	赤くなった後,白	漂白性の強い酸性気体	Cl_2
湿ったヨウ化カリウムデンプン紙	青紫色になる	ヨウ素より強い酸化剤の気体	Cl_2, NO_2, O_3
湿った酢酸鉛紙	黒色になる	PbS の黒色沈殿生成 ⇒ H_2S の確認	H_2S
2つの気体を混合	赤褐色に変化	$2NO + O_2 \rightarrow 2NO_2$	$2NO$ と O_2
2つの気体を混合	白煙生成	$NH_3 + HCl \rightarrow NH_4Cl$ $2H_2S + SO_2 \rightarrow 3S + 2H_2O$	NH_3 と HCl H_2S と SO_2
臭いを嗅ぐ	腐卵臭	H_2S の確認	H_2S
臭いを嗅ぐ	刺激臭	塩基性気体か CO_2, H_2S 以外の酸性気体	NH_3, HCl, NO_2, Cl_2, SO_2

確認問題

解答

1 次の方法で発生する気体を化学式で答えよ。

(1) 食塩に濃硫酸を加えて加熱する。
(2) 塩化アンモニウムに水酸化カルシウムを加えて加熱する。
(3) 亜硫酸水素ナトリウムに硫酸を加える。
(4) 硫化鉄(Ⅱ)に硫酸を加える。
(5) ギ酸に熱濃硫酸を加える。

解答：(1) HCl (2) NH_3 (3) SO_2 (4) H_2S (5) CO

2 次の気体の発生方法のうち，加熱が必要なものをすべて選べ。

① 銅と濃硝酸で NO_2 を発生させる。
② 銅と希硝酸で NO を発生させる。
③ 銅と濃硫酸で SO_2 を発生させる。
④ 亜鉛と希硫酸で H_2 を発生させる。

解答：③

3 次の中からアンモニアと硫化水素の乾燥剤として使用できるものをそれぞれ選べ。

① ソーダ石灰　② 生石灰　③ 濃硫酸
④ 十酸化四リン　⑤ 塩化カルシウム

解答：アンモニア ①②
硫化水素 ④⑤

4 次の中から下方置換で捕集する気体をすべて選べ。

① N_2　② NO　③ NO_2　④ SO_2
⑤ H_2S　⑥ NH_3　⑦ HCl　⑧ Cl_2

解答：③④⑤⑦⑧

5 次の中から水上置換で捕集する気体をすべて選べ。

① CO　② NO　③ NO_2　④ N_2
⑤ O_2　⑥ HCl　⑦ NH_3

解答：①②④⑤

解答

6 上方置換で捕集する気体の化学式を書け。

NH_3

7 次の中から水で湿らせたヨウ化カリウムデンプン紙を青紫色に変色させる気体をすべて選べ。

① NO　② NO_2　③ SO_2　④ H_2S
⑤ O_2　⑥ O_3　⑦ Cl_2　⑧ F_2

②⑥⑦⑧

8 水で湿らせた赤色リトマス紙を青色に変化させる気体は何か。その化学式を示せ。

NH_3

9 次の中から水で湿らせた青色リトマス紙を赤色に変化させる気体をすべて選べ。

① NH_3　② NO_2　③ HCl　④ H_2S

②③④

10 次の中から刺激臭のある気体をすべて選べ。

① NH_3　② NO_2　③ HCl　④ H_2S
⑤ O_3

①②③

11 水で湿らせた酢酸鉛紙を黒色に変化させる気体を1つ化学式で示せ。また，その黒色の物質の組成式を示せ。

気体　H_2S
黒色の物質　PbS

12 次の中から白煙を生じる気体の組み合わせを2つ選べ。また，白煙を構成する物質の化学式を書け。

① NH_3　② CO_2　③ NO　④ SO_2
⑤ N_2　⑥ O_2　⑦ H_2S　⑧ HCl
⑨ H_2　⑩ CH_4

①と⑧
物質 NH_4Cl

④と⑦
物質 S

VIII

金属元素の単体と化合物

第26章 アルカリ金属の性質

決して水中では
開けないで
ください
NA

▶アルカリ金属は水と激しく反応する。

story 1 単体の特徴

アルカリ金属の性質で一番重要な性質は何ですか?

まず，アルカリ金属の一般的な性質を見てもらおう。

①密度が小さく銀白色の金属(セシウムは金色)
②融点が低く,柔らかい金属(融点は周期表の下ほど低い)
③**炎色反応**がある
④非常に**強い還元剤**で,水や空気と反応するため,灯油(石油)中に保存
⑤空気中で速やかに酸化され,金属光沢を失う
⑥**体心立方格子**の結晶

1族	2族	13族	14族
H			
Li	Be	B	C
Na	Mg	Al	Si
K	Ca	Ga	Ge
Rb	Sr	In	Sn
Cs	Ba	Tl	Pb
Fr	Ra		

この中で特に重要なのは強力な**還元剤**という性質なんだ。

周期表の1族の元素はすべて最外殻に1個の電子しかもたないから，還元剤となり電子を1個失って**貴ガス型の電子配置**になるよ。

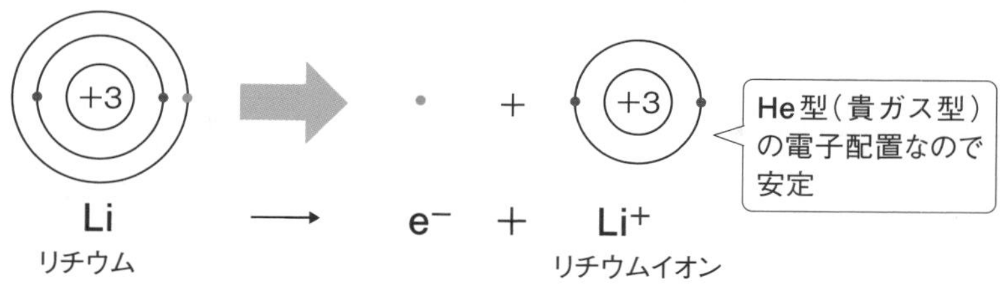
+3
+3
He型（貴ガス型）の電子配置なので安定
Li
リチウム
e⁻
Li⁺
リチウムイオン

また，周期表の元素は下にいくほど原子半径が大きくなるから，下にいくほど最外殻の電子を失って1価の陽イオンになりやすいよ。つまり，**第一イオン化エネルギー**は下にいくほど小さくなっているんだ。一般に，アルカリ金属の**反応性は，周期表の下の元素ほど大きい**ことは覚えておこう。

アルカリ金属	単体の反応性（還元力）	密度（g/cm³）	融点（℃）		保存	炎色反応
Li	小	0.53	181	高い	灯油（石油）中に保存	**赤色**
Na	↑	0.97	98	↑		**黄色**
K		0.86	64			**赤紫色**
Rb	↓	1.53	39	↓		赤色
Cs	大	1.87	28	低い		青色

Li, Na, K の密度は1.0以下なので水に浮くんだ！

▲ **アルカリ金属の性質**

還元剤としての半反応式は次の通りだよ。

アルカリ金属は空気中に出すだけですぐに表面が酸化されてイオンになってしまうんだ！

アルカリ金属	還元剤としての半反応式
Li	$Li \longrightarrow Li^+ + e^-$
Na	$Na \longrightarrow Na^+ + e^-$
K	$K \longrightarrow K^+ + e^-$
Rb	$Rb \longrightarrow Rb^+ + e^-$
Cs	$Cs \longrightarrow Cs^+ + e^-$

アルカリ金属は還元性が強いため，空気中の酸素と速やかに反応するよ。ナトリウムと酸素の例を見てもらおう。

$$4Na + O_2 \longrightarrow 4Na^+ + 2O^{2-} \longrightarrow 2Na_2O$$

e^-（4Na から O_2 へ）

4Na：還元剤　O_2：酸化剤

酸素と反応するのなら，アルカリ金属は空気を遮断するために，水中に保存したらいいのかな?

とんでもない。それだけはやってはダメだよ。**アルカリ金属は，水とも反応する**んだ。アルカリ金属は強い還元剤だから，酸化剤である水素イオン H^+ に電子（e^-）を与えるという反応が起こるんだ。

$2e^-$（2Na から $2H^+$ へ）

$$2Na + 2H^+ \longrightarrow 2Na^+ + H_2\uparrow$$

塩酸や硫酸などの酸と反応するのはいうまでもないけど，**非常にわずかしか水素イオン H^+ を出さない水 H_2O とも反応する**んだ。反応式を書くと，次のようになるよ。

$$2Na + 2H_2O \longrightarrow 2NaOH + H_2\uparrow$$

($2e^-$ が Na から H_2O の H へ移動)

還元剤（Na） 酸化剤（H_2O の H）

アルカリ金属の反応式は全部同じだ！水と反応するなんておもしろ〜い！

ボッ！

アルカリ金属と水の反応は激しいから，水をかけたら駄目だよ〜!!!!

アルカリ金属は還元性が強すぎて酸素とも水とも反応するから，空気や水から遮断するために石油中や灯油中に保存するよ。水中に保存する黄リンと間違えないようにね。

アルカリ金属は空気中の酸素や水蒸気を遮断する目的で石油中や灯油中に保存するんだ！ 水とは激しく反応するから水中には保存できないよ!!

▼アルカリ金属の反応

アルカリ金属	酸素との反応	水との反応	反応性
Li	$4Li + O_2 \longrightarrow 2Li_2O$	$2Li + 2H_2O \longrightarrow 2LiOH + H_2$	小
Na	$4Na + O_2 \longrightarrow 2Na_2O$	$2Na + 2H_2O \longrightarrow 2NaOH + H_2$	↑
K	$4K + O_2 \longrightarrow 2K_2O$	$2K + 2H_2O \longrightarrow 2KOH + H_2$	
Rb	$4Rb + O_2 \longrightarrow 2Rb_2O$	$2Rb + 2H_2O \longrightarrow 2RbOH + H_2$	↓
Cs	$4Cs + O_2 \longrightarrow 2Cs_2O$	$2Cs + 2H_2O \longrightarrow 2CsOH + H_2$	大

story 2 アルカリ金属の化合物

(1) 塩化ナトリウムNaClの溶融塩電解

アルカリ金属って自然界の中ではどこにあるの?

単体は非常に強い還元剤だから自然界には存在していないけど，**化合物の形で存在している**んだ。一番身近なのは海水や岩塩の中の塩化ナトリウム NaCl だけど，他のアルカリ金属もイオンの形で鉱物の中に含まれているよ。

イオンから単体を得るには，水溶液にしないで**アルカリ金属の化合物をそのまま電気分解する**んだ。例えば，水を一滴も入れないで NaCl を800℃以上に加熱して電気分解すると，**陰極からナトリウム Na の単体が，陽極からは塩素 Cl_2 の単体が生成する**よ。

Point! NaClの溶融塩電解

陽極　C　Cl_2　Cl^-

陰極　Fe　Na　Na^+

NaClのみ

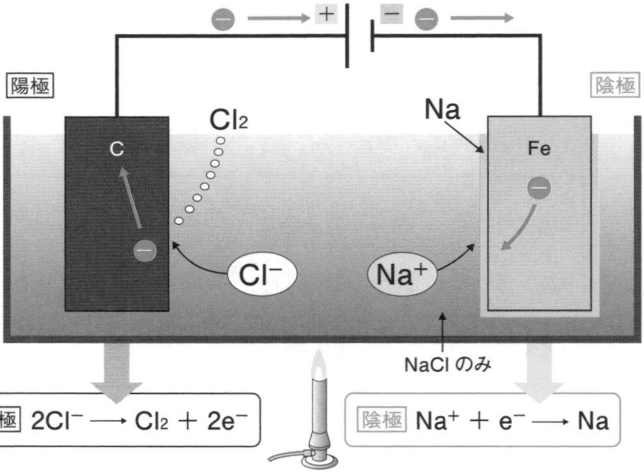

陽極　$2Cl^- \longrightarrow Cl_2 + 2e^-$

陰極　$Na^+ + e^- \longrightarrow Na$

全反応式	$2NaCl \longrightarrow 2Na + Cl_2$

(2) 潮解と風解

水酸化ナトリウムの結晶の表面が湿ってくるんですが，これは特殊なことなんですか？

それは**潮解**(ちょうかい)という現象で，**結晶が空気中の水分を吸収して溶液になっていく**現象なんだ。**水酸化リチウム LiOH 以外のアルカリ金属の水酸化物は潮解性をもつ**んだ。

また，炭酸ナトリウム十水和物 $Na_2CO_3 \cdot 10H_2O$ のように結晶の中に水を含むものがあって，この水を**結晶水**(けっしょうすい)というんだけど，**結晶水を失って粉末状になる現象**を**風解**(ふうかい)というんだ。まとめてみると，次のようになるよ。

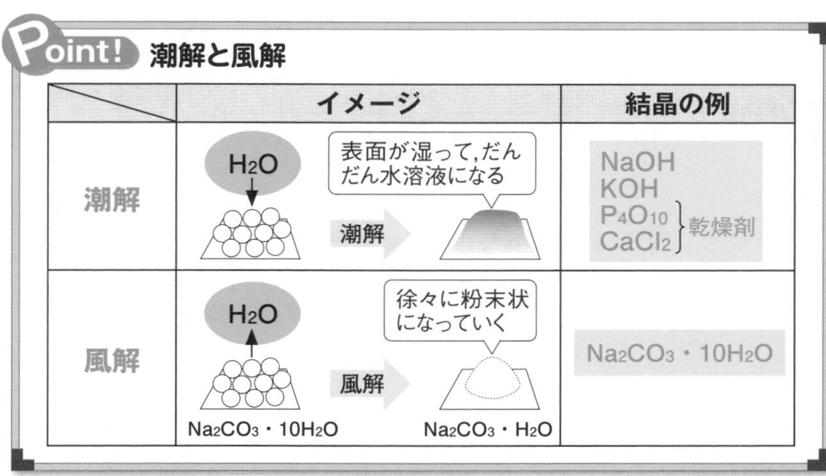

Point! 潮解と風解

	イメージ	結晶の例
潮解	H_2O ↓ 表面が湿って，だんだん水溶液になる　潮解 →	$NaOH$ KOH P_4O_{10} }乾燥剤 $CaCl_2$
風解	H_2O ↑ 徐々に粉末状になっていく　$Na_2CO_3 \cdot 10H_2O$ 風解 → $Na_2CO_3 \cdot H_2O$	$Na_2CO_3 \cdot 10H_2O$

潮解性物質は水を吸うから乾燥剤になるのね！

(3) 二酸化炭素の発生

パンケーキ好きなんですけど，ふくらし粉って何でふっくらするんですか？

それは二酸化炭素のせいだよ。使うのは炭酸水素ナトリウム（重曹）なんだ。重曹中の炭酸水素イオン HCO_3^- は酸にも塩基にもなる両性物質なので，加熱すると HCO_3^- 同士が反応して，二酸化炭素が出るというわけなんだ。純粋な重曹に近いふくらし粉はベーキングソーダというよ。

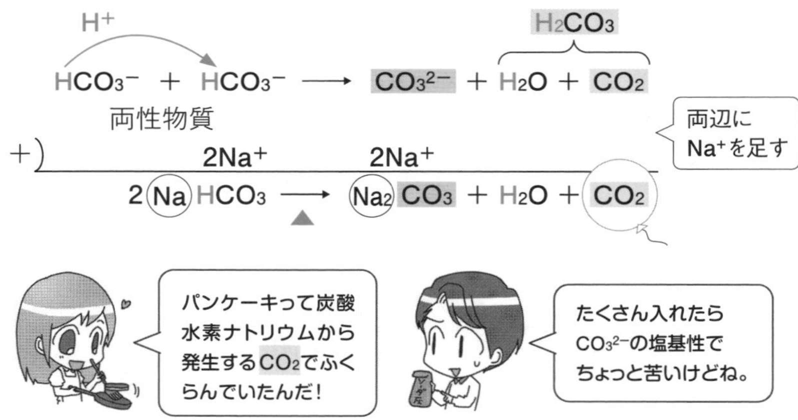

H+
H2CO3
HCO3− + HCO3− ⟶ CO3 2− + H2O + CO2
両性物質
両辺に Na+を足す
+) 2Na+ 2Na+
2NaHCO3 ⟶ Na2CO3 + H2O + CO2
パンケーキって炭酸水素ナトリウムから発生するCO2でふくらんでいたんだ！
たくさん入れたらCO3 2−の塩基性でちょっと苦いけどね。
ソーダ灰

生成した炭酸ナトリウムは炭酸イオン CO_3^{2-} の塩基性が強いため，少し苦みが出るんだ。この苦みを中和するために弱い酸を加えてあるのがベーキングパウダーというわけなんだ。弱い酸としてはリン酸二水素イオン $H_2PO_4^-$ などが加えられているよ。

$$\overset{H^+}{} \quad \underset{\text{酸}}{H_2PO_4^-} + \underset{\text{塩基}}{CO_3^{2-}} \longrightarrow HPO_4^{2-} + HCO_3^-$$

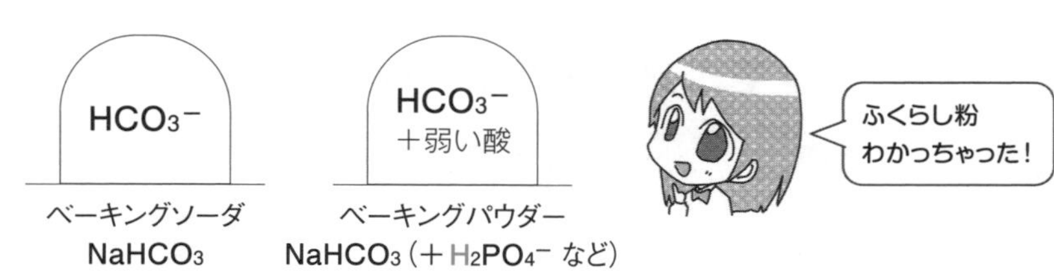
HCO_3^-
HCO_3^-
＋弱い酸
ふくらし粉
わかっちゃった！
ベーキングソーダ
$NaHCO_3$
ベーキングパウダー
$NaHCO_3$（＋$H_2PO_4^-$ など）

せっかくだから，炭酸水素ナトリウムや炭酸ナトリウムから二酸化炭素を得る反応をまとめるね。この反応にはナトリウムイオンは関与していなくて，すべて炭酸イオンや炭酸水素イオンの反応なんだ。ブレンステッドの定義における中和反応だ。

Point! ナトリウム塩からの二酸化炭素の発生反応

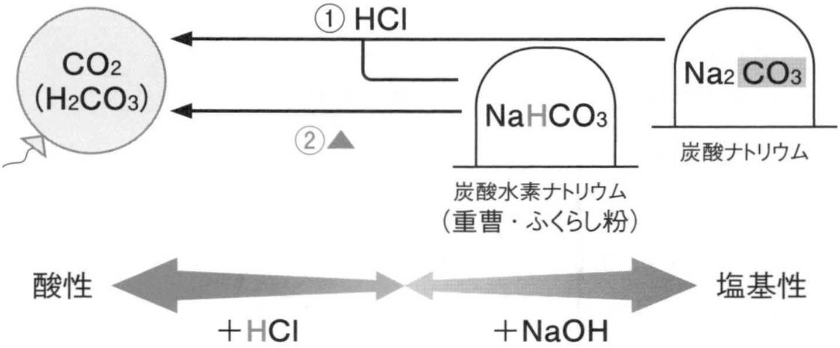

CO_2（H_2CO_3）

① HCl

② ▲

Na_2CO_3 炭酸ナトリウム

$NaHCO_3$ 炭酸水素ナトリウム（重曹・ふくらし粉）

酸性 ⟷ 塩基性

＋HCl　＋NaOH

Na⁺は反応に関与していない

H⁺

$$① \ Na_2CO_3 + 2HCl \longrightarrow 2NaCl + 2H_2O + 2CO_2 \quad (2H_2CO_3)$$

$$NaHCO_3 + HCl \longrightarrow NaCl + H_2O + CO_2$$

$$② \ 2NaHCO_3 \xrightarrow{\ \blacktriangle\ } Na_2CO_3 + H_2O + CO_2$$

重曹

story 3 アンモニアソーダ法（ソルベー法）

アンモニアソーダ法って複雑で覚えられないのですが，どうしたらいいですか?

そうだね。**アンモニアソーダ法（ソルベー法）**はいろいろな図が載っているけど，本当に複雑に見えるね。でも，原料と生成物を先に押さえてしまえばけっこう簡単なんだよ。そもそもアンモニアソーダ法はソーダ石灰（せっかい）ガラスの原料である**炭酸ナトリウム Na_2CO_3 の製法**なんだ。Na_2CO_3 は**ソーダ灰**と呼ばれているよ。

原料は岩塩と石灰石なんだよ。全反応式を先に書いてしまうと次の通りだよ。

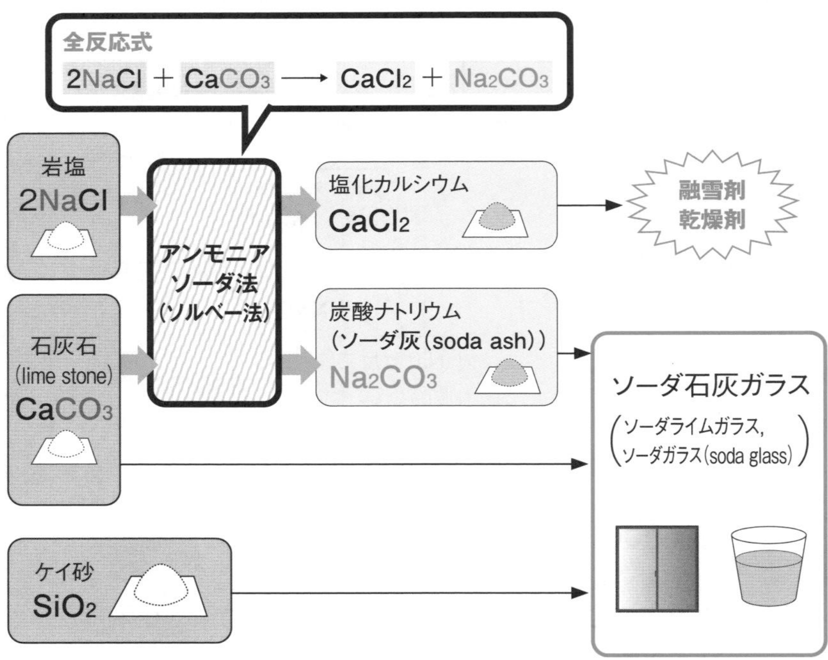
全反応式
2NaCl ＋ CaCO3 ⟶ CaCl2 ＋ Na2CO3
岩塩
2NaCl
石灰石
(lime stone)
CaCO3
アンモニアソーダ法
(ソルベー法)
塩化カルシウム
CaCl2
融雪剤
乾燥剤
炭酸ナトリウム
(ソーダ灰(soda ash))
Na2CO3
ソーダ石灰ガラス
(ソーダライムガラス,
ソーダガラス(soda glass))
ケイ砂
SiO2

▲ **アンモニアソーダ法の全反応式**

じゃあ，岩塩と石灰石を混ぜて加熱すると，ガラスの原料ができるということですか？

いやいや，そう簡単ではないんだ。混ぜて加熱しても反応は起こらないんだ。反応式で見ると，次の５つの化学反応式で表される過程がアンモニアソーダ法だよ。

①　石灰石の加熱

まず，石灰石を加熱して二酸化炭素 CO_2 を発生させるんだ。

$$❶\ CaCO_3 \xrightarrow[\triangle]{} CaO + CO_2$$

②　CO_2 の吸収

次に，CO_2 を飽和食塩水に吸収させるんだけど，CO_2 は中性の水溶液にはほとんど溶けないから，**塩基性にするためにアンモニア NH_3 を使う**んだ。反応式は次の通りだよ。

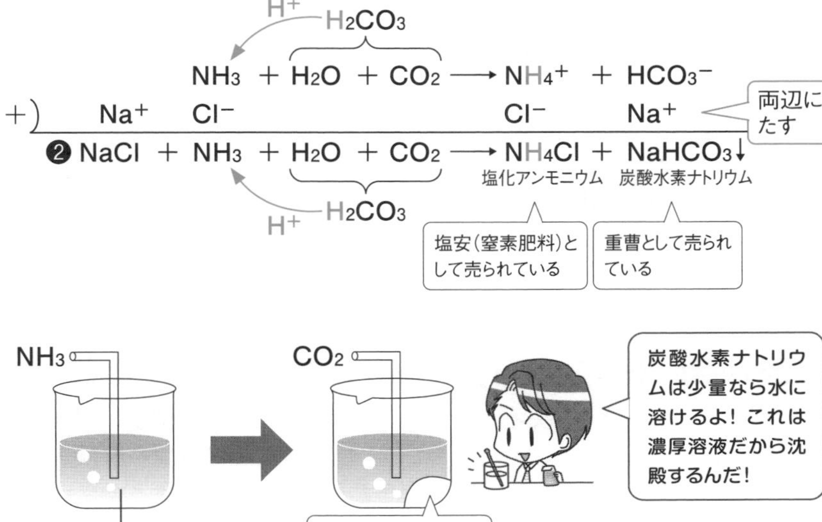

H^+　H_2CO_3
$NH_3 + H_2O + CO_2 \longrightarrow NH_4^+ + HCO_3^-$
$+)\ Na^+\ \ Cl^-\ \ \ \ Cl^-\ \ Na^+$
両辺にたす
$❷\ NaCl + NH_3 + H_2O + CO_2 \longrightarrow NH_4Cl + NaHCO_3\downarrow$
塩化アンモニウム
炭酸水素ナトリウム
H^+　H_2CO_3
塩安（窒素肥料）として売られている
重曹として売られている
NH_3
CO_2
飽和食塩水
$NaHCO_3$が沈殿する！
炭酸水素ナトリウムは少量なら水に溶けるよ！これは濃厚溶液だから沈殿するんだ！

▲ **飽和食塩水にNH_3とCO_2を吹き込んだときの反応**

③　炭酸水素ナトリウム（重曹）の加熱分解

生成した炭酸水素ナトリウム $NaHCO_3$ はふくらし粉なので，加熱により二酸化炭素が発生し，炭酸ナトリウム（ソーダ灰）Na_2CO_3 が生成するというわけなんだ。

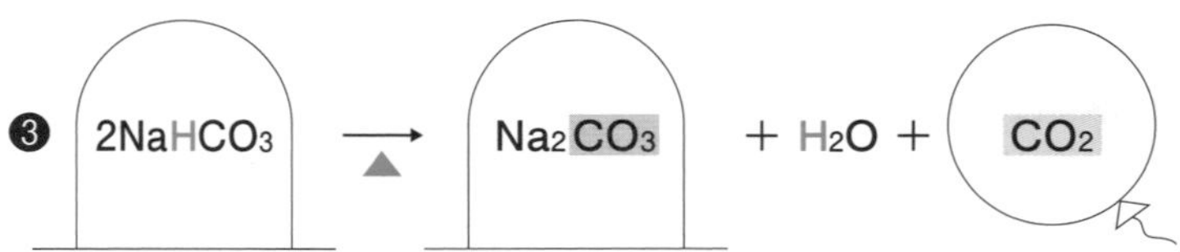

❸ 2NaHCO3 ⟶ Na2CO3 ＋ H2O ＋ CO2

④　生石灰の水和 ＋ ⑤　アンモニアの回収

生石灰は超強塩基である酸化物イオン O^{2-} を含むから，水で中和されて消石灰が生成するよ。生成した消石灰も強塩基だから，酸であるアンモニウムイオン NH_4^+ と反応するというわけなんだ。

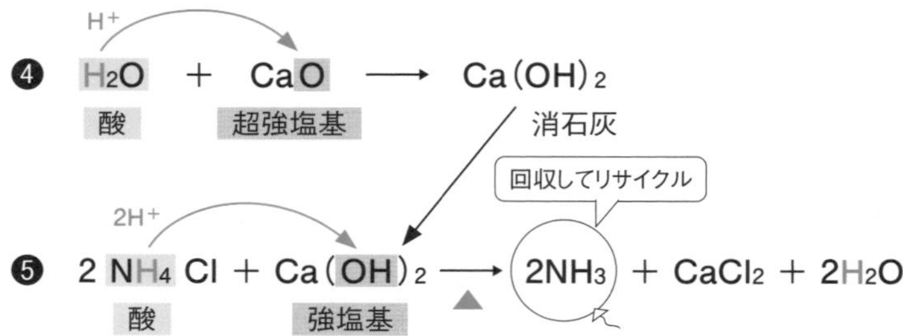

H+
❹ H2O ＋ CaO ⟶ Ca(OH)2
酸
超強塩基
消石灰
回収してリサイクル
2H+
❺ 2 NH4 Cl ＋ Ca(OH)2 ⟶ 2NH3 ＋ CaCl2 ＋ 2H2O
酸
強塩基

●アンモニアソーダ法の全反応式（❶ ＋ ❷ × 2 ＋ ❸ ＋ ❹ ＋ ❺）

$$2NaCl + CaCO_3 \longrightarrow CaCl_2 + Na_2CO_3$$

岩塩　　石灰石　　塩化カルシウム　　炭酸ナトリウム（ソーダ灰）

全反応式からアンモニアは消失しており，理論的には回収して使用すれば無限に使えるということになるね。アンモニアは二酸化炭素の吸収剤に使われ，**アンモニア**を使って**ソーダ灰**をつくっているので，この方法は**アンモニアソーダ法**とよばれているんだ。また，1861 年にベルギーの化学者エルネスト・ソルベー（Ernest Solvay）が考案したことから**ソルベー法**ともよばれているから覚えておこう。

私の考案した方法には無駄がないのである。特許もとって莫大な利益を得て，研究所もつくったのだ！

すごーい！ ソルベーさん！今でもソーダ石灰ガラスの原料のソーダ灰は必要だものね！

現在ではアンモニアを完全回収せず，塩安や重曹なども製品として販売しているんだ！

塩安
重曹

確認問題

1 Li^+の電子配置は次のどの貴ガス元素と同じ電子配置か。

① He　② Ne　③ Ar　④ Kr　⑤ Xe

解答 ①

2 次のアルカリ金属元素の炎色反応の色を答えよ。

(1) Li　(2) Na　(3) K

解答 (1) 赤色 (2) 黄色 (3) 赤紫色

3 次の元素の中で最も原子半径が大きいものを選べ。

① Li　② Na　③ K　④ Rb　⑤ Cs

解答 ⑤

4 次の元素の中で最も第一イオン化エネルギーが小さいものを選べ。

① Li　② Na　③ K　④ Rb　⑤ Cs

解答 ⑤

5 カリウムと酸素の反応を化学反応式で表せ。

解答 $4K + O_2 \longrightarrow 2K_2O$

6 ナトリウムと水の反応を化学反応式で表せ。

解答 $2Na + 2H_2O \longrightarrow 2NaOH + H_2$

7 次の元素の単体の中で最も融点が高いものを選べ。

① Li　② Na　③ K　④ Rb　⑤ Cs

解答 ①

8 アルカリ金属の単体の保存方法として最も適当なものを次の中から1つ選べ。

① 水中に保存する。　② アルコール中に保存する。
③ HCl 中に保存する。　④ 灯油中に保存する。

解答 ④

解答

9 アルカリ金属の結晶は常温常圧で次のどの結晶構造をとるか，次の中から１つ選べ。
① 体心立方格子　② 面心立方格子
③ 六方最密構造　④ 単純立方格子

①

10 食塩を炭素電極で溶融塩電解したとき，陰極に生成する物質を次の中から選べ。
① 水素　② 酸素　③ 塩素　④ ナトリウム

④

11 重曹を加熱したときに生成する物質を次の中から２つ選べ。
① CH_4　② $NaCl$　③ Na_2CO_3　④ CO_2

③④

12 次の結晶の中から潮解するものをすべて選べ。
① $NaOH$　② KOH　③ KCl
④ Na_2CO_3　⑤ $NaHCO_3$　⑥ $CaCl_2$

①②⑥

13 アンモニアソーダ法を考案した化学者を次の中から選べ。
① アボガドロ　② ドルトン
③ ブレンステッド　④ ソルベー　⑤ ヘンリー

④

14 アンモニアソーダ法の全反応式を書け。

$2NaCl + CaCO_3 \longrightarrow CaCl_2 + Na_2CO_3$

第27章 アルカリ土類金属の性質

きっと
硫酸カルシウム
二水和物よ
俺って
何なんだろう？

▶ セッコウ像は硫酸カルシウム $CaSO_4$，大理石の柱は炭酸カルシウム $CaCO_3$ でできている。

story 1 単体の特徴

アルカリ土類金属って何でそんな名前なんですか？

2族元素がアルカリ土類金属と言われているのは，水酸化物や酸化物は水に溶かしたらアルカリ性（塩基性）になるし，地球の表層である地殻に多く存在しているからなんだ。正に土や岩に入っている金属で，英語では alkaline **earth** metals というよ。

存在率が多いから，マグネシウムやカルシウムなどは耳にすることも多いよね。また，一番上にあるベリリウム **Be** は他の2族元素と性質が異なることが多いけど，高校では詳しく聞かれないので安心してね。

アルカリ土類金属も水と反応しますか？

アルカリ金属ほどではないけど，ベリリウム以外は反応するんだ。2族元素もアルカリ金属と同様に，下ほどイオン化エネルギーが小さいから，下ほど反応性が大きいよ。だから，マグネシウムはお湯と反応するけど，カルシウムより下の元素は冷たい水と反応して水素ガスを発生するよ。アルカリ土類金属の性質を簡単にまとめておくね。

ベッドに潜って彼女とすれば
Be Mg Ca Sr Ba
ランランラン！
Ra

	1族	2族	13族	14族	15族	16族	17族	18族
第1周期	H							He
第2周期	Li	Be	B	C	N	O	F	Ne
第3周期	Na	Mg	Al	Si	P	S	Cl	Ar
第4周期	K	Ca	Ga	Ge	As	Se	Br	Kr
第5周期	Rb	Sr	In	Sn	Sb	Te	I	Xe
第6周期	Cs	Ba	Tl	Pb	Bi	Po	At	Rn
第7周期	Fr	Ra						

アルカリ土類金属全般の性質

① 銀白色の固体
② 価電子が2個なので**2価の陽イオン**になりやすい
③ 価電子が1個のアルカリ金属より結合力が強く,融点も高い。
④ アルカリ土類金属も**還元性が強い**ため,空気を完全に遮断して保存するか,灯油中に保存することが多い。

Point! 2族元素の基本的性質

	2族元素	炎色反応	水との反応			結晶格子
				反応式	反応性	
アルカリ土類金属	Be	なし	反応しない			六方最密構造
	Mg		湯と反応	$Mg + 2H_2O \longrightarrow Mg(OH)_2 + H_2$	小	
	Ca	橙赤色	常温の水と反応	$Ca + 2H_2O \longrightarrow Ca(OH)_2 + H_2$	↕	面心立方格子
	Sr	紅色		$Sr + 2H_2O \longrightarrow Sr(OH)_2 + H_2$		
	Ba	黄緑色	H_2	$Ba + 2H_2O \longrightarrow Ba(OH)_2 + H_2$		体心立方格子
	Ra	紅色		$Ra + 2H_2O \longrightarrow Ra(OH)_2 + H_2$	大	

$BaSO_4$はX線を通さないので,レントゲンの造影剤に使われているよ。

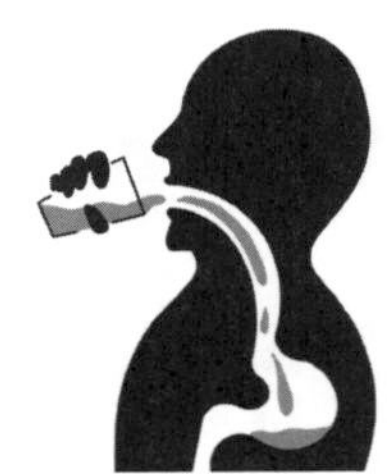

story 2 アルカリ土類金属の化合物

(1) 2族化合物の沈殿

アルカリ土類金属の沈殿ってよくテストに出ますね。

そうだね。まとめれば簡単だ。塩化物は水に可溶，硫酸塩はカルシウムから下が沈殿，炭酸塩は炭酸ベリリウム以外は沈殿だよ。代表的な化合物や鉱石の名称なども入れておいたよ。

Point! 2族元素の塩化物，炭酸塩，硫酸塩

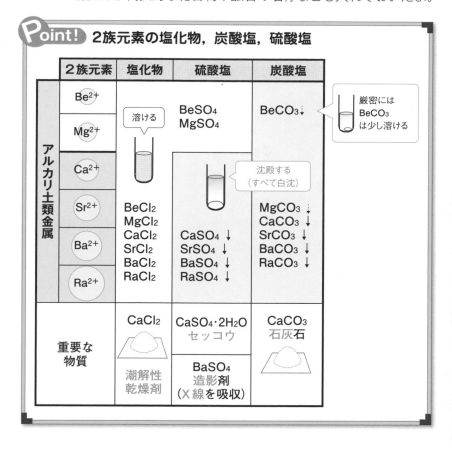

	2族元素	塩化物	硫酸塩	炭酸塩
アルカリ土類金属	Be^{2+}	$BeCl_2$	$BeSO_4$	$BeCO_3$↓
	Mg^{2+}	$MgCl_2$	$MgSO_4$	$MgCO_3$↓
	Ca^{2+}	$CaCl_2$	$CaSO_4$↓	$CaCO_3$↓
	Sr^{2+}	$SrCl_2$	$SrSO_4$↓	$SrCO_3$↓
	Ba^{2+}	$BaCl_2$	$BaSO_4$↓	$BaCO_3$↓
	Ra^{2+}	$RaCl_2$	$RaSO_4$↓	$RaCO_3$↓
重要な物質		$CaCl_2$ 潮解性 乾燥剤	$CaSO_4 \cdot 2H_2O$ セッコウ $BaSO_4$ 造影剤（X線を吸収）	$CaCO_3$ 石灰石

溶ける

沈殿する（すべて白沈）

厳密には $BeCO_3$ は少し溶ける

(2) セッコウ

セッコウって，どうやってセッコウ像にするんですか?

天然の**セッコウ**は**硫酸カルシウム二水和物** $CaSO_4 \cdot 2H_2O$ で，これを**約140℃で加熱すると硫酸カルシウム半水和物** $CaSO_4 \cdot \frac{1}{2}H_2O$ の白色粉末になるんだ。これを**焼きセッコウ**とよんでいるんだけど，この白色粉末に**水を加えて混合すると再び硬化してセッコウが生成**するんだ。この性質を利用してセッコウ像がつくられているんだよ。

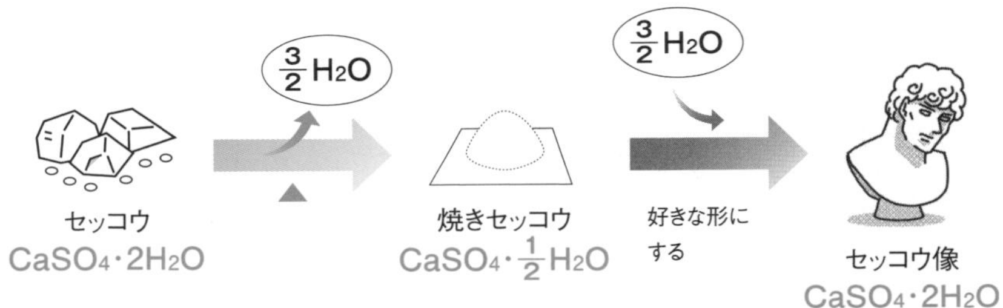

$\frac{3}{2}H_2O$
▲
$\frac{3}{2}H_2O$
セッコウ
$CaSO_4 \cdot 2H_2O$
焼きセッコウ
$CaSO_4 \cdot \frac{1}{2}H_2O$
好きな形にする
セッコウ像
$CaSO_4 \cdot 2H_2O$

▲ セッコウと焼きセッコウの関係

セッコウは美術のセッコウ像だけでなく，建築材料や医療用ギプスとしても広く利用されているんだよ。

セッコウは好きな形にできるから医療用ギプスに使われているよ！

(3) 2族の水酸化物

石灰水は強塩基性だから，他の2族元素の水酸化物も強塩基性ですか?

そうそう，その調子。だいたい合っているよ。石灰水は水酸化カルシウム $Ca(OH)_2$ の水溶液で強塩基性だから，$Sr(OH)_2$，$Ba(OH)_2$，$Ra(OH)_2$ も強塩基で大正解。高校の範囲では，アレニウスの定義でいうところの**強塩基とは，Be，Mg 以外のアルカリ金属の水酸化物とアルカリ土類金属の水酸化物**と覚えておくと便利だよ。

また，CO_2 との反応も Be，Mg 以外のアルカリ土類金属に共通だよ。ここで2族の水酸化物についてまとめてみよう。

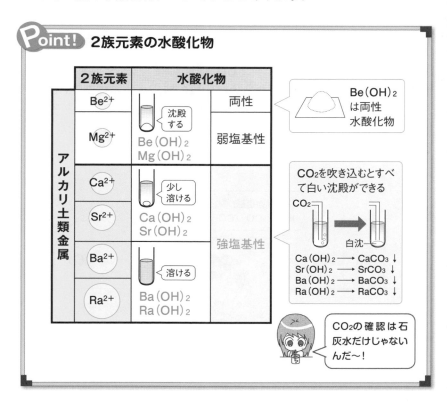

Point! 2族元素の水酸化物

	2族元素	水酸化物	
アルカリ土類金属	Be^{2+}	沈殿する $Be(OH)_2$ $Mg(OH)_2$	両性
	Mg^{2+}		弱塩基性
	Ca^{2+}	少し溶ける $Ca(OH)_2$ $Sr(OH)_2$	強塩基性
	Sr^{2+}		
	Ba^{2+}	溶ける $Ba(OH)_2$ $Ra(OH)_2$	
	Ra^{2+}		

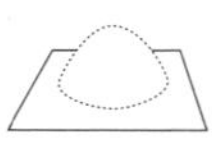

$Be(OH)_2$ は両性水酸化物

CO_2を吹き込むとすべて白い沈殿ができる

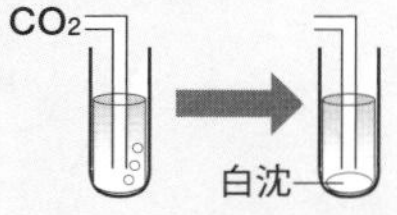

CO_2　白沈

$Ca(OH)_2 \longrightarrow CaCO_3 \downarrow$
$Sr(OH)_2 \longrightarrow SrCO_3 \downarrow$
$Ba(OH)_2 \longrightarrow BaCO_3 \downarrow$
$Ra(OH)_2 \longrightarrow RaCO_3 \downarrow$

CO_2の確認は石灰水だけじゃないんだ〜!

(4) 石灰水と二酸化炭素の反応

石灰水に二酸化炭素をぶくぶくする反応を教えて下さい!

オッケー。この反応もすべて酸塩基反応なんだ。反応の主体は炭酸H_2CO_3や炭酸イオンCO_3^{2-}なので，左が酸性，右が塩基性の図で完璧だよ。二酸化炭素は炭酸になるので，強塩基である石灰水（水酸化カルシウム水溶液）と反応して炭酸イオンCO_3^{2-}になるんだ。ところが，白色の$CaCO_3$は水に難溶なので白く濁るというわけだよ。

$$\underbrace{H_2O + CO_2}_{H_2CO_3} + Ca(OH)_2 \xrightarrow{} \underbrace{Ca^{2+} + CO_3^{2-}}_{CaCO_3\downarrow(白色)} + 2H_2O$$

（H_2CO_3 から $Ca(OH)_2$ へ矢印：$2H^+$）

そして生成した炭酸イオンCO_3^{2-}は塩基だから，さらに炭酸H_2CO_3という酸を加え続けたら両性物質の炭酸水素イオンHCO_3^-が生成して，沈殿がなくなり透明に戻るんだ。また，加熱すると重曹の加熱と全く同じ反応が起きて，炭酸カルシウム復活という訳なんだ。Ca^{2+}は反応の主体ではないので，○で囲むと見やすくなるよ。

OH- は強塩基，CO3 2- も塩基なので
炭酸 H2CO3 (CO2) と反応するよ!
Ca (OH)2
Ca CO3

Point! 石灰水に二酸化炭素を吹き込む反応

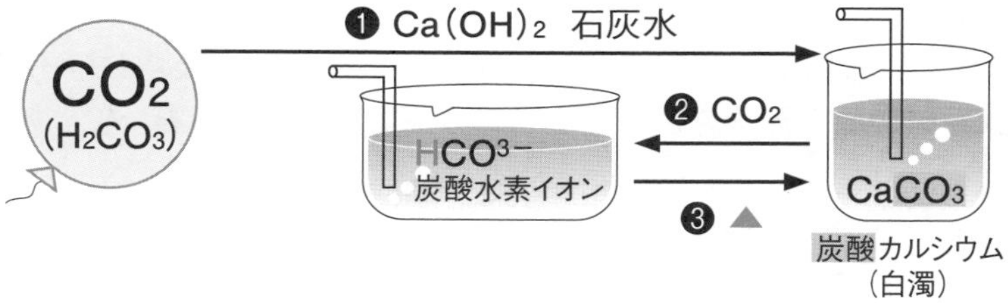

CO_2
(H_2CO_3)

❶ $Ca(OH)_2$ 石灰水

❷ CO_2

❸ ▲

HCO^{3-}
炭酸水素イオン

$CaCO_3$
炭酸カルシウム
(白濁)

酸性 ←→ 塩基性

$+H_2CO_3$　　$+Ca(OH)_2$

❶ $\underbrace{H_2O + CO_2}_{H_2CO_3}$ $+ Ca(OH)_2 \longrightarrow CaCO_3\downarrow + 2H_2O$ （$2H^+$）
酸　強塩基　白色沈殿

❷❸ $\underbrace{H_2O + CO_2}_{H_2CO_3}$ $+ CaCO_3\downarrow \rightleftarrows Ca(HCO_3)_2$ （H^+）（▲）
酸　塩基　炭酸水素カルシウム(水溶性)

story 3 アルカリ土類金属の化合物と工業

鍾乳洞って石があんなに溶けちゃって驚きなんですけど。

本当だね。感動するよね。まず，鍾乳洞の元になった岩は堆積岩の**石灰石**で組成式は $CaCO_3$ だよ。熱や圧力が加わってできた変成岩の**大理石**も，鍾乳洞にある**鍾乳石**もすべて組成式は $CaCO_3$ なんだ。炭酸カルシウムは塩基である炭酸イオン CO_3^{2-} を含むので，雨の中の二酸化炭素 CO_2 から出来る炭酸と反応するよ。

大理石
(変成岩)
$CaCO_3$

大理石は高級感あるけど
石灰石と同じ組成ね。

石灰水に CO_2 を吹き込むと $CaCO_3$ の沈殿ができるけど，**吹き込み続けると水溶性の炭酸水素カルシウム $Ca(HCO_3)_2$ が生成して透明になる**よね。だけど，まさにこの後半の部分と同じ反応で鍾乳洞が形成されているんだ。この反応は可逆反応だから，逆反応により再び $CaCO_3$ の結晶が形成されてできたのが**鍾乳石**（しょうにゅうせき）**（つらら石）**なんだ。

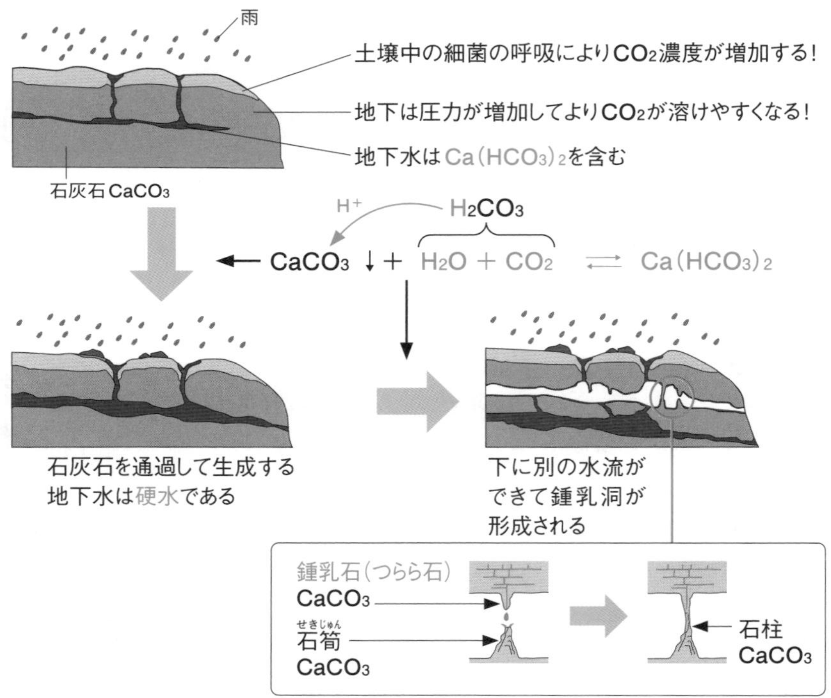

雨は大気中のCO2を含んで弱酸性！
雨
土壌中の細菌の呼吸によりCO2濃度が増加する！
地下は圧力が増加してよりCO2が溶けやすくなる！
地下水はCa(HCO3)2を含む
石灰石 CaCO3
H+
H2CO3
CaCO3 ↓ + H2O + CO2 ⇄ Ca(HCO3)2
石灰石を通過して生成する
地下水は硬水である
下に別の水流が
できて鍾乳洞が
形成される
鍾乳石（つらら石）
CaCO3
石筍（せきじゅん）
CaCO3
石柱
CaCO3

▲ **鍾乳洞と鍾乳石のでき方**

石灰って，よく聞くんですが，何でしょう?

石灰石は非常に多く産出され，人類は石灰石を昔から利用してきたんだ。それで，石灰石からつくられた**消石灰や生石灰を工業的に"石灰"とよんでいる**よ。生石灰と消石灰について説明するね。

① 生石灰 CaO

生石灰は石灰石 $CaCO_3$ を強熱してできる**酸化カルシウム CaO** のことなんだ。また，水をかけると発熱しながら消石灰を生成するので発熱剤になるよ。セメントの原料としても有名だからね。

② 消石灰 $Ca(OH)_2$

生石灰 CaO に水をかけてできる**水酸化カルシウム $Ca(OH)_2$** の固体を**消石灰**というんだ。日本の古い建造物によく見られる**漆喰**は，消石灰に海藻のフノリやワラ，麻糸などを混ぜてできた建材だよ。

石灰水は消石灰を水に溶かしたものですか?

その通り。**生石灰も消石灰も水に溶かせば水酸化カルシウム $Ca(OH)_2$ の水溶液ができる**から，まさに"**石灰**"からできた**水**で**石灰水**というわけなんだ。石灰水は飽和水溶液だけど，消石灰 $Ca(OH)_2$ は常温の水100gに0.17g程度しか溶けないから，薄いんだ。"飽和"と聞くと濃そうだけど，薄い飽和水溶液というわけだ。工業的にはこの薄い石灰水を使わず，**消石灰を溶解度以上に多量に水と混ぜ，白色の懸濁液にした石灰乳**と呼ばれるものを使うんだ。これも**石灰**を水に溶かしまくって白濁して牛**乳**みたいだから**石灰乳**と思えば簡単だね。工業的に呼ばれている名称は非常にわかりやすいね。この石灰乳を使ってさらし粉や塩化カルシウムがつくられてるよ。

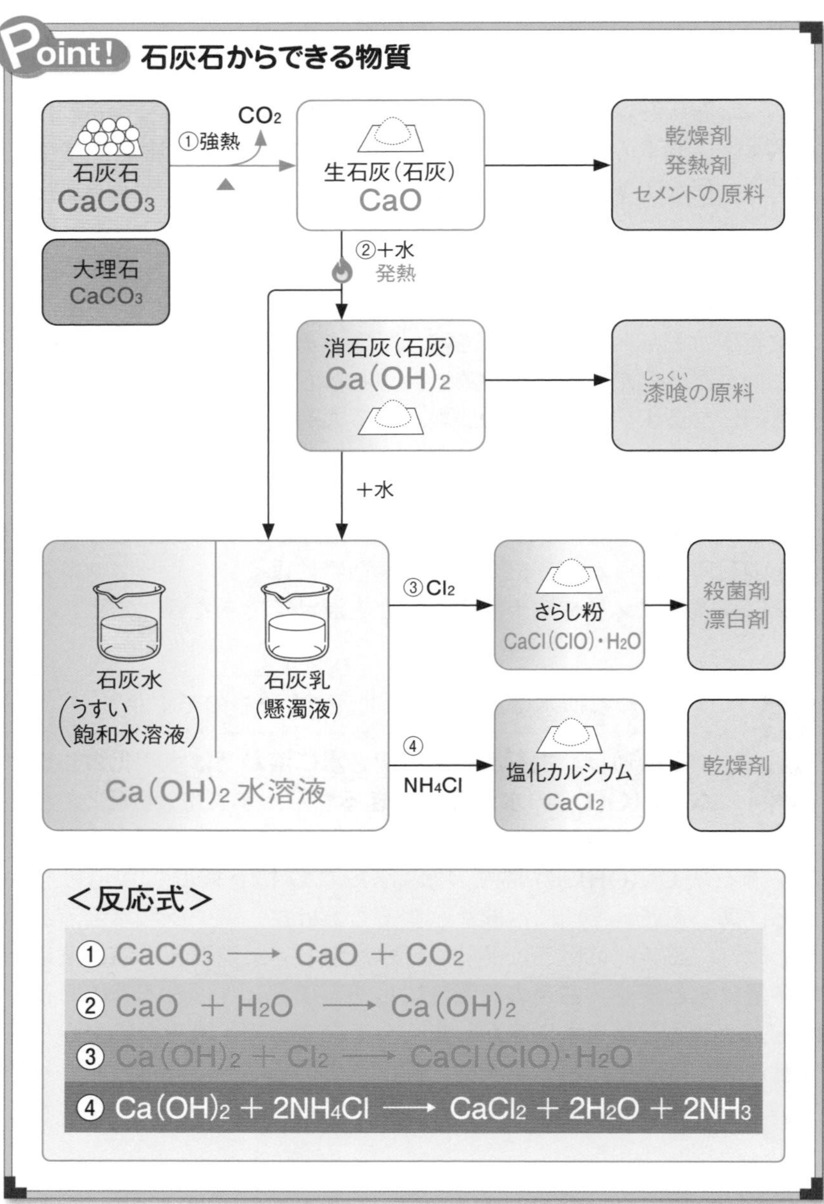
Point! 石灰石からできる物質
石灰石
CaCO3
①強熱
CO2
生石灰（石灰）
CaO
乾燥剤
発熱剤
セメントの原料
大理石
CaCO3
②＋水
発熱
消石灰（石灰）
Ca(OH)2
しっくい
漆喰の原料
＋水
石灰水
（うすい飽和水溶液）
石灰乳
（懸濁液）
Ca(OH)2 水溶液
③ Cl2
さらし粉
CaCl(ClO)・H2O
殺菌剤
漂白剤
④
NH4Cl
塩化カルシウム
CaCl2
乾燥剤
＜反応式＞
① CaCO3 ⟶ CaO ＋ CO2
② CaO ＋ H2O ⟶ Ca(OH)2
③ Ca(OH)2 ＋ Cl2 ⟶ CaCl(ClO)・H2O
④ Ca(OH)2 ＋ 2NH4Cl ⟶ CaCl2 ＋ 2H2O ＋ 2NH3

確認問題

1 Mg^{2+}は次のどの貴ガス元素と同じ電子配置か。

① He　② Ne　③ Ar　④ Kr　⑤ Xe

2 次の2族元素の炎色反応の色を答えよ。ない場合はなしと答えよ。

(1) Be　(2) Mg　(3) Ca　(4) Sr　(5) Ba

3 次の金属の中から常温の水と反応しないものを2つ選べ。

① Be　② Mg　③ Ca　④ Sr　⑤ Ba

4 Caと水の反応を化学反応式で表せ。

5 次の物質の中から水に難溶性のものをすべて選べ。ない場合はなしと答えよ。

① $BeCl_2$　② $MgCl_2$　③ $CaCl_2$
④ $SrCl_2$　⑤ $BaCl_2$

6 次の物質の中から水に難溶性のものをすべて選べ。ない場合はなしと答えよ。

① $BeSO_4$　② $MgSO_4$　③ $CaSO_4$
④ $SrSO_4$　⑤ $BaSO_4$

7 次の物質の中から水への溶解度が最も大きいものを選べ。

① $BeCO_3$　② $MgCO_3$　③ $CaCO_3$
④ $SrCO_3$　⑤ $BaCO_3$

解答

1. ②
2. (1) なし　(2) なし　(3) 橙赤色　(4) 紅色　(5) 黄緑色
3. ①②
4. $Ca + 2H_2O \longrightarrow Ca(OH)_2 + H_2$
5. なし
6. ③④⑤
7. ①

8　次の物質の中から飽和水溶液が強塩基性であるものをすべて選べ。

① NaOH　② KOH
③ $Ca(OH)_2$　④ $Al(OH)_3$
⑤ $Ba(OH)_2$　⑥ $Sn(OH)_2$

解答　①②③⑤

9　セッコウを加熱して焼きセッコウができるときの化学変化を化学反応式で表せ。ただし化学反応式の係数は分数でよいものとする。

解答　$CaSO_4 \cdot 2H_2O \longrightarrow CaSO_4 \cdot \frac{1}{2}H_2O + \frac{3}{2}H_2O$

10　石灰石に二酸化炭素を含む雨が降って鍾乳洞ができるときの化学変化を化学反応式で表せ。

解答　$CaCO_3 + H_2O + CO_2 \longrightarrow Ca(HCO_3)_2$

11　石灰石を強熱して生石灰が生成するときの化学変化を化学反応式で表せ。

解答　$CaCO_3 \longrightarrow CaO + CO_2$

12　生石灰に水を加え消石灰が生成するときの化学変化を化学反応式で表せ。

解答　$CaO + H_2O \longrightarrow Ca(OH)_2$

カルシウムは身近な物質が多くて面白～い！

第28章 両性を示す金属(Al, Zn, Sn, Pb)の反応

オレと付き合ってくれ！
どっちとも付き合えるよ！
私と付き合って!

▶ カタツムリは雌雄同体の両性を示すが, Al, Zn, Sn, Pbの単体,酸化物,水酸化物も酸と塩基の両方と反応する両性を示す。

story 1 単体の特徴

アルミニウムは身近なんですけど, スズや鉛って何者ですか?

まず，融点を見てもらおう。融点が高いものは硬いから，硬さの順番だと思って見てね。典型金属元素は融点が比較的低く，遷移元素は融点が比較的高いよ。そして金属ではなく金属酸化物だけど，アルミナの融点は非常に高く，硬いので研磨剤や人工歯材に使われているんだ。ルビーやサファイヤも人工的に作られているけど，硬いのが特徴だ。

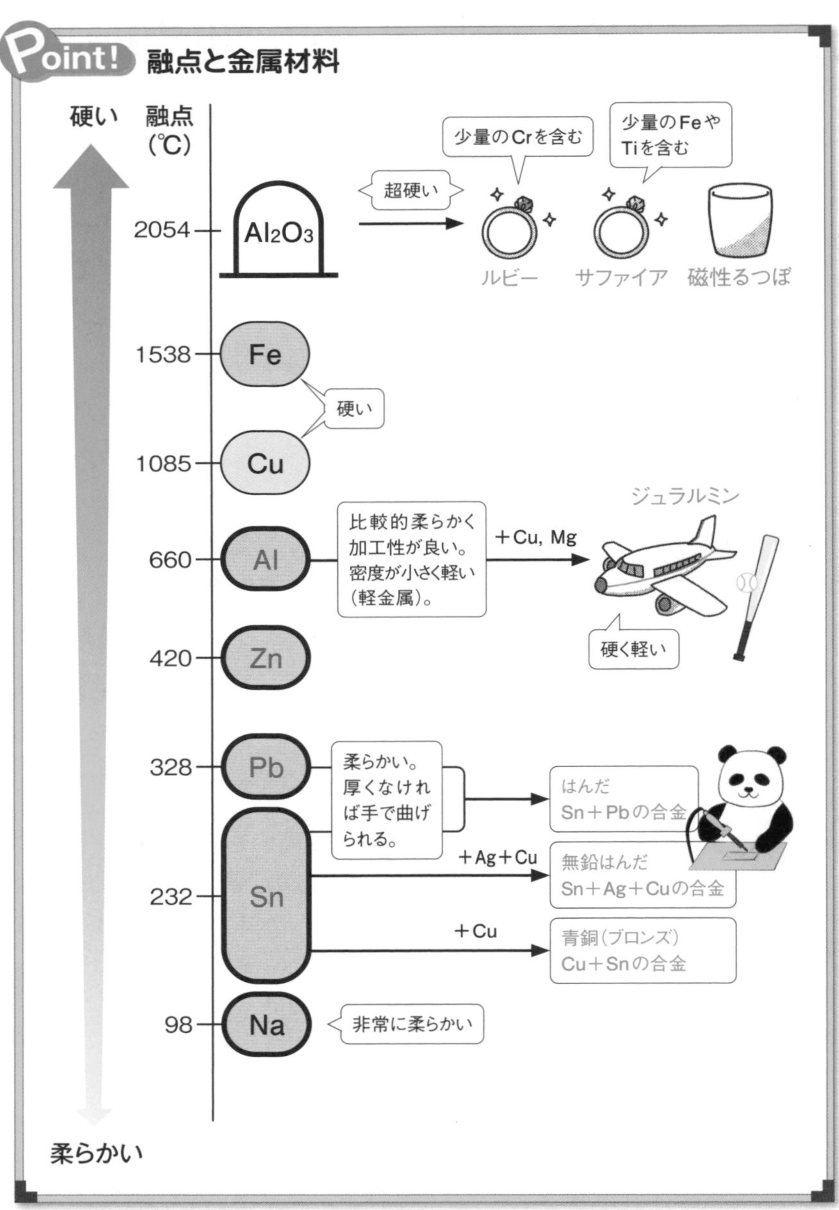
Point! 融点と金属材料
硬い
融点(℃)
2054
Al2O3
超硬い
少量のCrを含む
少量のFeやTiを含む
ルビー
サファイア
磁性るつぼ
1538
Fe
硬い
1085
Cu
660
Al
比較的柔らかく加工性が良い。密度が小さく軽い(軽金属)。
+Cu, Mg
ジュラルミン
硬く軽い
420
Zn
328
Pb
柔らかい。厚くなければ手で曲げられる。
はんだ
Sn+Pbの合金
+Ag+Cu
232
Sn
無鉛はんだ
Sn+Ag+Cuの合金
+Cu
青銅(ブロンズ)
Cu+Snの合金
98
Na
非常に柔らかい
柔らかい

アルミニウムは比較的柔らかく，加工しやすい特徴があるけど，もう1つの特徴は密度が低く"軽い"ということなんだ。だから，硬くするために銅やマグネシウムを入れて合金にした**ジュラルミン**は**硬く，軽い素晴らしい材料**というわけなんだ。航空機や金属バットに使われているよ。

そして，君の疑問であるスズと鉛だが，イオン化傾向が比較的小さく安定な金属で，低融点であるのが特徴なんだ。スズと鉛の合金は**はんだ**として有名だけど，最近は鉛が有害なので鉛フリーの**無鉛はんだ**が使われたりしているよ。**青銅**も**銅は高融点だからスズを入れて低融点にした**というわけだね。融点を下げる目的でスズを混ぜて合金を作ったって考えたら面白いでしょ。

あと，鉛の金属自体は放射線を吸収するため，**放射線の遮へい材**に使われるよ。鉛の入ったエプロンは知っている人が多いね。

亜鉛って遷移元素なのに融点低すぎる気がするんですけど。

その通りなんだ。実は12族の遷移元素である亜鉛，カドミウム，水銀は，融点でみたら低くて典型元素に近いよ。水銀なんて融点－39℃で常温で液体だしね。亜鉛 **Zn** はイオン化傾向がかなり大きいので，還元性が強いことから電池の負極材料に良く使われているね。また，酸化亜鉛（Ⅱ）**ZnO** は白色顔料（zinc white）として絵の具などに利用されているよ。

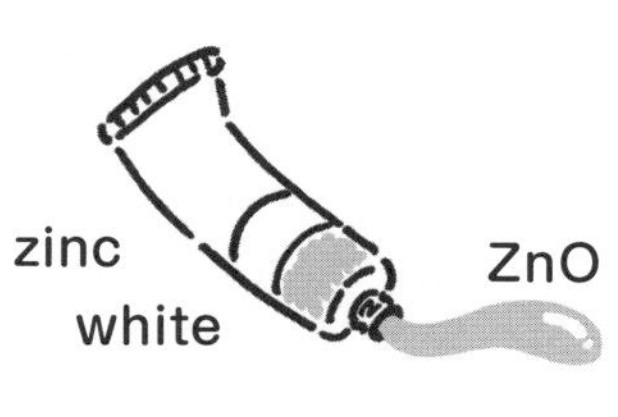
zinc
white
ZnO

白色の絵の具に
zinc whiteって書
いてあった！ これ
はZnOだったのね！

story 2 化合物の特徴

(1) テルミット反応

アルミニウムってイオン化傾向が大きいから，空気中の酸素と反応して爆発したりしないんですか？

おおっ！　良いところに気がついたね。アルミニウムの燃焼で発生する熱量は同じ物質量の鉄の２倍くらいで，どの金属もかなわないくらい大きいんだ。君の言う通りイオン化傾向が大きいため，粉末アルミニウムを空気中にばらまいて，点火したら爆発して高熱を発するんだ。消防法では細かい粉末は危険物なんだよ。

この Al の凄い還元性を利用して，他の金属が還元できるんだ。アルミニウムの粉末と金属酸化物の混合物をテルミット thermite と言って，これに点火すれば良いんだ。具体的には還元剤である Al の粉末と，酸化剤である**赤鉄鉱 Fe_2O_3** を混ぜて点火すると，まるで爆発が起きたかのように激しく反応するんだ。酸化剤は **Fe_2O_3** なので，空気は必要でないため，水中でも反応するよ。動画サイトでもテルミット反応は派手なので人気だよ。この反応は鉄の溶接などに使われているんだ。

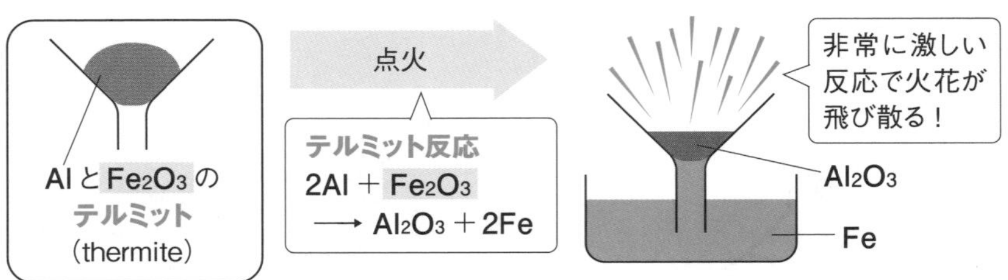

Al と Fe_2O_3 の
テルミット
(thermite)
点火
テルミット反応
$2Al + Fe_2O_3 \longrightarrow Al_2O_3 + 2Fe$
非常に激しい反応で火花が飛び散る！
Al_2O_3
Fe

▲ テルミット反応

(2) アルマイト

そんなにやばい Al でできた 1 円玉って爆発したりしないんですか?

君は爆発が好きだね。実は Al は粉末でなければ大丈夫なんだ。1 円玉は純粋な Al だけど，空気中の酸素と速やかに反応して，薄いけど Al_2O_3 の緻密な被膜で覆われているよ。この皮膜で内部が保護されているんだ。

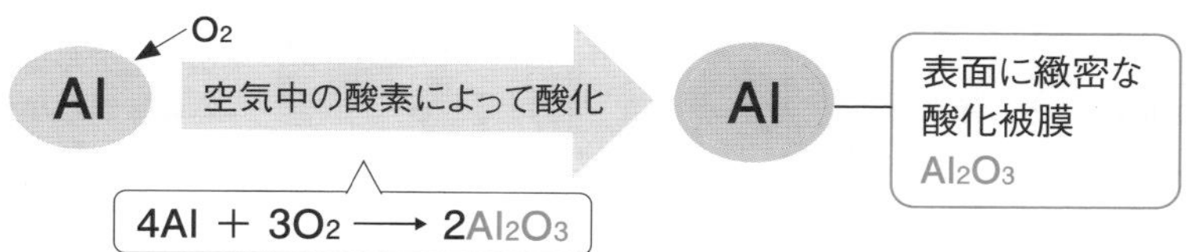
O_2
Al
空気中の酸素によって酸化
Al
表面に緻密な
酸化被膜
Al_2O_3
$4Al + 3O_2 \longrightarrow 2Al_2O_3$

この被膜をもっと厚くする方法があるんだ。その 1 つが**アルミニウムを濃硝酸に入れる**という方法だね。濃硝酸は強い酸化剤だから表面がすぐに酸化されて**不動態**となるんだ。

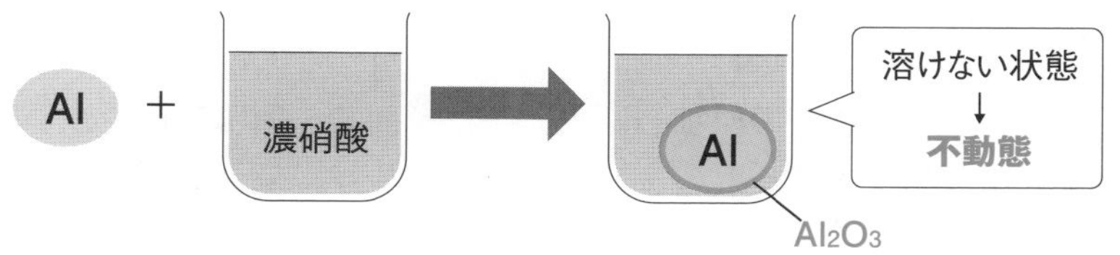
Al
+
濃硝酸
Al
Al_2O_3
溶けない状態
↓
不動態

じゃあ，その皮膜をモリモリに盛ってつけたら超安定な材料ができるじゃないですか！　もしかして私，発明しちゃった?

ははっ！　本当だね。もし過去に発明されていなければ発明家だね。残念ながら既に商品化されているんだ。それが，1929 年に理化学研究所で発明されたといわれている**アルマイト**だ。

陽極をアルミニウム電極にして硫酸やシュウ酸の水溶液中で電気分解するとモリモリに厚い被膜がつくよ。これがアルマイト製品だ。このときも凄い発熱だけどね。

アルマイト

Al　$2Al + 3H_2O \longrightarrow Al_2O_3 + 6H^+ + 6e^-$　Al

硫酸やシュウ酸の水溶液中でAlを陽極の電極にして電気分解

Al_2O_3

アルマイトはアルミサッシや鍋(なべ)，弁当箱など数多くの製品に利用されるようになったんだ。

アルミサッシはアルマイトだったんだ！アルマイトっておいしそうな名前！

アホか！ 表面が硬い酸化アルミニウムの被膜だから歯が折れるぞ〜！

(3) アルミニウムの製錬

アルミニウムってたくさん使われているけど，鉱石は何ですか?

アルミニウムの原鉱石はボーキサイトで，色は赤褐色が多いよ。ボーキサイトの主成分の酸化アルミニウム Al_2O_3 は無色だけど，不純物として酸化鉄（Ⅲ）Fe_2O_3 を含むから赤褐色のものが多いんだ。この不純物をバイヤー法という方法で除去して，アルミナと呼ばれる純粋な Al_2O_3 に精製しているよ。

アルミナ Al_2O_3 を酸や塩基で溶かした水溶液で電気分解しても，陰極では水が還元されて水素が発生するので，Al_2O_3 を直接溶解して電気分解する**溶融塩電解**しているというわけなんだ。

Al^{3+}を含む水溶液の電解（陰極）　$2H_2O + 2e^- \longrightarrow H_2 + 2OH^-$

Al_2O_3の溶融塩電解　（陰極）　$Al^{3+} + 3e^- \longrightarrow Al$

ボーキサイト
主成分 Al_2O_3
不純物 Fe_2O_3 など

→ 不純物の除去（バイヤー法）→

アルミナ
（酸化アルミニウム）
Al_2O_3

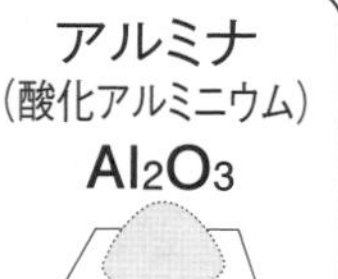

→ 溶融塩電解（ホール・エルー法）→

アルミニウム
Al

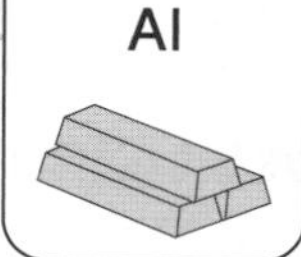

(4) ミョウバン

ミョウバンって化学式が複雑な気がして困ってます（涙）

大丈夫，ゴロを作っておいたからまずはこれで覚えてみて。

●ゴロ合わせ暗記

$AlK(SO_4)_2 \cdot 12H_2O$　ミョウバン
歩く掃除夫が 12 時にやってくる妙な晩

作り方は硫酸アルミニウムと硫酸カリウムの混合水溶液を冷却するだけだよ。

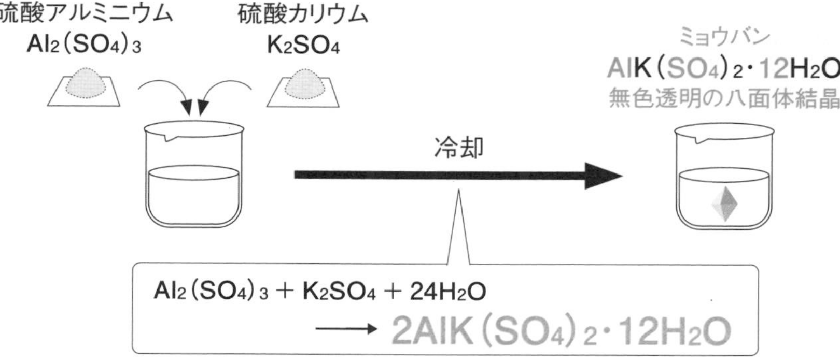
硫酸アルミニウム
$Al_2(SO_4)_3$
硫酸カリウム
K_2SO_4
ミョウバン
$AlK(SO_4)_2 \cdot 12H_2O$
無色透明の八面体結晶
冷却
$Al_2(SO_4)_3 + K_2SO_4 + 24H_2O$
$\longrightarrow 2AlK(SO_4)_2 \cdot 12H_2O$

ミョウバンは水に溶けて**酸性を示す**んだ。これはミョウバン水溶液中に存在する Al^{3+} が本当はアクア錯イオンである $[Al(OH_2)_6]^{3+}$ として存在していて，このイオンがブレンステッドの定義で水に対して酸として作用するためなんだ。この反応を **Al^{3+} の加水分解**ともいうから覚えておこう。

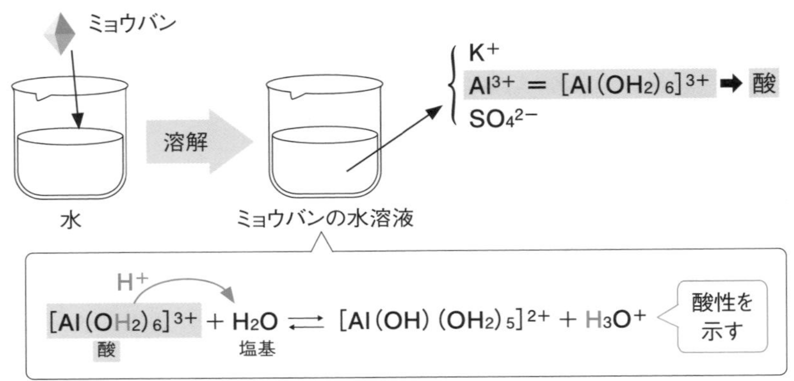

ミョウバン
溶解
水
ミョウバンの水溶液
K+
Al3+ = [Al(OH2)6]3+ ➡ 酸
SO42−
H+
[Al(OH2)6]3+ + H2O ⇄ [Al(OH)(OH2)5]2+ + H3O+
酸
塩基
酸性を示す

(5) スズイオンの性質

スズのイオンって +2 と +4 があるじゃないですか？
どっちが安定なの？

それは +4 だよ。スズ（Ⅱ）イオン Sn^{2+} は Sn^{4+} になりたがるから還元剤なんだ。ニトロベンゼンを還元してアニリンにするときの還元剤には Sn そのものより，$SnCl_2$ が良く使われているんだ。スズの単体を塩酸に溶かすと，この塩化スズ（Ⅱ）$SnCl_2$ が生成するけど，塩素などの酸化剤と反応させるとすぐに塩化スズ（Ⅳ）$SnCl_4$ になるよ。

Point! スズの酸化数と還元剤,酸化剤の判定

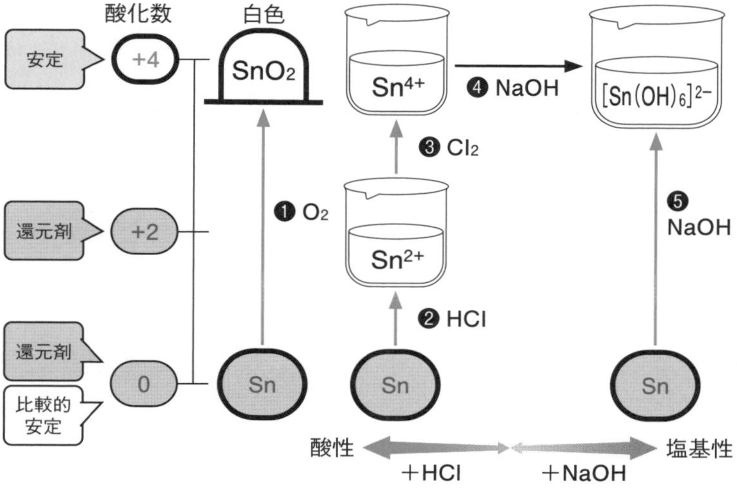

酸化数
白色
安定
+4
SnO_2
Sn^{4+}
❹ NaOH
$[Sn(OH)_6]^{2-}$
❸ Cl_2
❶ O_2
❺ NaOH
還元剤
+2
Sn^{2+}
❷ HCl
還元剤
0
比較的安定
Sn
Sn
Sn
酸性
塩基性
＋HCl
＋NaOH

反応式

❶ $Sn + O_2 \longrightarrow SnO_2$

❷ $Sn + 2HCl \longrightarrow SnCl_2 + H_2$

❸ $SnCl_2 + Cl_2 \longrightarrow SnCl_4$

❹ $SnCl_4 + 6NaOH \longrightarrow Na_2[Sn(OH)_6] + 4NaCl$

❺ $Sn + 4H_2O + 2NaOH \longrightarrow Na_2[Sn(OH)_6] + 2H_2$

(6) 鉛イオンの性質

鉛もスズと同じ14族だから酸化数 +4 が安定ですね！

それがまったく違っていて，鉛は酸化数＋2が安定なのよ。例えば酸化数＋4の酸化鉛（Ⅳ）は，非常に強い酸化剤だから，鉛蓄電池の正極に使用されているんだ。水溶液中で安定なのは鉛（Ⅱ）イオン Pb^{2+} で，さまざまな沈殿を生成ということを覚えておいてね。

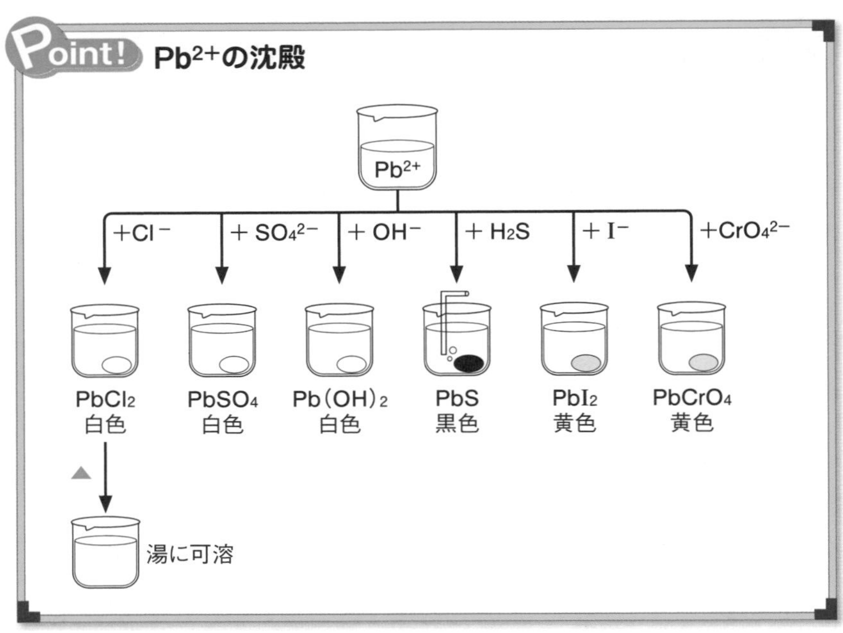
Point! Pb^{2+}の沈殿
Pb^{2+}
$+Cl^-$
$+SO_4^{2-}$
$+OH^-$
$+H_2S$
$+I^-$
$+CrO_4^{2-}$
$PbCl_2$ 白色
$PbSO_4$ 白色
$Pb(OH)_2$ 白色
PbS 黒色
PbI_2 黄色
$PbCrO_4$ 黄色
△
湯に可溶

story 3 両性を示す反応

両性金属って何が他の金属と違うんですか?

そうだね。多くの金属は酸に溶けるけど，**塩基に溶ける金属は珍しいんだ。**例えば鉄は塩酸に溶けるけど，水酸化ナトリウム水溶液には溶けないよね。でもアルミニウムは塩酸にも水酸化ナトリウムにも溶けるんだ。このように**酸とも塩基とも反応する性質を両性**と言って，金属の場合は**両性金属**，酸化物だったら**両性酸化物**，水酸化物だったら**両性水酸化物**というんだ。次のポイントに反応をまとめておいたよ。

Point! 融点と金属材料

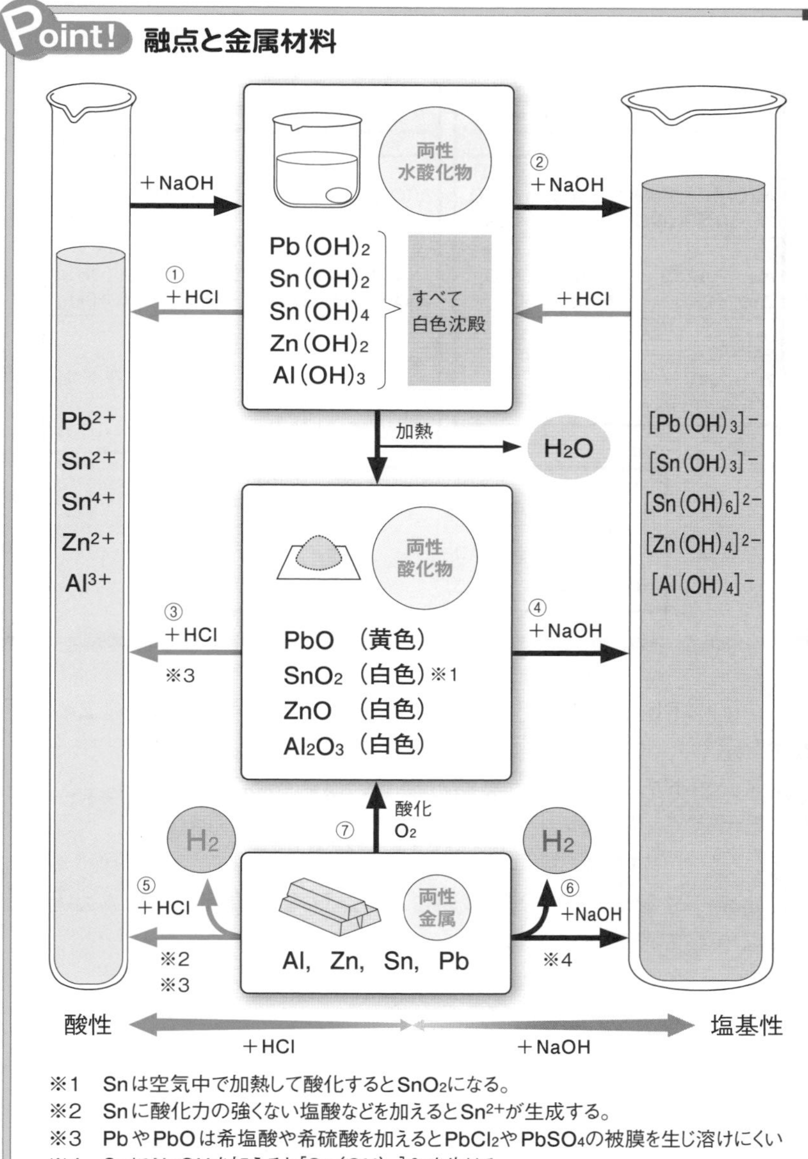

＋NaOH
両性
水酸化物
②
＋NaOH
①
＋HCl
＋HCl
Pb(OH)2
Sn(OH)2
Sn(OH)4
Zn(OH)2
Al(OH)3
すべて
白色沈殿
Pb2+
Sn2+
Sn4+
Zn2+
Al3+
[Pb(OH)3]−
[Sn(OH)3]−
[Sn(OH)6]2−
[Zn(OH)4]2−
[Al(OH)4]−
加熱
H2O
両性
酸化物
③
＋HCl
※3
④
＋NaOH
PbO （黄色）
SnO2 （白色）※1
ZnO （白色）
Al2O3 （白色）
⑦
酸化
O2
H2
H2
⑤
＋HCl
※2
※3
両性
金属
Al, Zn, Sn, Pb
⑥
＋NaOH
※4
酸性
塩基性
＋HCl
＋NaOH

※1　Snは空気中で加熱して酸化するとSnO_2になる。
※2　Snに酸化力の強くない塩酸などを加えるとSn^{2+}が生成する。
※3　PbやPbOは希塩酸や希硫酸を加えると$PbCl_2$や$PbSO_4$の被膜を生じ溶けにくい
※4　SnにNaOHを加えると$[Sn(OH)_6]^{2-}$を生じる

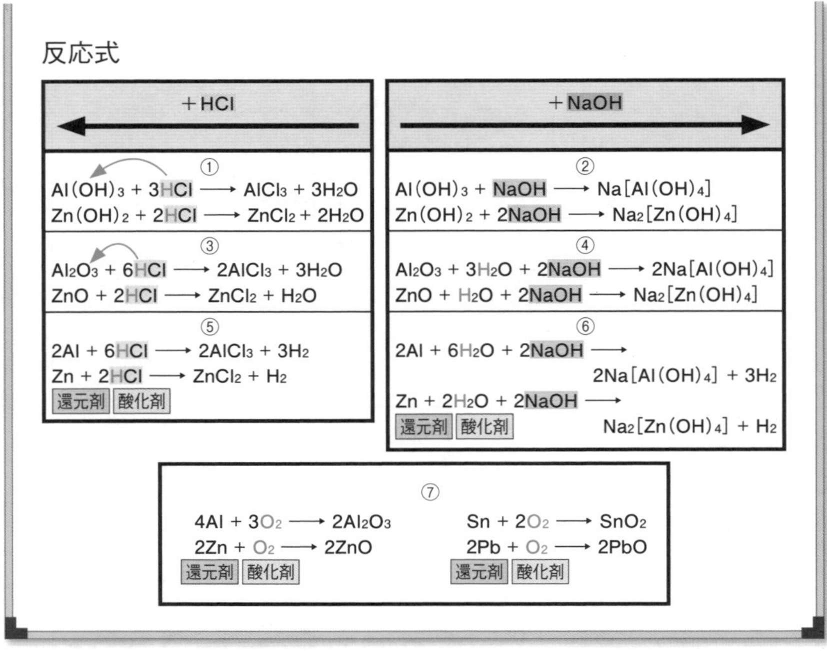
反応式
＋HCl
＋NaOH
①
Al(OH)₃ + 3HCl ⟶ AlCl₃ + 3H₂O
Zn(OH)₂ + 2HCl ⟶ ZnCl₂ + 2H₂O
②
Al(OH)₃ + NaOH ⟶ Na[Al(OH)₄]
Zn(OH)₂ + 2NaOH ⟶ Na₂[Zn(OH)₄]
③
Al₂O₃ + 6HCl ⟶ 2AlCl₃ + 3H₂O
ZnO + 2HCl ⟶ ZnCl₂ + H₂O
④
Al₂O₃ + 3H₂O + 2NaOH ⟶ 2Na[Al(OH)₄]
ZnO + H₂O + 2NaOH ⟶ Na₂[Zn(OH)₄]
⑤
2Al + 6HCl ⟶ 2AlCl₃ + 3H₂
Zn + 2HCl ⟶ ZnCl₂ + H₂
還元剤 酸化剤
⑥
2Al + 6H₂O + 2NaOH ⟶ 2Na[Al(OH)₄] + 3H₂
Zn + 2H₂O + 2NaOH ⟶ Na₂[Zn(OH)₄] + H₂
還元剤 酸化剤
⑦
4Al + 3O₂ ⟶ 2Al₂O₃
2Zn + O₂ ⟶ 2ZnO
還元剤 酸化剤
Sn + 2O₂ ⟶ SnO₂
2Pb + O₂ ⟶ 2PbO
還元剤 酸化剤

①～⑥は Pb や Sn はあまり問われないので，重要な Al と Zn の反応式を示したよ。また，①，③はすべて水素イオンが移動しているブレンステッドの定義における酸と塩基の反応だね。②は錯イオンが生成する反応で，④は酸塩基反応と錯イオン生成が同時に起こっているんだ。⑤～⑦は酸化還元反応で，還元剤は金属だけど，⑤の酸化剤は水素イオン H^+，⑥の酸化剤は H_2O，⑦の酸化剤は O_2 だからね。がんばってマスターしてね。

確認問題

	解答
1 アルミニウム Al に銅 Cu などを加えてつくる航空機など使われる合金は何か。	ジュラルミン
2 ルビーの主成分を化学式で表せ。	Al_2O_3
3 アルミニウムを濃硝酸に入れると，表面に緻密な酸化被膜をつくって内部が保護される。この状態を何というか。	不動態
4 アルミニウムを陽極にして硫酸水溶液中で電気分解すると，表面に厚い酸化被膜ができる。このようにつくった材料物質は何か。	アルマイト
5 アルミニウムの粉末と赤鉄鉱(Fe_2O_3)を混合して点火したときの化学変化を化学反応式で表せ。	$2Al + Fe_2O_3 \longrightarrow Al_2O_3 + 2Fe$
6 硫酸アルミニウムと硫酸カリウムによって生成されるミョウバンを化学式で表せ。	$AlK(SO_4)_2 \cdot 12H_2O$
7 $Al(OH)_3$ は酸とも塩基とも反応する。このような性質をもつ水酸化物を何というか。	両性水酸化物
8 塩酸に酸化亜鉛を入れたときの化学変化を化学反応式で表せ。	$ZnO + 2HCl \longrightarrow ZnCl_2 + H_2O$
9 水酸化ナトリウムの濃い水溶液に酸化亜鉛を入れたときの化学変化を化学反応式で表せ。	$ZnO + H_2O + 2NaOH \longrightarrow Na_2[Zn(OH)_4]$

10　水酸化ナトリウムの濃い水溶液に酸化アルミニウムを入れたときの化学変化を化学反応式で表せ。

解答

$Al_2O_3 + 3H_2O + 2NaOH \longrightarrow 2Na[Al(OH)_4]$

11　塩酸に亜鉛を入れたときの化学変化を化学反応式で表せ。

$Zn + 2HCl \longrightarrow ZnCl_2 + H_2$

12　**Zn** は酸とも塩基とも反応する。このような性質をもつ金属を何というか。

両性金属

13　水酸化ナトリウムの濃い水溶液にアルミニウムを入れたときの化学変化を化学反応式で表せ。

$2Al + 6H_2O + 2NaOH \longrightarrow 2Na[Al(OH)_4] + 3H_2$

両性の物質はまとめて
学べば一発だよ！

IX

遷移元素の単体と化合物

第29章 鉄の性質

めっき3兄弟
オレはスズめっきのブリキの缶詰
トタン屋根は亜鉛めっきで鉄が錆びないんだ!
僕はクロムめっきピカピカの水道蛇口!

▶ 鉄はさびるが，スズやクロムや亜鉛をめっきするとさびを防げる。

story 1 鉄の酸化物

鉄のさびって何からできているんですか?

鉄はイオン化傾向が比較的大きいから，空気中の酸素によって酸化されてさびるんだ。鉄には２価と３価のイオンがあるから酸化物にも**酸化鉄(Ⅱ)FeO** と**酸化鉄(Ⅲ)Fe_2O_3** の２種類があるけど，実はもう１つ酸化鉄があるんだ。それは **FeO** と **Fe_2O_3** をたしたものと組成が同じだよ。イオンに電離させた式といっしょに見てみるとよくわかるよ。

$$
\begin{array}{llll}
 & FeO & \rightleftarrows & Fe^{2+} + O^{2-} \\
+) & Fe_2O_3 & \rightleftarrows & 2Fe^{3+} + 3O^{2-} \\
\hline
 & Fe_3O_4 & \rightleftarrows & Fe^{2+} + 2Fe^{3+} + 4O^{2-}
\end{array}
$$

Fe_3O_4 はそのまま「**四酸化三鉄**」とよんだり，「**酸化鉄（Ⅲ）鉄（Ⅱ）**」とよんだりするんだ。酸化数を縦軸にして見てみると，次のようになるね。

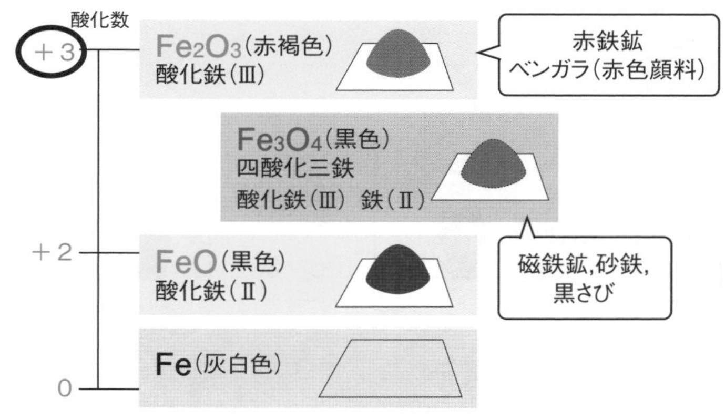

酸化数
+3
+2
0
Fe_2O_3（赤褐色）
酸化鉄（Ⅲ）
赤鉄鉱
ベンガラ（赤色顔料）
Fe_3O_4（黒色）
四酸化三鉄
酸化鉄（Ⅲ）鉄（Ⅱ）
磁鉄鉱，砂鉄，
黒さび
FeO（黒色）
酸化鉄（Ⅱ）
Fe（灰白色）

▲ **鉄の酸化物**

鉄のイオンは空気中では3価が安定だから，さびは基本的に酸化鉄（Ⅲ）で構成されているよ。酸化鉄の中では**酸化鉄（Ⅲ）**が赤褐色だから，灰白色の鉄がさびると赤くなるイメージがあるんだね。

黒さびって聞いたことあるんですけど何ですか？

そうだね。黒さびは鉄を空気中で高温に加熱するか，高温水蒸気と加熱すると表面が四酸化三鉄 Fe_3O_4 の緻密(ちみつ)な酸化被膜になるんだけど，その部分を黒さびとよんでいるんだ。

Fe

黒さびの被膜によって内部がさびない。Fe_3O_4

岩手県の
南部鉄器が有名

赤さびを黒さびに変えるっていう塗料を買ってきて塗りました!!
黒さびはさびを防ぐさびなんだ!!

story 2 鉄の製錬法

鉄の製錬法を教えてください！

鉄鉱石から一般的な鋼をつくる過程は2つあるんだ。次のフローを見てごらん。

鉄鉱石
赤鉄鉱
Fe_2O_3
磁鉄鉱
Fe_3O_4
溶鉱炉
銑鉄
（Cを4%程度含む鉄）
転炉
鋼
（Cが少ない鉄）

(1) 鉄鉱石の還元

最初は**溶鉱炉**（ようこうろ）で鉄鉱石を還元する工程だよ。鉄鉱石の還元は吸熱反応だから加熱が必要なんだ。そこで，溶鉱炉に鉄鉱石とコークス（C）を入れ，下から熱風を送り込んで燃焼させて加熱するよ。

このとき注意しなければならないのは，コークスが大量に存在しているので，ほとんどが不完全燃焼して一酸化炭素 CO が生成しているということだよ。この CO によって鉄鉱石が還元されるんだ。

還元剤

$$2C + O_2 \longrightarrow 2CO$$

コークス

この反応で発生する熱を利用！

つまり，コークスは加熱するための燃料になるだけでなく，還元剤でもあるんだ。

さらに詳しくいえば，赤鉄鉱 Fe_2O_3 は溶鉱炉内では一酸化炭素によって，次のように段階的に還元されるんだ。

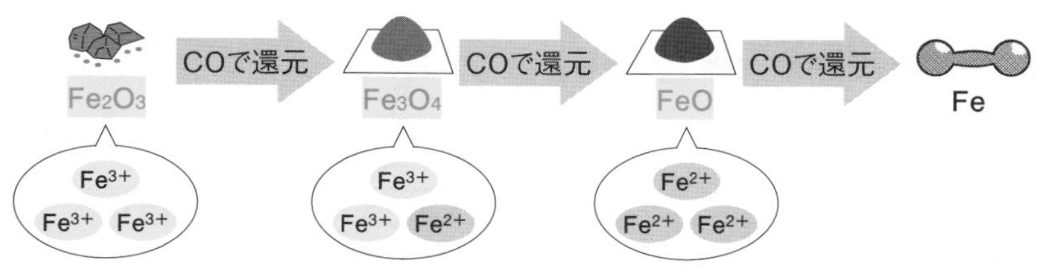

Fe_2O_3
COで還元
Fe_3O_4
COで還元
FeO
COで還元
Fe
Fe^{3+}
Fe^{3+} Fe^{3+}
Fe^{3+}
Fe^{3+} Fe^{2+}
Fe^{2+}
Fe^{2+} Fe^{2+}

上の図を見ると，$Fe^{3+} \longrightarrow Fe^{2+} \longrightarrow Fe$ と還元されているのが一目瞭然(りょうぜん)だね。

これでメインの反応は終了だね。ところで，鉄鉱石には二酸化ケイ素 SiO_2 などの不純物が入っているから，これらの除去のために石灰石 $CaCO_3$ を溶鉱炉に加えているんだ。石灰石は鉄鉱石中の SiO_2 などの融解を促進させるため，**融剤**(ゆうざい)とよばれているよ。石灰石と SiO_2 は次のような反応を起こし，生成した**ケイ酸カルシウム $CaSiO_3$** は，銑鉄の上に浮いてくるんだ。

$$\underset{\text{石灰石}}{CaCO_3} + \underset{\text{不純物}}{SiO_2} \longrightarrow \underset{\text{ケイ酸カルシウム}}{CaSiO_3} + CO_2$$

この**浮いている成分を業界ではスラグとよんでいる**んだ。スラグはケイ酸カルシウム以外の不純物も含まれていて，コンクリートの材料などに使われているよ。

さて，溶鉱炉内で鉄鉱石の還元が終了して鉄ができたけど，溶けた鉄は重いから溶鉱炉の下に溜(た)まるんだ。ここで生成した鉄は**銑鉄**(せんてつ)とよばれ，コークス中の炭素 C を4％程度含んでいるため，硬くもろいから**鋳物**(いもの)（**鋳鉄**(ちゅうてつ)ともいう）に用いられているんだ。身近な鋳物といったら鉄アレイがあるね。

銑鉄はC含有量が多いので，硬くもろい性質だよ。身近なものだと鉄アレイに使われているんだ。

銑鉄は硬くもろいっていうけど，絶対，私の頭のほうがもろいわ～（泣）

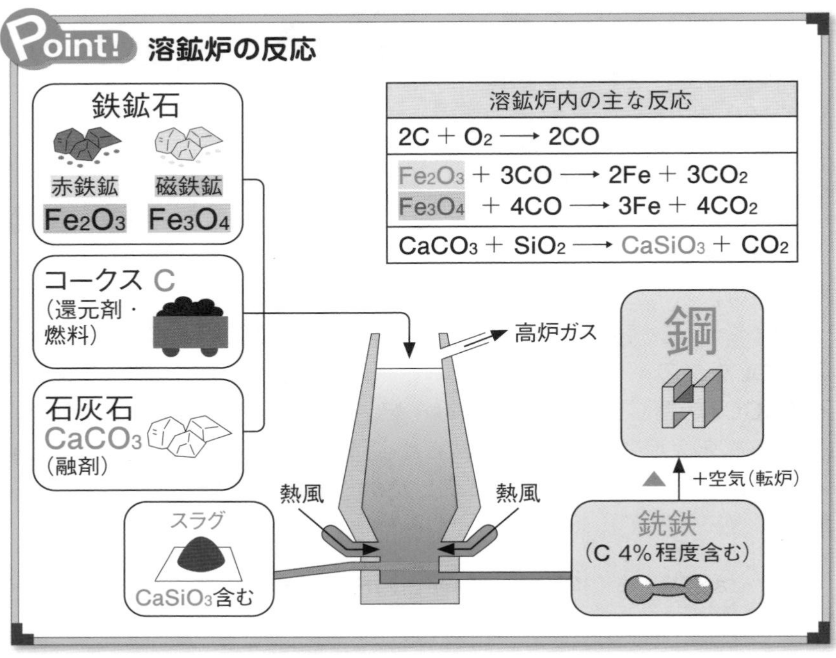
Point! 溶鉱炉の反応
鉄鉱石
赤鉄鉱
磁鉄鉱
Fe_2O_3
Fe_3O_4
コークス C
(還元剤・燃料)
石灰石
$CaCO_3$
(融剤)
溶鉱炉内の主な反応
$2C + O_2 \longrightarrow 2CO$
$Fe_2O_3 + 3CO \longrightarrow 2Fe + 3CO_2$
$Fe_3O_4 + 4CO \longrightarrow 3Fe + 4CO_2$
$CaCO_3 + SiO_2 \longrightarrow CaSiO_3 + CO_2$
高炉ガス
鋼
+空気(転炉)
熱風
熱風
スラグ
$CaSiO_3$含む
銑鉄
(C 4%程度含む)

(2) 銑鉄の不純物除去

銑鉄ができたら次に銑鉄内の不純物を減らすために**転炉**(てんろ)とよばれる回転するタイプの炉に入れるんだ。ここでは，酸素を送り込んで数十分程度加熱するだけなんだ。

炭素以外の不純物は鉄の上に浮くので，これもスラグ（転炉スラグ）といわれるよ。

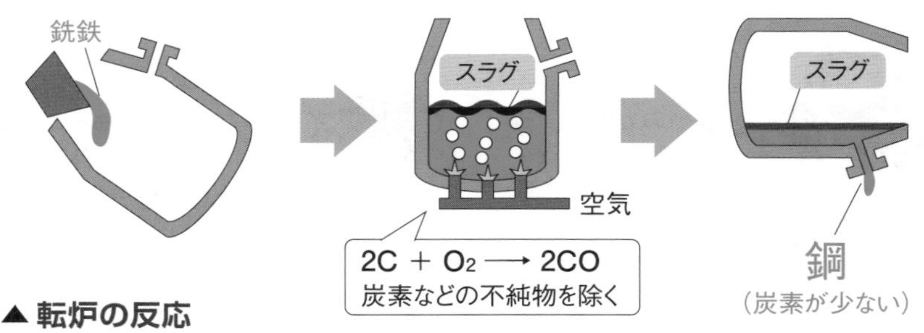
銑鉄
スラグ
空気
$2C + O_2 \longrightarrow 2CO$
炭素などの不純物を除く
スラグ
鋼
(炭素が少ない)

▲ **転炉の反応**

このようにして不純物を抜き，炭素含有量を低くした鉄が鋼(こう)なんだ。鋼ははがねともよばれていて，銑鉄より粘りがあるので鉄骨やレールなどに広く使われているんだよ。また，**さびを防ぐためにクロムやニッケルを加えて合金にしたステンレス鋼や亜鉛めっきしたトタン，スズめっきしたブリキなども重要**だから覚えておこう。

story 3 鉄イオンの反応

ヘキサシアニド鉄なんちゃらかんちゃらの反応が，さっぱりわからないんです。

そうか，そうか。ゆっくり考えれば誰でも理解できるからがんばろう。まずは鉄イオンにシアン化物イオン CN^- を入れると錯イオンを生成するんだ。反応式を見ると次の通りだよ。

$$Fe^{3+} + 6CN^- \rightleftarrows [Fe(CN)_6]^{3-}$$ （ヘキサシアニド鉄(Ⅲ)酸イオン）

$$Fe^{2+} + 6CN^- \rightleftarrows [Fe(CN)_6]^{4-}$$ （ヘキサシアニド鉄(Ⅱ)酸イオン）

錯イオンの命名は第32講の story 3 を参照してね。そして一番重要な反応が濃青色沈殿を作る次の組み合わせなんだ。Fe^{3+} と鉄（Ⅱ），Fe^{2+} と鉄（Ⅲ）と覚えたら一発だよ。

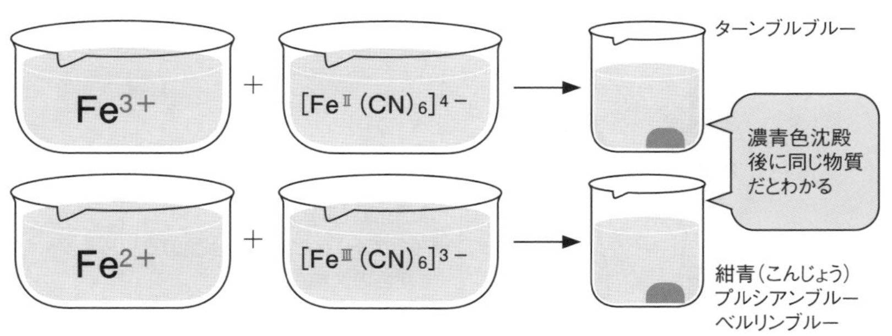

Fe^{3+}
+
$[Fe^{II}(CN)_6]^{4-}$
ターンブルブルー
濃青色沈殿
後に同じ物質
だとわかる
Fe^{2+}
+
$[Fe^{III}(CN)_6]^{3-}$
紺青（こんじょう）
プルシアンブルー
ベルリンブルー

この２つの濃青色沈殿は，昔は異なる物質だと思われていたけど，今は $Fe_4[Fe(CN)_6]_3$ を基本構造に持つ同じ混合物だとわかっているんだ。

水酸化鉄(Ⅲ)の化学式がわからないです。

正確にわからなくて大丈夫だよ。でも色は赤褐色だから覚えてね。一応説明すると，試験管で Fe^{3+} を塩基性にしたとき，$Fe(OH)_3$ が生成すると考えられるけど，酸化数の高い金属の水酸化物は脱水される傾向があるんだ。だから次のように脱水された生成物が混合していると考えられるんだ。

$$2Fe(OH)_3 \rightleftarrows 2FeO(OH) + 2H_2O \rightleftarrows Fe_2O_3 + 3H_2O$$

この中でも $FeO(OH)$ の組成は有名で，天然鉱物も多く知られているよ。しかし，試験管で生成した化合物の組成は確定できず，$Fe_2O_3 \cdot nH_2O$ のように表現されることがあるんだよ。本書ではとりあえず"水酸化鉄(Ⅲ)"と日本語で表現しておいたからね。

それより，鉄イオンの重要な反応をまとめておいたから参考にしてね。

水酸化鉄(Ⅲ)は
FeO(OH)などを主成分とした
赤褐色の沈殿だよ！

Point! 鉄イオンの反応

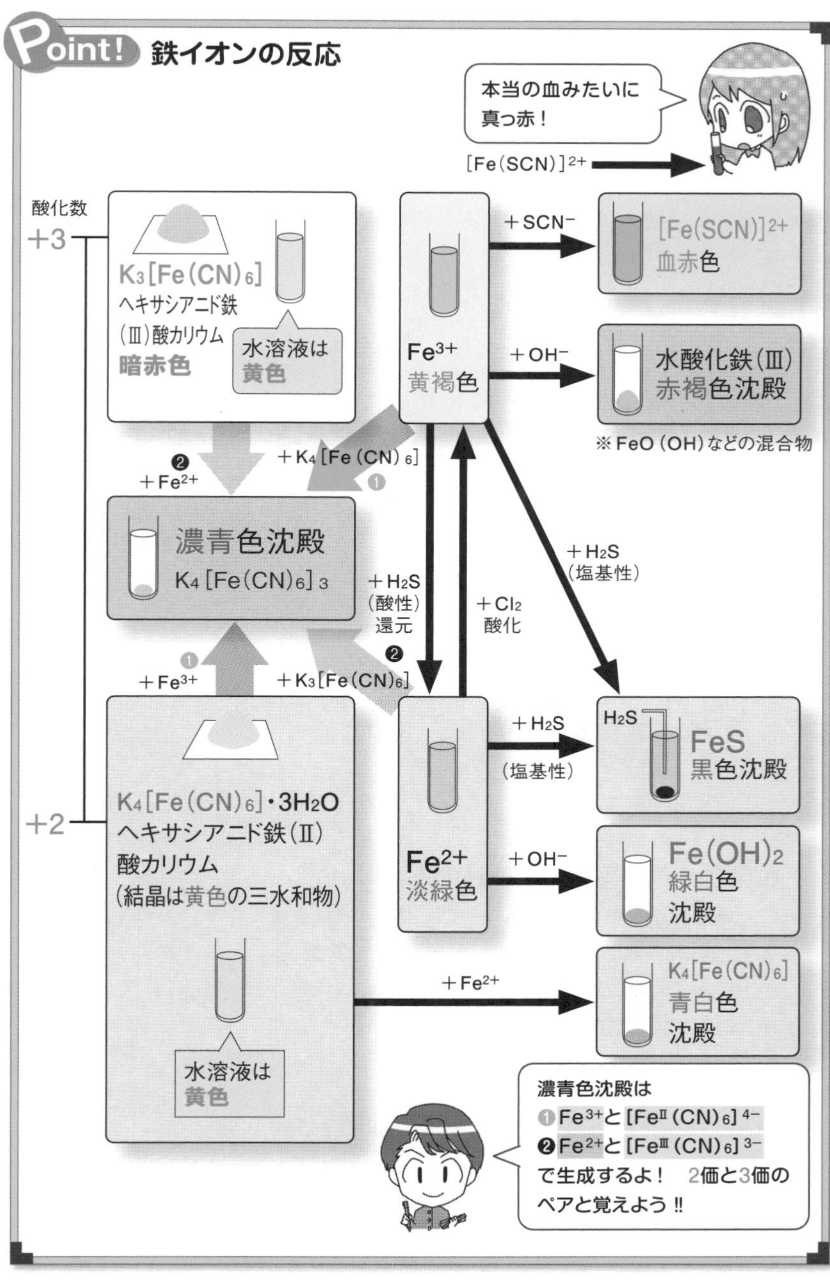

本当の血みたいに
真っ赤！
[Fe(SCN)]2+
酸化数
+3
+2
K3[Fe(CN)6]
ヘキサシアニド鉄
(Ⅲ)酸カリウム
暗赤色
水溶液は
黄色
Fe3+
黄褐色
+SCN−
[Fe(SCN)]2+
血赤色
+OH−
水酸化鉄(Ⅲ)
赤褐色沈殿
※ FeO(OH)などの混合物
❷ +Fe2+
+K4[Fe(CN)6] ❶
濃青色沈殿
K4[Fe(CN)6]3
+H2S
(酸性)
還元
+Cl2
酸化
+H2S
(塩基性)
❶ +Fe3+
❷ +K3[Fe(CN)6]
K4[Fe(CN)6]・3H2O
ヘキサシアニド鉄(Ⅱ)
酸カリウム
(結晶は黄色の三水和物)
水溶液は
黄色
Fe2+
淡緑色
+H2S
(塩基性)
H2S
FeS
黒色沈殿
+OH−
Fe(OH)2
緑白色
沈殿
+Fe2+
K4[Fe(CN)6]
青白色
沈殿
濃青色沈殿は
❶Fe3+と[FeⅡ(CN)6]4−
❷Fe2+と[FeⅢ(CN)6]3−
で生成するよ！ 2価と3価の
ペアと覚えよう!!

確認問題

1 赤鉄鉱やベンガラの主成分を次の中から1つ選べ。

① FeO　② Fe_3O_4　③ Fe_2O_3

解答：③

2 四酸化三鉄を主成分とするものを次の中からすべて選べ。

① 磁鉄鉱　② 黒さび　③ ステンレス鋼
④ トタン　⑤ 砂鉄　⑥ 石灰石

解答：①②⑤

3 赤鉄鉱が溶鉱炉内で一酸化炭素に還元されて鉄になる化学変化を化学反応式で表せ。

解答：$Fe_2O_3 + 3CO \longrightarrow 2Fe + 3CO_2$

4 赤鉄鉱が溶鉱炉内で還元されるときに，変化する順に次の化合物①～④を並べよ。

① FeO　② Fe_3O_4　③ Fe_2O_3　④ Fe

解答：③②①④

5 鉄鉱石中の不純物を除く目的で溶鉱炉に入れる物質を次の中から1つ選べ。

① スラグ　② 岩塩　③ 石灰石　④ ケイ砂

解答：③

6 次の文章の中から誤っているものを1つ選べ。

① 溶鉱炉内で融解した銑鉄の上に浮いているものをスラグという。
② 銑鉄は炭素が比較的少ないので，炭素を追加するために転炉で加熱する。
③ 銑鉄は鋳物などに使われている。
④ 鋼はレールや鉄骨に使われている。

解答：②
銑鉄は炭素が比較的多いため，炭素を除く目的で転炉で加熱する。

7　塩化鉄(Ⅲ)の水溶液に水酸化ナトリウムを加えてできる沈殿の色を答えよ。

解答　赤褐色

8　次の溶液の中からチオシアン酸カリウム水溶液を加えて血赤色になるものを1つ選べ。
① 硫酸鉄(Ⅱ)　② 塩化鉄(Ⅲ)
③ シアン化鉄(Ⅱ)

解答　②

9　塩化鉄(Ⅲ)と混合すると濃青色の沈殿を生成するものを次の中から選び，その化学式を答えよ。
① ヘキサシアニド鉄(Ⅱ)酸カリウム
② ヘキサシアニド鉄(Ⅲ)酸カリウム
③ チオシアン酸カリウム
④ 硫酸鉄(Ⅱ)

解答　①　$K_4[Fe(CN)_6]$

10　塩化鉄(Ⅱ)水溶液をアンモニアで塩基性にしたあと，硫化水素を通じると黒色の沈殿が生成した。この沈殿を化学式で表せ。

解答　FeS

●イオン化傾向はゴロ合せで覚えよう！
リッチで貸そうかな，間がある当てにすな
Li K Ca Na Mg Al Zn Fe Ni Sn Pb
ひどすぎる借金
H_2 Cu Hg Ag Pt Au

物質の状態と気体　固体の構造　溶液　熱化学　電池と電気分解　反応速度と平衡　非金属元素　金属元素の単体と化合物　遷移元素の単体と化合物

第30章 銅と銀の性質

当初は銅色
だったのに
今じゃすっかり
緑色よ！

▶自由の女神も最初は銅の色だったが，現在では銅のさびである緑青(ろくしょう)の色で覆われている。

story 1 単体の特徴

銀は錆びないのに銅って錆びちゃうなんてダサいですね。

ダサいなんてひどい。銅の錆びは緑青というけど，その青緑色が綺麗だから“美しい錆び”といわれているんだよ。

大阪城だって名古屋城だってその錆びた銅瓦の緑青の色が美しいって人気だよ！

それに銀は空気中で酸化されて，硫化銀 **Ag_2S** ができて黒ずむんだ。その黒も渋いっていわれているよ。

確かにこういうアクセサリーって黒ずんでて格好いい！

原鉱石の名前と酸化されたものまで覚えておいてね。

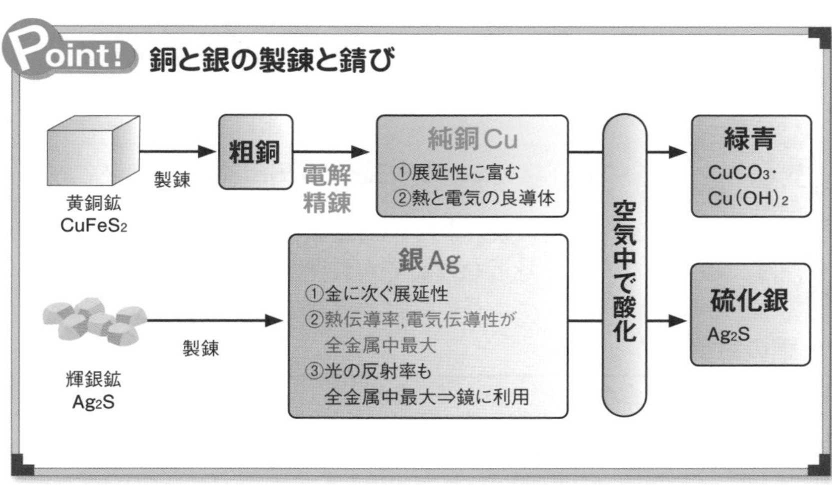
Point!
銅と銀の製錬と錆び
黄銅鉱
$CuFeS_2$
製錬
粗銅
電解精錬
純銅 Cu
①展延性に富む
②熱と電気の良導体
空気中で酸化
緑青
$CuCO_3 \cdot Cu(OH)_2$
輝銀鉱
Ag_2S
製錬
銀 Ag
①金に次ぐ展延性
②熱伝導率，電気伝導性が全金属中最大
③光の反射率も全金属中最大⇒鏡に利用
硫化銀
Ag_2S

あと，単体の特徴として忘れちゃいけないのが，塩酸や希硫酸には溶けないけど，硝酸や熱濃硫酸などの酸化力の強い酸に溶けるということだね。

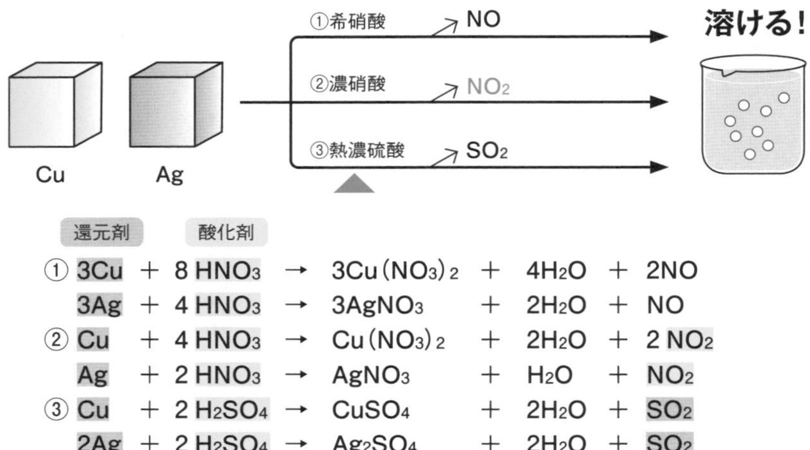

①希硝酸
NO
②濃硝酸
NO2
③熱濃硫酸
SO2
溶ける!
Cu
Ag
還元剤
酸化剤

$$\text{① } 3Cu + 8HNO_3 \rightarrow 3Cu(NO_3)_2 + 4H_2O + 2NO$$
$$3Ag + 4HNO_3 \rightarrow 3AgNO_3 + 2H_2O + NO$$
$$\text{② } Cu + 4HNO_3 \rightarrow Cu(NO_3)_2 + 2H_2O + 2NO_2$$
$$Ag + 2HNO_3 \rightarrow AgNO_3 + H_2O + NO_2$$
$$\text{③ } Cu + 2H_2SO_4 \rightarrow CuSO_4 + 2H_2O + SO_2$$
$$2Ag + 2H_2SO_4 \rightarrow Ag_2SO_4 + 2H_2O + SO_2$$

▲ Cu,Ag と硝酸,熱濃硫酸の反応

10 円玉は銅で 100 円玉や 50 円玉は銀ですか?

いや，実は硬貨に使われている金属は，1円玉以外はすべて銅合金なんだ。身近な硬貨で銅合金を勉強してみよう。

▼ 銅の合金

銅の合金		組成	組成の近い硬貨
青銅(せいどう)	ブロンズ（bronze）	Cu + Sn	10
黄銅(おうどう)	真ちゅう ブラス（brass）	Cu + Zn	五円
白銅(はくどう)	ー	Cu + Ni	100 50
洋銀(ようぎん)	洋白	Cu + Ni + Zn	500

ボクはAlだよ。
さようなら〜
私たちはみんなCuの合金なの。
ワシはセルロースからできているんじゃ。さらばじゃ〜
確かに硬貨は
銅合金だらけ！

story 2 銅と銀の化合物

銅と銀の化合物で重要なものを教えて下さい！試験が近いんです。

なるほど，重要な反応をまとめておいたから，しっかり見て覚えてね。銅の化合物では，テトラアンミン銅（Ⅱ）イオンを生成する流れなんか試験に出そうだよ。

銀の化合物は沈殿が重要なんだ。また，塩化銀 **AgCl**，臭化銀 **AgBr**，ヨウ化銀 **AgI**，硝酸銀 **$AgNO_3$** などの結晶は光が感光して単体の銀が生成して黒ずんでくるので，必ず褐色ビンに保存することも覚えておいてね。

$$Ag^{+} + e^{-} \xrightarrow{\text{光}} Ag \quad (\text{黒})$$

このようにして出来たAgは銀白色ではなく黒いので，結晶は黒ずんでくる

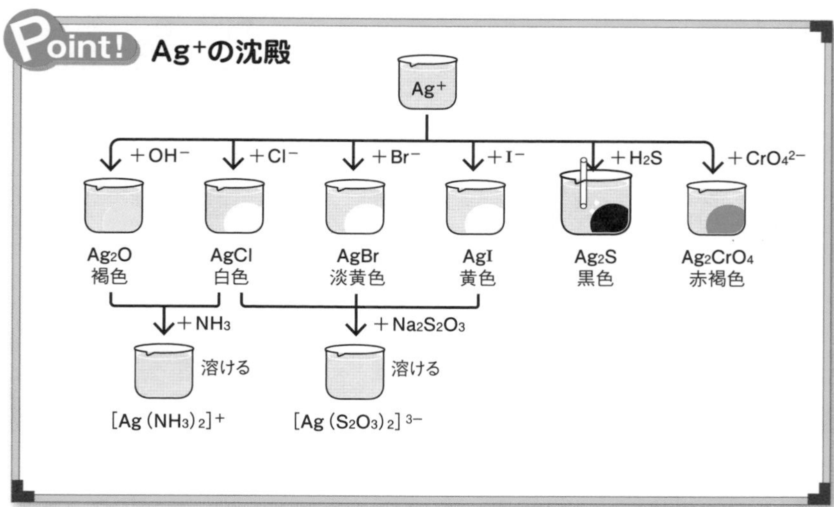
Point!
Ag⁺の沈殿
Ag⁺
＋OH⁻
＋Cl⁻
＋Br⁻
＋I⁻
＋H₂S
＋CrO₄²⁻
Ag₂O 褐色
AgCl 白色
AgBr 淡黄色
AgI 黄色
Ag₂S 黒色
Ag₂CrO₄ 赤褐色
＋NH₃
＋Na₂S₂O₃
溶ける
溶ける
[Ag(NH₃)₂]⁺
[Ag(S₂O₃)₂]³⁻

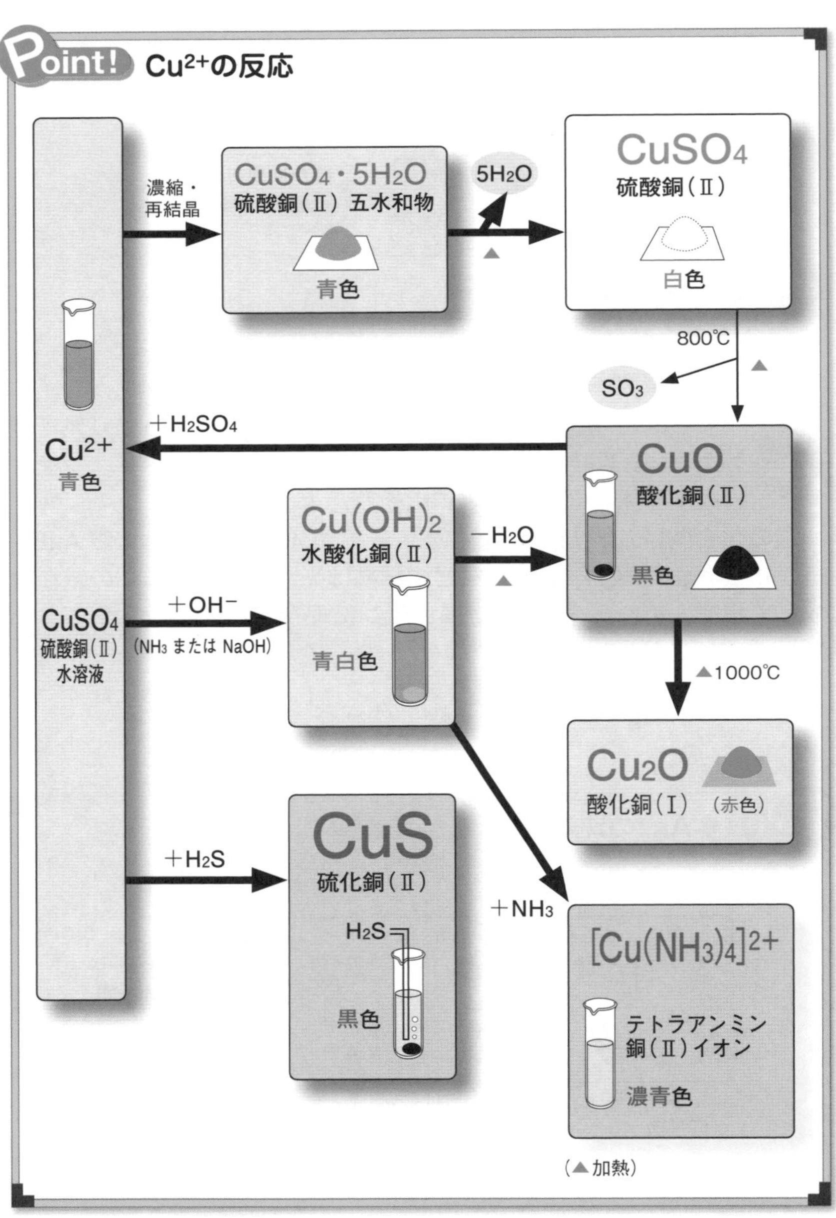
Point! Cu^{2+}の反応
濃縮・
再結晶
$CuSO_4 \cdot 5H_2O$
硫酸銅（Ⅱ）五水和物
青色
$5H_2O$
▲
$CuSO_4$
硫酸銅（Ⅱ）
白色
800℃
▲
SO_3
＋H_2SO_4
Cu^{2+}
青色
CuO
酸化銅（Ⅱ）
黒色
$Cu(OH)_2$
水酸化銅（Ⅱ）
－H_2O
▲
青白色
$CuSO_4$
硫酸銅（Ⅱ）
水溶液
＋OH^-
（NH_3 または NaOH）
▲1000℃
Cu_2O
酸化銅（Ⅰ）
（赤色）
＋H_2S
CuS
硫化銅（Ⅱ）
H_2S
黒色
＋NH_3
$[Cu(NH_3)_4]^{2+}$
テトラアンミン
銅（Ⅱ）イオン
濃青色
（▲加熱）

story 3 銅と銀の化合物の比較

水酸化銅（Ⅱ）の沈殿を加熱したら，黒くなったんですが，それも CuO ですか?

そうなんだよ。周期表の第11族のような貴金属類の水酸化物は脱水されやすいことを覚えておこう。硫酸銅（Ⅱ）$CuSO_4$ と硝酸銀（Ⅰ）$AgNO_3$ を塩基性にしたときの沈殿を比較するとよくわかるんだ。

(1) 銅イオンCu^{2+}と銀イオンAg^+

Cu^{2+}を含む水溶液を塩基性にすると，水酸化銅（Ⅱ）$Cu(OH)_2$ の青白色の沈殿が生成するんだ。

ところが，この沈殿をそのまま水溶液中で加熱しただけで脱水されて，黒色の酸化銅（Ⅱ）CuO に変化するんだ。

$$Cu^{2+} + 2OH^- \longrightarrow Cu(OH)_2\downarrow \xrightarrow{\triangle} CuO\downarrow + H_2O$$

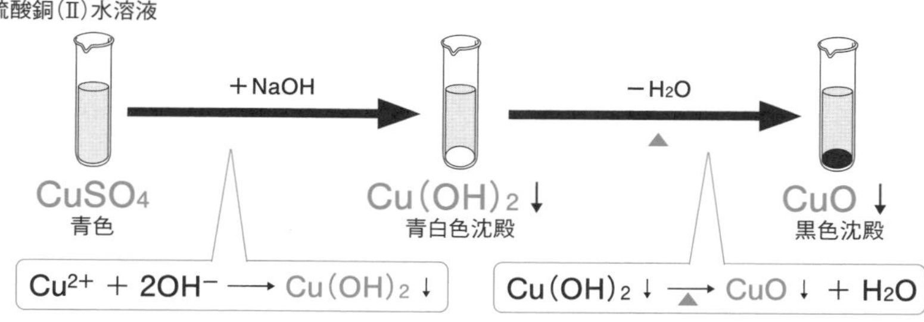
硫酸銅(Ⅱ)水溶液
＋NaOH
－H2O
CuSO4
青色
Cu(OH)2↓
青白色沈殿
CuO↓
黒色沈殿
Cu2+ ＋ 2OH− ⟶ Cu(OH)2↓
Cu(OH)2↓ ⟶ CuO↓ ＋ H2O

同様に，Ag^+を含む水溶液を塩基性にすると，水酸化銀が沈殿しそうなんだけど，銀イオンの場合 $Cu(OH)_2$ よりさらに脱水されやすいため，**加熱なしで次のように直ちに脱水される**んだ。

$$2AgOH \longrightarrow Ag_2O\downarrow + H_2O$$

この脱水反応により褐色の酸化銀（Ⅰ）Ag_2O が得られるというわけだよ。別々に覚えるより，やはり同時に覚えたほうが効率がよいことがわかるね。

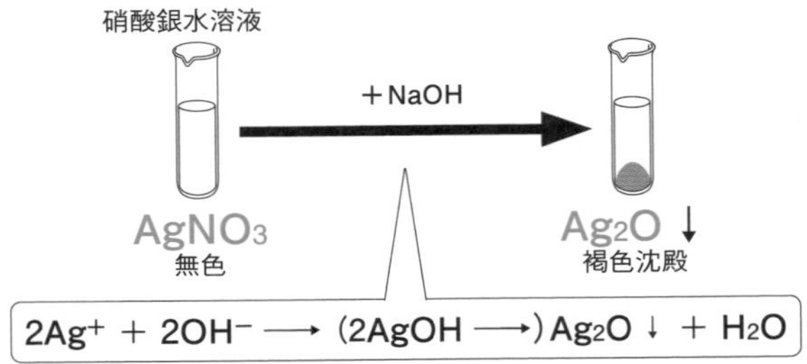
硝酸銀水溶液
＋NaOH
AgNO3
無色
Ag2O ↓
褐色沈殿
2Ag⁺ ＋ 2OH⁻ ⟶ (2AgOH ⟶) Ag2O ↓ ＋ H2O

(2) 熱伝導率と導電率

銀は熱伝導率が金属の中でいちばんいいと聞いたんですけど本当ですか?

それは本当だよ。特に11族元素の Cu, Ag, Au は**熱伝導率が非常に大きい**んだ。また Al も大きいことも覚えておいたほうがいいよ。順番は Ag > Cu > Au > Al の順だよ。Cu や Al がフライパンや鍋(なべ)に使われるのも納得でしょう。また，熱伝導率が大きいものは導電率も大きいんだ。金属の場合，自由電子が熱も電気も運ぶから，一般的に熱を伝えやすい金属は電気も伝えやすいというわけなんだ。

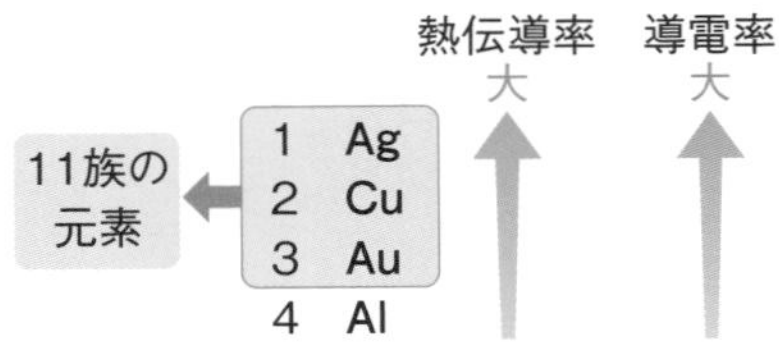
熱伝導率
大
導電率
大
11族の元素
1 Ag
2 Cu
3 Au
4 Al

電線はCuやAlがよく使われているよ！
確かに，CuやAlはフライパンや鍋にもよく使われている！

確認問題

解答

1 緑青の主成分の化学式を書け。

$CuCO_3 \cdot Cu(OH)_2$

2 $CuSO_4 \cdot 5H_2O$ の結晶を強熱して $CuSO_4$ の粉末を得た。この粉末の色は次のうちのどれか。

① 白色　② 青色　③ 青白色
④ 青緑色　⑤ 赤色

①

3 酸化銅(Ⅱ)を1000℃以上で加熱して酸化銅(Ⅰ)が生成するときの化学変化を化学反応式で表せ。

$4CuO \longrightarrow 2Cu_2O + O_2$

4 硫酸銅(Ⅱ)水溶液に水酸化ナトリウム水溶液を入れたときに生じる沈殿の化学式と色を答えよ。

化学式：$Cu(OH)_2$
色：青白色

5 水酸化銅(Ⅱ)を水中で加熱したときに生じる沈殿の化学式と色を答えよ。

化学式：CuO
色：黒色

6 硝酸銀水溶液に水酸化ナトリウム水溶液を加えたときに生じる沈殿の化学式と色を答えよ。

化学式：Ag_2O
色：褐色

7 塩化銀にアンモニア水を加えると塩化銀がすべて溶解した。このときに水溶液中に存在する銀の錯イオンの化学式を書け。

$[Ag(NH_3)_2]^+$

8　ヨウ化銀にチオ硫酸ナトリウム水溶液を加えるとヨウ化銀はすべて溶解した。このとき，水溶液中に存在する銀の錯イオンの化学式を書け。

解答　$[Ag(S_2O_3)_2]^{3-}$

9　次の①～④の金属を熱伝導率や導電率が大きいものから順に並べよ。

① Cu　② Ag　③ Au　④ Al

解答　②①③④

10　白銅，黄銅，青銅のそれぞれに入っている金属の組み合わせをそれぞれ次の①～⑤の中から選べ。

① Cu，Al　② Cu，Ni
③ Cu，Fe　④ Cu，Zn
⑤ Cu，Sn

解答　白銅 ②　黄銅 ④　青銅 ⑤

金やプラチナは錆びないけど，銀や銅は酸化されちゃうのであ～る。

第
31
章

クロムとマンガンの性質

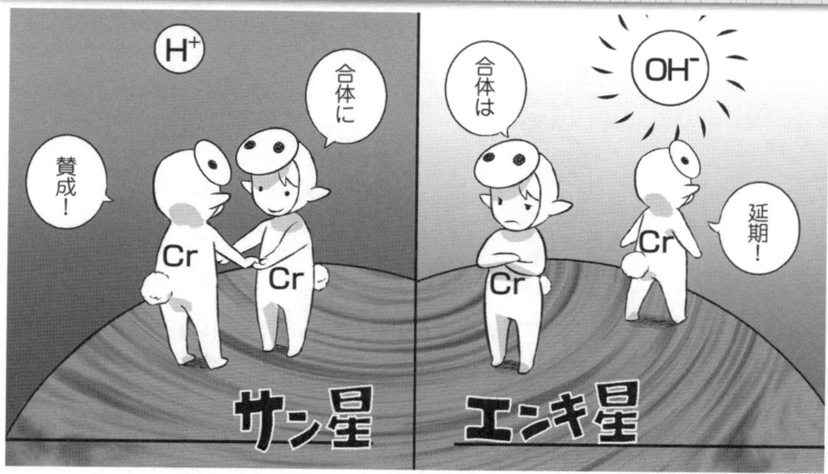
H+
合体に
賛成!
Cr
Cr
サン星
合体は
OH-
延期!
Cr
Cr
エンキ星

▶ クロム酸は塩基性溶液中では単独のクロム酸イオンだが，酸性溶液中では合体して二クロム酸イオンになる。

story 1 クロムの性質

クロムって，何か特徴のある金属なんですか?

もちろん，超個性的な金属なんだ。クロムの特徴はズバリ“**超，被膜をつくりやすい金属**”といえるんだ。真空パックした本当に純粋なクロムの塊があったとすると，空気中に出した瞬間に表面が酸化されて緻密(ちみつ)な酸化被膜ができてしまうんだ。

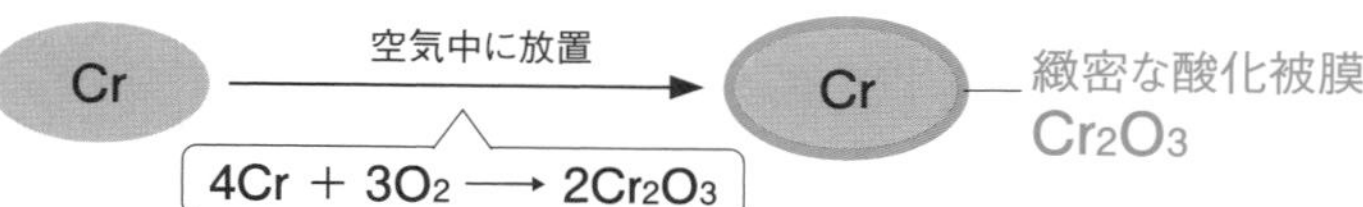
Cr
空気中に放置
Cr
緻密な酸化被膜
Cr_2O_3
$4Cr + 3O_2 \longrightarrow 2Cr_2O_3$

この酸化被膜のために，さびないのがクロムの特徴なんだ。アルミニウムも同様な性質があることで有名だけど，クロムはアルミニウムより硬くて丈夫だ。鉄にクロムめっきをしたものは，水道の蛇口(じゃぐち)などによく使われているよ。

確かにさびてない。
これは表面が酸化クロム（Ⅲ）
だったのね。

クロムは，空気中だけでなく**濃硝酸に入れても不動態となって溶けない**んだ。だから，**鉄とクロムの合金はステンレス鋼**として知られているね。鉄にクロムめっきをした製品は傷がついたら鉄が露出してさびてしまうけど，**ステンレスは傷がついても表面がクロムの緻密な酸化被膜 Cr_2O_3 に守られているからさびない**優れものの合金ということになるね。

クロム酸の化学式が覚えられません。

大丈夫。コツを教えてあげよう。クロムは**周期表の6族だけど，周期表には親戚がいて，16族の元素が少し似ている**んだ。1つの例は硫酸だよ。硫黄Sは16族元素で，その最高酸化数+6をもつオキソ酸が硫酸 H_2SO_4 だよね。6族のクロムも最高酸化数は+6でそのオキソ酸はクロム酸 H_2CrO_4 なんだ。化学式も構造も同じだからとても覚えやすいでしょう。

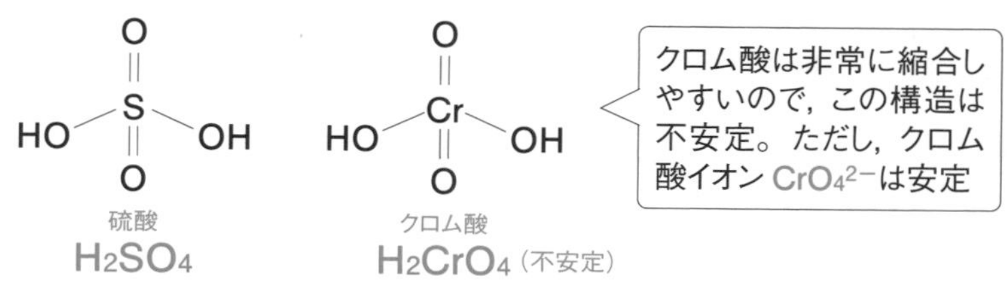
O
HO
S
OH
O
硫酸
H_2SO_4
O
HO
Cr
OH
O
クロム酸
H_2CrO_4（不安定）
クロム酸は非常に縮合しやすいので，この構造は不安定。ただし，クロム酸イオン CrO_4^{2-} は安定

ただし，硫酸は安定に存在できるけど，クロム酸 H_2CrO_4 は生成してもすぐに脱水縮合してしまうから不安定だ。それは，クロム酸の場合，ヒドロキシ基 **−OH** が非常に縮合しやすいためなんだ。でも，クロム酸から水素をとったクロム酸イオン CrO_4^{2-} は安定に存在できるよ。クロム酸イオンから生成する沈殿は黄色の顔料などとして広く利用されているから覚えてね。

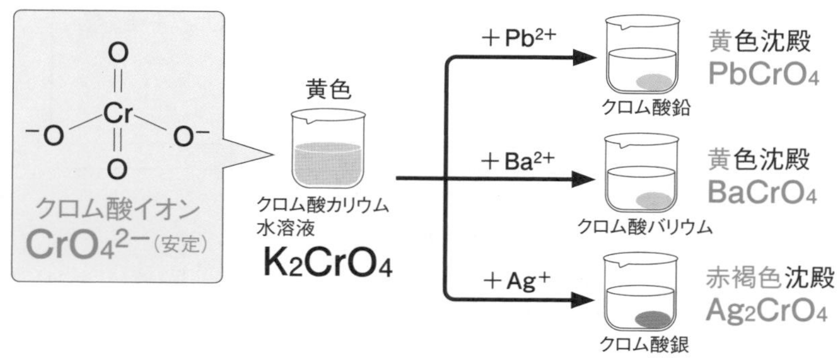
O
Cr
⁻O
O⁻
O
クロム酸イオン
CrO_4^{2-}（安定）
黄色
クロム酸カリウム水溶液
K_2CrO_4
＋Pb^{2+}
クロム酸鉛
黄色沈殿
$PbCrO_4$
＋Ba^{2+}
クロム酸バリウム
黄色沈殿
$BaCrO_4$
＋Ag^{+}
クロム酸銀
赤褐色沈殿
Ag_2CrO_4

クロム酸カリウムは酸性にすると色が変わると聞いたんですが，どういうことですか？

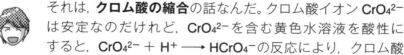

それは，**クロム酸の縮合**の話なんだ。クロム酸イオン CrO_4^{2-} は安定なのだけれど，CrO_4^{2-} を含む黄色水溶液を酸性にすると，$CrO_4^{2-} + H^+ \longrightarrow HCrO_4^-$ の反応により，クロム酸水素イオン $HCrO_4^-$ ができるよね。この $HCrO_4^-$ にはヒドロキシ基 **−OH** があるので，すぐにイオン間で脱水されて二クロム酸イオン $Cr_2O_7^{2-}$ が生じるんだ。そして，生じた二クロム酸イオン $Cr_2O_7^{2-}$ の色が赤橙(せきとう)色(しょく)だから，酸性にすると液の色が変化するというわけなんだ。

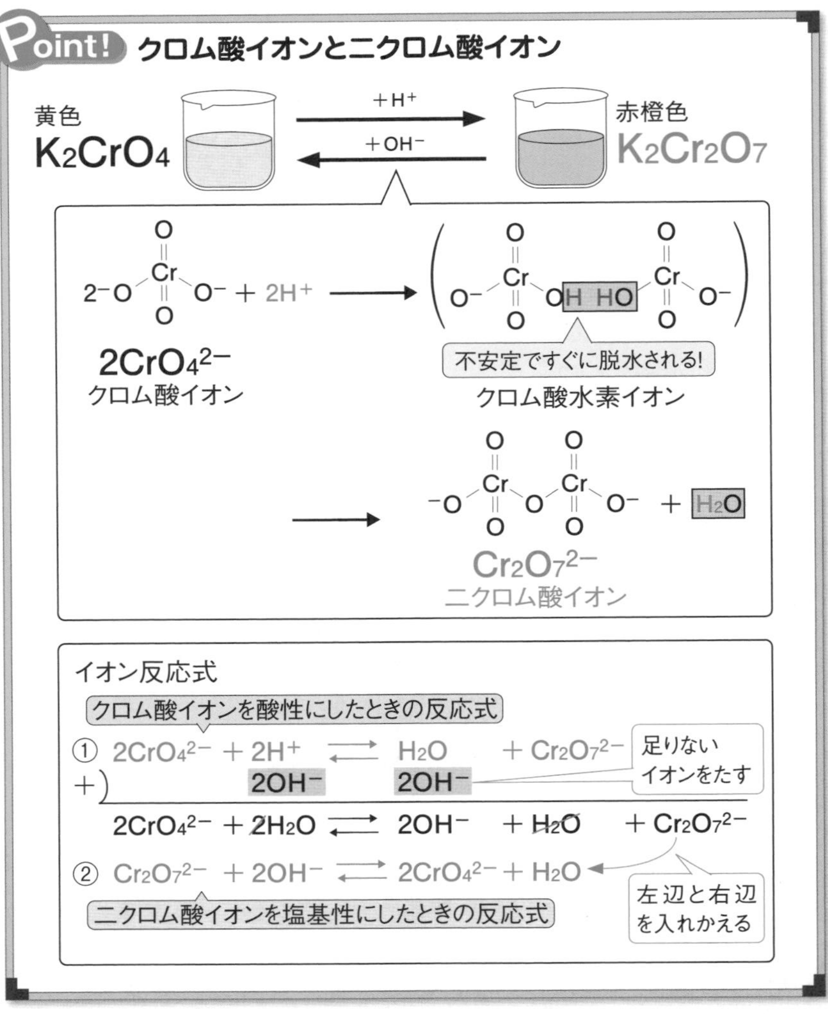
Point! クロム酸イオンと二クロム酸イオン
黄色
K_2CrO_4
+H+
+OH−
赤橙色
$K_2Cr_2O_7$
$2CrO_4^{2-}$
クロム酸イオン
不安定ですぐに脱水される!
クロム酸水素イオン
$Cr_2O_7^{2-}$
二クロム酸イオン
イオン反応式
クロム酸イオンを酸性にしたときの反応式
① $2CrO_4^{2-} + 2H^+ \rightleftarrows H_2O + Cr_2O_7^{2-}$
$+)\quad 2OH^- \quad 2OH^-$
足りないイオンをたす
$2CrO_4^{2-} + 2H_2O \rightleftarrows 2OH^- + H_2O + Cr_2O_7^{2-}$
② $Cr_2O_7^{2-} + 2OH^- \rightleftarrows 2CrO_4^{2-} + H_2O$
二クロム酸イオンを塩基性にしたときの反応式
左辺と右辺を入れかえる

構造で理解すれば反応式は意外と簡単でしょう。あと，この反応はクロム酸が縮合しているだけだから酸化数の変化はないんだ。**酸化還元反応ではないから注意**してね。

ニクロム酸カリウムは酸性でアルデヒドなどの還元剤があれば，酸化剤として作用するんだ。そのときの反応式は次の通りだよ。

硫酸酸性でニクロム酸イオンが酸化剤として作用するときの半反応式

酸化剤 $Cr_2O_7^{2-} + 14H^+ + 6e^- \longrightarrow 2Cr^{3+} + 7H_2O$
（$Cr_2O_7^{2-}$：赤橙色，Cr^{3+}：暗緑色）

story 2 マンガンの性質

マンガンって何に使われているの?

そうだね，実は鉄と**マンガンの合金はマンガン鋼とよばれていて，硬くて丈夫なので船や橋の構造材として使われている**んだけど，一般にはあまり知られていないよね。

過マンガン酸カリウム

過マンガン酸カリウムの化学式は暗記ですか?

もちろん，暗記してもいいんだけど，クロム酸と同様，ちょっとしたコツを教えるよ。**マンガンは周期表第7族の元素だから17族と親戚関係**なんだ。17族といえばハロゲンだけど，その代表選手は何といっても塩素 Cl だよね，この塩素と似ているんだよ。17族元素である塩素の最高酸化数は＋7で，そのオキソ酸は $HClO_4$ だから，7族元素のマンガンの最高酸化数も＋7で，そのオキソ酸は**過マンガン酸 $HMnO_4$** なんだよ。非常に覚えやすいでしょう。

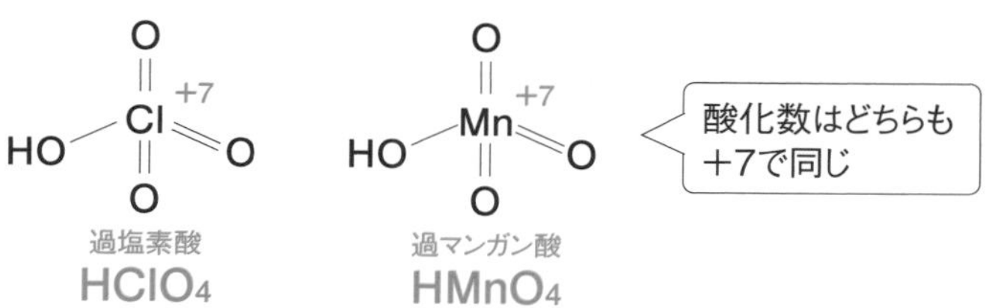
O
+7
HO
Cl
O
O
過塩素酸
HClO4
O
+7
HO
Mn
O
O
過マンガン酸
HMnO4
酸化数はどちらも
+7で同じ

この過マンガン酸 $HMnO_4$ のカリウム塩が過マンガン酸カリウム $KMnO_4$ というわけなんだ。$KMnO_4$ の水溶液は赤紫色で，強力な酸化剤として有名だよ。特に酸性での酸化力は非常に強くて，次のような半反応式で反応するよ。

酸化剤 $\underset{\text{赤紫色}}{MnO_4^-} + 8H^+ + 5e^- \longrightarrow \underset{\text{ほぼ無色}}{Mn^{2+}} + 4H_2O$

酸性だとマンガン(Ⅱ)イオン Mn^{2+} になり，よく教科書や参考書に淡桃色と書いてあるけど，実際の水溶液はほぼ無色なんだ。例えば，Mn^{2+} を含む $MnCl_2$ や $MnSO_4$ などの結晶の色は淡桃色なんだけど，溶かすと見えないくらい色が薄くなるから注意してね。

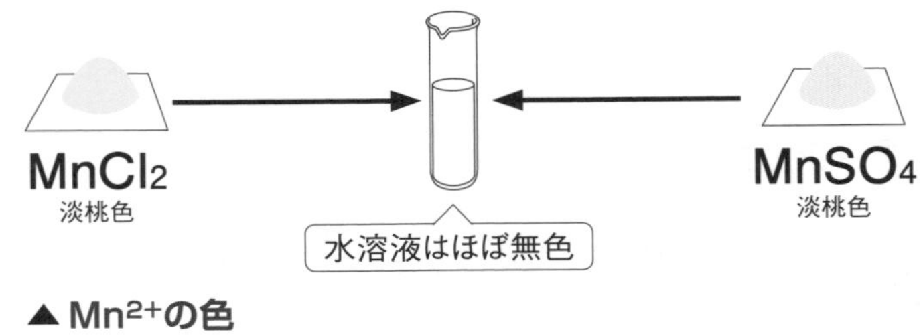
MnCl2
淡桃色
MnSO4
淡桃色
水溶液はほぼ無色

▲ **Mn^{2+} の色**

ところで **$KMnO_4$ は非常に強い酸化剤**で，中性～塩基性でも十分強い酸化力をもっているんだ。そのときの半反応式をつくると，次のようになるよ。まず，中性～塩基性ではマンガンの酸化数は＋４でストップすると覚えよう！　つまり，酸化数の変化は＋７→＋４なので，３個の電子を奪うんだ。

酸化数 　+7 → +4

酸化剤 $\underset{+7}{MnO_4^-} + 3e^- \longrightarrow \underset{+4}{MnO_2} + 2O^{2-}$

ここで生成した O^{2-} は非常に強い塩基で，H_2O と次のように反応して OH^- を生成するよ。

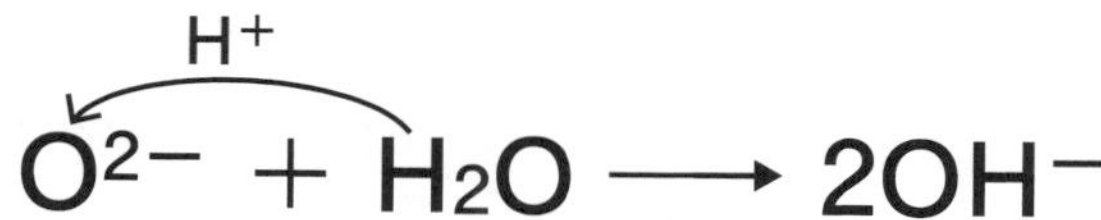

H^+
$O^{2-} + H_2O \longrightarrow 2OH^-$

この反応式を加えたら，中性～塩基性水溶液中での反応式が完成するんだ。

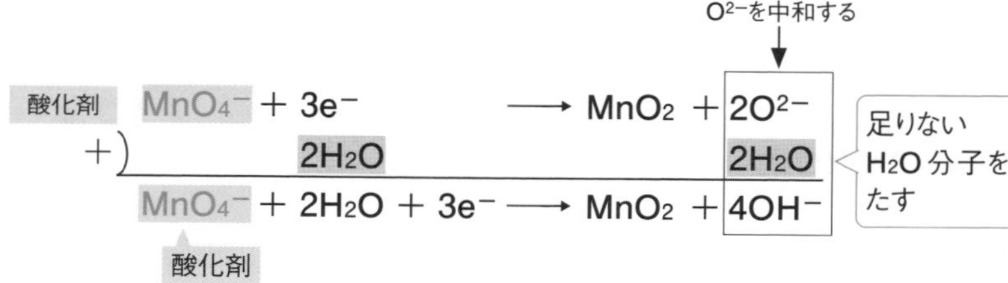

O^{2-}を中和する
酸化剤
$MnO_4^- + 3e^- \longrightarrow MnO_2 + 2O^{2-}$
$+)\quad 2H_2O \qquad 2H_2O$
$MnO_4^- + 2H_2O + 3e^- \longrightarrow MnO_2 + 4OH^-$
酸化剤
足りない H_2O 分子をたす

KMnO4
!

確認問題

1 クロムを空気中に放置すると表面に酸化被膜ができる。この酸化被膜の化学式を書け。

2 クロムに濃硝酸を加えても表面に緻密な酸化被膜ができてクロムは溶解しない。この状態を何というか。

3 クロム酸カリウム水溶液に加えると黄色の沈殿ができる試薬を次の中からすべて選べ。

① $BaCl_2$　② KCl　③ $FeCl_3$
④ $Pb(NO_3)_2$　⑤ $AgNO_3$

4 クロム酸カリウム水溶液に加えると赤褐色の沈殿ができる試薬を次の中からすべて選べ。

① $BaCl_2$　② KCl　③ $FeCl_3$
④ $Pb(NO_3)_2$　⑤ $AgNO_3$

5 硫酸クロム（Ⅲ）$Cr_2(SO_4)_3$ の水溶液に水酸化ナトリウムを加えると生じる沈殿の化学式と色を答えよ。

6 クロム酸イオンを酸性にすると二クロム酸イオンが生成する。この反応のイオン反応式を書け。

7 硫酸酸性の二クロム酸カリウム水溶液にアセトアルデヒドを加えて加熱すると色は何色から何色に変化するか。

解答

1. Cr_2O_3
2. 不動態
3. ①④
4. ⑤
5. 化学式：$Cr(OH)_3$
色：灰緑色
6. $2CrO_4^{2-} + 2H^+ \rightleftarrows H_2O + Cr_2O_7^{2-}$
7. 赤橙色から暗緑色

8　酸化マンガン(Ⅳ)はマンガン乾電池の正極，負極のどちらに使われているか。

解答

正極

9　次の反応において酸化マンガン(Ⅳ)は酸化剤として作用しているか，触媒として作用しているか。

(1) MnO_2 に濃塩酸を入れて加熱したら塩素が発生した。

(2) MnO_2 に過酸化水素を加えたら酸素が発生した。

(3) MnO_2 と $KClO_3$ の混合物を加熱したら酸素が発生した。

(1) 酸化剤
(2) 触媒
(3) 触媒

10　$KMnO_4$ が酸性溶液中で酸化剤として作用するときの半反応式を書け。

$MnO_4^- + 8H^+ + 5e^- \longrightarrow Mn^{2+} + 4H_2O$

11　$KMnO_4$ が塩基性溶液中で酸化剤として作用したときに生成するマンガンの化合物の化学式を書け。

MnO_2

KMnO₄もK₂Cr₂O₇も非常に強い酸化剤として重要なんだ!良い子は食べたりしたらダメだぞ!

第32章 遷移元素の特徴と金属イオンの分離

Cu^{2+}
NH_3
NH_3
NH_3
NH_3

▶おみこしが軽やかに動くように，錯イオンも溶液中を軽やかに動く。

story 1 遷移元素の特徴

遷移元素っていわれても何もイメージわかないです。

そうか，確かに遷移元素っていわれても一般の人はイメージわかないよね。ずばり言えば，遷移元素は，鉄に代表される通り**"重く硬い"**イメージで良いよ。つまり，密度が大きく硬い（融点が高い）のが特徴だよ。その他の簡単な特徴を一覧にしておくね。

▽遷移元素の特徴

① 密度が大きく，融点が高い。（**重く硬い**）
② 最外殻電子は**2**が多い
③ **複数の酸化数**をとるものが多い
④ **触媒**になるものが多い
⑤ **有色**のイオンが多い
⑥ **錯イオン**を形成するものが多い

story 2 沈殿のペア

金属イオンと陰イオンで沈殿する物質が多くて覚えられません！　助けてください！

そうだね。沈殿のペアが，なかなか覚えられないという人が多いんだ。ばらばらに覚えるとなかなか覚えられないから，次のようにまとめて覚えるといいよ。

<沈殿の規則>

1．基本的に沈殿を生成しない陰イオン

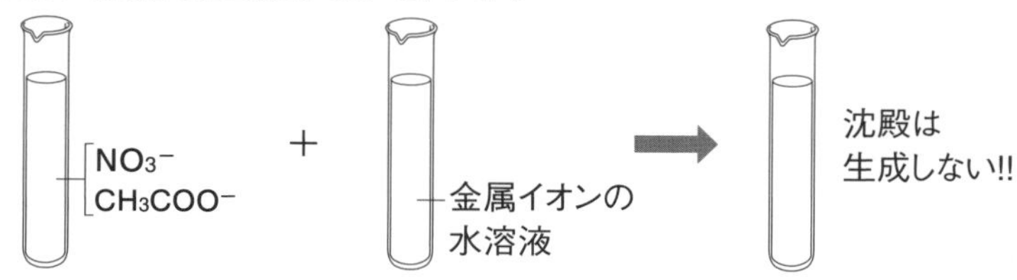

NO_3^-
CH_3COO^-
＋
金属イオンの
水溶液
沈殿は
生成しない!!

2．沈殿を形成するイオンの組み合わせ

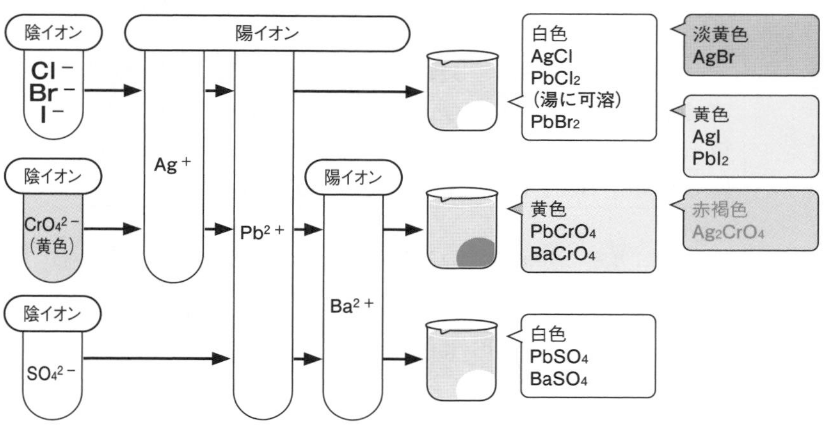

陰イオン
Cl^-
Br^-
I^-
陽イオン
Ag^+
陰イオン
CrO_4^{2-}
（黄色）
Pb^{2+}
陽イオン
Ba^{2+}
陰イオン
SO_4^{2-}
白色
AgCl
$PbCl_2$
（湯に可溶）
$PbBr_2$
淡黄色
AgBr
黄色
AgI
PbI_2
黄色
$PbCrO_4$
$BaCrO_4$
赤褐色
Ag_2CrO_4
白色
$PbSO_4$
$BaSO_4$

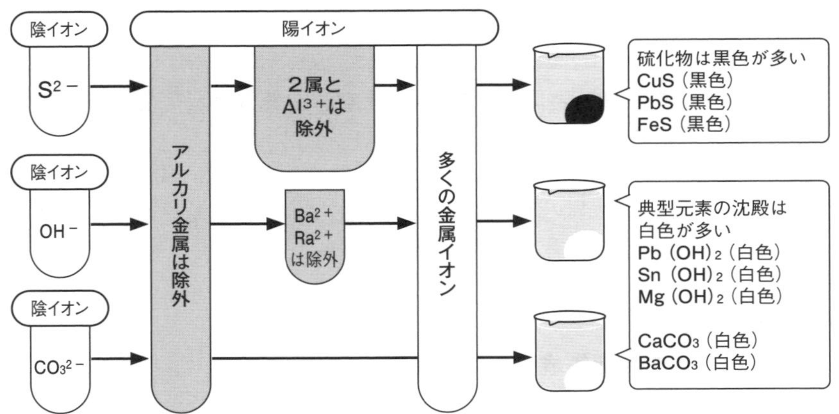
陰イオン
S^{2-}
陰イオン
OH^-
陰イオン
CO_3^{2-}
陽イオン
アルカリ金属は除外
2属とAl^{3+}は除外
Ba^{2+} Ra^{2+}は除外
多くの金属イオン
硫化物は黒色が多い
CuS（黒色）
PbS（黒色）
FeS（黒色）
典型元素の沈殿は白色が多い
$Pb(OH)_2$（白色）
$Sn(OH)_2$（白色）
$Mg(OH)_2$（白色）
$CaCO_3$（白色）
$BaCO_3$（白色）

硫化物沈殿だけは次の点に注意だよ。

Point! 硫化物の沈殿

比較的沈殿しやすいグループ（中性～塩基性で沈殿）（強酸性で溶解）
第4周期の遷移元素の多く
FeS,CoS,NiS（黒色）,MnS（淡赤色）,ZnS（白色）

	7族	8族	9族	10族	11族	12族	13族	14族
第4周期	Mn	Fe	Co	Ni	Cu	Zn	Ga	Ge
第5周期	Tc	Ru	Rh	Pd	Ag	Cd	In	Sn
第6周期	Re	Os	Ir	Pt	Au	Hg	Tl	Pb

非常に沈殿しやすいグループ（酸性,中性,塩基性で沈殿）
第5周期,第6周期の多くの遷移元素と14族元素
重要な沈殿　SnS（褐色），PbS，HgS，CuS，Ag_2S（黒色），CdS（黄色）

硫黄Sの電気陰性度は2.6であり,Cu1.9,Pb2.3のような電気陰性度の大きな金属（貴金属の多く）の硫化物はその差が小さいことから共有結合性が高く,非常に沈殿しやすい

中性～塩基性で沈殿する硫化物

駅で　待っても
(塩基性)(マンガン)
鉄子に会えん
(鉄,コバルト,ニッケル,亜鉛)

塩基駅

酸性でも塩基性でも沈殿する硫化物

なまはげが稼働すんど～ぎゃ～
(鉛,Hg,)(Cd)(スズ,銅,銀)

story 3 錯イオン

(1) 錯イオンの名称

錯(さく)イオンの名前って呪文(じゅもん)みたいで難しい!

そうだね。まず錯イオンのことから学ぼう。金属に配位子(はいいし)とよばれる原子，分子，イオンなどが配位結合して生成したイオンが錯イオンなんだ。錯イオンは[ ]をつけて表すことが多く，化学式で表すと次のようになるよ。

$$\mathrm{M}^{n+} + x\mathrm{Y}^{m-} \rightleftarrows [\mathrm{MY}_x]^{n-xm}$$

中心金属　配位子　錯イオン(錯体)

では，錯イオンの名称を４ステップでマスターしてしまおう！

錯イオンっておみこしみたい!
$[CuCl_4]^{2-}$

Cu^{2+}
Cl^-
Cl^-
Cl^-

STEP1　配位子の数（数を表す接頭語）

配位子の数は有機化合物の命名と同じ名称が使われるんだ。

よく使うのは
2:ジ,4:テトラ,
6:ヘキサだよ!!

▼配位子の数

	名称	
1	mono	モノ
2	di	ジ
3	tri	トリ
4	tetra	テトラ
5	penta	ペンタ
6	hexa	ヘキサ

STEP2　配位子の名称

通常の化合物のときに使っている名称は，配位子になると異なることが多いから注意なんだ。例えば，CN^-は普通は“**シアン化物イオン**”といっているけど，配位子として金属に配位結合したあとは“**シアニド**”という名称になるんだ。重要なものを表にしたよ。

▼配位子の名称

配位子	通常の名称	配位子の名称	表記の順
CN^-	シアン化物イオン cyanide ion	**シアニド** cyanide	優先
Cl^-	塩化物イオン chloride ion	**クロリド** chloride	↑
NH_3	アンモニア ammonia	**アンミン** ammine	
OH^-	水酸化物イオン hydroxide ion	**ヒドロキシド** hydroxide	
OH_2 (H_2O)	水 water	**アクア** aqua　配位結合するのは酸素なのでOH_2と表記することが多い	（アルファベット順）

STEP3　錯イオンの表記法

錯イオンの書き方は次のように決まっているよ。

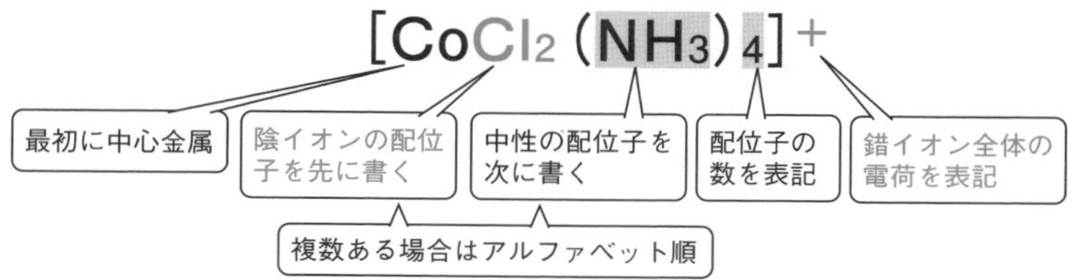

[CoCl2(NH3)4]+
最初に中心金属
陰イオンの配位子を先に書く
中性の配位子を次に書く
配位子の数を表記
錯イオン全体の電荷を表記
複数ある場合はアルファベット順

STEP4　錯イオンの名称

錯イオンの名称は次の順番で読むんだ。ただし，錯イオン全体が陰イオンなら「～酸イオン」という名称にしてね。

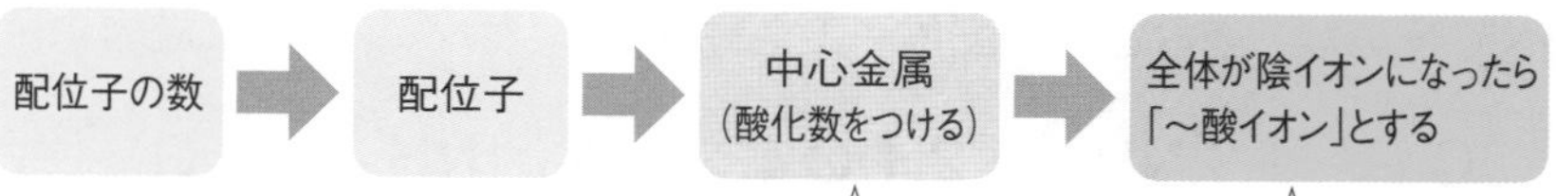

配位子の数
配位子
中心金属
(酸化数をつける)
全体が陰イオンになったら
「～酸イオン」とする

アルミニウムやホウ素が中心金属で全体が陰イオンになった場合のみ日本語では「～アルミン酸」「～ホウ酸」という

例 1

$$Sn^{4+} + 6OH^- \rightleftarrows [Sn(OH)_6]^{2-}$$

ヘキサヒドロキシドスズ(Ⅳ)酸イオン

例 2

$$Fe^{2+} + 6CN^- \rightleftarrows [Fe(CN)_6]^{4-}$$

ヘキサシアニド鉄(Ⅱ)酸イオン

物質の状態と気体 / 固体の構造 / 溶液 / 熱化学 / 電池と電気分解 / 反応速度と平衡 / 非金属元素 / 金属元素の単体と化合物 / 遷移元素の単体と化合物

ただし，アルミニウムやホウ素の錯イオンが陰イオンだったら，日本語では**アルミン酸**，ホウ酸とよばれているから注意だよ。

例 3

$$Al^{3+} + 4OH^- \rightleftarrows [Al(OH)_4]^-$$

テトラヒドロキシドアルミン酸イオン

また，アクア錯イオンはよく省略されるので注意だよ。例えば Al^{3+} は水溶液中では $[Al(H_2O)_6]^{3+}$ だけど，たいていは Al^{3+} と書くんだ。

例 4

$$Al^{3+} + 6H_2O \rightleftarrows [Al(H_2O)_6]^{3+}$$

ヘキサアクアアルミニウム(Ⅲ)イオン

配位子が複数のときには，配位子の化学式をアルファベット順に並べて表記し，読むときは配位子の名称をアルファベット順に読むよ。

$$Cu^{2+} + 2NH_3 + 2H_2O \rightleftarrows [Cu(NH_3)_2(H_2O)_2]^{2+}$$

ジアンミンジアクア銅(Ⅱ)イオン

Al3+

$[Al(H_2O)_6]^{3+}$ は H_2O を書かずに Al^{3+} と表記することが多いよ。

Al^{3+} は本当は水溶液中では $[Al(H_2O)_6]^{3+}$ の形なんだ。

よく使う錯イオンの名称を教えるから，これで完全マスターだね！

▼主な錯イオンの名称

配位子	中心金属	配位数	中心金属からの結合	錯イオン	水溶液の色
CN^- シアニド	Fe^{2+}	6	Fe 八面体形	$[Fe(CN)_6]^{4-}$ ヘキサシアニド鉄（Ⅱ）酸イオン	溶液は黄色
	Fe^{3+}			$[Fe(CN)_6]^{3-}$ ヘキサシアニド鉄（Ⅲ）酸イオン	
	Ag^+	2	Ag 直線形	$[Ag(CN)_2]^-$ ジシアニド銀（Ⅰ）酸イオン	無色
$S_2O_3^{2-}$ チオスルファト				$[Ag(S_2O_3)_2]^{3-}$ ビスチオスファト銀（Ⅰ）酸イオン	
NH_3 アンミン				$[Ag(NH_3)_2]^+$ ジアンミン銀（Ⅰ）イオン	
	Cu^{2+}	4	Cu 正方形	$[Cu(NH_3)_4]^{2+}$ テトラアンミン銅（Ⅱ）イオン	濃青色
	Zn^{2+}		Zn 四面体形	$[Zn(NH_3)_4]^{2+}$ テトラアンミン亜鉛（Ⅱ）イオン	無色
OH^- ヒドロキシド				$[Zn(OH)_4]^{2-}$ テトラヒドロキシド亜鉛（Ⅱ）酸イオン	
	Pb^{2+}	3	四面体形	$[Pb(OH)_3]^-$ トリヒドロキシド鉛（Ⅱ）酸イオン	
	Sn^{2+}			$[Sn(OH)_3]^-$ トリヒドロキシドスズ（Ⅱ）酸イオン	
	Sn^{4+}	6	八面体形	$[Sn(OH)_6]^{2-}$ ヘキサヒドロキシドスズ（Ⅳ）酸イオン	
	Al^{3+}			$[Al(OH)_4(H_2O)_2]^-$ ‖ $[Al(OH)_4]^-$ テトラヒドロキシドアルミン酸イオン	

(2) 沈殿の再溶解

沈殿が溶けて錯イオンができることが多いですが，これを覚えるのにコツはありますか？

NH_3 や OH^- の錯イオンは沈殿の再溶解と同時に覚えたほうがいいよ！　まずはアンモニア NH_3 を入れると沈殿が生成して，入れ続けると再溶解するパターンから見てみよう。

①　アンモニアを入れると沈殿が再溶解するパターン

加えたアンモニアの一部が水と反応して，次のように水酸化物イオン OH^- が生成するよ。

$$NH_3 + H_2O \rightleftarrows NH_4^+ + OH^-$$

生成した OH^- により，水酸化物又は酸化物が沈殿するんだ。

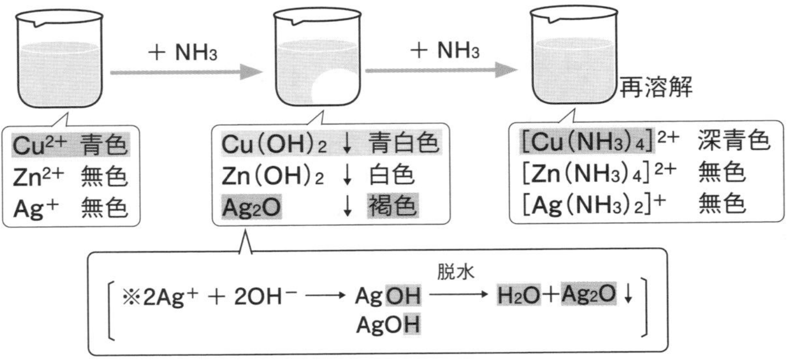
+ NH3
+ NH3
再溶解
Cu2+ 青色
Zn2+ 無色
Ag+ 無色
Cu(OH)2 ↓ 青白色
Zn(OH)2 ↓ 白色
Ag2O ↓ 褐色
[Cu(NH3)4]2+ 深青色
[Zn(NH3)4]2+ 無色
[Ag(NH3)2]+ 無色
※2Ag+ + 2OH− ⟶ AgOH AgOH ⟶(脱水) H2O+Ag2O↓

②　水酸化ナトリウムを入れると沈殿が再溶解するパターン

両性金属である Al，Zn，Sn，Pb の水酸化物は OH^- によって錯イオンをつくるんだ。これらはまとめて覚えられるから簡単だよ！

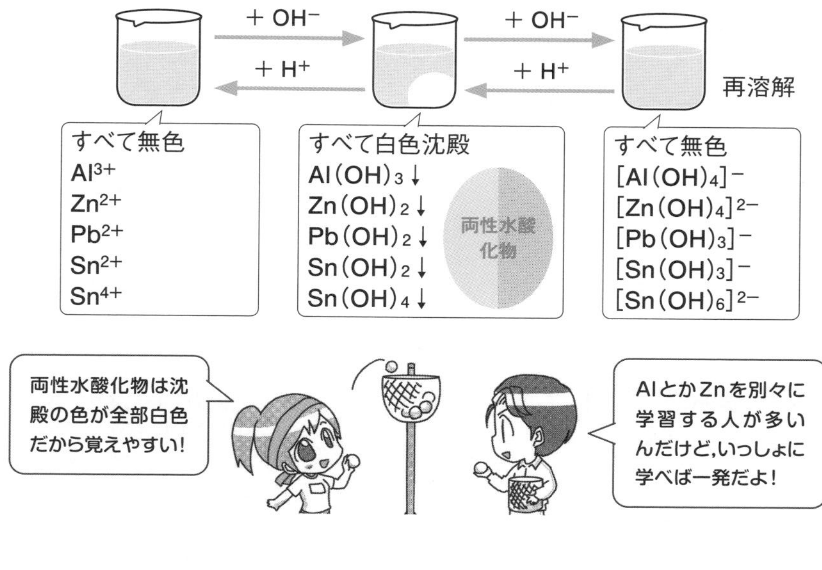
+ OH⁻
+ OH⁻
+ H⁺
+ H⁺
再溶解
すべて無色
Al^{3+}
Zn^{2+}
Pb^{2+}
Sn^{2+}
Sn^{4+}
すべて白色沈殿
$Al(OH)_3\downarrow$
$Zn(OH)_2\downarrow$
$Pb(OH)_2\downarrow$
$Sn(OH)_2\downarrow$
$Sn(OH)_4\downarrow$
両性水酸化物
すべて無色
$[Al(OH)_4]^-$
$[Zn(OH)_4]^{2-}$
$[Pb(OH)_3]^-$
$[Sn(OH)_3]^-$
$[Sn(OH)_6]^{2-}$
両性水酸化物は沈殿の色が全部白色だから覚えやすい!
AlとかZnを別々に学習する人が多いんだけど,いっしょに学べば一発だよ!

story 4 金属イオンの系統分離

(1) 第1属～第6属の金属イオンの分離

金属イオンの系統分離を教えてください!

金属イオンの系統分離とは，**金属イオンを第１属～第６属の６つのグループに分けること**を指すんだ。この分ける操作を分属というけど，第１属～第５属は，同じ条件下，同じ陰イオンで沈殿するグループで，第６属は沈殿を生成しないグループだよ。それでは分離の操作を見ていこう。

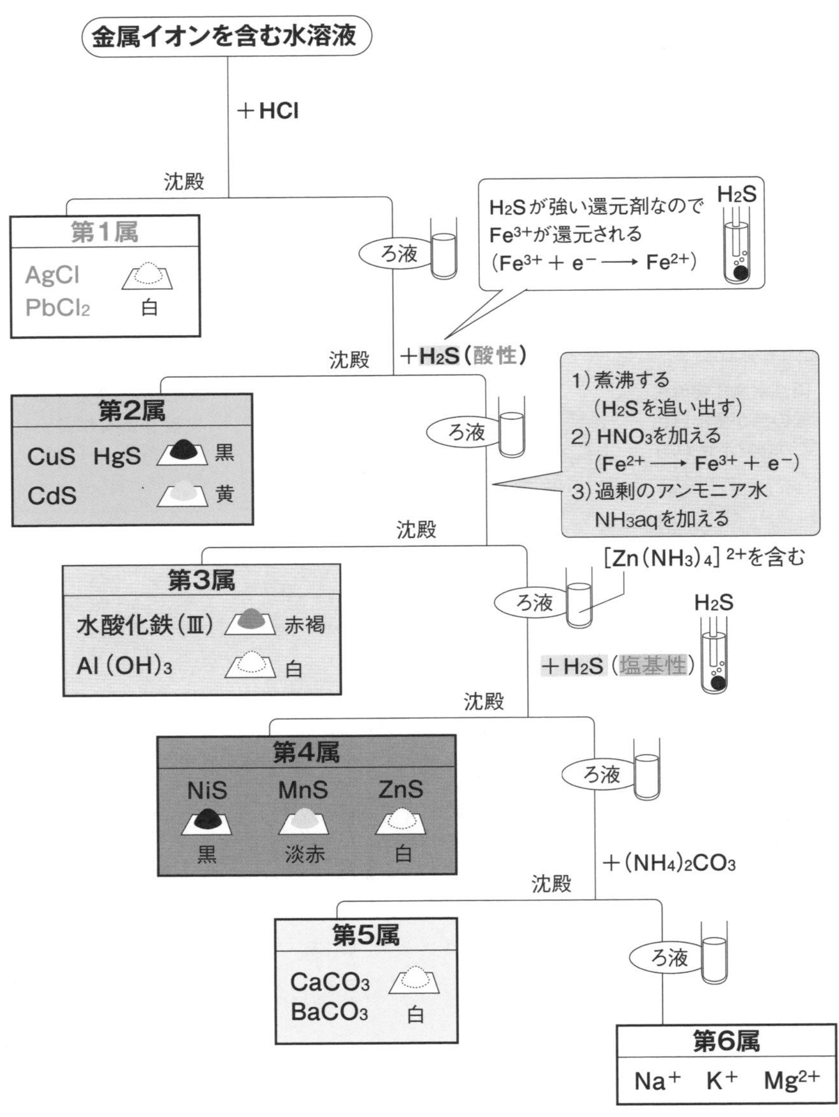
金属イオンを含む水溶液
＋HCl
沈殿
第1属
AgCl
PbCl2
白
ろ液
H2Sが強い還元剤なので
Fe3+が還元される
（Fe3+ ＋ e− ⟶ Fe2+）
H2S
沈殿
＋H2S（酸性）
第2属
CuS HgS 黒
CdS 黄
ろ液
1）煮沸する
（H2Sを追い出す）
2）HNO3を加える
（Fe2+ ⟶ Fe3+ ＋ e−）
3）過剰のアンモニア水
NH3aqを加える
沈殿
第3属
水酸化鉄（Ⅲ） 赤褐
Al（OH）3 白
［Zn（NH3）4］2+を含む
ろ液
H2S
＋H2S（塩基性）
沈殿
第4属
NiS MnS ZnS
黒 淡赤 白
ろ液
＋（NH4）2CO3
沈殿
第5属
CaCO3
BaCO3
白
ろ液
第6属
Na+ K+ Mg2+

▲ 第1属〜第6属の金属イオンの系統分離

第２属と**第４属**はどちらも硫化水素を吹き込むと**硫化物の沈殿**を生成するけど，第２属は酸性で，第４属は塩基性で沈殿だから注意だよ。

$$H_2S \rightleftarrows 2H^+ + S^{2-}$$

酸性…第2属が沈殿

酸性では平衡が←に偏っているために $[S^{2-}]$ が小さいので,非常に沈殿しやすい硫化物が沈殿する

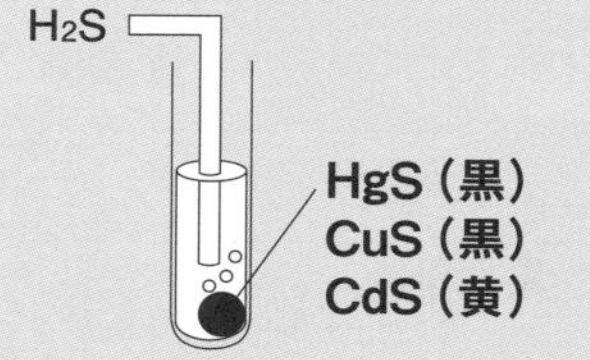

H2S
HgS（黒）
CuS（黒）
CdS（黄）

塩基性…第4属が沈殿

塩基性では $[H^+]$ が小さく平衡が→に偏っているために $[S^{2-}]$ が大きいので,第2属で沈殿できなかった硫化物が沈殿する

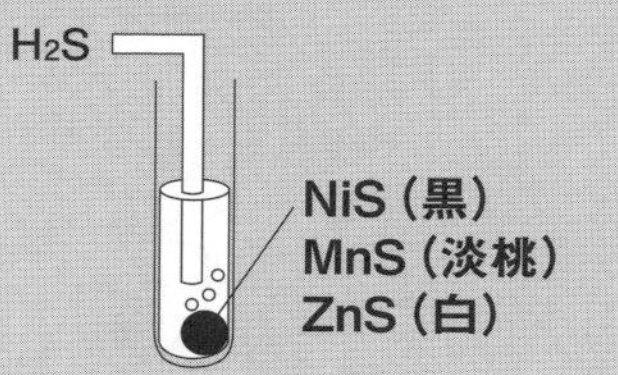

H2S
NiS（黒）
MnS（淡桃）
ZnS（白）

やった～！　これで金属イオンの分離は完璧だ！

基本は完璧なんだが，あと少しだよ。例えば第２属は黒い沈殿だけ見ても，硫化物は黒色沈殿が多いから，何の金属かわからないでしょ。そこで，もう一度溶解してアンモニアを過剰に入れて深青色になれば，銅（Ⅱ）イオンが確認できるんだ。また，第１属と第３属もさらに分けて確認する操作を覚えると，完璧に近づくよ。重要なものをフローにしたから頑張ってね。

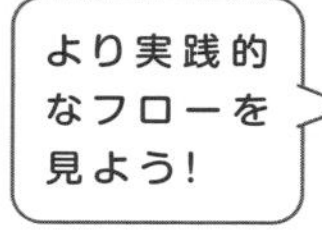

より実践的なフローを見よう!

STEP UP!

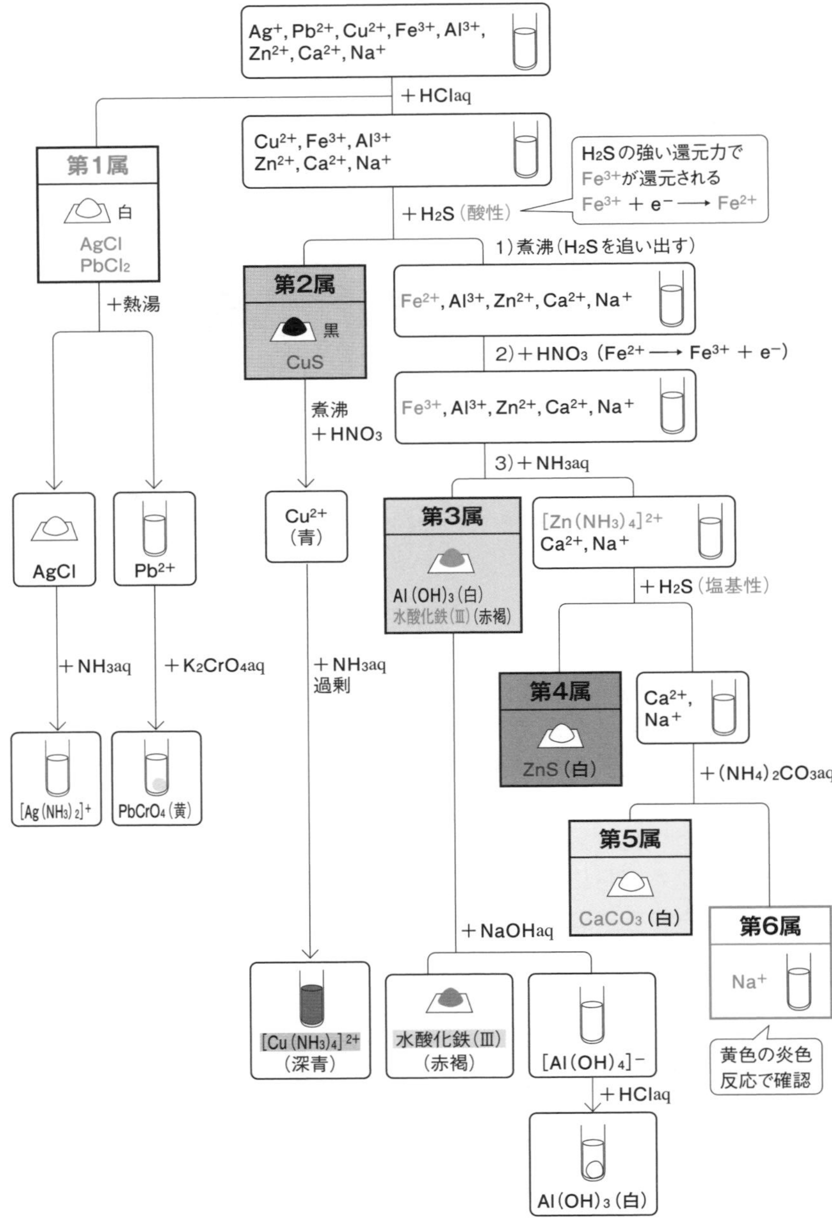

$Ag^+, Pb^{2+}, Cu^{2+}, Fe^{3+}, Al^{3+}, Zn^{2+}, Ca^{2+}, Na^+$
＋HClaq
第1属
白
AgCl
$PbCl_2$
$Cu^{2+}, Fe^{3+}, Al^{3+}, Zn^{2+}, Ca^{2+}, Na^+$
H_2Sの強い還元力で
Fe^{3+}が還元される
$Fe^{3+} + e^- \longrightarrow Fe^{2+}$
＋H_2S（酸性）
1）煮沸（H_2Sを追い出す）
＋熱湯
第2属
黒
CuS
$Fe^{2+}, Al^{3+}, Zn^{2+}, Ca^{2+}, Na^+$
2）＋HNO_3 （$Fe^{2+} \longrightarrow Fe^{3+} + e^-$）
$Fe^{3+}, Al^{3+}, Zn^{2+}, Ca^{2+}, Na^+$
煮沸
＋HNO_3
3）＋NH_3aq
AgCl
Pb^{2+}
Cu^{2+}（青）
第3属
$Al(OH)_3$（白）
水酸化鉄（Ⅲ）（赤褐）
$[Zn(NH_3)_4]^{2+}$
Ca^{2+}, Na^+
＋H_2S（塩基性）
＋NH_3aq
＋K_2CrO_4aq
＋NH_3aq
過剰
第4属
ZnS（白）
Ca^{2+},
Na^+
$[Ag(NH_3)_2]^+$
$PbCrO_4$（黄）
＋$(NH_4)_2CO_3$aq
第5属
$CaCO_3$（白）
第6属
Na^+
＋NaOHaq
$[Cu(NH_3)_4]^{2+}$
（深青）
水酸化鉄（Ⅲ）
（赤褐）
$[Al(OH)_4]^-$
黄色の炎色
反応で確認
＋HClaq
$Al(OH)_3$（白）

▲ 頻出の金属イオンの系統分離と確認

確認問題

解答

1 食塩水を加えると沈殿が生成するものを次の中から2つ選べ。

① $AgNO_3$　② KNO_3
③ $Pb(NO_3)_2$　④ $Ba(NO_3)_2$

① ③

2 クロム酸カリウムを加えても沈殿が生成しないものを次の中から1つ選べ。

① $AgNO_3$　② KNO_3　③ $BaCl_2$

②

3 硫酸カリウムを加えると沈殿が生成するものを次の中から2つ選べ。

① $CaCl_2$　② $ZnCl_2$　③ $BaCl_2$

① ③

4 水酸化ナトリウムを加えると赤褐色の沈殿が生成する金属イオンを次の中から1つ選べ。

① Cu^{2+}　② Fe^{2+}　③ Fe^{3+}　④ Ni^{2+}

③

5 硫化水素のガスを吹き込むと沈殿が生成する金属イオンを次の中から1つ選べ。ただし，溶液の pH＝1.0とする。

① Ag^{+}　② Ca^{2+}　③ K^{+}　④ Ni^{2+}

①

6 硫化水素のガスを吹き込むと沈殿が生成する金属イオンを次の中から2つ選べ。ただし，溶液の pH＝9.0とする。

① Cu^{2+}　② Ca^{2+}　③ K^{+}　④ Mn^{2+}

① ④

7 ヘキサシアニド鉄（Ⅱ）酸イオンを化学式で表せ。

$[Fe(CN)_6]^{4-}$

8 テトラアンミン亜鉛（Ⅱ）イオンを化学式で表し，亜鉛原子から出る4本の共有結合がつくる形を答えよ。

$[Zn(NH_3)_4]^{2+}$
四面体形
（正四面体形）

9　次の金属水酸化物の中から，濃いアンモニア水にも，水酸化ナトリウム水溶液にも溶解するものを1つ選べ。

① $Al(OH)_3$　② $Fe(OH)_2$　③ $Zn(OH)_2$

10　次の金属水酸化物の中から，両性水酸化物でないものを，1つ選べ。

① $Al(OH)_3$　② $Fe(OH)_2$　③ $Sn(OH)_2$

11　次の金属酸化物の中から，両性酸化物を1つ選べ。

① FeO　② ZnO　③ Fe_2O_3　④ CaO

12　次の結晶の中から熱湯に溶けるものを1つ選べ。

① AgCl　② CuS　③ $PbCl_2$

13　次の結晶の中から白色のものをすべて選べ。

① $Al(OH)_3$　② $Fe(OH)_2$　③ $Cr(OH)_3$
④ ZnS　⑤ CuS　⑥ PbS
⑦ $BaCrO_4$　⑧ AgCl　⑨ AgBr

解答

9. ③
10. ②
11. ②
12. ③
13. ①④⑧

読んでくれて
ありがとう！！

さくいん

あ 行

アクア……428
圧平衡定数……204
圧力……37
アモルファス……52, 336
アルカリ金属……357
アルカリ土類金属……368
アルゴン……250
アルマイト……385, 386
アルミン酸……430
アンミン……428, 431
アンモニアソーダ法……362, 365
イオン……81
イオン交換膜法……171
一次電池……153
鋳物……399
塩化セシウム(CsCl)型……66
塩酸……266
塩析……116
塩素酸……269
エンタルピー……125
エントロピー……141
黄銅……408
黄リン……314
オストワルト法……307
オゾン……274

か 行

カーボンナノチューブ……323
外界……124
会合コロイド……111
化学発光……144
化学平衡……201
化学平衡の状態……203
化学平衡の法則……204
可逆反応……199
拡散……15
カタラーゼ……278
活性アルミナ……338
活性化エネルギー……188
活性錯体……189
活性炭……338
活性複合体……189
活物質……152
下方置換……259, 347
過マンガン酸……419
カリガラス……334
過リン酸石灰……319
過冷却……102
岩塩(NaCl)型……68
還元反応……165
感光性……146
緩衝液……231
緩衝作用……231
気液平衡……36
貴ガス……248
キセロゲル……113, 338
キップの装置……345
起電力……153
逆反応……199
凝華……10
凝華熱……11
凝固……10
凝固点……98
凝固点降下……98
凝固点降下度……100

凝固熱……11
凝縮……10
凝縮速度……36
凝縮熱……11
凝析……118
凝析力……119
共通イオン効果……239
共役塩基……225, 233, 235
共役酸……225, 233, 235
共有結合結晶……322
極性……81
極性溶媒……81
均一触媒……192
グラフェン……322
クリスタルガラス……335
クロリド……428
系……124
ケイ酸カルシウム……399
結合エネルギー……130
結合エンタルピー……130
結晶質……52
結晶水……87, 359
ゲル……113
ケルビン……16
光化学スモッグ……274
光化学反応……146
光合成……146
酵素……278
黒鉛……323
ゴム状硫黄……286
コロイド……111
コロイド粒子……110

さ 行

再結晶……87
最密構造……58, 59
錯イオン……427
さらし粉……261
酸解離定数……217
酸化カルシウム……377
酸化還元反応……255
酸化殺菌……274
酸化鉄(Ⅲ)鉄(Ⅱ)……397
酸化バナジウム(Ⅴ)……293
酸化反応……165
酸化マンガン(Ⅳ)……278
三重点……34
三態……10
酸の電離定数……217
シアニド……428, 431
シアン化物イオン……428
自己酸化還元反応……277
漆喰……377
実在気体……34
質量モル濃度……97
十酸化四リン……317
斜方硫黄……286
シャルルの法則……22, 23
充塡率……61
充電……153
ジュラルミン……383
純銅……174
昇華……10
昇華圧曲線……34
昇華熱……11
蒸気圧曲線……34
蒸気圧降下……95, 96
消石灰……377
状態図……34
状態変化……10
状態変化に伴うエンタルピー……130
(気体の)状態方程式……20
鍾乳石……375, 376
蒸発……10
蒸発速度……36

蒸発熱……11, 13
上方置換……347
シリカゲル……338
親水基……82
親水コロイド……116
浸透圧……105
水酸化カルシウム……377
水晶……333
水上置換……347
水素化物イオン……247
水素結合……13, 81
水溶液……80
水和……81
水和イオン……81
水和水……87
ステンレス鋼……401, 416
スラグ……399
正極……153
正極活物質……152
生成エンタルピー……130
生石灰……377
青銅……383, 408
正反応……199
生物発光……144
ゼオライト……338
石英……333
石英ガラス……334
析出速度……85
赤リン……316
石灰水……374, 377
石灰石……334, 375
石灰乳……377
セッコウ……372
接触式硫酸製造法……293
接触法……293
絶対温度……16
絶対零度……16
セラミックス……333
閃亜鉛鉱(ZnS)型……68
全圧……27
遷移状態……188
全固体電池……153
銑鉄……399
ソーダ……334
ソーダガラス……334
ソーダ石灰ガラス……334
ソーダ灰……334, 362
ソーダライムガラス……334
疎水基……82
疎水コロイド……116, 117
ゾル……113
ソルベー法……362, 365

た 行

第一イオン化エネルギー……355
体心立方格子……54, 55
体積……37
大理石……375
多孔質……338
脱臭剤……275
単位格子……53
単原子分子……249
単斜硫黄……286
チオスルファト……431
地殻……330
蓄電池……153, 156
鋳鉄……399
中和エンタルピー……130
潮解……359
超臨界状態……35
超臨界流体……35
チンダル現象……113
つらら石……376
鉄(Ⅲ)イオン……278
テルミット……384

テルミット反応……384
(銅の)電解精錬……173
電気陰性度……81
電気泳動……118
電気分解……164
電気めっき……167
電極……153
転炉……400
透析……120
同素体……321
トタン……401
ドライアイス……328
ドルトンの分圧の法則……27

な 行

鉛ガラス……334
鉛蓄電池……154, 155
二酸化ケイ素……330, 333
二次電池……153, 156
熱運動……15
熱化学方程式……128
熱力学第二法則……142
燃焼エンタルピー……130
燃料電池……154, 157
濃度平衡定数……204

は 行

ハーバー・ボッシュ法……211, 304
配位数……56, 70
鋼……401
白銅……408
発煙硫酸……294
ハロゲン……253
ハロゲン化水素酸……266
はんだ……383
半透膜……105
反応エンタルピー……129, 131
反応次数……184
反応速度……180
反応速度式……184
反応速度定数……187
非晶質……52, 336
ヒドロキシド……428, 431
氷晶石……175
ファラデー定数……156
ファンデルワールス力……323
ファントホッフの法則……107
風解……359
不可逆反応……199
不揮発性溶質……95
負極……153
負極活物質……152
不均一触媒……192
ふたまた試験管……345
フッ酸……266
沸点……13, 40
沸点上昇……96
沸点上昇度……96
沸騰……40
不動態……310, 385, 416
不動態膜……310
フラーレン……324
ブラウン運動……112
ブリキ……401
分圧……27
分散系……111
分散コロイド……111
分散質……111
分散媒……111
分散力……13
分子コロイド……111
閉殻構造……249
平衡移動の原理……210
平衡状態……203

ヘスの法則……135
ヘンリーの法則……90
ボイル・シャルルの法則……24
ボイルの法則……22, 23
ホウケイ酸ガラス……335
放射線の遮へい材……383
放電……153
飽和……87
保護コロイド……120

ま 行

丸底フラスコ……345
マンガン鋼……419
水のイオン積……219
密度……63, 75
ミョウバン……387
無鉛はんだ……383
無極性溶媒……82
無声放電……276
面心立方格子……54, 57
モル分率……28

や 行

焼きセッコウ……372
融解……10
融解曲線……34
融解熱……11
融剤……399
溶液……80
溶解エンタルピー……130
溶解速度……85
溶解度……83
溶解度曲線……83
溶解度積……236
溶解平衡……85, 236
陽極泥……173
洋銀……408
溶血……105
溶鉱炉……398
溶質……80
ヨウ化カリウムデンプン紙……275, 277
ヨウ素デンプン反応……263
溶媒……80
溶融塩電解……174, 386
四酸化三鉄……397

ら 行

理想気体……34
リチウムイオン電池……154
立方最密構造……59
硫酸カルシウム二水和物……372
硫酸カルシウム半水和物……372
両性金属……390, 432
両性酸化物……390
両性水酸化物……390
両性物質……229
リン灰石……319
臨界点……35
リン鉱石……319
ルシャトリエの原理……210
励起状態……144
六方最密構造……59

アルファベット

Kc……204
Kp……204
Ka……217
Ksp……237

Point! 一覧

第1章 物質の状態変化

熱量と比熱の関係……12
各族の水素化合物の分子量と沸点……14
気体分子の速さの分布
（マクスウェル分布）……15
t〔℃〕⟶T〔K〕の単位変換……16
大気圧……18

第2章 気体の状態方程式と気体の法則

気体の状態方程式❶……21
気体の状態方程式❷……21
気体の状態方程式❸……22
ボイル・シャルルの法則……24
ドルトンの分圧の法則……27

第3章 実在気体と飽和蒸気圧

Z-Pグラフの理解……46
Z-Pグラフの温度の影響……47
Z-Tグラフの特徴……48

第4章 固体の分類と金属結晶

非晶質と結晶の分類……53
体心立方格子……55
体心立方格子の一辺の長さaと
原子半径rの関係式……56
面心立方格子……57
面心立方格子の一辺の長さaと
原子半径rの関係式……58
六方最密構造……59
立方最密構造＝面心立方格子の考え方……60
体心立方格子の充塡率……61
面心立方格子の充塡率……62
密度を求める計算……63

第5章 イオン結晶・共有結合の結晶・分子結晶

CsCl型のイオン結晶の単位格子……67
CsCl型結晶の単位格子の一辺の長さ
aとイオン半径r^+, r^-の関係式……68
NaCl型のイオン結晶の単位格子……69
NaCl型のイオン結晶の配位数……70
閃亜鉛鉱型の結晶の構造……71
ダイヤモンド型の結晶の構造……72
ドライアイスとヨウ素の結晶格子……73

第6章 溶解平衡

水分子の水素結合……81
イオン結晶の溶解……81
親水基による水和……82
物質の溶解性……82
固体結晶の溶解度曲線……83
溶解度曲線上の飽和溶液……84
溶解平衡……85
結晶水をもつ結晶の考え方……88
ヘンリーの法則……90

第7章 希薄溶液の性質

質量モル濃度……97
沸点上昇度の公式……97

$\Delta t_b = K_b m$に代入するときの考え方……98
沸点上昇と凝固点降下……99
凝固点降下度の公式……100
純溶媒(純水)の冷却曲線……102
溶液の冷却曲線
(不揮発性物質が溶けた溶液)……104
浸透圧の測定と公式……107

第8章 コロイド溶液

粒子によるコロイドの分類……111
流動性によるコロイドの分類……113
塩析－親水コロイドの沈殿－……117
凝析－疎水コロイドの沈殿－……119
保護コロイド……120
透析－コロイドの精製－……121

第9章 熱化学方程式とエンタルピー

熱化学方程式の書き方……127
実験による温度変化Δtの測定……131

第10章 ヘスの法則と反応エンタルピーの計算

ヘスの法則……136
反応エンタルピーの計算……138
反応エンタルピーの計算……140
エントロピー……141
反応の自発性……143

第11章 電　池

電池の原理……153
いろいろな電池……154
鉛蓄電池の原理……155
ファラデー定数……156
燃料電池(リン酸形)の原理……157
リチウムイオン電池の原理……159

第12章 電気分解

電気分解のイメージ……165
陽極(地獄)の反応(水溶液の電気分解)
⇒還元剤が反応……166
陰極(天国)の反応(水溶液の電気分解)
⇒酸化剤が反応……167
水の電気分解……170
イオン交換膜法(食塩水の電気分解)……172
銅の電解精錬……174
酸化アルミニウムの溶融塩電解……175

第13章 反応速度

反応速度の考え方……181
反応速度の表し方……182
反応速度式……183
活性化エネルギー……188
活性化エネルギーと反応速度の関係…190
温度と反応速度の関係……191
均一触媒と不均一触媒……192
触媒と活性化エネルギー，
反応速度の関係……193

第14章 化学平衡

可逆反応と不可逆反応……200
可逆反応の活性化エネルギー……200
化学平衡と反応速度……203
平衡状態のときに成立する法則……204
圧平衡定数……204
K_cとK_pの関係……205
平衡定数代入の本当のルール……209

ルシャトリエの原理
(平衡移動の原理) …… 211
ハーバー・ボッシュ法における
平衡移動 …… 212
平衡状態にある可逆反応でArを
入れた場合の平衡移動❶ …… 213
平衡状態にある可逆反応でArを
入れた場合の平衡移動❷ …… 214

第15章 電離平衡

2価の酸の電離定数 …… 219
水のイオン積K_w …… 219
pHとpOHの関係 …… 220
純粋な水のpH(中性のpH) …… 221
共役酸と共役塩基の公式 …… 225
共役酸と共役塩基の実例 …… 226
塩の考え方 …… 227
緩衝作用 …… 232
溶解度積K_{sp} …… 237
溶解度積と沈殿の有無 …… 239

第16章 水素と貴ガス

第二周期元素,
第三周期元素との水素化合物 …… 248
閉殻構造 …… 249

第17章 ハロゲン単体の性質

ハロゲン単体の状態と色 …… 254
ハロゲン単体の酸化力と半反応式 … 255
反応するハロゲン単体と
ハロゲン化物イオン …… 256
塩素の発生装置 …… 258
ハロゲン単体と水素の反応 …… 259
ハロゲン単体と水の反応 …… 261

第18章 ハロゲン化合物の性質

塩化水素の発生装置 …… 268
塩素のオキソ酸 …… 269
ハロゲン化銀の色と水への溶解 …… 270
ハロゲン化銀の反応 …… 271

第19章 酸素とその化合物

酸素の実験室的製法 …… 279
酸化物の分類 …… 280
酸化物の反応 …… 281
酸化物と周期表 …… 282
オキソ酸と酸性の強さ …… 283

第20章 硫黄とその化合物

Sの酸化数と還元剤,
酸化剤の判定 …… 288
硫黄化合物の酸化還元反応 …… 289
硫化水素と二酸化硫黄の反応 …… 290
酸塩基反応の考え方 …… 291
二酸化硫黄と硫化水素の製法 …… 292
硫酸の製法 …… 294
濃硫酸の性質のまとめ …… 298

第21章 窒素とその化合物

Nの酸化数と還元剤,
酸化剤の判定 …… 303
窒素の実験室的製法 …… 304
アンモニアの製法 …… 305
アンモニアの実験室的製法 …… 306
オストワルト法(硝酸の工業的製法) …… 308
銅と濃硝酸, 希硝酸の反応 …… 310

第22章 リンとその化合物

リンの同素体……317

第23章 炭素とその化合物

Cの酸化数と還元剤, 酸化剤の判定……325
一酸化炭素COの製法……326
二酸化炭素の製法と確認……328

第24章 ケイ素とその化合物

炭素とケイ素の比較……332
シリカゲルの製法……337

第25章 気体の製法と性質

気体の製法で加熱が必要なパターン……342
酸・塩基反応によって生成する気体……343
酸化還元反応と脱水反応による気体の製法……344
気体の発生装置……346
気体の乾燥剤と捕集法……348
気体の確認……349

第26章 アルカリ金属の性質

NaCl の溶融塩電解……358
潮解と風解……359
ナトリウム塩からの二酸化炭素の発生反応……361

第27章 アルカリ土類金属の性質

2族元素の基本的性質……370
2族元素の塩化物, 炭酸塩, 硫酸塩……371
2族元素の水酸化物……373
石灰水に二酸化炭素を吹き込む反応……375
石灰石からできる物質……378

第28章 両性を示す金属(Al,Zn,Sn,Pb)の反応

融点と金属材料……382
スズの酸化数と還元剤, 酸化剤の判定……389
Pb^{2+}の沈殿……390
融点と金属材料……391

第29章 鉄の性質

溶鉱炉の反応……400
鉄イオンの反応……403

第30章 銅と銀の性質

銅と銀の製錬と錆び……407
Ag^{+}の沈殿……409
Cu^{2+}の反応……410

第31章 クロムとマンガンの性質

クロム酸イオンと二クロム酸イオン……418

第32章 遷移元素の特徴と金属イオンの分離

硫化物の沈殿……426

亀田　和久（かめだ　かずひさ）

代々木ゼミナール化学講師。20年以上，代ゼミトップ講師として絶大なる人気を誇る。ダイナミックな授業を展開し，化学の真髄を絶妙な語りで教えるスタイルで数多くの受験生を合格へと導いている。

各回の授業で，講義した内容を黒板いっぱいにまとめるのだが，このまとめが「亀田のデータベース」であり，長年培われてきたノウハウが惜しげもなく注入され，単なる知識の羅列から“化学の本質”が身につく勉強法につながる。その独自のまとめ術によって『化学は楽しい！』ということを実感できるはず。また，生徒が亀田授業を基に自ら色鉛筆でカラフルにまとめあげたノートは，「世界に一つだけの化学のバイブルとなる！」と大好評。化学が苦手だった受験生が「亀田のデータベース」で開眼し，大学に入ってもこのオリジナルノートを活用している教え子多数。

著書に，本書の姉妹本である『大学入試　亀田和久の　化学基礎が面白いほどわかる本』，『大学入試　亀田和久の　化学［有機］が面白いほどわかる本』のほか，『改訂版　亀田和久の　日本一成績が上がる魔法の化学ノート』，『大学入試　ここで差がつく！　ゴロ合わせで覚える化学130』（以上，KADOKAWA），『亀田講義ナマ中継　生化学／有機化学』（講談社）など多数。

大学入試　亀田和久の
化学[理論・無機]が面白いほどわかる本

2024年３月11日　初版発行

著者／亀田 和久

発行者／山下 直久

発行／株式会社KADOKAWA
〒102-8177　東京都千代田区富士見2-13-3
電話 0570-002-301(ナビダイヤル)

印刷所／株式会社加藤文明社印刷所
製本所／株式会社加藤文明社印刷所

●お問い合わせ
https://www.kadokawa.co.jp/（「お問い合わせ」へお進みください）
※内容によっては、お答えできない場合があります。
※サポートは日本国内のみとさせていただきます。
※Japanese text only

定価はカバーに表示してあります。

ISBN 978-4-04-605227-8　C7043

理科が
面白いほど
わかる

大学入試

亀田和久の

化学「理論・無機」が面白いほどわかる本

【別冊】

この別冊は，本体にこの表紙を残したまま，ていねいに抜き取ってください。

なお，この別冊の抜き取りの際の損傷についてのお取り替えはご遠慮願います。

理論・無機化学のデータベース

H
Li
Na
K
Rb
Cs
He
Ne
Ar
Kr
Xe
I
At
Rn

＊この冊子は，『大学入試　亀田和久の化学［理論・無機］が面白いほどわかる本』の別冊です。

もくじ

Ⅰ● 物質の状態と気体 …… 3

第 1 章　物質の状態変化 …… 3
第 2 章　気体の状態方程式と気体の法則 …… 5
第 3 章　実在気体と飽和蒸気圧 …… 6

Ⅱ● 固体の構造 …… 8

第 4 章　固体の分類と金属結晶 …… 8
第 5 章　イオン結晶・共有結合の結晶・分子結晶 …… 9

Ⅲ● 溶　液 …… 11

第 6 章　溶解平衡 …… 11
第 7 章　希薄溶液の性質 …… 12
第 8 章　コロイド溶液 …… 15

Ⅳ● 熱化学 …… 17

第 9 章　熱化学方程式とエンタルピー …… 17
第 10 章　ヘスの法則と反応エンタルピーの計算 …… 19

Ⅴ● 電池と電気分解 …… 21

第 11 章　電　池 …… 21
第 12 章　電気分解 …… 23

Ⅵ● 反応速度と平衡 …… 25

第 13 章　反応速度 …… 25
第 14 章　化学平衡 …… 27
第 15 章　電離平衡 …… 29

Ⅶ● 非金属元素 …… 33

第 16 章　水素と貴ガス …… 33
第 17 章　ハロゲン単体の性質 …… 34
第 18 章　ハロゲン化合物の性質 …… 36
第 19 章　酸素とその化合物 …… 37
第 20 章　硫黄とその化合物 …… 39
第 21 章　窒素とその化合物 …… 42
第 22 章　リンとその化合物 …… 45
第 23 章　炭素とその化合物 …… 46
第 24 章　ケイ素とその化合物 …… 48
第 25 章　気体の製法と性質 …… 49

Ⅷ● 金属元素の単体と化合物 …… 54

第 26 章　アルカリ金属の性質 …… 54
第 27 章　アルカリ土類金属の性質 …… 56
第 28 章　両性を示す金属（Al, Zn, Sn, Pb）の反応 …… 58

Ⅸ● 遷移元素の単体と化合物 …… 61

第 29 章　鉄の性質 …… 61
第 30 章　銅と銀の性質 …… 63
第 31 章　クロムとマンガンの性質 …… 65
第 32 章　遷移元素の特徴と金属イオンの分離 …… 67

元素周期表 …… 70

Ⅰ　物質の状態と気体

第1章　物質の状態変化

1 確認事項

確認事項	内　容
絶対温度〔K〕 （ケルビンと読む）	理論上，一番低い温度を0K（ゼロケルビン）としたときの温度
セルシウス温度（t℃）と絶対温度（T K）の関係	$T=t+273$
物質の三態（状態）	気体，液体，固体
状態変化の具体例	昇華：固体→気体 凝華：気体→固体 蒸発：液体→気体 凝縮：気体→液体 凝固：液体→固体 融解：固体→液体
状態変化のポイント	• 状態変化が起こると，**エネルギーの出入り**がある。 • 状態変化は**物理変化**である。
融点（mp）	物質が**融解**する温度
沸点（bp）	物質が**沸騰**する温度

乾杯♪
気体
液体
固体

2 分子間力

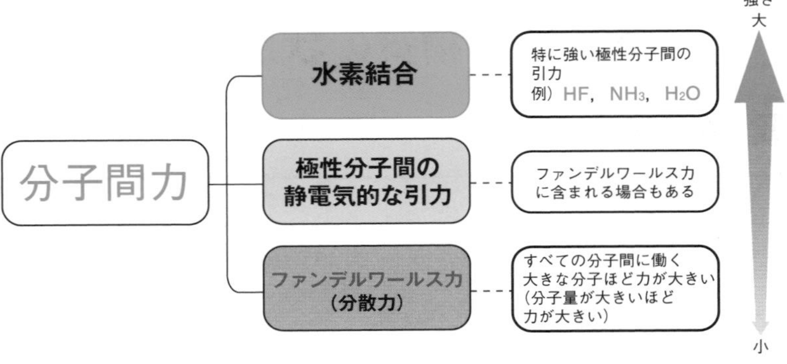

分子間力
水素結合
特に強い極性分子間の引力
例）HF, NH3, H2O
極性分子間の静電気的な引力
ファンデルワールス力に含まれる場合もある
ファンデルワールス力（分散力）
すべての分子間に働く
大きな分子ほど力が大きい
（分子量が大きいほど力が大きい）
強さ
大
小

各族の水素化合物の分子量と沸点

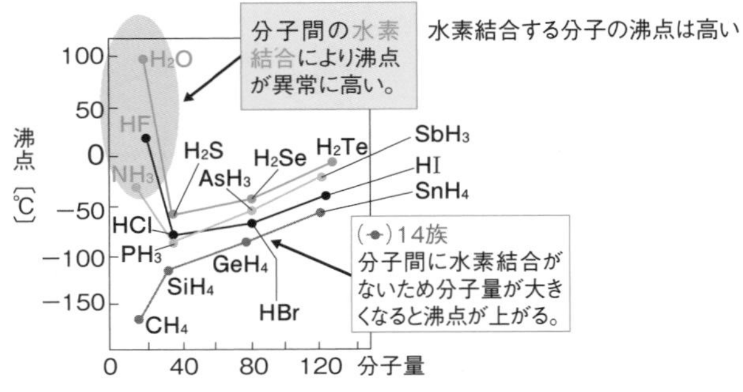

分子間の水素結合により沸点が異常に高い。
水素結合する分子の沸点は高い
沸点〔℃〕
100
50
0
−50
−100
−150
H2O
HF
NH3
H2S
H2Se
H2Te
AsH3
SbH3
HI
SnH4
HCl
PH3
SiH4
GeH4
CH4
HBr
（●）14族
分子間に水素結合がないため分子量が大きくなると沸点が上がる。
0
40
80
120
分子量

3 熱運動と拡散

　熱運動は温度が高くなるほど激しくなる。

　熱運動によって**拡散**が起こる。

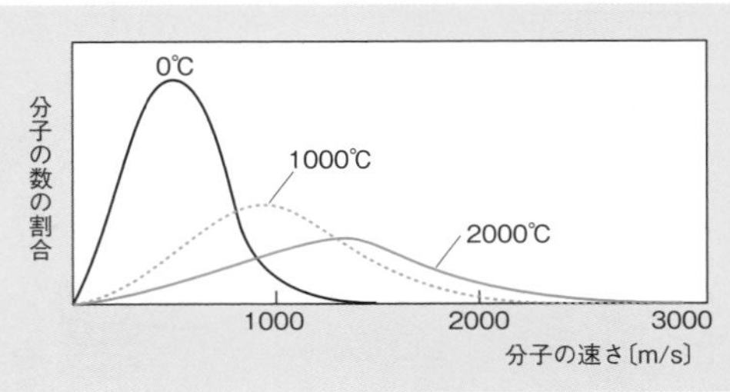

分子の数の割合
0℃
1000℃
2000℃
1000
2000
3000
分子の速さ〔m/s〕

第2章　気体の状態方程式と気体の法則

1 理想気体の状態方程式

(1) $PV = nRT$

(2) $PV = \frac{w}{M}RT$

(3) $P = cRT$

（P：圧力〔Pa〕，n：物質量〔mol〕
V：体積〔L〕，R：気体定数〔L·Pa/(K·mol)〕
T：絶対温度〔K〕，w：質量〔g〕
M：分子のモル質量〔g/mol〕，c：モル濃度〔mol/L〕）

2 ボイル・シャルルの法則

法則	条件	結果
ボイルの法則	n，T＝一定	PV ＝一定
シャルルの法則	n，P＝一定	$\frac{V}{T}$ ＝一定
ボイル・シャルルの法則	n＝一定	$\frac{PV}{T}$＝一定

3 分圧の法則

A，B 2つの混合気体があるとき

全圧＝分圧の和（ドルトンの分圧の法則）	分圧の比＝物質量の比	分圧＝モル分率×全圧
$P_{all} = P_A + P_B$	$P_A : P_B = n_A : n_B$	$P_A = \frac{n_A}{n_{all}} \times P_{all}$

第3章　実在気体と飽和蒸気圧

1 理想気体と実在気体

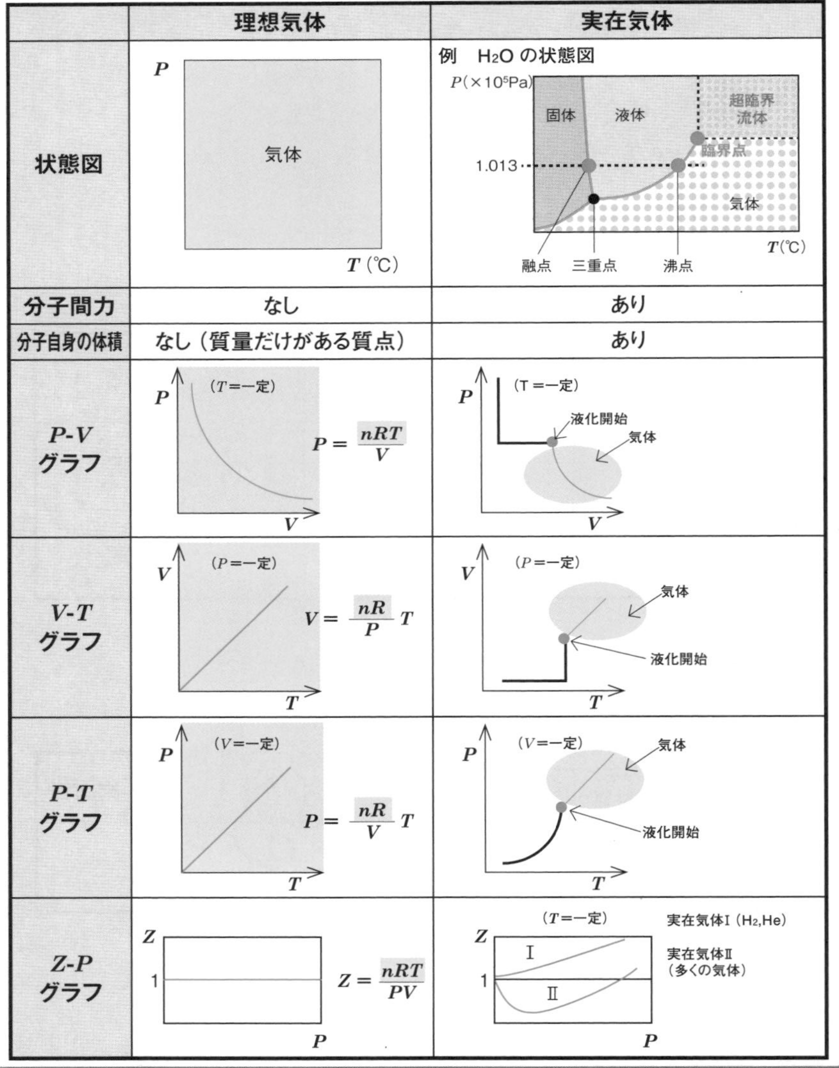

	理想気体	実在気体
状態図	P / 気体 / T（℃）	例　H_2O の状態図 / P（×10^5Pa）/ 固体 / 液体 / 超臨界流体 / 臨界点 / 1.013 / 気体 / T（℃）/ 融点 / 三重点 / 沸点
分子間力	なし	あり
分子自身の体積	なし（質量だけがある質点）	あり
P-V グラフ	（T＝一定）P / V / $P=\dfrac{nRT}{V}$	（T＝一定）P / 液化開始 / 気体 / V
V-T グラフ	（P＝一定）V / T / $V=\dfrac{nR}{P}T$	（P＝一定）V / 気体 / 液化開始 / T
P-T グラフ	（V＝一定）P / T / $P=\dfrac{nR}{V}T$	（V＝一定）P / 気体 / 液化開始 / T
Z-P グラフ	Z / 1 / P / $Z=\dfrac{nRT}{PV}$	（T＝一定）Z / Ⅰ / 1 / Ⅱ / P / 実在気体Ⅰ（H_2,He）/ 実在気体Ⅱ（多くの気体）

2 実在気体のZ-Pグラフの温度の影響 $\left(Z=\frac{PV}{nRT}\right)$

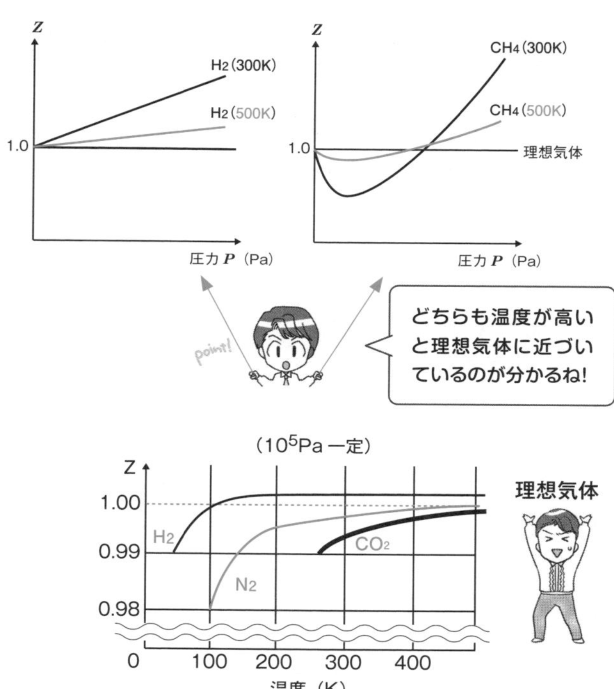

Z
H2 (300K)
H2 (500K)
1.0
圧力 P (Pa)
Z
CH4 (300K)
CH4 (500K)
1.0
理想気体
圧力 P (Pa)
point!
どちらも温度が高いと理想気体に近づいているのが分かるね!
(10^5Pa 一定)
Z
1.00
0.99
0.98
H2
N2
CO2
0
100
200
300
400
温度 (K)
理想気体

3 実在気体の液化の判定

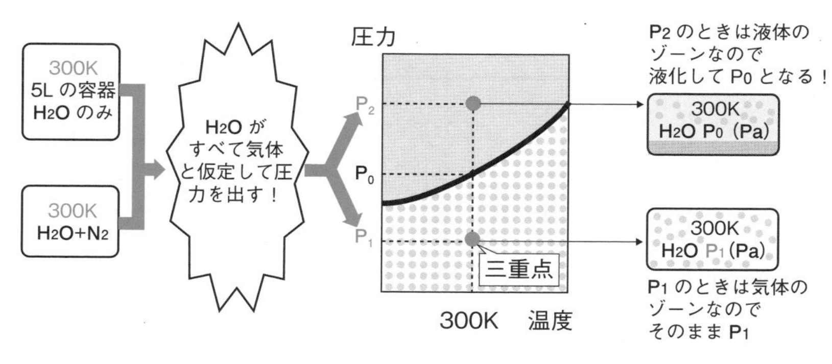

300K
5L の容器
H2O のみ
300K
H2O+N2
H2O がすべて気体と仮定して圧力を出す!
圧力
P2
P0
P1
三重点
300K 温度
P2 のときは液体のゾーンなので液化して P0 となる!
300K
H2O P0 (Pa)
300K
H2O P1 (Pa)
P1 のときは気体のゾーンなのでそのまま P1

Ⅱ　固体の構造

第4章　固体の分類と金属結晶

1 体心立方格子と面心立方格子

	体心立方格子	面心立方格子（立方最密構造）
単位格子		
配位数	8	12
密　度	$\dfrac{\left(\dfrac{M}{N_A}\times 2\right)\text{〔g〕}}{a^3\text{〔cm}^3\text{〕}}$	$\dfrac{\left(\dfrac{M}{N_A}\times 4\right)\text{〔g〕}}{a^3\text{〔cm}^3\text{〕}}$
a-rの関係式	$\sqrt{3}a=4r$	$\sqrt{2}a=4r$
充塡率	68%	74%

2 最密構造

	六方最密構造	面心立方格子（立方最密構造）
構　造		
配位数	12	
充塡率	74%	

第5章　イオン結晶・共有結合の結晶・分子結晶

1 代表的なイオン結晶

	CsCl型	NaCl型 （岩塩型）	閃亜鉛鉱型 （ZnS型）
単位格子	● Cs^+ ● Cl^- 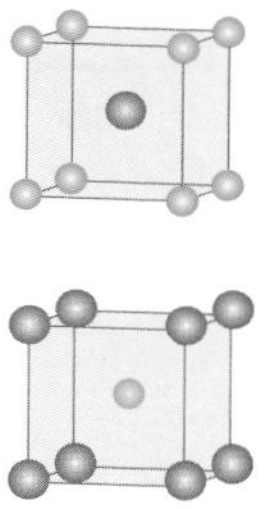	● Na^+ ● Cl^- 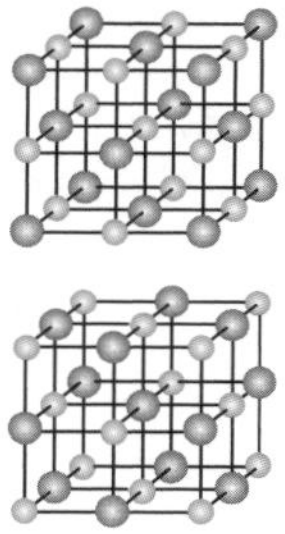	● Zn^{2+} ● S^{2-} 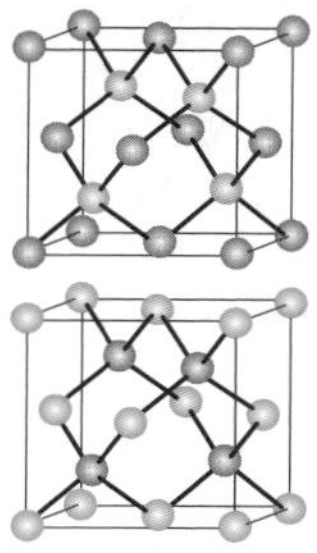
単位格子内のイオン数	● Cs^+：1個 ● Cl^-：1個 （どちらのイオンも単純立方格子）	● Na^+：4個 ● Cl^-：4個 （どちらのイオンも面心立方格子）	● Zn^{2+}：4個 ● S^{2-}：4個
配位数	● Cs^+：8 ● Cl^-：8	● Na^+：6 ● Cl^-：6	● Zn^{2+}：4 ● S^{2-}：4
密度	$\dfrac{\left(\dfrac{M}{N_A}\times 1\right)[\mathrm{g}]}{a^3\,[\mathrm{cm^3}]}$	$\dfrac{\left(\dfrac{M}{N_A}\times 4\right)[\mathrm{g}]}{a^3\,[\mathrm{cm^3}]}$	$\dfrac{\left(\dfrac{M}{N_A}\times 4\right)[\mathrm{g}]}{a^3\,[\mathrm{cm^3}]}$
a-rの関係式	$\sqrt{3}a=2(r_+ + r_-)$	$a=2(r_+ + r_-)$	$\sqrt{3}a=4(r_+ + r_-)$

2 ダイヤモンド型の共有結合の結晶

単位格子	原子数 配位数	a-rの関係式
	原子数 8 配位数 4	切断 $\sqrt{3}a$　$2r$　a　$\sqrt{2}a$ $\sqrt{3}a = 8r$

切断面が
わかれば
完璧！

Ⅲ　溶　液

第6章　溶解平衡

1 溶解度曲線

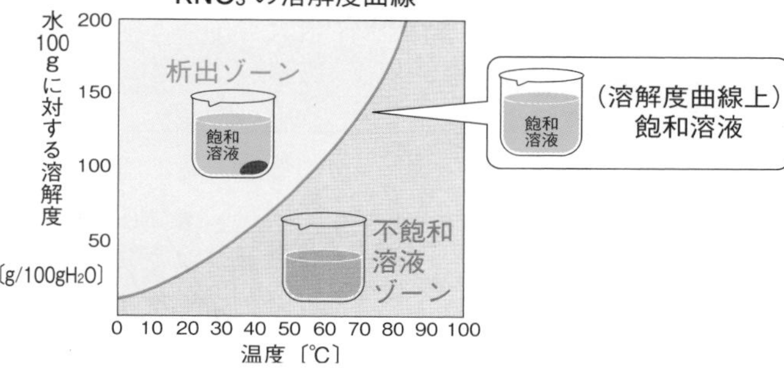

KNO_3 の溶解度曲線
水100gに対する溶解度
〔g/100gH_2O〕
200
150
100
50
析出ゾーン
飽和溶液
不飽和溶液ゾーン
（溶解度曲線上）飽和溶液
0 10 20 30 40 50 60 70 80 90 100
温度〔℃〕

2 結晶水をもつ結晶の計算

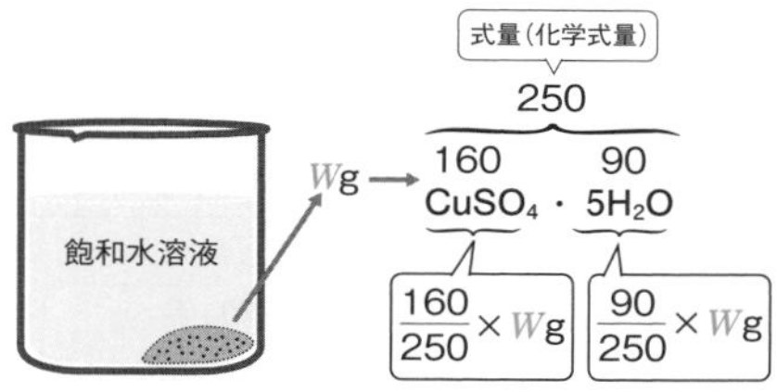

式量（化学式量）
250
飽和水溶液
Wg
160 90
$CuSO_4 \cdot 5H_2O$
$\frac{160}{250} \times W$g
$\frac{90}{250} \times W$g

3 ヘンリーの法則

一定温度で溶解する気体の溶解度は圧力（混合気体では分圧）に比例する。

$$c = KP$$

（K：溶質と溶媒によって決まる定数〔mol/(L·Pa)〕
Kは温度により変化する）

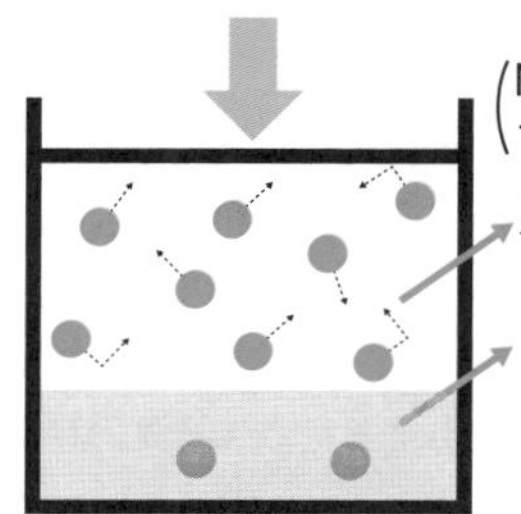

（NH_3，HCl では不成立）
P：圧力〔Pa〕
c：気体の溶解度〔mol/L〕

第7章　希薄溶液の性質

1 質量モル濃度

$$質量モル濃度〔mol/kg〕= \frac{溶質の物質量〔mol〕}{溶媒の質量〔kg〕}$$

2 蒸気圧降下と沸点上昇，凝固点降下

(1) 沸点上昇と凝固点降下

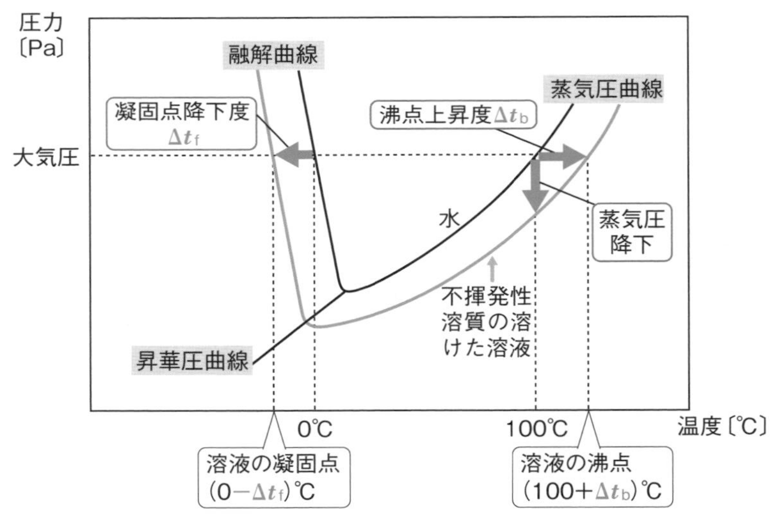

圧力
〔Pa〕
融解曲線
蒸気圧曲線
凝固点降下度
Δtf
沸点上昇度Δtb
大気圧
水
蒸気圧
降下
不揮発性
溶質の溶
けた溶液
昇華圧曲線
0℃
100℃
温度〔℃〕
溶液の凝固点
(0−Δtf)℃
溶液の沸点
(100+Δtb)℃

(2) 沸点上昇の公式

$$\Delta t_b = K_b m$$

Δt_b：沸点上昇度〔K〕
m　：溶質粒子の質量モル濃度〔mol/kg〕
K_b　：モル沸点上昇〔K･kg/mol〕

(3) 凝固点降下の公式

$$\Delta t_f = K_f m$$

Δt_f：凝固点降下度〔K〕
m　：溶質粒子の質量モル濃度〔mol/kg〕
K_f　：モル凝固点降下〔K･kg/mol〕

溶媒の種類で決まる定数（溶質の種類には関係しない）

3 冷却曲線

(1) 純溶媒の冷却曲線

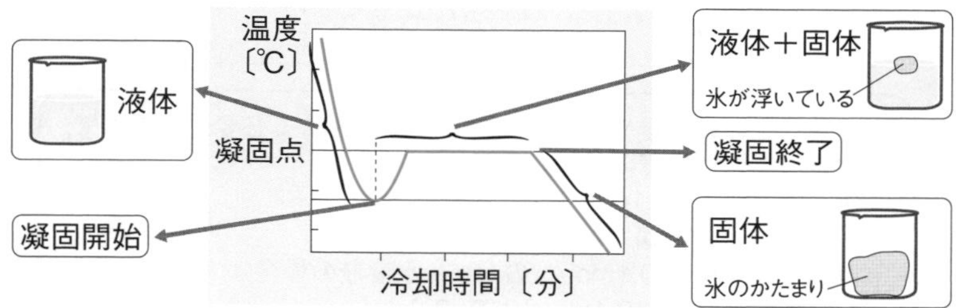
温度〔℃〕
液体
凝固点
凝固開始
冷却時間〔分〕
液体＋固体
氷が浮いている
凝固終了
固体
氷のかたまり

(2) 純溶媒と溶液の冷却曲線

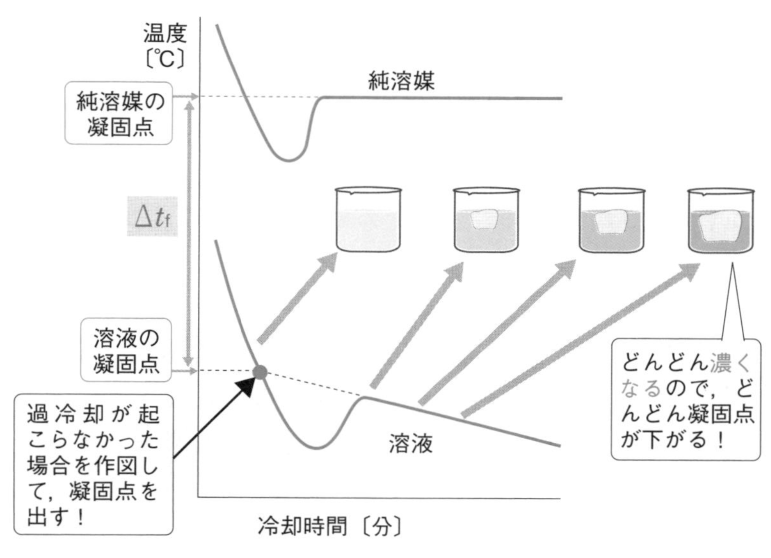
温度〔℃〕
純溶媒の凝固点
Δtf
溶液の凝固点
過冷却が起こらなかった場合を作図して，凝固点を出す！
純溶媒
溶液
冷却時間〔分〕
どんどん濃くなるので，どんどん凝固点が下がる！

4 浸透圧の公式

ファントホッフの法則

$$\Pi V = nRT \qquad \Pi = cRT \qquad \Pi V = \frac{w}{M} RT$$

全溶質粒子の物質量や質量やモル濃度を代入する必要があるので，電解質の場合は注意！

例えば，溶質が 0.1mol の NaCl の場合は

n=0.1mol×2=0.2mol

溶質モル濃度が 0.1mol/L の NaCl 水溶液の場合は

c=0.1mol/L×2=0.2mol/L

Π：浸透圧〔Pa〕
R：気体定数← 8.3×10^3 L·Pa/(K·mol)
T：絶対温度〔K〕
c：溶質粒子のモル濃度〔mol/L〕
w：質量〔g〕
n：物質量〔mol〕

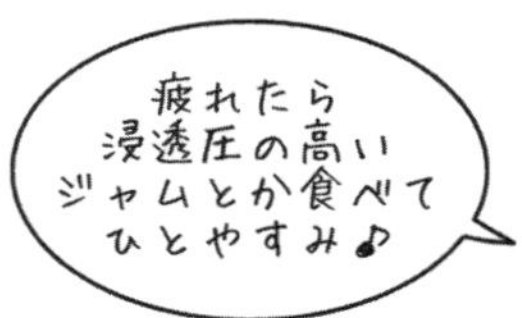
疲れたら
浸透圧の高い
ジャムとか食べて
ひとやすみ♪

第8章　コロイド溶液

1 コロイド粒子

(1) コロイド粒子の直径　10^{-9}～10^{-7}m

(2) 粒子によるコロイドの分類

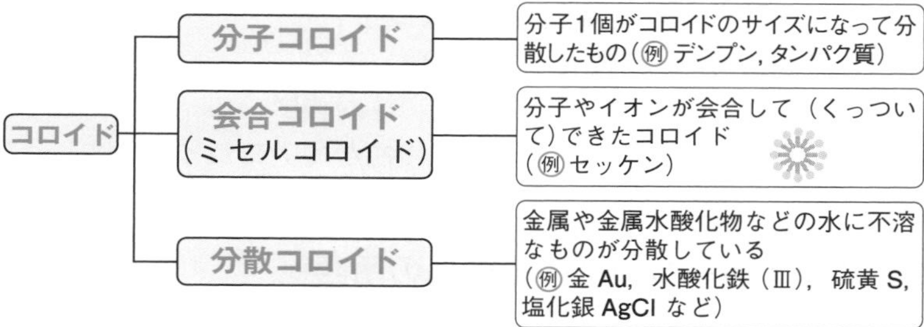

コロイド
分子コロイド
分子1個がコロイドのサイズになって分散したもの（例 デンプン, タンパク質）
会合コロイド（ミセルコロイド）
分子やイオンが会合して（くっついて）できたコロイド（例 セッケン）
分散コロイド
金属や金属水酸化物などの水に不溶なものが分散している（例 金 Au, 水酸化鉄（Ⅲ）, 硫黄 S, 塩化銀 AgCl など）

2 コロイドの分類

(1) 分散質と分散媒の組み合わせ

分散媒 ＼ 分散質（コロイド粒子）	気　体	液　体	固　体
気体	分散質，分散媒ともに気体のコロイドはない	雲 分散質：水, 氷 分散媒：空気	煙 分散質：固体の微粒子 分散媒：空気
液体	ビールの泡 分散質：二酸化炭素など 分散媒：水	マヨネーズ 分散質：油 分散媒：水（酢）	油絵の具 分散質：顔料 分散媒：油
固体	マシュマロ 分散質：空気 分散媒：ゼラチンなどの菓子本体	オレンジゼリー 分散質：オレンジジュース 分散媒：ゼラチン	ルビー 分散質：Cr_2O_3 分散媒：Al_2O_3

(2) 流動性による分類

- **ゾル** (sol) …流動性のあるコロイド
- **ゲル** (gel) …流動性を失ったコロイド
- **キセロゲル** (xerogel) …乾燥したゲル

(3) 帯電による分類

- **正コロイド**…正に帯電したコロイド
- **負コロイド**…負に帯電したコロイド

(4) 水に対する親和性による分類

- **親水コロイド**…水に対する親和性が強いコロイド
- **疎水コロイド**…水に対する親和性が弱いコロイド

3 コロイドについてのその他の用語

(1) **ブラウン運動**…コロイド粒子に熱運動している分散媒粒子が衝突して起こる不規則な運動

(2) **チンダル現象**…コロイド粒子表面で光が散乱されて光の通路が見える現象

(3) **保護コロイド**…沈殿しやすい疎水コロイドを，沈殿しにくくするために加える親水コロイド　㊷ 墨汁中の膠（にかわ）

(4) **透　析**…半透膜を利用してコロイドを精製する方法

眠気覚ましに
コーヒーゲル♪
(コーヒーゼリー)

Ⅳ　熱化学

第9章　熱化学方程式とエンタルピー

1 エンタルピーと熱化学方程式

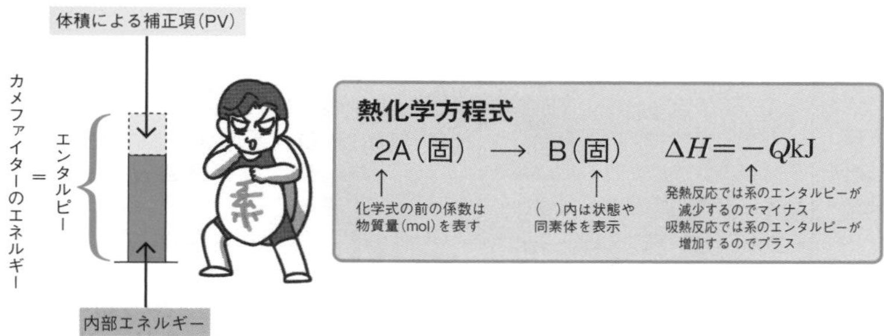

体積による補正項(PV)
カメファイターのエネルギー
＝
エンタルピー
内部エネルギー
熱化学方程式
2A(固) ⟶ B(固)　ΔH＝−QkJ
化学式の前の係数は物質量(mol)を表す
(　)内は状態や同素体を表示
発熱反応では系のエンタルピーが減少するのでマイナス
吸熱反応では系のエンタルピーが増加するのでプラス

2 H_2O の状態変化に伴うエンタルピー変化(0℃)

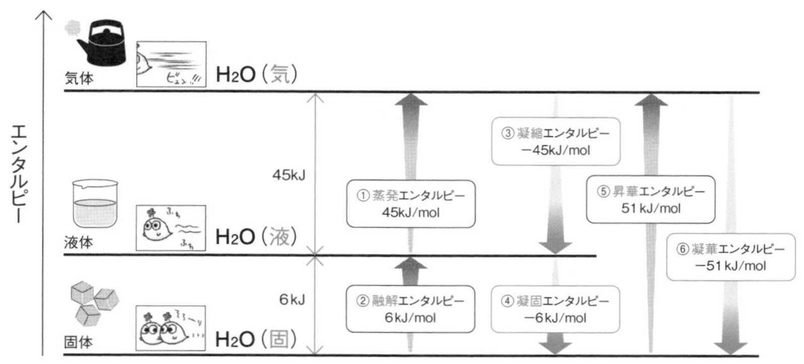

エンタルピー
気体
H2O(気)
液体
H2O(液)
固体
H2O(固)
45kJ
6kJ
① 蒸発エンタルピー 45kJ/mol
② 融解エンタルピー 6kJ/mol
③ 凝縮エンタルピー −45kJ/mol
④ 凝固エンタルピー −6kJ/mol
⑤ 昇華エンタルピー 51kJ/mol
⑥ 凝華エンタルピー −51kJ/mol

2 熱量の求め方

$$Q = mc\Delta t$$

Q ：熱量〔J〕　m ：物体の質量〔g〕

Δt ：温度変化〔K〕　c ：物体の比熱〔J/(g·K)〕

3 物理変化や化学変化に伴うエンタルピー

エンタルピー	内容	例
燃焼エンタルピー	物質 1 mol —完全燃焼→ 物質1molが完全に燃焼するときに発生するエンタルピー変化	●水素の燃焼エンタルピー −286kJ/mol H_2(気)$+\frac{1}{2}O_2$(気)→H_2O(液) $\Delta H=-286$kJ 水素1 molで−286kJ
生成エンタルピー	単体 —生成→ 物質 1 mol 物質1molが25℃, 100kpaの単体から生成するときのエンタルピー変化	●CO_2の生成エンタルピー −394kJ/mol C(黒鉛)$+O_2$(気)→CO_2(気) $\Delta H=-394$kJ 単体 CO_2 1 molで−394kJ
溶解エンタルピー	物質 1 mol —溶解→ 物質1molが多量の溶媒に溶解するときのエンタルピー変化	●KIの溶解エンタルピー 20.5kJ/mol KI(固)＋aq→KIaq $\Delta H=20.5$kJ KI 1 molで20.5kJ
中和エンタルピー	酸 ＋ 塩基 —中和→ 水 酸と塩基の中和により，水1molが生成するときのエンタルピー変化	●HClとNaOHの中和エンタルピー −57kJ/mol HClaq＋NaOHaq→H_2O(液)＋NaClaq $\Delta H=-57$kJ 強酸と強塩基の場合は以下でもよい H^+aq＋OH^-aq＝H_2O(液)$\Delta H=-57$kJ
状態変化に伴うエンタルピー	物質 1 mol —状態変化→ 物質1molが状態変化するときのエンタルピー変化	●水の蒸発エンタルピー 41kJ/mol(25°C) H_2O(液)→H_2O(気) $\Delta H=41$kJ 水1 molで41kJ
結合エンタルピー(結合エネルギー)	結合 1 mol (気体) —共有結合を切る→ 気体の共有結合1molを切断するときのエンタルピー変化	●H−Hの結合エンタルピー 436kJ/mol H−H(気)→2H(気) $\Delta H=436$kJ 必ず気体→気体にする

第10章　ヘスの法則と反応エンタルピーの計算

1 ヘスの法則

反応エンタルピーは最初と最後の状態が決まれば，反応の経路によらず一定である。

2 生成エンタルピーを使った計算

化合物	生成エンタルピー〔kJ/mol〕
A	a
B	b

熱化学方程式 ➡ A → B　ΔH

計算 ➡ $-a$　$+b$　$=\Delta H$

熱化学方程式に単体が存在するときは，単体の生成エンタルピーは0とする。

熱化学方程式の左辺にある生成エンタルピーはマイナス（−）符号をつける。

熱化学方程式の右辺にある生成エンタルピーはプラス（＋）符号をつける。

3 結合エンタルピーを使った計算

結合	結合エンタルピー〔kJ/mol〕
A−A	a
B−B	b
A−B	c

熱化学方程式 ➡ A−A＋B−B→2A−B　ΔH

計算 ➡ $+a$　$+b$　$-2c$　$=\Delta H$

熱化学方程式の左辺にある結合エンタルピーはプラス（＋）符号をつける。

熱化学方程式の右辺にある結合エンタルピーはマイナス（−）符号をつける。

4 エントロピー

エントロピー＝乱雑さ

エントロピー小
$C_{12}H_{22}O_{11}$（固）＋aq
ショ糖

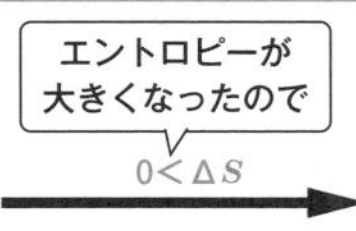
エントロピーが
大きくなったので
$0<\Delta S$

エントロピー大
$C_{12}H_{22}O_{11}aq$
ショ糖溶液

5 熱力学第二法則

熱力学第二法則	自発変化は，系と外界を含めたすべての エントロピーが増大する方向に進む

6 反応の自発性

A ⇄ B（反応エンタルピー ΔH）の反応について

系		外界	反応の自発性
エントロピー変化 ΔS	エンタルピー変化 ΔH	エントロピー変化 ΔS	
$0 < \Delta S$ 増大	$\Delta H < 0$ 外界に対して 発熱反応 →	$0 < \Delta S$ 増大	正反応が自発的に起こる A ⟶ B
$0 < \Delta S$ 増大	$0 < \Delta H$ 外界に対して 吸熱反応 →	$0 < \Delta S$ 減少	判定出来ない
$0 < \Delta S$ 減少	$\Delta H < 0$ 外界に対して 発熱反応 →	$0 < \Delta S$ 増大	
$0 < \Delta S$ 減少	$0 < \Delta H$ 外界に対して 吸熱反応 →	$0 < \Delta S$ 減少	逆反応が自発的に起こる A ⟵ B

7 光とエネルギー

	内　容
化学発光	化学変化に伴って光が放出される現象
生物発光	生物体の発光現象（ホタルの光など）
化学発光と光の波長	電子が励起状態から基底状態に移動するエネルギー差が大きいほど，光の波長は短くなる
光化学反応	物質が光エネルギーを吸収して起こる化学変化
光合成	植物が光エネルギーを吸収して CO_2 と H_2O から糖類を合成する反応過程

V 電池と電気分解

第11章　電　池

1 用語のまとめ

活物質…電池の酸化剤と還元剤 正極活物質…電池の酸化剤 負極活物質…電池の還元剤	電流の流れ…正極から負極 放電…電池から電流を取り出すこと 充電…外部から放電時と逆向きに電流を流して起電力を回復させる操作
電極…電解質に浸している金属など 正極…酸化剤が反応する電極 負極…還元剤が反応する電極	一次電池…充電できない使いきりの電池 二次電池…充電可能な電池 起電力…両極間の電位差（電圧）の最大値
電子の流れ…負極（還元剤側）から正極（酸化剤側）	全固体電池…固体電解質のみを使用している電池

2 ファラデー定数

1molのe^-がもつ電気量 ＝ 96500 C/mol（ファラデー定数） ＝ 96500 A・s/mol

3 電池の反応

電　池	負極の反応 還元剤の反応	正極の反応 酸化剤の反応
ボルタ電池	$Zn \longrightarrow Zn^{2+} + 2e^-$	$2H^+ + 2e^- \longrightarrow H_2$
ダニエル電池		$Cu^{2+} + 2e^- \longrightarrow Cu$
鉛蓄電池	$Pb + SO_4^{2-} \longrightarrow PbSO_4 + 2e^-$ (2mol の e^-につき96g 増加)	$PbO_2 + 4H^+ + SO_4^{2-} + 2e^- \longrightarrow PbSO_4 + H_2O$ (2mol の e^-につき64g 増加)
リチウムイオン電池	$LiC_6 \longrightarrow Li_{1-x}C_6 + xLi^+ + xe^-$	$Li_{1-x}CoO_2 + xLi^+ + xe^- \longrightarrow LiCoO_2$
水素燃料電池（リン酸形）	$H_2 \longrightarrow 2H^+ + 2e^-$	$O_2 + 4H^+ + 4e^- \longrightarrow 2H_2O$

4 いろいろな電池の構造

分類		電池の名称	−還元剤 負極活物質	電解液 （電解質溶液）	＋酸化剤 正極活物質
歴史的な電池		ボルタ電池	Zn	H_2SO_4aq	H^+
		ダニエル電池		$ZnSO_4aq$ $CuSO_4aq$	Cu^{2+}
実用電池	一次電池	酸化銀電池		KOHaq （アルカリ電池は KOH を良く使う）	Ag_2O
		空気亜鉛電池			O_2
		アルカリマンガン乾電池			MnO_2
		マンガン乾電池		$ZnCl_2aq$ NH_4Claq	
		リチウム電池	Li	有機電解質 （リチウム塩）	
	二次電池	リチウムイオン電池	LiC_6		$Li_{1-x}CoO_2$
		ニッケル・カドミウム電池	Cd	KOHaq	NiO（OH）
		ニッケル・水素電池	MH ※		
		鉛蓄電池	Pb	H_2SO_4aq	PbO_2
	（水素）燃料電池（リン酸形）		H_2	H_3PO_4aq	O_2

※ MH の M は水素吸蔵合金で MH は水素を吸蔵した状態

スマホの電池は
リチウムイオン電池ね!

第12章　電気分解

1 電気分解の原理（水溶液）

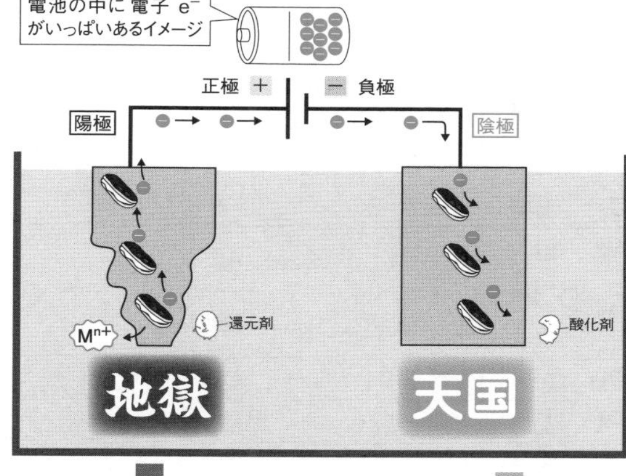

電池の中に 電子 e⁻ がいっぱいあるイメージ
正極 ＋
－ 負極
陽極
陰極
Mn+
還元剤
酸化剤
地獄
天国

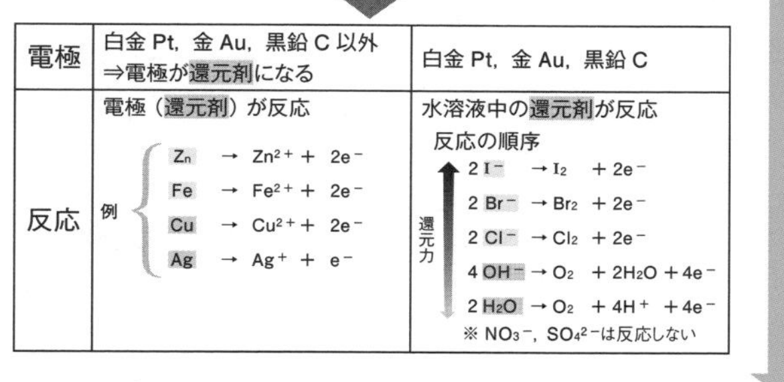

電極	白金 Pt, 金 Au, 黒鉛 C 以外 ⇒電極が還元剤になる	白金 Pt, 金 Au, 黒鉛 C
反応	電極（還元剤）が反応 例 $Zn \rightarrow Zn^{2+} + 2e^-$ $Fe \rightarrow Fe^{2+} + 2e^-$ $Cu \rightarrow Cu^{2+} + 2e^-$ $Ag \rightarrow Ag^{+} + e^-$	水溶液中の還元剤が反応 反応の順序（還元力 ↑） $2I^- \rightarrow I_2 + 2e^-$ $2Br^- \rightarrow Br_2 + 2e^-$ $2Cl^- \rightarrow Cl_2 + 2e^-$ $4OH^- \rightarrow O_2 + 2H_2O + 4e^-$ $2H_2O \rightarrow O_2 + 4H^+ + 4e^-$ ※ NO_3^-, SO_4^{2-}は反応しない

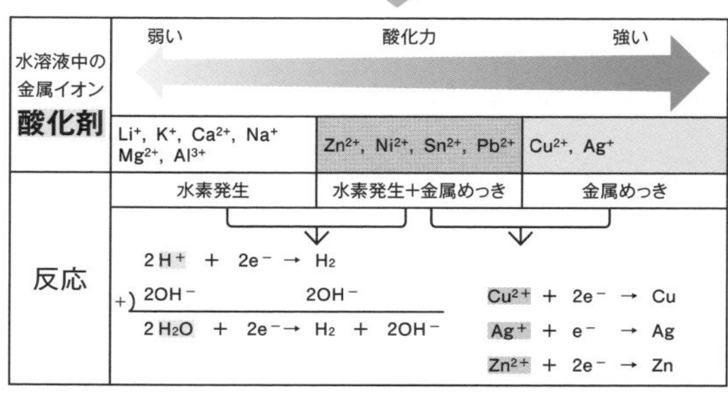

水溶液中の金属イオン **酸化剤**	弱い ← 酸化力 → 強い		
	Li^+, K^+, Ca^{2+}, Na^+ Mg^{2+}, Al^{3+}	Zn^{2+}, Ni^{2+}, Sn^{2+}, Pb^{2+}	Cu^{2+}, Ag^+
反応	水素発生	水素発生＋金属めっき	金属めっき
	$2H^+ + 2e^- \rightarrow H_2$ $+)\ 2OH^-\qquad 2OH^-$ $2H_2O + 2e^- \rightarrow H_2 + 2OH^-$		$Cu^{2+} + 2e^- \rightarrow Cu$ $Ag^+ + e^- \rightarrow Ag$ $Zn^{2+} + 2e^- \rightarrow Zn$

2 電気分解の例

□は水の電気分解

<table>
<tr><th rowspan="2">水溶液</th><th colspan="2">陽極（地獄）</th><th colspan="2">陰極（天国）</th></tr>
<tr><th>電極</th><th>還元剤 の反応</th><th>電極</th><th>酸化剤 の反応</th></tr>
<tr><td>H_2SO_4aq</td><td rowspan="3">Pt</td><td rowspan="2">$2H_2O \rightarrow O_2 + 4H^+ + 4e^-$</td><td rowspan="3">Pt</td><td>$2H^+ + 2e^- \rightarrow H_2$</td></tr>
<tr><td>Na_2SO_4aq</td><td rowspan="4">$2H_2O + 2e^- \rightarrow H_2 + 2OH^-$</td></tr>
<tr><td>NaOHaq</td><td>$4OH^- \rightarrow O_2 + 2H_2O + 4e^-$</td></tr>
<tr><td>KIaq</td><td>Pt</td><td>$2I^- \rightarrow I_2 + 2e^-$</td><td>Pt</td></tr>
<tr><td>NaClaq</td><td>C</td><td>$2Cl^- \rightarrow Cl_2 + 2e^-$</td><td>Fe</td></tr>
<tr><td rowspan="2">$AgNO_3aq$</td><td>Ag</td><td>$Ag \rightarrow Ag^+ + e^-$</td><td>Ag</td><td rowspan="2">$Ag^+ + e^- \rightarrow Ag$</td></tr>
<tr><td>Pt</td><td>$2H_2O \rightarrow O_2 + 4H^+ + 4e^-$</td><td>Pt</td></tr>
<tr><td>$CuSO_4aq$</td><td>Cu</td><td>$Cu \rightarrow Cu^{2+} + 2e^-$</td><td>Cu</td><td rowspan="3">$Cu^{2+} + 2e^- \rightarrow Cu$</td></tr>
<tr><td>$CuCl_2aq$</td><td>Pt</td><td>$2Cl^- \rightarrow Cl_2 + 2e^-$</td><td>Pt</td></tr>
<tr><td>$CuSO_4aq$</td><td>粗銅</td><td>$Fe \rightarrow Fe^{2+} + 2e^-$
$Ni \rightarrow Ni^{2+} + 2e^-$
$Cu \rightarrow Cu^{2+} + 2e^-$</td><td>純銅</td></tr>
<tr><td>Al_2O_3と氷晶石の融解物</td><td>C</td><td>$C + O^{2-} \rightarrow CO + 2e^-$
$C + 2O^{2-} \rightarrow CO_2 + 4e^-$</td><td>純銅</td><td>$Al^{3+} + 3e^- \rightarrow Al$</td></tr>
</table>

SO_4^{2-}, NO_3^-
K^+, Na^+は
反応しない

陽極（地獄）では
CuやAg電極は
溶解する！

陰極（天国）ではCu^{2+}, Ag^+があれば
金属めっき，K^+, Na^+は反応しないので
H_2Oが反応してH_2発生

ファラデーの電気分解の法則・・・金属の析出量が電気量（C）に比例する

ふぁ いとっ!

Ⅵ 反応速度と平衡

第13章　反応速度

1 反応速度の定義

$$a_1 \mathrm{A}_1 + a_2 \mathrm{A}_2 + \quad \cdots \xrightarrow{v} b_1 \mathrm{B}_1 + b_2 \mathrm{B}_2 + \quad \cdots$$

（a_1, a_2, b_1, $b_2 \cdots$：係数，A_1, A_2, B_1, $\mathrm{B}_2 \cdots$：物質）

A₁の減少速度 $v_{\mathrm{A}_1} = -\dfrac{\Delta[\mathrm{A}_1]}{\Delta t}$　　B₁の増加速度 $v_{\mathrm{B}_1} = -\dfrac{\Delta[\mathrm{B}_1]}{\Delta t}$

$$\frac{1}{a_1} v_{\mathrm{A1}} = \frac{1}{a_2} v_{\mathrm{A2}} = \quad \cdots \qquad v = \frac{1}{b_1} v_{\mathrm{B1}} = \frac{1}{b_2} v_{\mathrm{B2}} = \quad \cdots$$

2 反応速度式

$$\mathrm{A} \xrightarrow{v} 2\mathrm{B}$$

反応速度

$$v = -\frac{\Delta[\mathrm{A}]}{\Delta t} = \frac{1}{2} \times \frac{\Delta[\mathrm{B}]}{\Delta t}$$

$$v = k[\mathrm{A}]^n$$ ← n 次反応という！

↑ k：反応速度定数

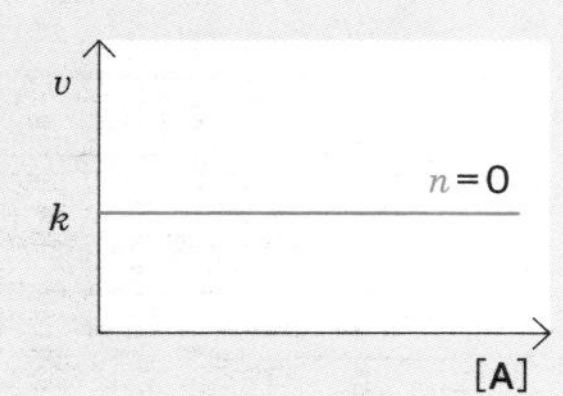

v
k
n=0
[A]

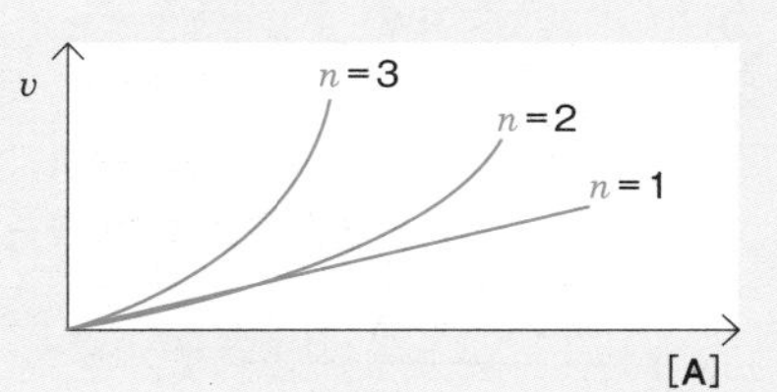

v
n=3
n=2
n=1
[A]

3 活性化エネルギーと反応速度定数

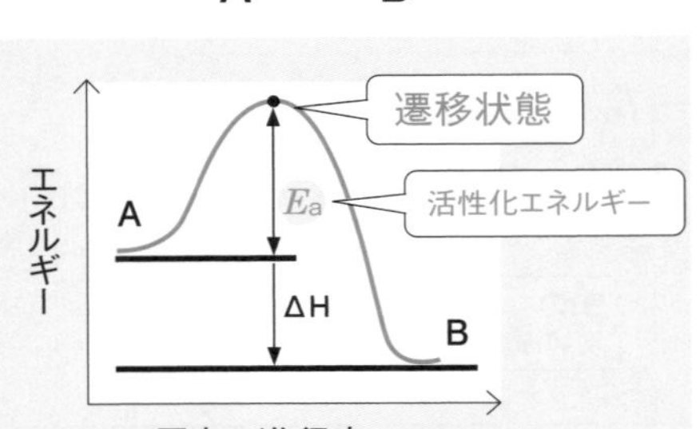

A $\xrightarrow{v}$ B
遷移状態
エネルギー
A
E_a
活性化エネルギー
ΔH
B
反応の進行度

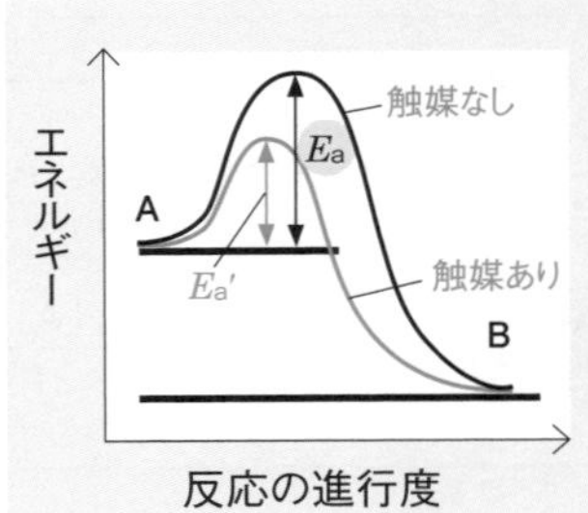

A → B [ΔH＜0のとき]
触媒なし
エネルギー
E_a
A
E_a'
触媒あり
B
反応の進行度

$v = k\,[A]^n$

(反応するA分子の割合(赤色の面積の割合)はkに比例するため)

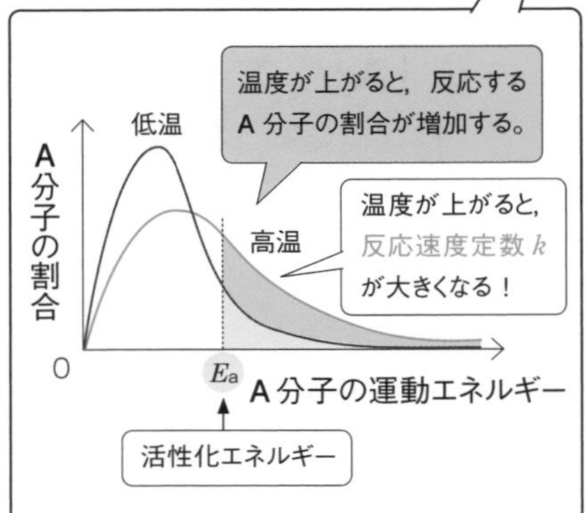

温度が上がると，反応するA分子の割合が増加する。
低温
A分子の割合
温度が上がると，反応速度定数 k が大きくなる！
高温
0
E_a
A分子の運動エネルギー
活性化エネルギー

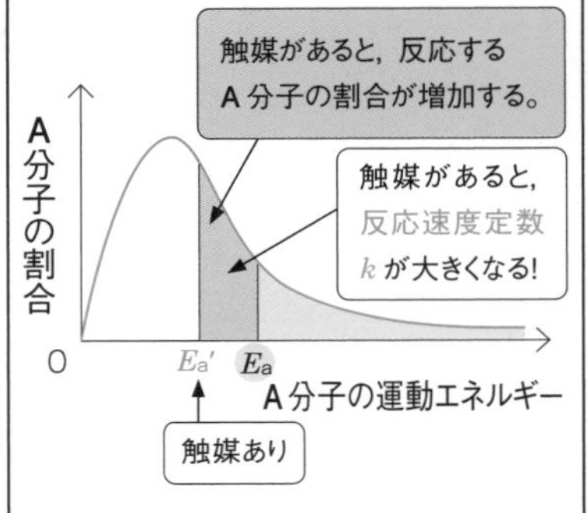

触媒があると，反応するA分子の割合が増加する。
A分子の割合
触媒があると，反応速度定数 k が大きくなる!
0
E_a'
E_a
A分子の運動エネルギー
触媒あり

第14章　化学平衡

1 可逆反応の活性化エネルギー

$A \rightleftarrows B$

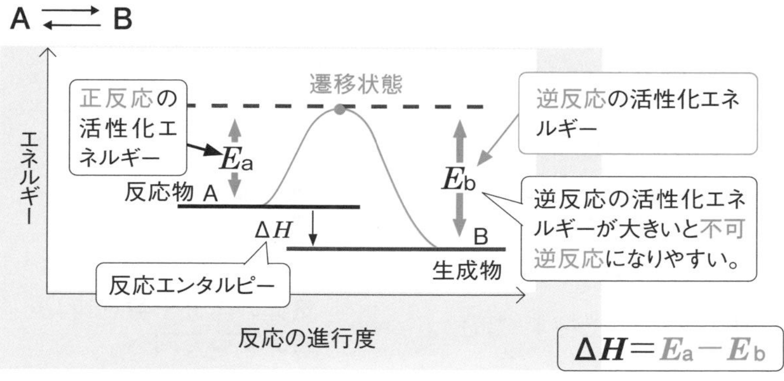

遷移状態
正反応の活性化エネルギー
E_a
逆反応の活性化エネルギー
E_b
エネルギー
反応物 A
ΔH
B
生成物
逆反応の活性化エネルギーが大きいと不可逆反応になりやすい。
反応エンタルピー
反応の進行度

$$\Delta H = E_a - E_b$$

2 化学平衡の法則

$$a_1A_1 + a_2A_2 + a_3A_3 + \cdots \underset{v_2}{\overset{v_1}{\rightleftarrows}} b_1B_1 + b_2B_2 + b_3B_3 + \cdots$$

$a_1, a_2, a_3, \cdots, b_1, b_2, b_3, \cdots$：係数　$A_1, A_2, A_3, \cdots, B_1, B_2, B_3, \cdots$：物質

化学平衡の状態のとき… $v_1 = v_2$

$$K_c = \frac{[B_1]^{b_1}\ [B_2]^{b_2}\ [B_3]^{b_3}\cdots}{[A_1]^{a_1}\ [A_2]^{a_2}\ [A_3]^{a_3}\cdots} = 一定$$

濃度平衡定数

（温度一定のとき）

$$K_p = \frac{P_{B_1}{}^{b_1}\ P_{B_2}{}^{b_2}\ P_{B_3}{}^{b_3}\cdots}{P_{A_1}{}^{a_1}\ P_{A_2}{}^{a_2}\ P_{A_3}{}^{a_3}\cdots} = 一定$$

圧平衡定数

（温度一定のとき）

$$K_c = K_p\ (RT)^{(a_1+a_2+a_3\cdots)-(b_1+b_2+b_3\cdots)}$$

3 ルシャトリエの原理(平衡移動の原理)

はじめが平衡状態でなければ成立しない!

温度，圧力，濃度など

平衡状態にある可逆反応において，**条件**を変化させると，その変化を妨げる方向に平衡は移動する。

(1) 平衡が右向きに移動する例

濃度	$[N_2]$ または $[H_2]$ を増加させる。	➡	$[N_2]$ または $[H_2]$ が**減少する**方向へ
	$[NH_3]$ を減少する。	➡	$[NH_3]$ が**増加する**方向へ
圧力	ピストンを押す(加圧)。	➡	気体の総分子数が**減少する**方向へ
温度	温度を下げる。	➡	**発熱反応**の方向へ($\Delta H < 0$)

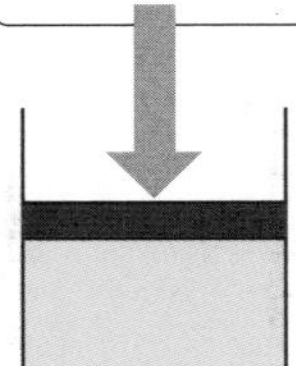

平衡は右向きに移動する。

$$\underbrace{N_2 + 3H_2}_{4個} \rightleftarrows \underbrace{2NH_3}_{2個} \quad \Delta H = -92\text{kj}$$

(外界に発熱)

(2) 平衡が左向きに移動する例

定圧で Ar を加える ➡ ピストンを引くのと同じ

(3) 移動しない例

①触媒を加える
②体積(V)を一定にして Ar を加える

第15章　電離平衡

1 酸の電離定数

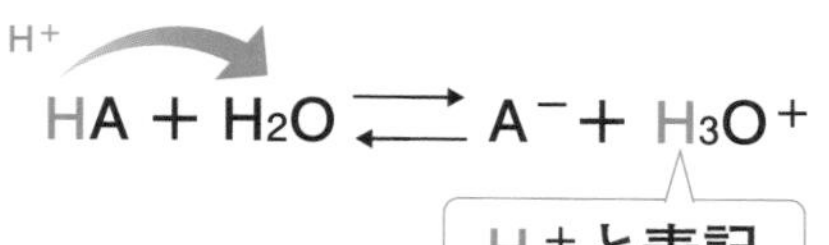

H^+
$HA + H_2O \rightleftarrows A^- + H_3O^+$
H^+と表記

$$K_a = \frac{[A^-][H^+]}{[HA]}$$

K_a ： 酸解離定数 (acidity constant) 又は酸の電離定数

2 塩基の電離定数

H^+

$$B + H_2O \rightleftarrows HB^+ + OH^-$$

$$K_b = \frac{[HB^+][OH^-]}{[B]}$$

K_b ： 塩基解離定数 (basicity constant) 又は塩基の電離定数

3 pH, pOH の定義

$pH = -\log_{10}[H^+]$	$pOH = -\log_{10}[OH^-]$

4 水のイオン積 K_W

$H_2O + H_2O \rightleftarrows OH^- + H_3O^+$
$H_2O \rightleftarrows OH^- + H^+$
水溶液
$K_W = [H^+][OH^-] = 10^{-14}$
(25℃)
pH+pOH=14

5 純粋な水の pH（中性の pH）

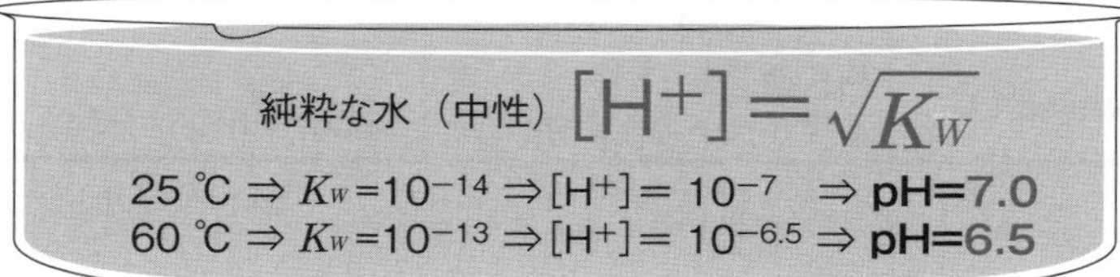

純粋な水（中性） $[H^+] = \sqrt{K_W}$
25 ℃ ⇒ $K_W = 10^{-14}$ ⇒ $[H^+] = 10^{-7}$ ⇒ pH=7.0
60 ℃ ⇒ $K_W = 10^{-13}$ ⇒ $[H^+] = 10^{-6.5}$ ⇒ pH=6.5

6 共役酸と共役塩基の公式

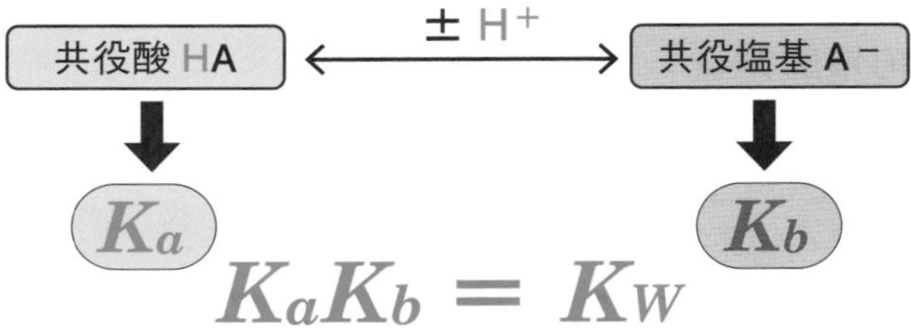

共役酸 HA
± H⁺
共役塩基 A⁻
Ka
Kb

$$K_aK_b = K_W$$

7 塩の考え方

定義／塩 ･･･ 陽イオンと陰イオンでできているもの

	陽イオン	陰イオン
考え方	陽イオンは酸が多い （ただし，Na^+，K^+，Mg^{2+}，Ca^{2+}，Ba^{2+}などは $Ka \leqq 10^{-11}$ で酸としてほぼ作用しない）	陰イオンは塩基が多い （ただし，Cl^-，NO_3^-，SO_4^{2-}などは $Kb \leqq 10^{-11}$ で塩基としてほぼ作用しない）

8 塩の加水分解

塩	溶液中の酸又は塩基	酸又は塩基と水の反応（塩の加水分解）
CH_3COONa	Na^+：酸として作用せず CH_3COO^-：弱塩基	$CH_3COO^- + H_2O \rightleftarrows CH_3COOH + OH^-$
NH_4Cl	NH_4^+：弱酸 Cl^-：塩基として作用せず	$NH_4^+ + H_2O \rightleftarrows NH_3 + H_3O^+$
$NaHCO_3$	HCO_3^- 塩基性が強い両性物質	$HCO_3^- + H_2O \rightleftarrows H_2CO_3 + OH^-$
$NaHSO_4$	HSO_4^- 酸性が強い両性物質	$HSO_4^- + H_2O \rightleftarrows SO_4^{2-} + H_3O^+$

9 弱酸，弱塩基，塩の水素イオン濃度

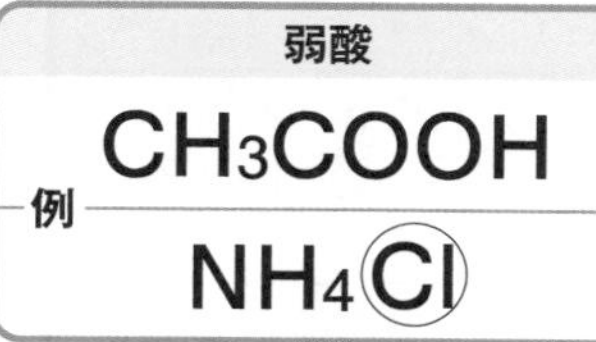
弱酸
例
CH_3COOH
NH_4Cl

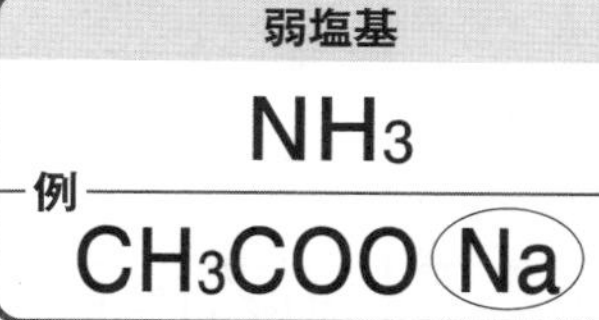
弱塩基
例
NH_3
CH_3COONa

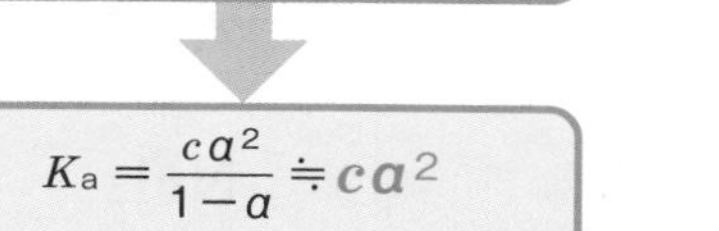
$K_a = \frac{c\alpha^2}{1-\alpha} \fallingdotseq c\alpha^2$
$[H^+] = c\alpha \fallingdotseq \sqrt{cK_a}$
$(\alpha \ll 1)$

$$K_b = \frac{c\alpha^2}{1-\alpha} \fallingdotseq c\alpha^2$$

$$[OH^-] = c\alpha \fallingdotseq \sqrt{cK_b}$$

10 緩衝液

(1) **緩衝作用とは…** 少量の酸または塩基を加えたときに pH の変化をおさえる作用

(2) **緩衝液に必要なもの…** 共役酸 ＋ 共役塩基

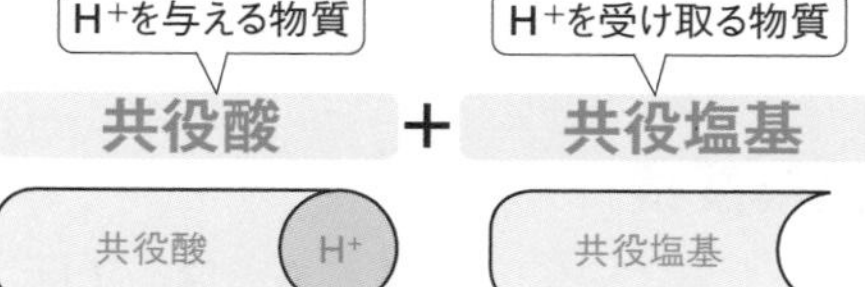
H⁺を与える物質
H⁺を受け取る物質
共役酸
H⁺
共役塩基

(3) **緩衝液に H^+ または OH^- を加えたときの反応**

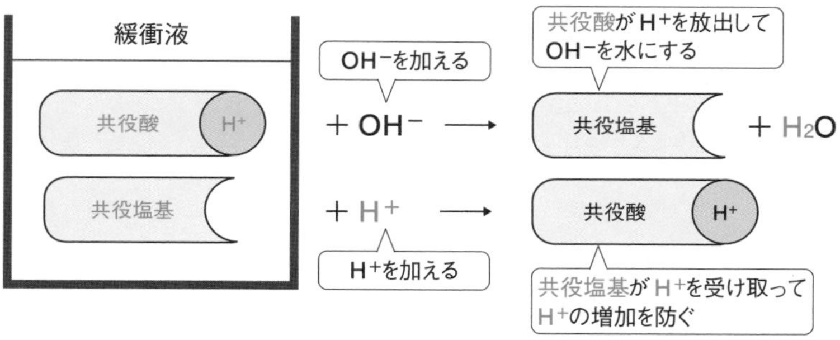
緩衝液
共役酸
H⁺
共役塩基
OH⁻を加える
＋ OH⁻ ⟶
共役酸がH⁺を放出して
OH⁻を水にする
共役塩基
＋ H₂O
＋ H⁺ ⟶
H⁺を加える
共役酸
H⁺
共役塩基がH⁺を受け取って
H⁺の増加を防ぐ

11 緩衝液の例

緩衝液	例		
	組み合わせ	共役酸（H^+を与える物質）	共役塩基（H^+を受け取る物質）
弱酸＋弱酸の塩	CH_3COOH ＋ CH_3COO Na	CH_3COOH	CH_3COO^-
弱塩基＋弱塩基の塩	NH_3 ＋ NH_4 Cl	NH_4^+	NH_3

12 緩衝液のpH計算

共役酸と共役塩基の物質量比を K_a に代入するだけ。

$$K_a = \frac{[\text{共役塩基}][H^+]}{[\text{共役酸}]}$$

[共役酸] = [共役塩基] のとき $K_a = [H^+]$

13 溶解度積

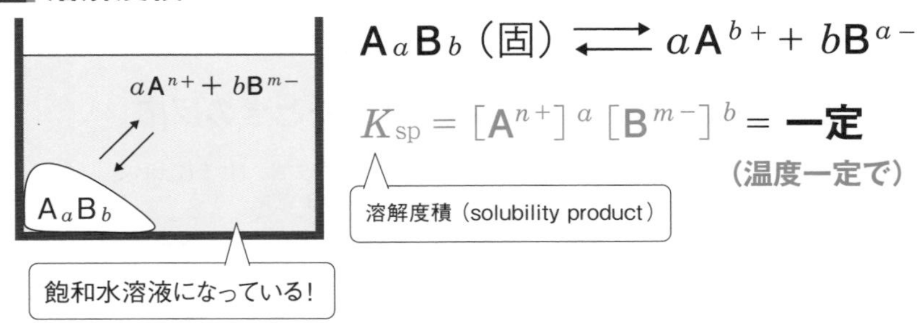

$aA^{n+} + bB^{m-}$
A_aB_b
飽和水溶液になっている！
A_aB_b（固）⇄ $aA^{b+} + bB^{a-}$
$K_{sp} = [A^{n+}]^a [B^{m-}]^b$ = 一定
（温度一定で）
溶解度積（solubility product）

共通イオン効果…共通したイオンの影響で平衡が移動すること
（ルシャトリエの原理による）

Ⅶ　非金属元素

第16章　水素と貴ガス

1 水素の製法

$Zn + H_2SO_4 \rightarrow ZnSO_4 + H_2$（実験室的製法）

$CH_4 + H_2O \xrightarrow[(Ni)]{} 3H_2 + CO$（工業的製法）

2 水素の化合物

	14族	15族	16族	17族
第二周期	CH_4	NH_3	H_2O	HF
第三周期	SiH_4	PH_3	H_2S	HCl
分子の形	正四面体形	正三角錐形	折れ線形	直線形
酸・塩基の分類		塩基	（H_2Oは両性物質） 酸	酸

3 貴ガスの性質

元素記号	名称	最外殻の電子数	放電管で発光させた時の色	常温常圧の状態	特徴
He	ヘリウム	2	黄白色	気体（単原子分子）	空気より密度が小さいため，飛行船や浮く風船に利用されている
Ne	ネオン	8	赤橙色		ネオンサインとして利用されている
Ar	アルゴン		青色		空気中で3番目に多い気体
Kr	クリプトン		緑紫色		Arとともに白熱電球の中に封入されている
Xe	キセノン		淡紫色		車のヘッドライトやカメラのストロボに利用されている
Rn	ラドン		―		放射性物質

第17章　ハロゲン単体の性質

1 ハロゲン単体の状態と色

17族の単体	分子の大きさ 分子間力（ファンデルワールス力）	沸点・融点	常温常圧の状態	色	酸化力
F_2 (F−F)	小 ↓	低い ↓	気体	淡黄色	強い ↑
Cl_2 (Cl−Cl)			気体	黄緑色	
Br_2 (Br−Br)			液体	赤褐色	
I_2 (I−I)	大	高い	固体	黒紫色（暗紫色）	弱い

2 ハロゲン単体の性質

	水素との反応		水との反応	
	反応性	反応式	水への溶解	反応式
F_2	激しい ↑	$H_2 + X_2 \longrightarrow 2HX$（X はハロゲン）	非常によく溶ける（激しく反応）	$2F_2 + 2H_2O \longrightarrow 4HF + O_2$
Cl_2			一部溶ける ↑	例 $Cl_2 + H_2O \rightleftarrows HCl + HClO$
Br_2				
I_2	穏やか		ほとんど溶けない	

I_2 ＋ KIaq → I_3^- 溶ける

I_2 ＋ヘキサン，（ベンゼン），CCl_4，C_2H_5OH → I_2 溶ける

3 塩素の実験室的製法

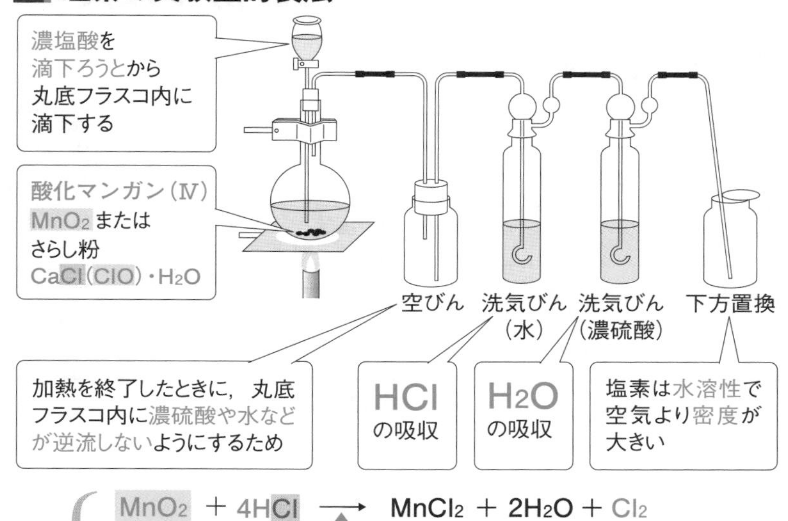

濃塩酸を
滴下ろうとから
丸底フラスコ内に
滴下する
酸化マンガン(Ⅳ)
MnO2 または
さらし粉
CaCl(ClO)・H2O
空びん
洗気びん
(水)
洗気びん
(濃硫酸)
下方置換
加熱を終了したときに，丸底
フラスコ内に濃硫酸や水など
が逆流しないようにするため
HCl
の吸収
H2O
の吸収
塩素は水溶性で
空気より密度が
大きい

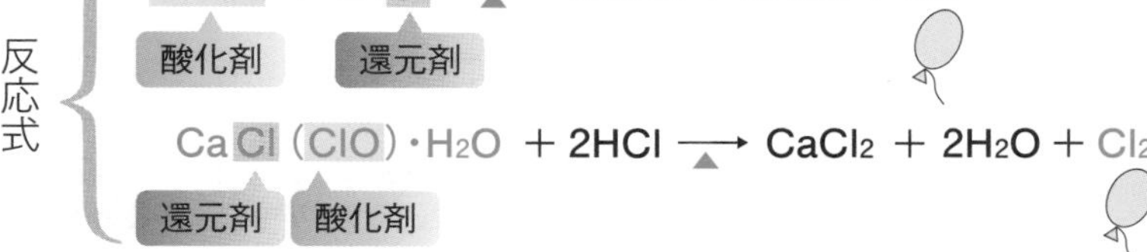

反応式
MnO2 + 4HCl → MnCl2 + 2H2O + Cl2
酸化剤
還元剤
CaCl(ClO)・H2O + 2HCl → CaCl2 + 2H2O + Cl2
還元剤
酸化剤

4 さらし粉の製法

$Ca(OH)_2 + Cl_2 \longrightarrow CaCl(ClO) \cdot H_2O$

消石灰　塩素　さらし粉

5 ヨウ素デンプン反応

デンプンとヨウ素が反応して青紫色に呈色する。

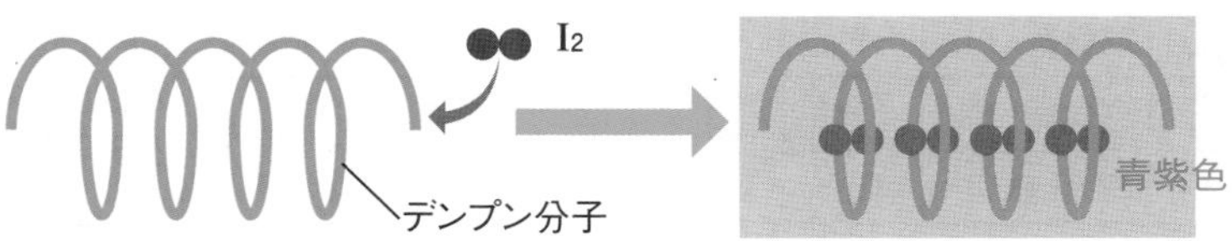

I2
デンプン分子
青紫色

ヨウ素デンプン反応

第18章　ハロゲン化合物の性質

1 ハロゲン化水素と水溶液

HX	名称	水溶液	水溶液の名称	酸の強さ
HF	フッ化水素	HFaq ※1	フッ化水素酸（フッ酸）	弱酸
HCl	塩化水素※2	HClaq	塩酸（濃塩酸には発煙性がある）	強酸
HBr	臭化水素	HBraq	臭化水素酸	
HI	ヨウ化水素	HIaq	ヨウ化水素酸	強い

※1　ガラスを溶かすため**ポリエチレンの容器**に保存する。

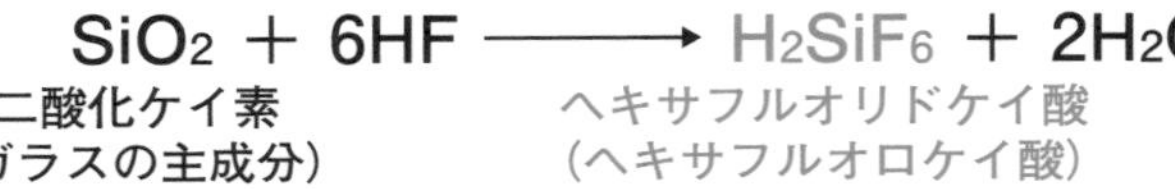

$$SiO_2 + 6HF \longrightarrow H_2SiF_6 + 2H_2O$$

二酸化ケイ素（ガラスの主成分）　ヘキサフルオリドケイ酸（ヘキサフルオロケイ酸）

※2　製法

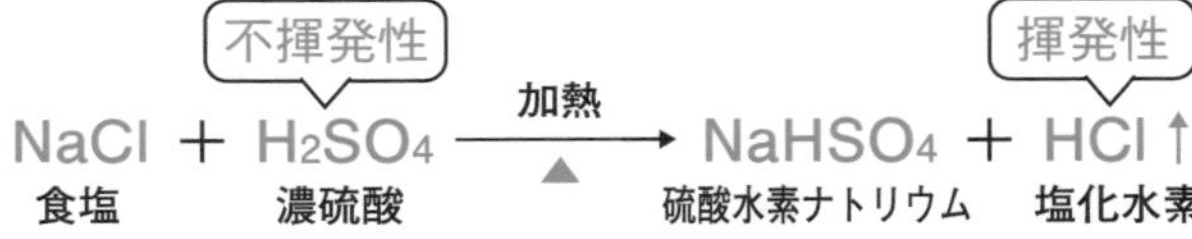

不揮発性
揮発性
加熱

$$NaCl + H_2SO_4 \xrightarrow{加熱} NaHSO_4 + HCl\uparrow$$

食塩　濃硫酸　硫酸水素ナトリウム　塩化水素

2 ハロゲン化銀

化学式	名　称	結晶の色	溶解度積	水への溶解	NH_3水との反応	チオ硫酸ナトリウム $Na_2S_2O_3$ との反応
AgF	フッ化銀（Ⅰ）	黄色	大	水に可溶	溶ける $[Ag(NH_3)_2]^+$	溶ける $[Ag(S_2O_3)_2]^{3-}$
AgCl	塩化銀（Ⅰ）	白色		沈殿する		
AgBr	臭化銀（Ⅰ）	淡黄色			溶けない	
AgI	ヨウ化銀（Ⅰ）	黄色				

第19章　酸素とその化合物

1 オゾンの製法と性質

(1) オゾンの製法

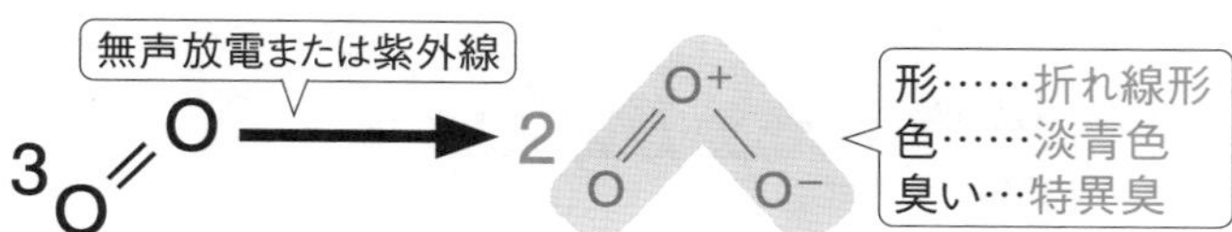

無声放電または紫外線
3
O
O
2
O+
O
O−
形……折れ線形
色……淡青色
臭い…特異臭

(2) オゾンの化学的性質

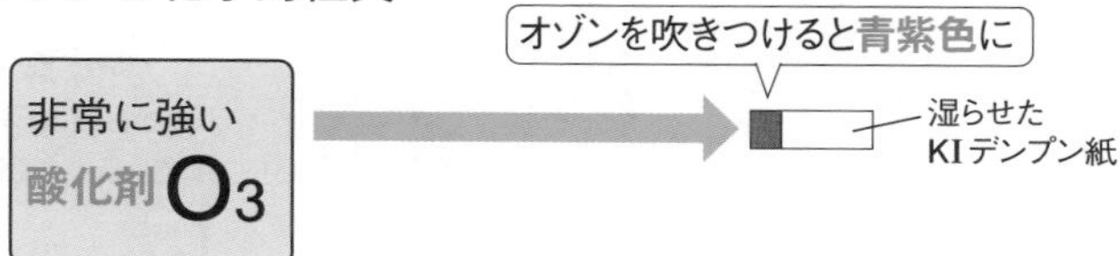

非常に強い
酸化剤 O3
オゾンを吹きつけると青紫色に
湿らせた
KIデンプン紙

2 酸素の製法

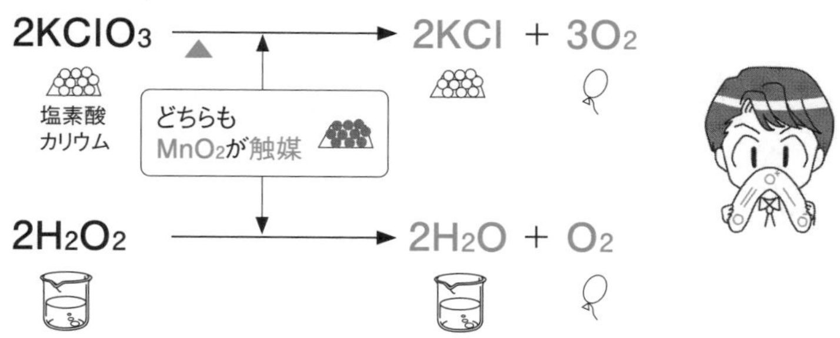

2KClO3
2KCl ＋ 3O2
塩素酸
カリウム
どちらも
MnO2が触媒
2H2O2
2H2O ＋ O2

3 過酸化水素の性質

過酸化水素の酸化性

非常に強い
酸化剤 H2O2
ヨウ化カリウムデンプン
紙が青紫色に変化する
KIデンプン紙
H2O2

4 酸化物とオキソ酸

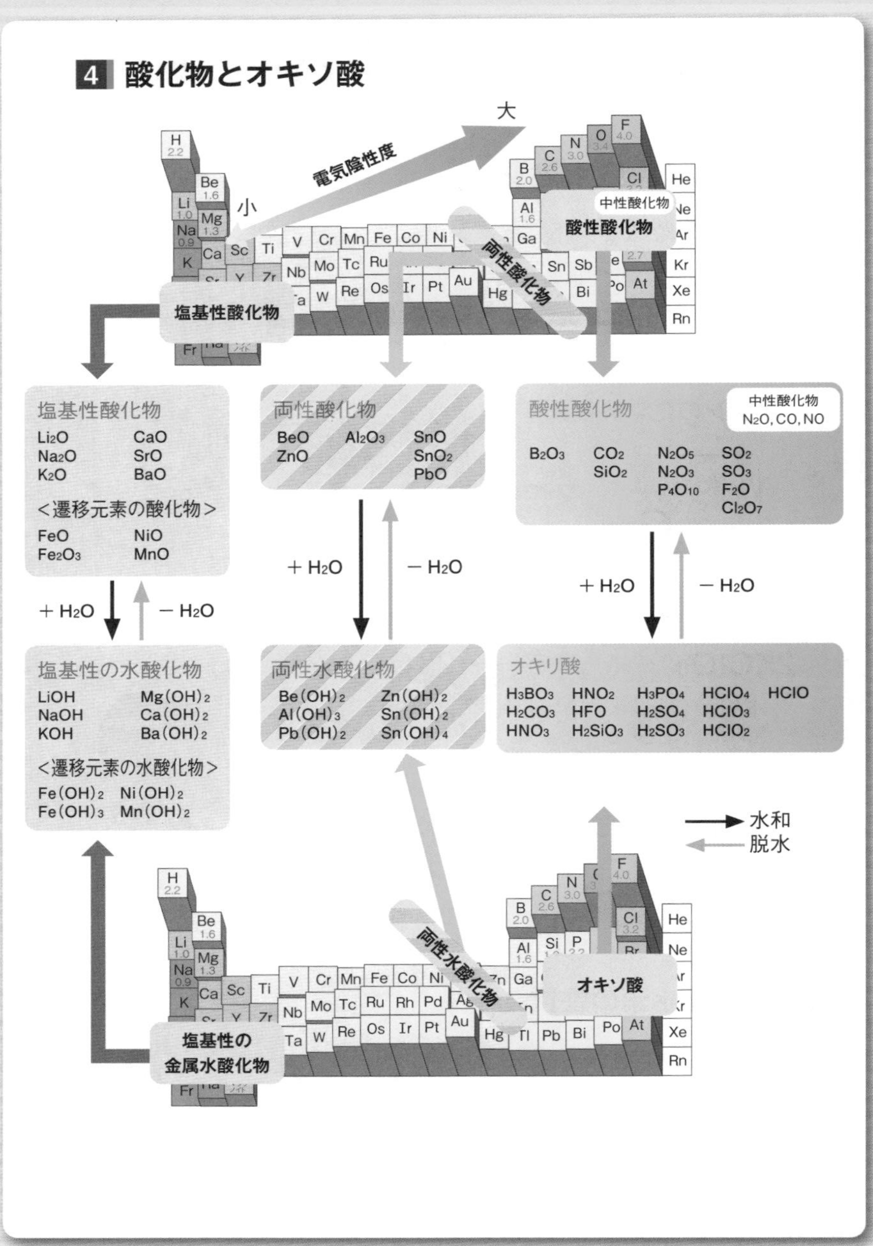

電気陰性度
大
小
中性酸化物
酸性酸化物
両性酸化物
塩基性酸化物
塩基性酸化物
Li2O CaO
Na2O SrO
K2O BaO
<遷移元素の酸化物>
FeO NiO
Fe2O3 MnO
両性酸化物
BeO Al2O3 SnO
ZnO SnO2
PbO
酸性酸化物
中性酸化物
N2O, CO, NO
B2O3 CO2 N2O5 SO2
SiO2 N2O3 SO3
P4O10 F2O
Cl2O7
+ H2O
− H2O
塩基性の水酸化物
LiOH Mg(OH)2
NaOH Ca(OH)2
KOH Ba(OH)2
<遷移元素の水酸化物>
Fe(OH)2 Ni(OH)2
Fe(OH)3 Mn(OH)2
両性水酸化物
Be(OH)2 Zn(OH)2
Al(OH)3 Sn(OH)2
Pb(OH)2 Sn(OH)4
オキソ酸
H3BO3 HNO2 H3PO4 HClO4 HClO
H2CO3 HFO H2SO4 HClO3
HNO3 H2SiO3 H2SO3 HClO2
水和
脱水
両性水酸化物
オキソ酸
塩基性の
金属水酸化物

第20章　硫黄とその化合物

1 硫黄化合物の反応

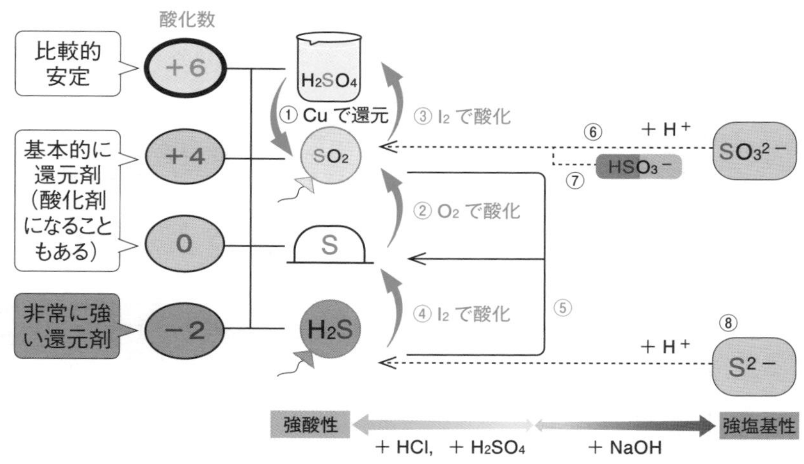

酸化数
比較的安定
+6
H_2SO_4
① Cu で還元
③ I_2 で酸化
⑥ $+H^+$
SO_3^{2-}
HSO_3^-
⑦
基本的に還元剤（酸化剤になることもある）
+4
SO_2
② O_2 で酸化
0
S
④ I_2 で酸化
⑤
⑧
$+H^+$
S^{2-}
非常に強い還元剤
−2
H_2S
強酸性
強塩基性
$+HCl$, $+H_2SO_4$
$+NaOH$

酸化還元反応（縦に動く反応）

還元剤　酸化剤

① $Cu + 2H_2SO_4$（熱濃硫酸） $\rightarrow CuSO_4 + 2H_2O + SO_2$

② $S + O_2 \rightarrow SO_2$

③ $SO_2 + I_2 + 2H_2O \rightarrow H_2SO_4 + 2HI$

④ $H_2S + I_2 \rightarrow S + 2HI$

（白色コロイド）

⑤ $2H_2S + SO_2 \rightarrow 3S + 2H_2O$

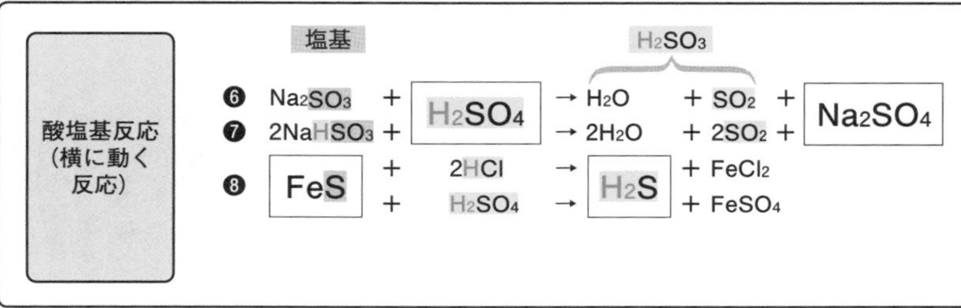

酸塩基反応（横に動く反応）
塩基
H_2SO_3
❻ $Na_2SO_3 + H_2SO_4 \rightarrow H_2O + SO_2 + Na_2SO_4$
❼ $2NaHSO_3 + H_2SO_4 \rightarrow 2H_2O + 2SO_2 + Na_2SO_4$
❽ $FeS + 2HCl \rightarrow H_2S + FeCl_2$
$FeS + H_2SO_4 \rightarrow H_2S + FeSO_4$

2 硫酸の製法

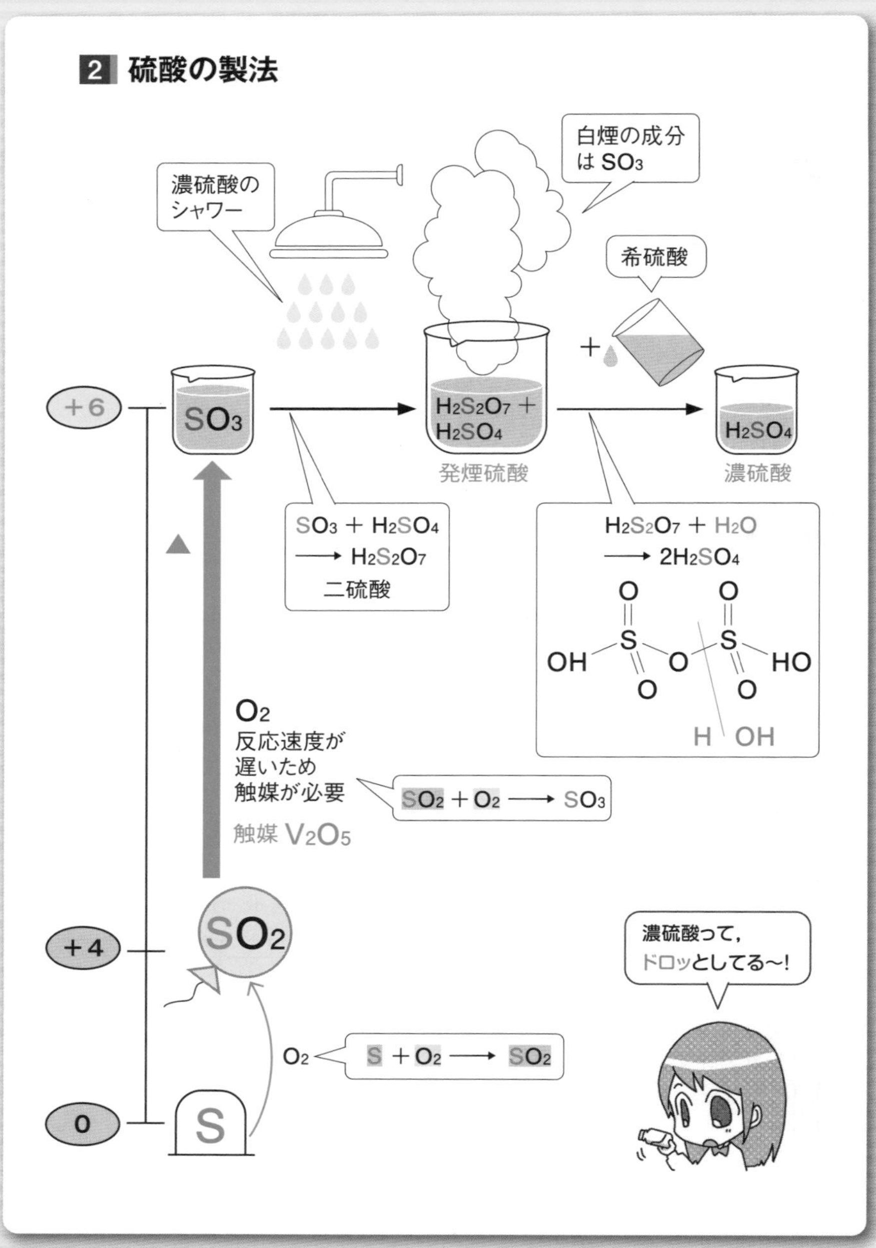

濃硫酸の
シャワー
白煙の成分
は SO_3
希硫酸
+
+6
SO_3
$H_2S_2O_7$ +
H_2SO_4
発煙硫酸
H_2SO_4
濃硫酸
$SO_3 + H_2SO_4$
⟶ $H_2S_2O_7$
二硫酸
$H_2S_2O_7 + H_2O$
⟶ $2H_2SO_4$
O O
OH S O S HO
O O
H OH
▲
O_2
反応速度が
遅いため
触媒が必要
触媒 V_2O_5
$SO_2 + O_2 \longrightarrow SO_3$
+4
SO_2
O_2
$S + O_2 \longrightarrow SO_2$
0
S
濃硫酸って,
ドロッとしてる〜!

3 濃硫酸の性質

濃硫酸

❶密度が大きい（1.8 g/cm³）

❷粘性大

❸吸湿性大 ➡ 乾燥剤となる

❹脱水性大 ➡ 炭水化物を炭化する。

$$C_{12}(H_2O)_{11} \longrightarrow 12C + 11H_2O$$

ショ糖（スクロース）

❺不揮発性 ➡ 蒸気圧が小さい（沸点が高い）

$$NaCl + H_2SO_4 \longrightarrow NaHSO_4 + HCl$$

❻溶解熱大　　濃硫酸の薄め方

98% 濃硫酸
密度：1.8 g/cm³ →

水
密度：1.0 g/cm³ →

冷却用の水

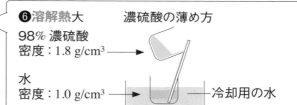

❼熱濃硫酸は強い酸化剤

$$Cu + 2H_2SO_4 \longrightarrow CuSO_4 + 2H_2O + SO_2$$

$$2Ag + 2H_2SO_4 \longrightarrow Ag_2SO_4 + 2H_2O + SO_2$$

4 希硫酸の性質

酸化剤　$2H^+ + 2e^- \longrightarrow H_2$

例　$Zn + H_2SO_4 \longrightarrow ZnSO_4 + H_2$

Zn：還元剤　H_2SO_4：酸化剤

第21章　窒素とその化合物

1 窒素の酸化数と化合物

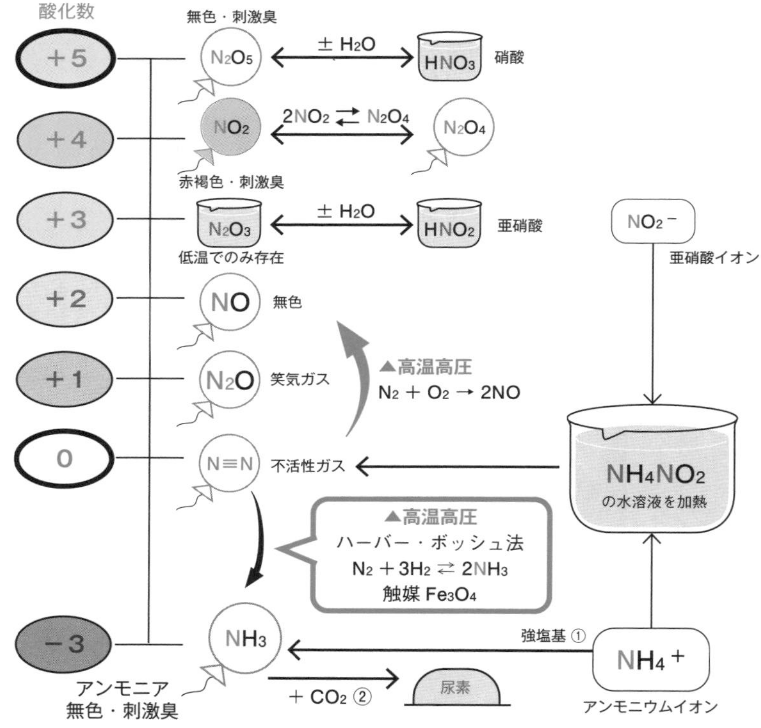

酸化数
+5
+4
+3
+2
+1
0
−3
無色・刺激臭
N_2O_5
± H_2O
HNO_3
硝酸
NO_2
$2NO_2 \rightleftarrows N_2O_4$
N_2O_4
赤褐色・刺激臭
N_2O_3
± H_2O
HNO_2
亜硝酸
低温でのみ存在
NO_2^-
亜硝酸イオン
NO
無色
N_2O
笑気ガス
▲高温高圧
$N_2 + O_2 \rightarrow 2NO$
N≡N
不活性ガス
NH_4NO_2
の水溶液を加熱
▲高温高圧
ハーバー・ボッシュ法
$N_2 + 3H_2 \rightleftarrows 2NH_3$
触媒 Fe_3O_4
NH_3
強塩基 ①
NH_4^+
アンモニア
無色・刺激臭
+ CO_2 ②
尿素
アンモニウムイオン

①アンモニアの実験室的製法

$$2NH_4Cl + Ca(OH)_2 \xrightarrow{\triangle} \boxed{2NH_3} + CaCl_2 + \boxed{2H_2O}$$

$$(NH_4)_2SO_4 + 2NaOH \xrightarrow{\triangle} \boxed{2NH_3} + Na_2SO_4 + \boxed{2H_2O}$$

② $2NH_3 + CO_2 \rightarrow H_2O + (NH_2)_2CO$

2 アンモニアの発生装置

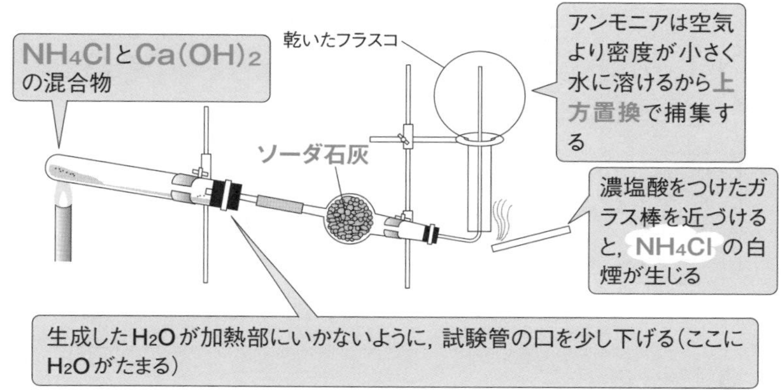

NH_4Clと$Ca(OH)_2$の混合物
乾いたフラスコ
アンモニアは空気より密度が小さく水に溶けるから上方置換で捕集する
ソーダ石灰
濃塩酸をつけたガラス棒を近づけると，NH_4Clの白煙が生じる
生成したH_2Oが加熱部にいかないように，試験管の口を少し下げる(ここにH_2Oがたまる)

3 オストワルト法(硝酸の工業的製法)

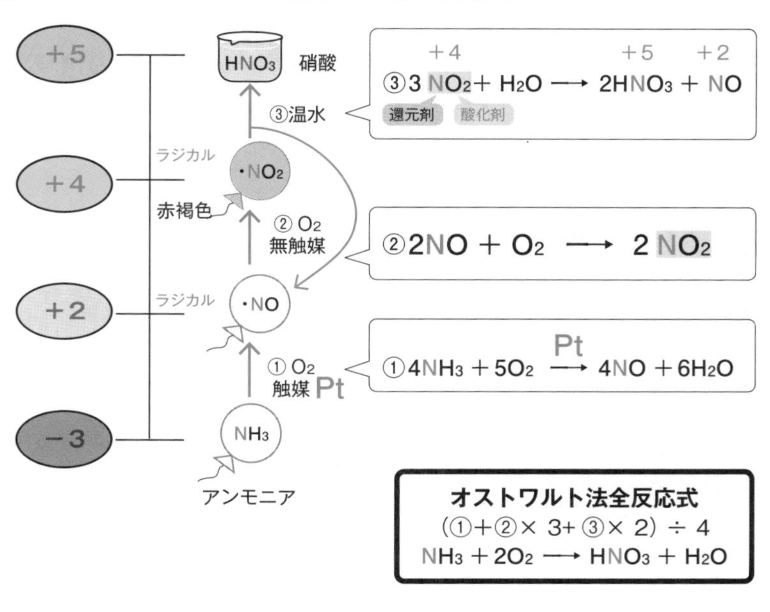

+5
+4
+2
−3
HNO_3 硝酸
③温水
ラジカル
$\cdot NO_2$
赤褐色
② O_2 無触媒
ラジカル
$\cdot NO$
① O_2 触媒 Pt
NH_3
アンモニア
③$3\overset{+4}{NO_2} + H_2O \longrightarrow 2H\overset{+5}{N}O_3 + \overset{+2}{NO}$
還元剤 酸化剤
②$2NO + O_2 \longrightarrow 2NO_2$
①$4NH_3 + 5O_2 \xrightarrow{Pt} 4NO + 6H_2O$
オストワルト法全反応式
(①+②× 3+ ③× 2) ÷ 4
$NH_3 + 2O_2 \longrightarrow HNO_3 + H_2O$

4 硝酸の性質

濃硝酸

❶発煙性（びんのふたを開けると煙が出る）

❷光や熱で分解するため褐色びんに保存する

$$4HNO_3 \xrightarrow{光} 4NO_2 + 2H_2O + O_2$$

❸強酸

$$HNO_3 \longrightarrow H^+ + NO_3^-$$

❹ Fe, Co, Ni, Al, Cr は不動態を形成するため溶解しない

❺強酸化剤

酸化剤 $2H^+ + 2e^- \longrightarrow H_2$

酸化剤 $HNO_3 + H^+ + e^- \longrightarrow NO_2 + H_2O$（濃硝酸）

酸化剤 $HNO_3^- + 3H^+ + 3e^- \longrightarrow NO + 2H_2O$（希硝酸）

Ag や Cu を溶かすことができる

5 銅と濃硝酸，希硝酸の反応

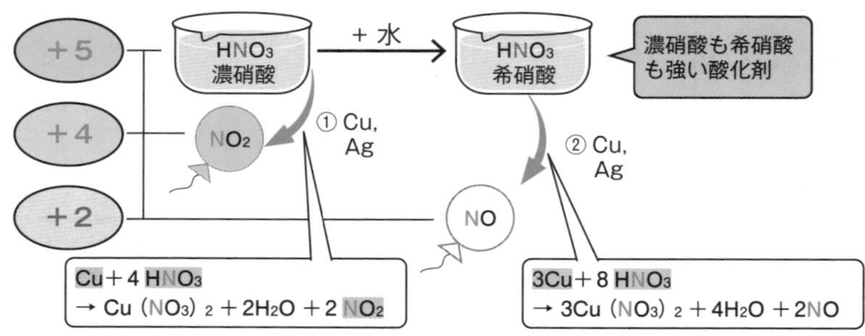

+5
+4
+2
HNO3
濃硝酸
+ 水
HNO3
希硝酸
濃硝酸も希硝酸も強い酸化剤
NO2
① Cu, Ag
② Cu, Ag
NO
Cu + 4 HNO3
→ Cu (NO3) 2 + 2H2O + 2 NO2
3Cu + 8 HNO3
→ 3Cu (NO3) 2 + 4H2O + 2NO

第22章　リンとその化合物

1 リンの単体と化合物

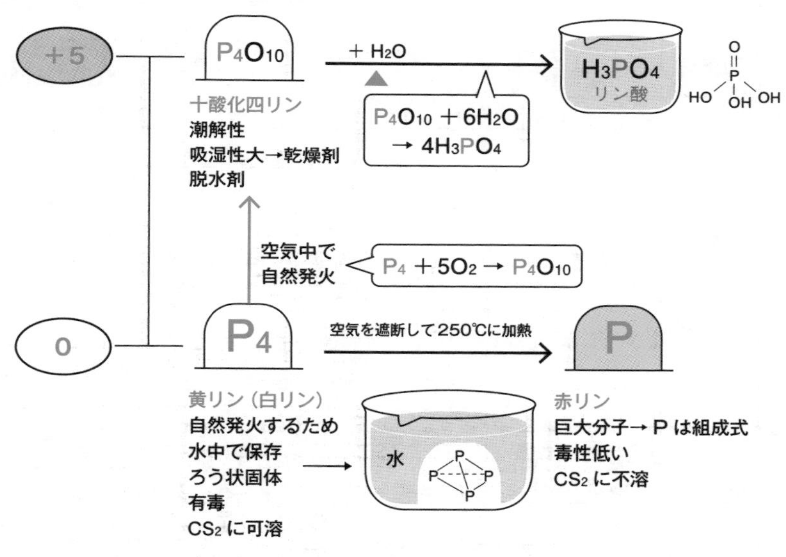

+5
P_4O_{10}
十酸化四リン
潮解性
吸湿性大→乾燥剤
脱水剤
+ H_2O
▲
P_4O_{10} + $6H_2O$
→ $4H_3PO_4$
H_3PO_4
リン酸
O
P
HO OH OH
空気中で
自然発火
P_4 + $5O_2$ → P_4O_{10}
0
P_4
空気を遮断して250℃に加熱
P
黄リン（白リン）
自然発火するため
水中で保存
ろう状固体
有毒
CS_2 に可溶
水
P P P P
赤リン
巨大分子→ P は組成式
毒性低い
CS_2 に不溶

2 過リン酸石灰の製法

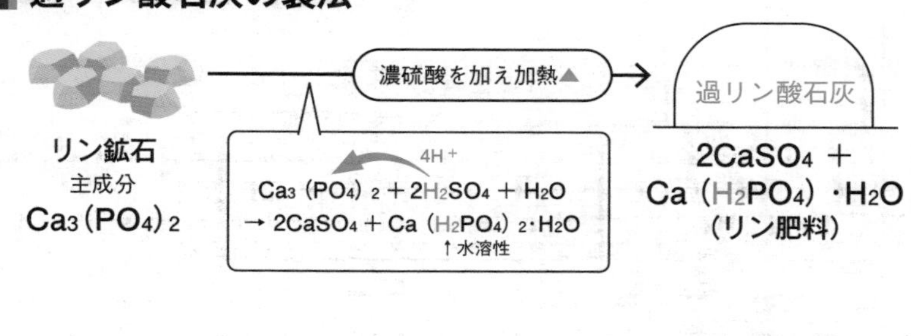

リン鉱石
主成分
$Ca_3(PO_4)_2$
濃硫酸を加え加熱▲
$4H^+$
$Ca_3(PO_4)_2 + 2H_2SO_4 + H_2O$
→ $2CaSO_4 + Ca(H_2PO_4)_2 \cdot H_2O$
↑水溶性
過リン酸石灰
$2CaSO_4$ +
$Ca(H_2PO_4) \cdot H_2O$
（リン肥料）

第23章　炭素とその化合物

1 炭素の同素体

同素体	ダイヤモンド (diamond)	黒鉛 (graphite)	カーボンナノチューブ (carbon nano tube)	フラーレン (fullerene)
炭素の結合	4つの価電子すべてが共有結合	4つの価電子のうち3つが共有結合し，1つの価電子が余った状態（3本の結合は同一平面）		
構造	〔結晶格子〕	グラフェン(graphene)　グラフェンを多層構造にしたもの（層状構造）	グラフェンを筒状にしたもの	グラフェンを球状に丸めたもの
導電性	×（導電性なし）	○（導電性あり）	○△	△
性　質	非常に硬い 研磨剤やカッターに利用する	層と層の間を電子が移動する 電極，鉛筆の芯などに利用	リチウムイオン電池の負極材料に利用	有機溶媒に可溶（水には溶けにくい）

グラフェンも同素体で，黒鉛同様に導電性があるよ。グラフェン，フラーレン，カーボンナノチューブなどのナノ材料は最近注目されているね！

2 一酸化炭素COの製法

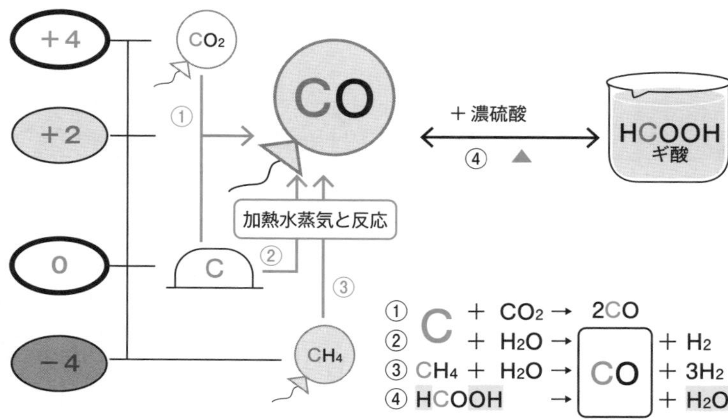

+4
CO2
+2
CO
+ 濃硫酸
④
HCOOH
ギ酸
①
加熱水蒸気と反応
0
C
②
③
−4
CH4
① C + CO2 → 2CO
② C + H2O → CO + H2
③ CH4 + H2O → CO + 3H2
④ HCOOH → CO + H2O

3 二酸化炭素の製法と確認

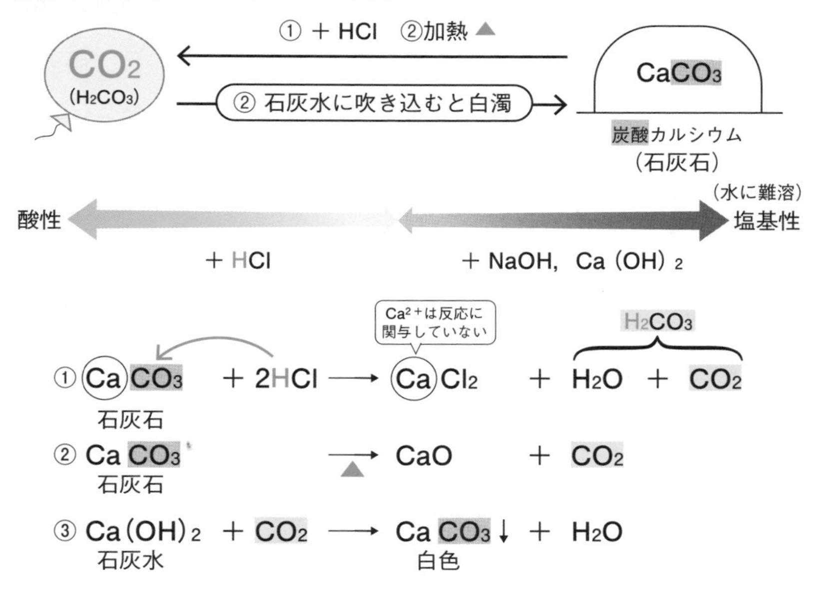

① + HCl ②加熱
CO2
(H2CO3)
② 石灰水に吹き込むと白濁
CaCO3
炭酸カルシウム
(石灰石)
(水に難溶)
酸性
塩基性
+ HCl
+ NaOH, Ca(OH)2
Ca2+は反応に関与していない
H2CO3
① CaCO3 + 2HCl → CaCl2 + H2O + CO2
石灰石
② CaCO3 → CaO + CO2
石灰石
③ Ca(OH)2 + CO2 → CaCO3↓ + H2O
石灰水
白色

第24章　ケイ素とその化合物

1 シリカゲルの製法

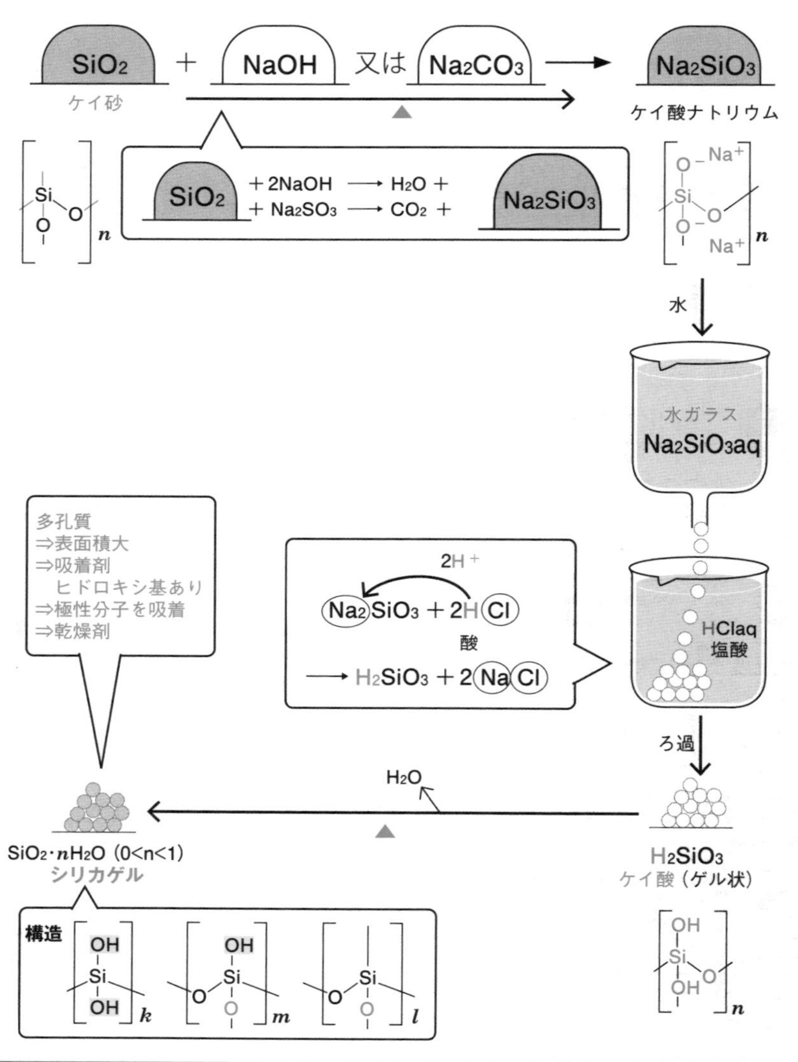

SiO2
ケイ砂
＋
NaOH
又は
Na2CO3
Na2SiO3
ケイ酸ナトリウム
SiO2
＋2NaOH ⟶ H2O ＋
＋ Na2SO3 ⟶ CO2 ＋
Na2SiO3
水
水ガラス
Na2SiO3aq
2H＋
Na2SiO3 ＋2HCl
酸
⟶ H2SiO3 ＋2NaCl
HClaq
塩酸
ろ過
H2O
多孔質
⇒表面積大
⇒吸着剤
ヒドロキシ基あり
⇒極性分子を吸着
⇒乾燥剤
SiO2·nH2O (0<n<1)
シリカゲル
H2SiO3
ケイ酸（ゲル状）
構造

第25章　気体の製法と性質

1 酸・塩基反応で生成する気体

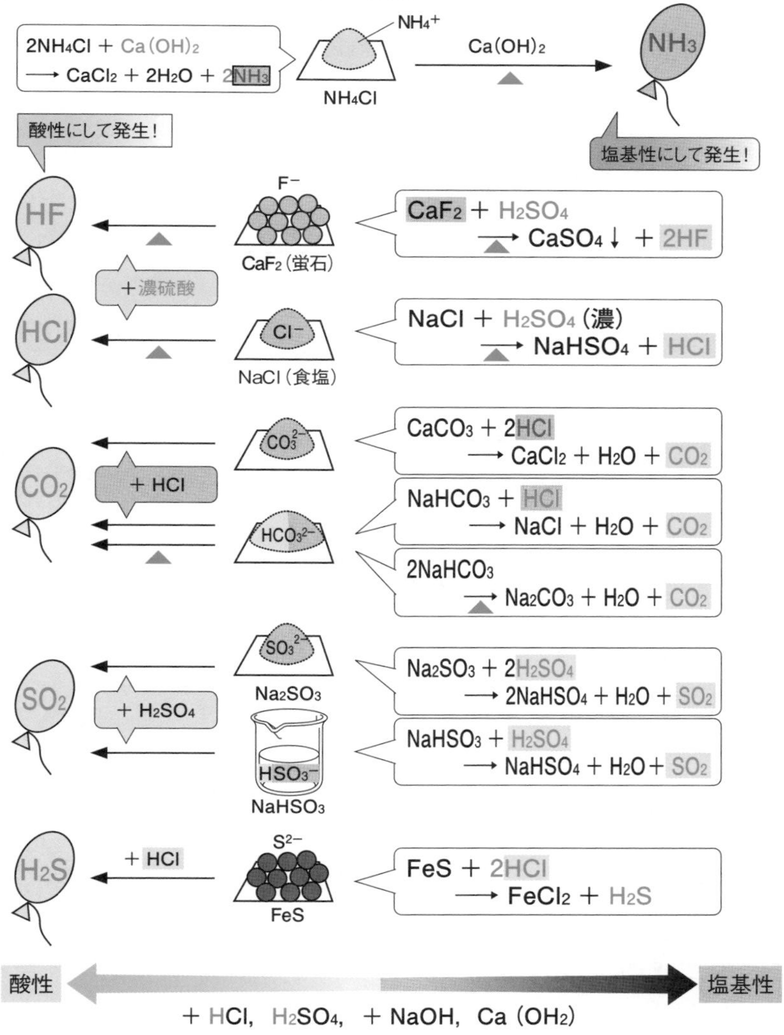

$2NH_4Cl + Ca(OH)_2 \longrightarrow CaCl_2 + 2H_2O + 2NH_3$

NH_4^+

NH_4Cl

$Ca(OH)_2$

NH_3

塩基性にして発生！

酸性にして発生！

HF　F^-　CaF_2（蛍石）

$CaF_2 + H_2SO_4 \longrightarrow CaSO_4\downarrow + 2HF$

＋濃硫酸

HCl　Cl^-　NaCl（食塩）

$NaCl + H_2SO_4$（濃）$\longrightarrow NaHSO_4 + HCl$

CO_2　CO_3^{2-}　HCO_3^{2-}

＋ HCl

$CaCO_3 + 2HCl \longrightarrow CaCl_2 + H_2O + CO_2$

$NaHCO_3 + HCl \longrightarrow NaCl + H_2O + CO_2$

$2NaHCO_3 \longrightarrow Na_2CO_3 + H_2O + CO_2$

SO_2　SO_3^{2-}　Na_2SO_3　HSO_3^-　$NaHSO_3$

＋ H_2SO_4

$Na_2SO_3 + 2H_2SO_4 \longrightarrow 2NaHSO_4 + H_2O + SO_2$

$NaHSO_3 + H_2SO_4 \longrightarrow NaHSO_4 + H_2O + SO_2$

H_2S　＋ HCl　S^{2-}　FeS

$FeS + 2HCl \longrightarrow FeCl_2 + H_2S$

酸性 ⟷ 塩基性

＋ HCl,　H_2SO_4,　＋ NaOH,　Ca（OH_2）

2 脱水反応で生成する気体

酸化数

$$\overset{+2}{HCOOH} \xrightarrow[\triangle]{\text{濃硫酸}} H_2O + \overset{+2}{CO}$$

ギ酸　　　　　　　　　　　一酸化炭素

3 酸化還元反応で生成する気体

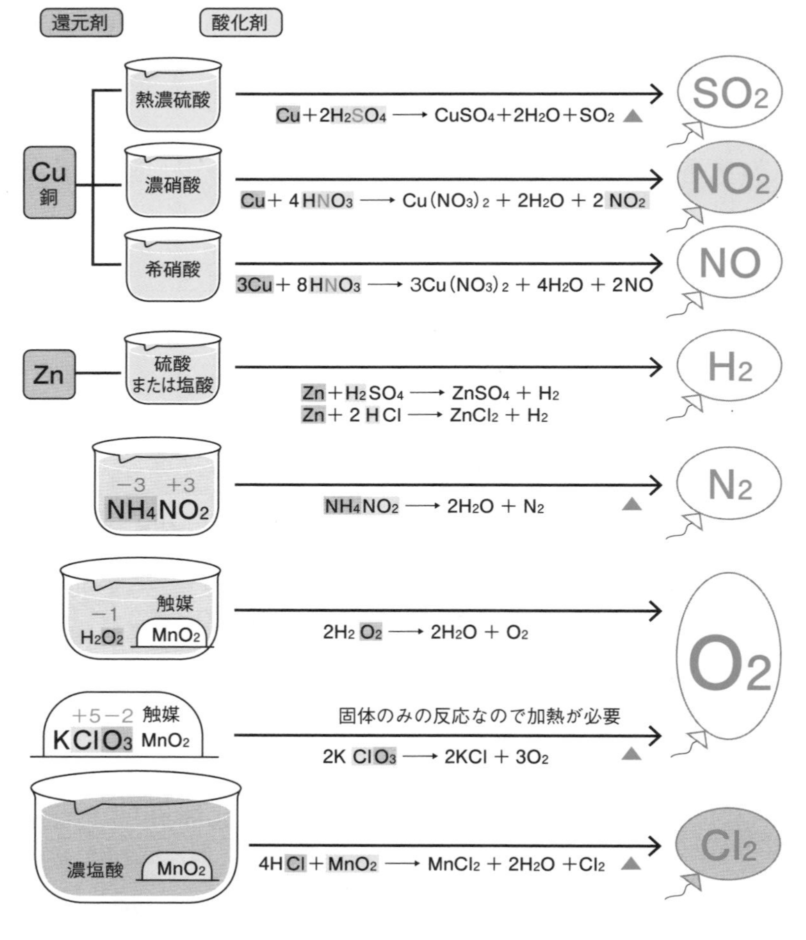

還元剤
酸化剤
Cu
銅
熱濃硫酸
$Cu + 2H_2SO_4 \longrightarrow CuSO_4 + 2H_2O + SO_2$ △
SO_2
濃硝酸
$Cu + 4HNO_3 \longrightarrow Cu(NO_3)_2 + 2H_2O + 2NO_2$
NO_2
希硝酸
$3Cu + 8HNO_3 \longrightarrow 3Cu(NO_3)_2 + 4H_2O + 2NO$
NO
Zn
硫酸
または塩酸
$Zn + H_2SO_4 \longrightarrow ZnSO_4 + H_2$
$Zn + 2HCl \longrightarrow ZnCl_2 + H_2$
H_2
−3 +3
NH_4NO_2
$NH_4NO_2 \longrightarrow 2H_2O + N_2$ △
N_2
−1
H_2O_2
触媒
MnO_2
$2H_2O_2 \longrightarrow 2H_2O + O_2$
O_2
+5 −2
$KClO_3$
触媒
MnO_2
固体のみの反応なので加熱が必要
$2KClO_3 \longrightarrow 2KCl + 3O_2$ △
濃塩酸
MnO_2
$4HCl + MnO_2 \longrightarrow MnCl_2 + 2H_2O + Cl_2$ △
Cl_2

4 気体の発生装置

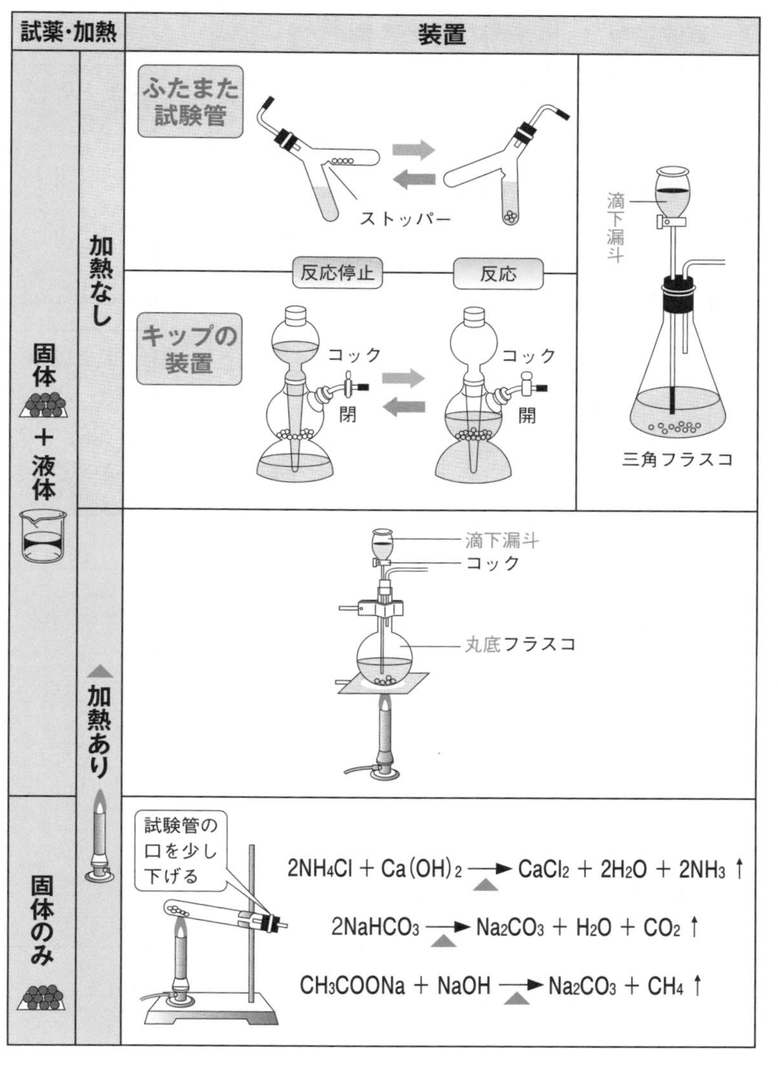

試薬・加熱
装置
固体
＋
液体
加熱なし
ふたまた試験管
ストッパー
反応停止
反応
キップの装置
コック
閉
コック
開
滴下漏斗
三角フラスコ
加熱あり
滴下漏斗
コック
丸底フラスコ
固体のみ
試験管の口を少し下げる

$$2NH_4Cl + Ca(OH)_2 \xrightarrow{\triangle} CaCl_2 + 2H_2O + 2NH_3\uparrow$$

$$2NaHCO_3 \xrightarrow{\triangle} Na_2CO_3 + H_2O + CO_2\uparrow$$

$$CH_3COONa + NaOH \xrightarrow{\triangle} Na_2CO_3 + CH_4\uparrow$$

5 気体の乾燥剤

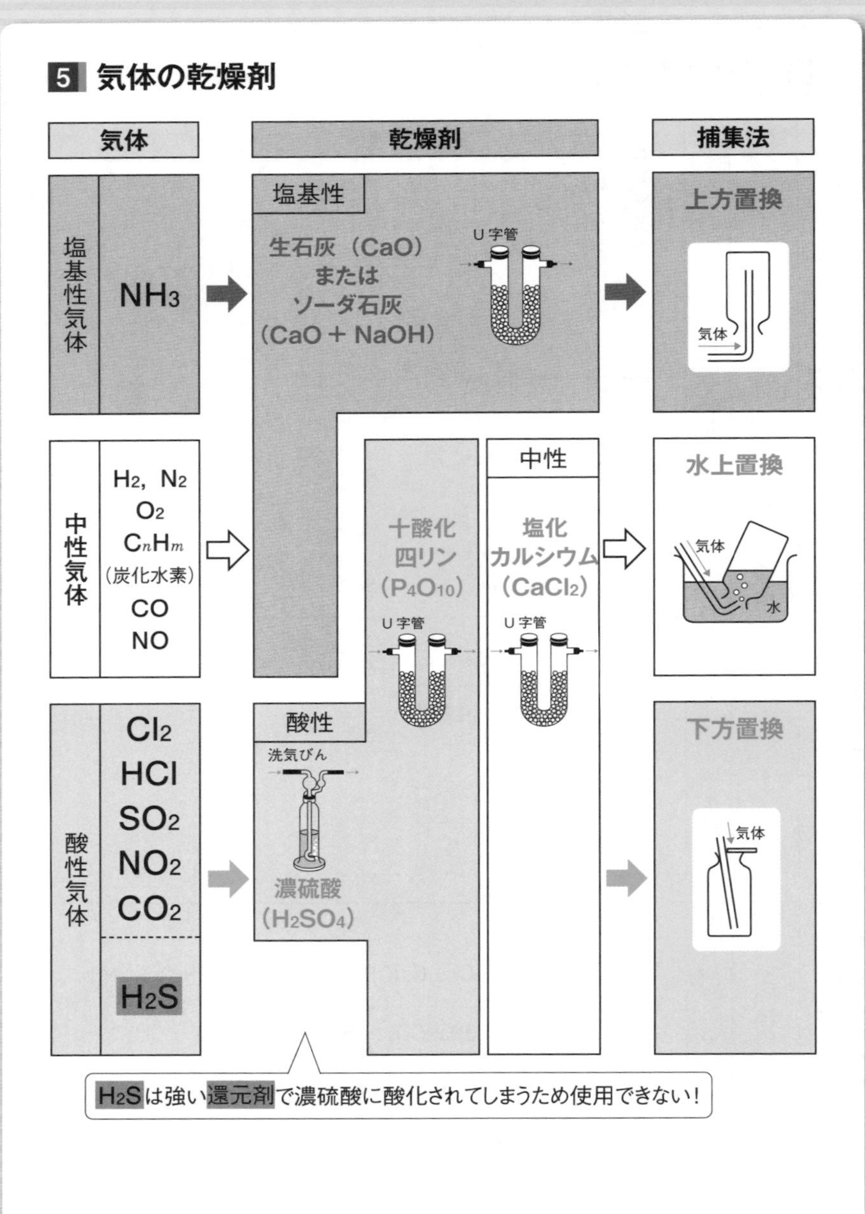
気体
乾燥剤
捕集法
塩基性気体
NH3
塩基性
生石灰（CaO）
または
ソーダ石灰
（CaO + NaOH）
U字管
上方置換
気体
中性気体
H2，N2
O2
CnHm
（炭化水素）
CO
NO
十酸化
四リン
（P4O10）
U字管
中性
塩化
カルシウム
（CaCl2）
U字管
水上置換
気体
水
酸性気体
Cl2
HCl
SO2
NO2
CO2
H2S
酸性
洗気びん
濃硫酸
（H2SO4）
下方置換
気体
H2Sは強い還元剤で濃硫酸に酸化されてしまうため使用できない！

6 気体の性質と試験紙の反応

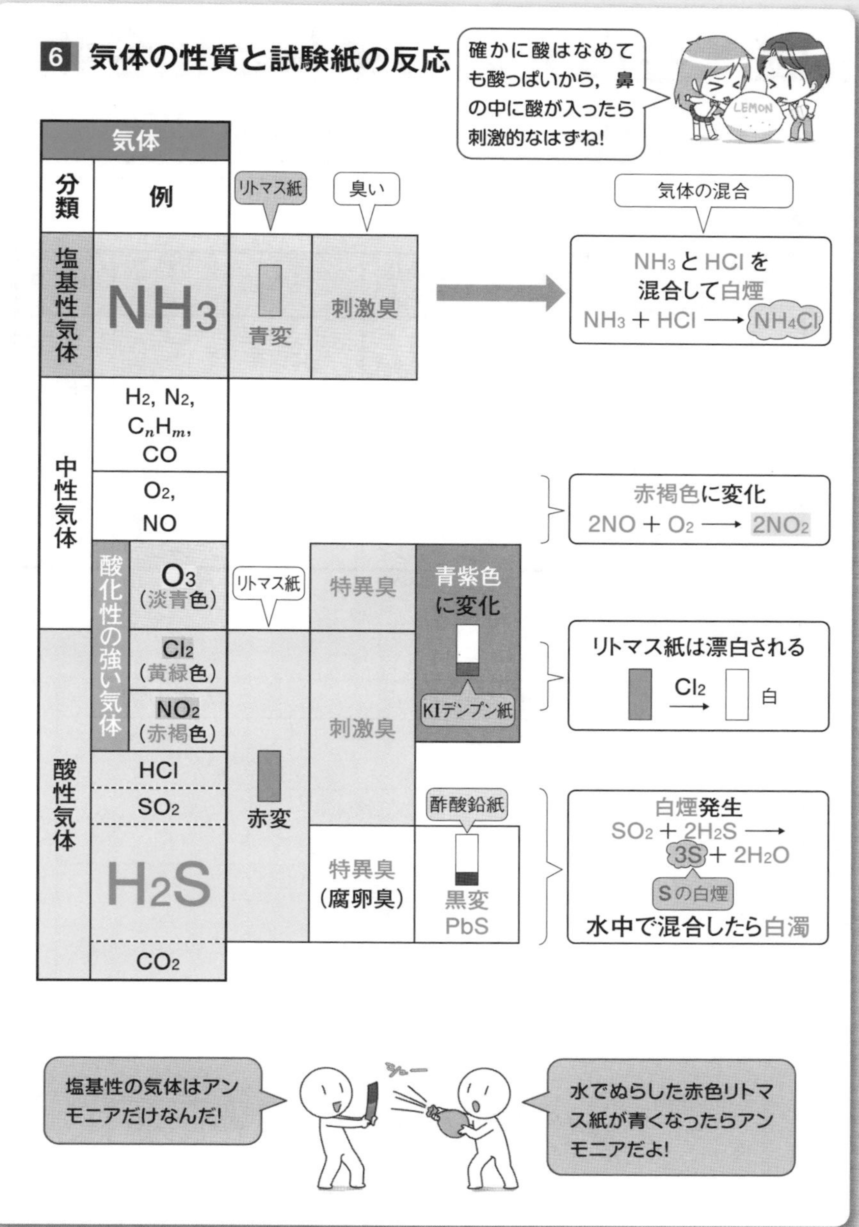

確かに酸はなめても酸っぱいから，鼻の中に酸が入ったら刺激的なはずね!
LEMON
気体
分類
例
リトマス紙
臭い
塩基性気体
NH_3
青変
刺激臭
気体の混合
NH_3 と HCl を混合して白煙
$NH_3 + HCl \longrightarrow NH_4Cl$
中性気体
H_2, N_2, C_nH_m, CO
O_2, NO
赤褐色に変化
$2NO + O_2 \longrightarrow 2NO_2$
酸化性の強い気体
O_3（淡青色）
特異臭
青紫色に変化
KIデンプン紙
Cl_2（黄緑色）
NO_2（赤褐色）
刺激臭
リトマス紙は漂白される
Cl_2
白
酸性気体
HCl
SO_2
赤変
H_2S
特異臭（腐卵臭）
酢酸鉛紙
黒変 PbS
白煙発生
$SO_2 + 2H_2S \longrightarrow 3S + 2H_2O$
Sの白煙
水中で混合したら白濁
CO_2
塩基性の気体はアンモニアだけなんだ!
シュー
水でぬらした赤色リトマス紙が青くなったらアンモニアだよ!

Ⅷ　金属元素の単体と化合物

第26章　アルカリ金属の性質

1 アルカリ金属の反応性

アルカリ金属元素	炎色反応	還元力反応性	酸素との反応,水との反応	保存法	結晶格子	融　点
Li	赤色	小	$4M + O_2 \longrightarrow 2M_2O$ $2M + 2H_2O \longrightarrow 2MOH + H_2$	石油・灯油中に保存	体心立方格子	高
Na	黄色	↕				↕
K	赤紫色					
Rb	赤色					
Cs	青色	大				低

ボッ!

※ M：アルカリ金属

2 潮解と風解

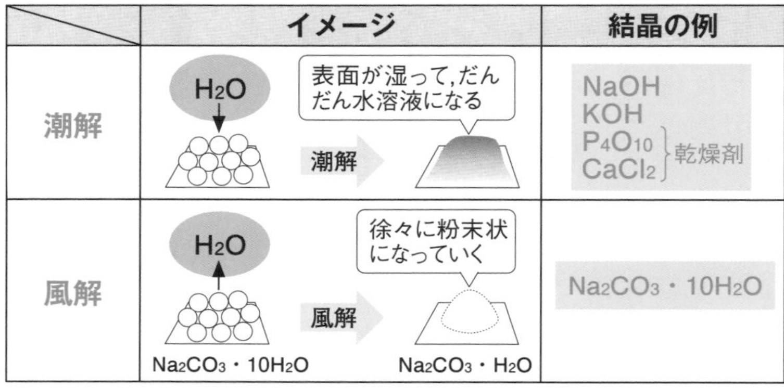

	イメージ	結晶の例
潮解	H_2O ↓ 潮解 ▶ 表面が湿って，だんだん水溶液になる	NaOH KOH P_4O_{10} ｝乾燥剤 $CaCl_2$
風解	H_2O ↑ 風解 ▶ 徐々に粉末状になっていく $Na_2CO_3 \cdot 10H_2O$ → $Na_2CO_3 \cdot H_2O$	$Na_2CO_3 \cdot 10H_2O$

もぐ
もぐ
パリ
パリ
潮解性の結晶は乾燥剤になるんだ～!!

3 アンモニアソーダ法（ソルベー法）

① $CaCO_3$ —△→ $CaO + CO_2$

② $NaCl + H_2O + NH_3 + CO_2$
　　$\longrightarrow NH_4Cl + NaHCO_3\downarrow$

③ $2NaHCO_3$ —△→ $Na_2CO_3 + H_2O + CO_2$

④ $CaO + H_2O \longrightarrow Ca(OH)_2$（発熱）

⑤ $2NH_4Cl + Ca(OH)_2$
　　$\longrightarrow CaCl_2 + 2H_2O + 2NH_3$

全反応式 ① ＋ ② × 2 ＋ ③ ＋ ④ ＋ ⑤
$2NaCl + CaCO_3 \longrightarrow CaCl_2 + Na_2CO_3$

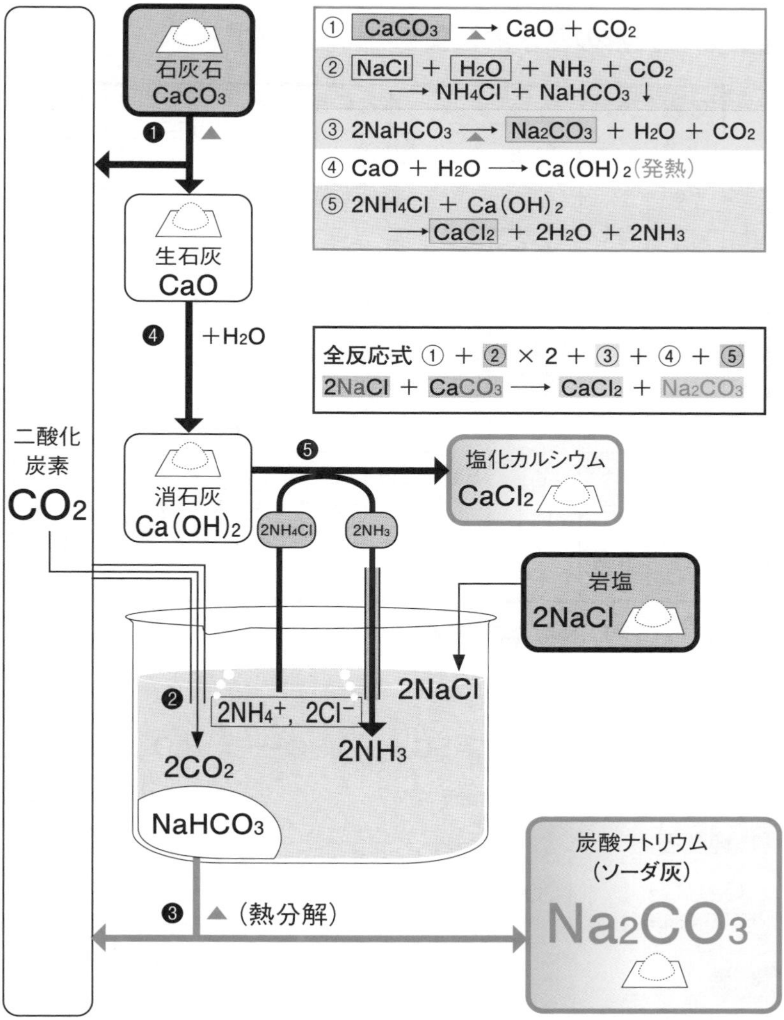

石灰石
$CaCO_3$
❶ △
生石灰
CaO
❹ ＋H_2O
消石灰
$Ca(OH)_2$
❺
塩化カルシウム
$CaCl_2$
$2NH_4Cl$
$2NH_3$
二酸化炭素
CO_2
岩塩
$2NaCl$
$2NaCl$
❷
$2NH_4^+$, $2Cl^-$
$2NH_3$
$2CO_2$
$NaHCO_3$
❸ △（熱分解）
炭酸ナトリウム
（ソーダ灰）
Na_2CO_3

第27章　アルカリ土類金属の性質

1 ２族元素の基本的性質

	２族元素	炎色反応	水との反応			結晶格子
			反応式		反応性	
アルカリ土類金属	Be	なし	反応しない			六方最密構造
	Mg		湯と反応	$Mg + 2H_2O \longrightarrow Mg(OH)_2 + H_2$	小	
	Ca	橙赤色	常温の水と反応	$Ca + 2H_2O \longrightarrow Ca(OH)_2 + H_2$		面心立方格子
	Sr	紅色		$Sr + 2H_2O \longrightarrow Sr(OH)_2 + H_2$		
	Ba	黄緑色	H_2	$Ba + 2H_2O \longrightarrow Ba(OH)_2 + H_2$		体心立方格子
	Ra	紅色		$Ra + 2H_2O \longrightarrow Ra(OH)_2 + H_2$	大	

2 セッコウ, 鍾乳石, 硬水

(1) セッコウ

$$CaSO_4 \cdot 2H_2O \rightleftharpoons CaSO_4 \cdot \frac{1}{2} H_2O + \frac{3}{2} H_2O$$

セッコウ　　焼きセッコウ

(2) 鍾乳石

鍾乳洞形成時の反応

$$CaCO_3 \downarrow + H_2O + CO_2 \rightleftharpoons Ca(HCO_3)_2$$

石灰石,鍾乳石

(3) 硬　水

Ca^{2+}や Mg^{2+}を多く含む水

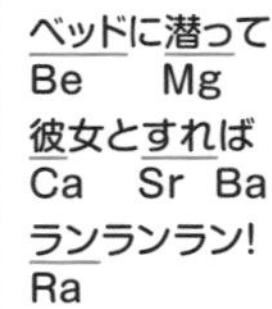
ベッドに潜って
Be　Mg
彼女とすれば
Ca　Sr　Ba
ランランラン!
Ra

3 2族元素の化合物の水溶性

2族元素	塩化物	硫酸塩	炭酸塩	水酸化物	
Be^{2+}	$BeCl_2$	$BeSO_4$	$BeCO_3$↓ 少し溶ける	$Be(OH)_2$↓	両性
Mg^{2+}	$MgCl_2$	$MgSO_4$	$MgCO_3$↓	$Mg(OH)_2$↓	弱塩基性
Ca^{2+}	$CaCl_2$	$CaSO_4$↓	$CaCO_3$↓	$Ca(OH)_2$↓	強塩基性
Sr^{2+}	$SrCl_2$	$SrSO_4$↓	$SrCO_3$↓	$Sr(OH)_2$↓	強塩基性
Ba^{2+}	$BaCl_2$	$BaSO_4$↓	$BaCO_3$↓	$Ba(OH)_2$	強塩基性
Ra^{2+}	$RaCl_2$	$RaSO_4$↓	$RaCO_3$↓	$Ra(OH)_2$	強塩基性

塩化物：溶ける
炭酸塩：沈殿する（すべて白沈）
$Be(OH)_2$・$Mg(OH)_2$：沈殿する（白沈）
$Ca(OH)_2$・$Sr(OH)_2$：少し溶ける
$Ba(OH)_2$・$Ra(OH)_2$：溶ける

関連する重要な化合物	塩化物	硫酸塩	炭酸塩	水酸化物
	$CaCl_2$ 潮解性 乾燥剤	$BaSO_4$ 造影剤 （X線を吸収）	$CaCO_3$ 石灰石 鍾乳石 大理石	$Ca(OH)_2aq$ 石灰水 石灰乳
		$CaSO_4 \cdot 2H_2O$ セッコウ		$Ca(OH)_2$ 消石灰

$CaSO_4 \cdot 2H_2O$ ↔ $\pm\frac{3}{2}H_2O$

焼きセッコウ
$CaSO_4 \cdot \frac{1}{2}H_2O$

$CaCO_3$ →（▲）CaO 生石灰 → $+H_2O$ 発熱 → $Ca(OH)_2$

石

Caの化合物は
“石灰”って
名前が多いね!!

第28章　両性を示す金属(Al, Zn, Sn, Pb)の反応

1 Alの重要な化合物

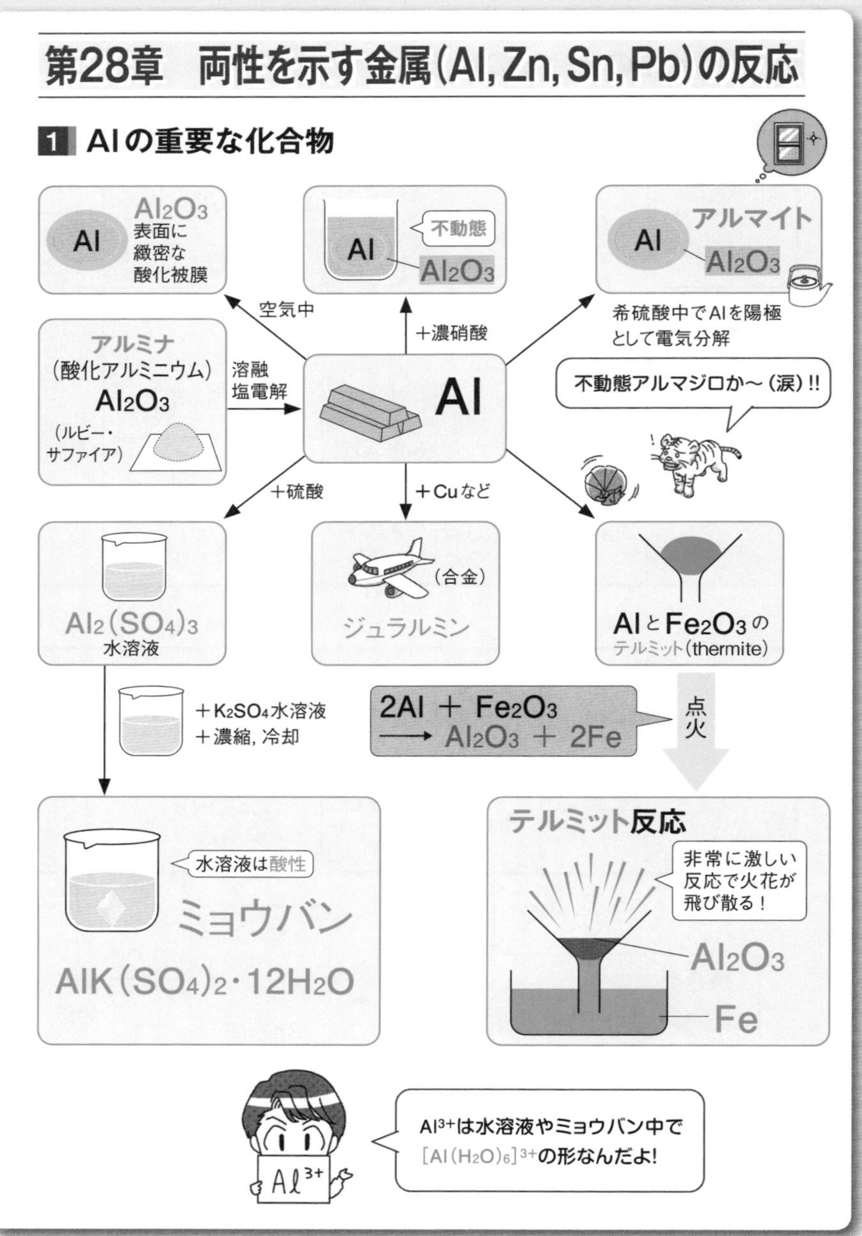
Al
Al_2O_3
表面に
緻密な
酸化被膜
空気中
Al
不動態
Al_2O_3
＋濃硝酸
アルマイト
Al
Al_2O_3
希硫酸中でAlを陽極
として電気分解
アルミナ
(酸化アルミニウム)
Al_2O_3
(ルビー・
サファイア)
溶融
塩電解
Al
不動態アルマジロか～(涙)!!
＋硫酸
＋Cuなど
$Al_2(SO_4)_3$
水溶液
(合金)
ジュラルミン
AlとFe2O3の
テルミット(thermite)
＋K_2SO_4水溶液
＋濃縮, 冷却
$2Al + Fe_2O_3 \longrightarrow Al_2O_3 + 2Fe$
点火
水溶液は酸性
ミョウバン
$AlK(SO_4)_2 \cdot 12H_2O$
テルミット反応
非常に激しい
反応で火花が
飛び散る！
Al_2O_3
Fe
Al^{3+}は水溶液やミョウバン中で
$[Al(H_2O)_6]^{3+}$の形なんだよ!
Al^{3+}

2 スズの酸化数と還元剤，酸化剤の判定

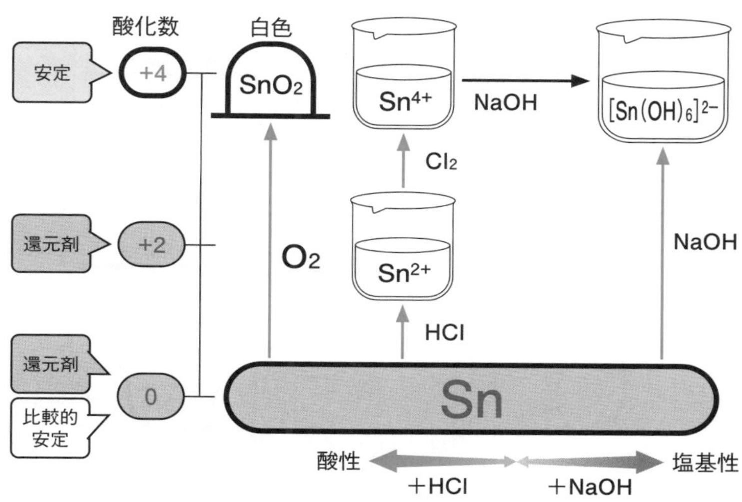
酸化数
白色
安定
+4
SnO_2
Sn^{4+}
NaOH
$[Sn(OH)_6]^{2-}$
Cl_2
還元剤
+2
O_2
Sn^{2+}
NaOH
HCl
還元剤
0
比較的安定
Sn
酸性
塩基性
＋HCl
＋NaOH

3 Pb^{2+}の沈殿

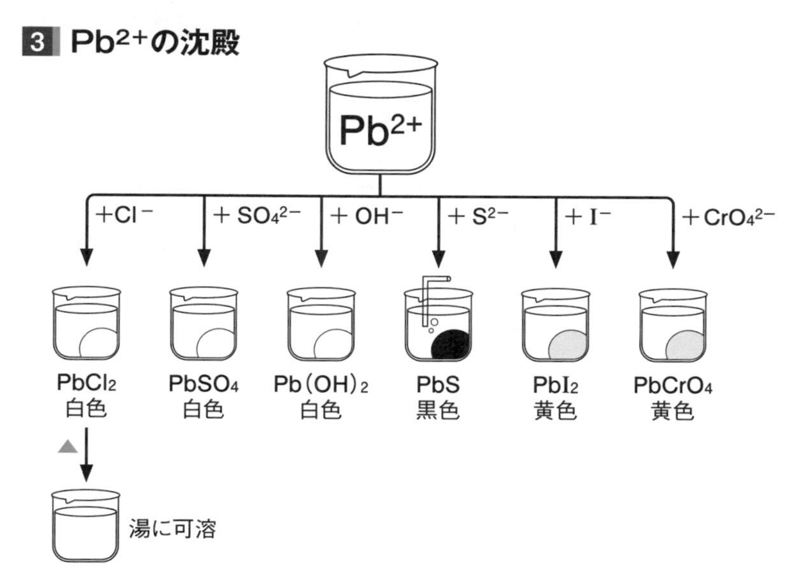
Pb^{2+}
$+Cl^-$
$+SO_4^{2-}$
$+OH^-$
$+S^{2-}$
$+I^-$
$+CrO_4^{2-}$
$PbCl_2$ 白色
$PbSO_4$ 白色
$Pb(OH)_2$ 白色
PbS 黒色
PbI_2 黄色
$PbCrO_4$ 黄色
湯に可溶

4 両生酸化物, 両生水酸化物, 両生金属の反応

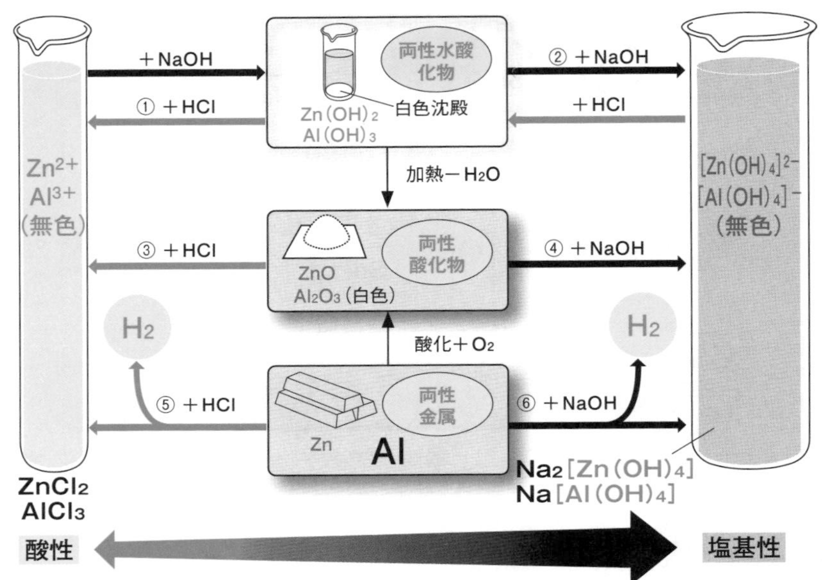

＋NaOH
① ＋HCl
両性水酸化物
白色沈殿
Zn(OH)2
Al(OH)3
② ＋NaOH
＋HCl
Zn2+
Al3+
(無色)
加熱－H2O
[Zn(OH)4]2−
[Al(OH)4]−
(無色)
③ ＋HCl
両性酸化物
ZnO
Al2O3 (白色)
④ ＋NaOH
H2
酸化＋O2
H2
⑤ ＋HCl
両性金属
Zn
Al
⑥ ＋NaOH
ZnCl2
AlCl3
Na2[Zn(OH)4]
Na[Al(OH)4]
酸性
塩基性

反応式

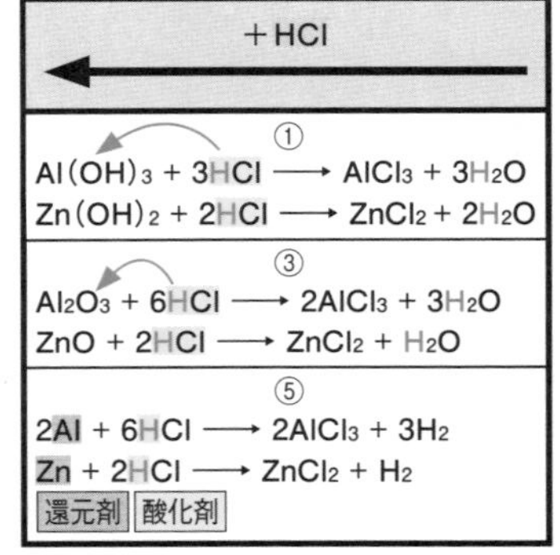

＋HCl ←

①

$Al(OH)_3 + 3HCl \longrightarrow AlCl_3 + 3H_2O$

$Zn(OH)_2 + 2HCl \longrightarrow ZnCl_2 + 2H_2O$

③

$Al_2O_3 + 6HCl \longrightarrow 2AlCl_3 + 3H_2O$

$ZnO + 2HCl \longrightarrow ZnCl_2 + H_2O$

⑤

$2Al + 6HCl \longrightarrow 2AlCl_3 + 3H_2$

$Zn + 2HCl \longrightarrow ZnCl_2 + H_2$

還元剤 酸化剤

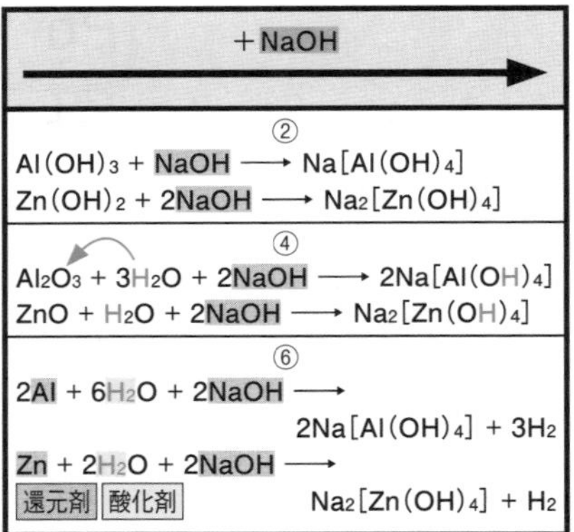

＋NaOH →

②

$Al(OH)_3 + NaOH \longrightarrow Na[Al(OH)_4]$

$Zn(OH)_2 + 2NaOH \longrightarrow Na_2[Zn(OH)_4]$

④

$Al_2O_3 + 3H_2O + 2NaOH \longrightarrow 2Na[Al(OH)_4]$

$ZnO + H_2O + 2NaOH \longrightarrow Na_2[Zn(OH)_4]$

⑥

$2Al + 6H_2O + 2NaOH \longrightarrow 2Na[Al(OH)_4] + 3H_2$

$Zn + 2H_2O + 2NaOH \longrightarrow Na_2[Zn(OH)_4] + H_2$

還元剤 酸化剤

Ⅸ　遷移元素の単体と化合物

第29章　鉄の性質

1 鉄の酸化物

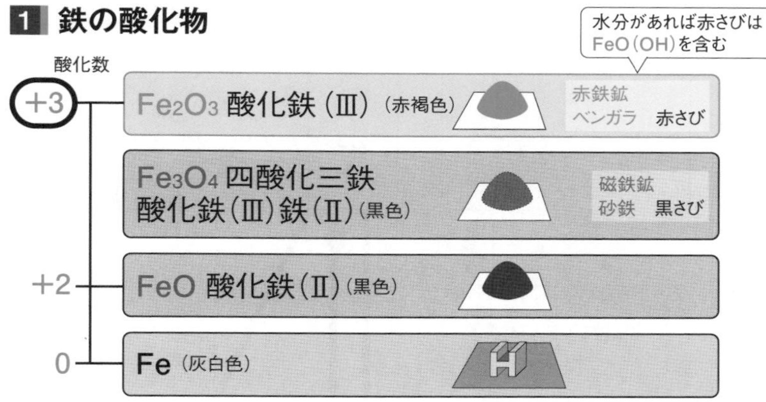

水分があれば赤さびは
FeO(OH)を含む
酸化数
+3
Fe2O3 酸化鉄(Ⅲ)(赤褐色)
赤鉄鉱
ベンガラ　赤さび
Fe3O4 四酸化三鉄
酸化鉄(Ⅲ)鉄(Ⅱ)(黒色)
磁鉄鉱
砂鉄　黒さび
+2
FeO 酸化鉄(Ⅱ)(黒色)
0
Fe (灰白色)

2 鉄の製錬

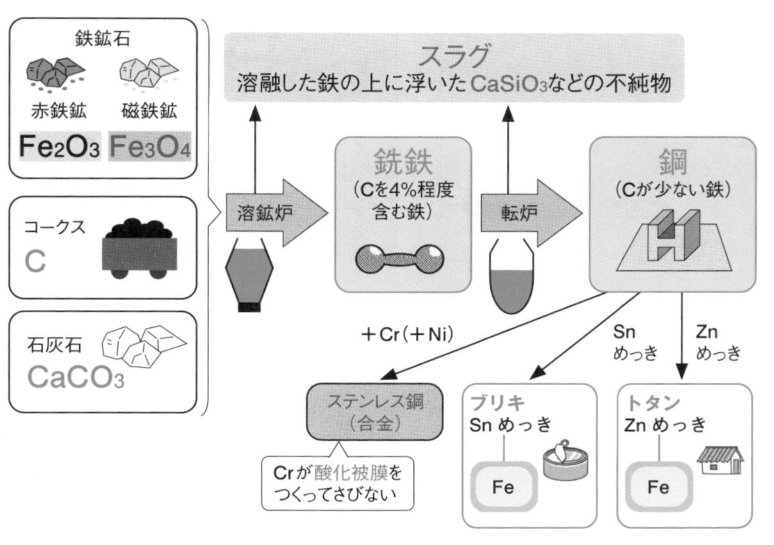

鉄鉱石
赤鉄鉱
磁鉄鉱
Fe2O3
Fe3O4
コークス
C
石灰石
CaCO3
スラグ
溶融した鉄の上に浮いたCaSiO3などの不純物
溶鉱炉
銑鉄
(Cを4%程度含む鉄)
転炉
鋼
(Cが少ない鉄)
+Cr(+Ni)
Sn めっき
Zn めっき
ステンレス鋼
(合金)
Crが酸化被膜をつくってさびない
ブリキ
Sn めっき
Fe
トタン
Zn めっき
Fe

3 鉄イオンの反応

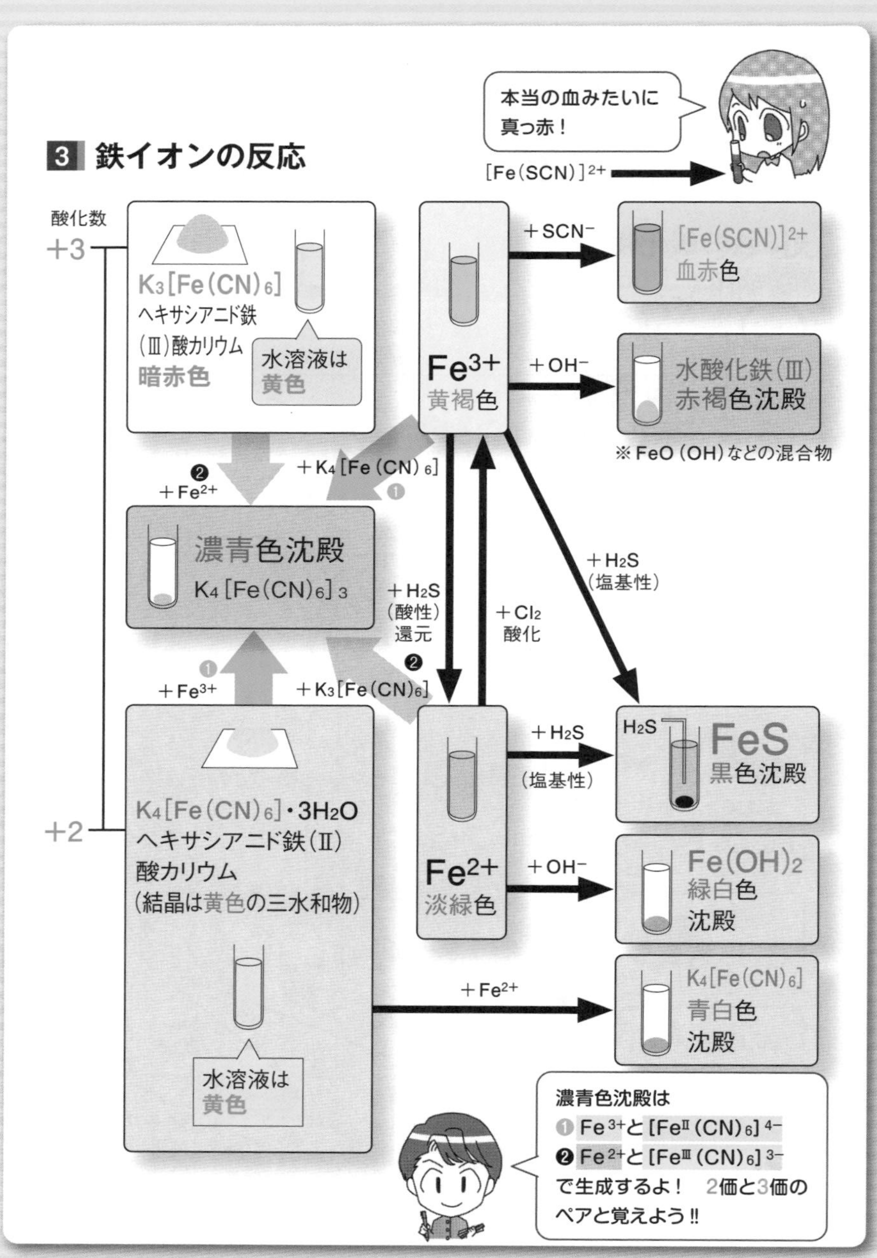

本当の血みたいに
真っ赤！
$[Fe(SCN)]^{2+}$
酸化数
+3
+2
$K_3[Fe(CN)_6]$
ヘキサシアニド鉄
(Ⅲ)酸カリウム
暗赤色
水溶液は
黄色
Fe^{3+}
黄褐色
$+SCN^-$
$[Fe(SCN)]^{2+}$
血赤色
$+OH^-$
水酸化鉄(Ⅲ)
赤褐色沈殿
※ FeO (OH)などの混合物
❷ $+Fe^{2+}$
$+K_4[Fe(CN)_6]$ ❶
濃青色沈殿
$K_4[Fe(CN)_6]_3$
$+H_2S$
(酸性)
還元
$+Cl_2$
酸化
$+H_2S$
(塩基性)
❶ $+Fe^{3+}$
❷ $+K_3[Fe(CN)_6]$
$K_4[Fe(CN)_6]\cdot 3H_2O$
ヘキサシアニド鉄(Ⅱ)
酸カリウム
(結晶は黄色の三水和物)
水溶液は
黄色
Fe^{2+}
淡緑色
$+H_2S$
(塩基性)
H_2S
FeS
黒色沈殿
$+OH^-$
$Fe(OH)_2$
緑白色
沈殿
$+Fe^{2+}$
$K_4[Fe(CN)_6]$
青白色
沈殿
濃青色沈殿は
❶ Fe^{3+}と$[Fe^{II}(CN)_6]^{4-}$
❷ Fe^{2+}と$[Fe^{III}(CN)_6]^{3-}$
で生成するよ！ 2価と3価の
ペアと覚えよう!!

第30章　銅と銀の性質

1 銅(Ⅱ) イオンの反応

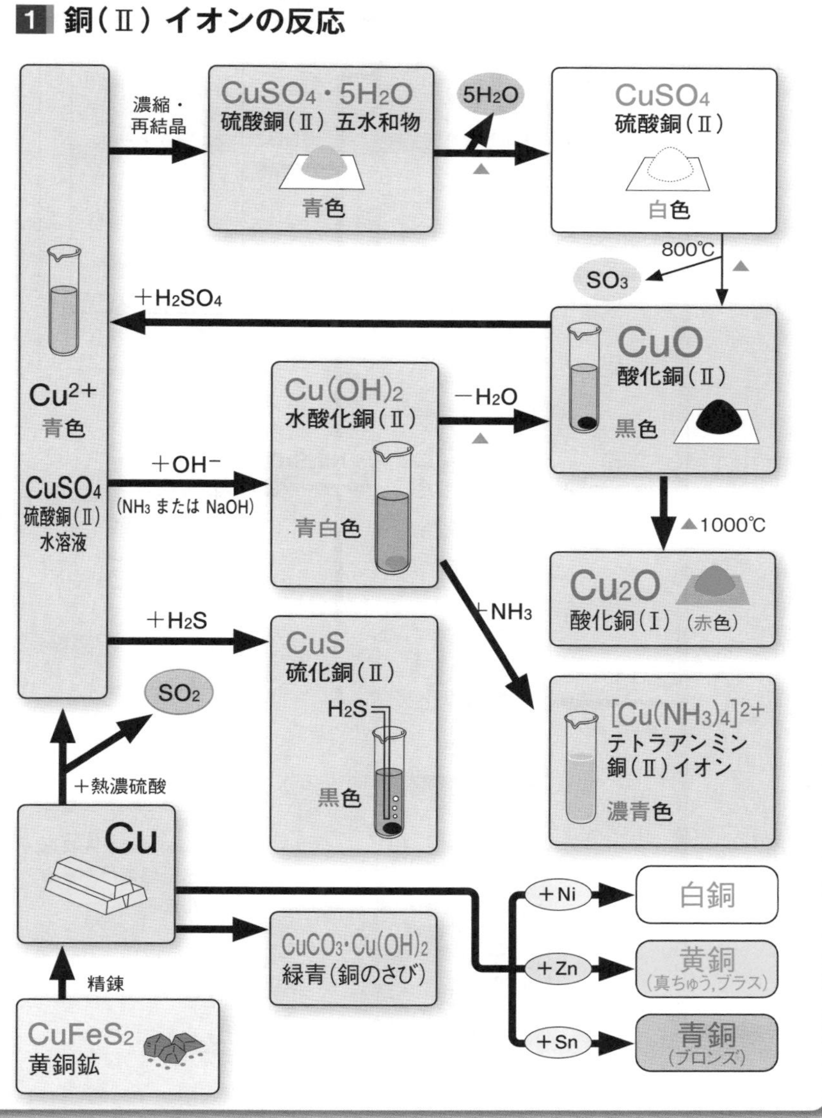

濃縮・
再結晶
$CuSO_4・5H_2O$
硫酸銅(Ⅱ) 五水和物
青色
$5H_2O$
$CuSO_4$
硫酸銅(Ⅱ)
白色
800℃
SO_3
$+H_2SO_4$
CuO
酸化銅(Ⅱ)
黒色
Cu^{2+}
青色
$CuSO_4$
硫酸銅(Ⅱ)
水溶液
$Cu(OH)_2$
水酸化銅(Ⅱ)
$-H_2O$
$+OH^-$
(NH_3 または NaOH)
青白色
1000℃
Cu_2O
酸化銅(Ⅰ) (赤色)
$+NH_3$
$+H_2S$
CuS
硫化銅(Ⅱ)
H_2S
黒色
SO_2
$[Cu(NH_3)_4]^{2+}$
テトラアンミン
銅(Ⅱ)イオン
濃青色
+熱濃硫酸
Cu
$CuCO_3・Cu(OH)_2$
緑青(銅のさび)
+Ni
白銅
+Zn
黄銅
(真ちゅう,ブラス)
+Sn
青銅
(ブロンズ)
精錬
$CuFeS_2$
黄銅鉱

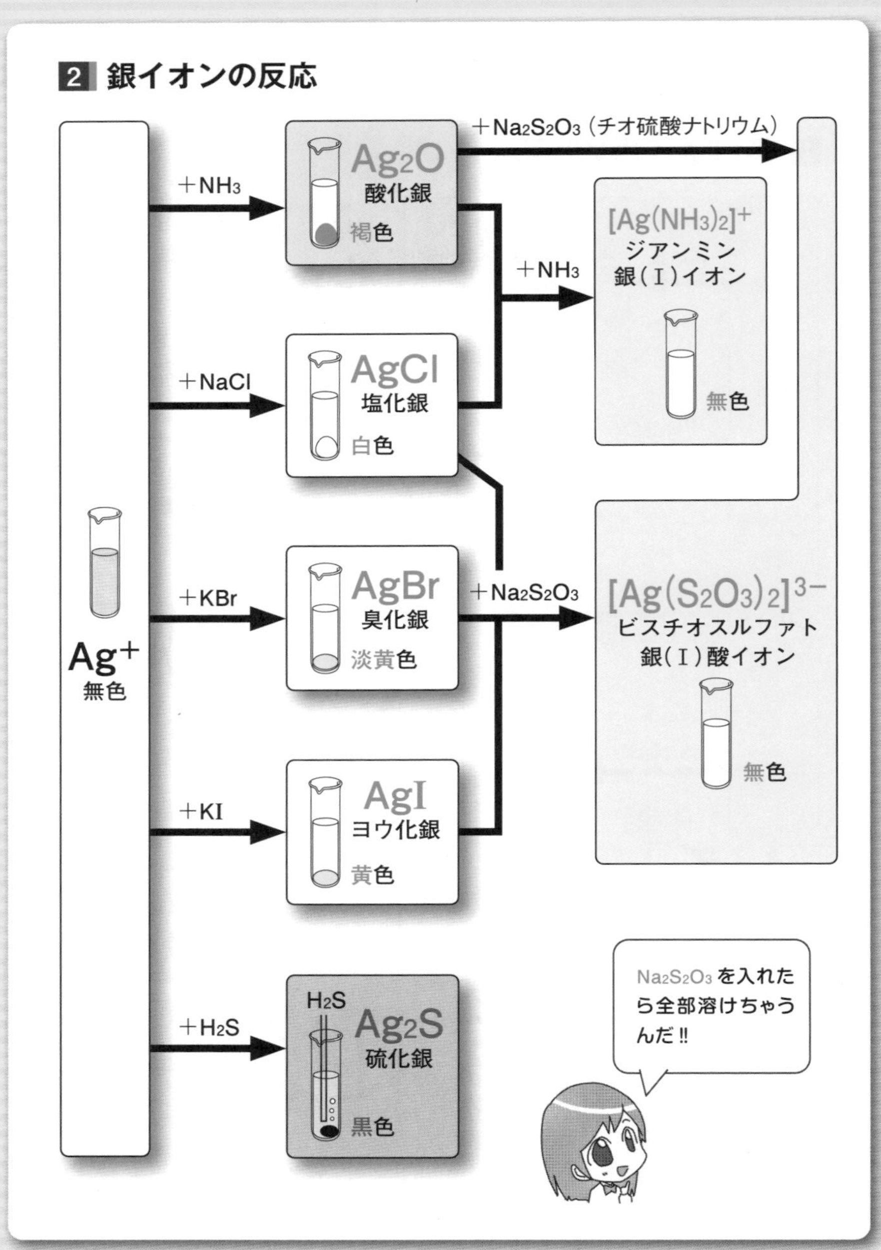
2 銀イオンの反応
Ag⁺
無色
＋NH3
＋NaCl
＋KBr
＋KI
＋H2S
Ag2O
酸化銀
褐色
AgCl
塩化銀
白色
AgBr
臭化銀
淡黄色
AgI
ヨウ化銀
黄色
H2S
Ag2S
硫化銀
黒色
＋Na2S2O3（チオ硫酸ナトリウム）
＋NH3
[Ag(NH3)2]⁺
ジアンミン
銀(Ⅰ)イオン
無色
＋Na2S2O3
[Ag(S2O3)2]³⁻
ビスチオスルファト
銀(Ⅰ)酸イオン
無色
Na2S2O3 を入れたら全部溶けちゃうんだ!!

第31章　クロムとマンガンの性質

1 クロムの化合物

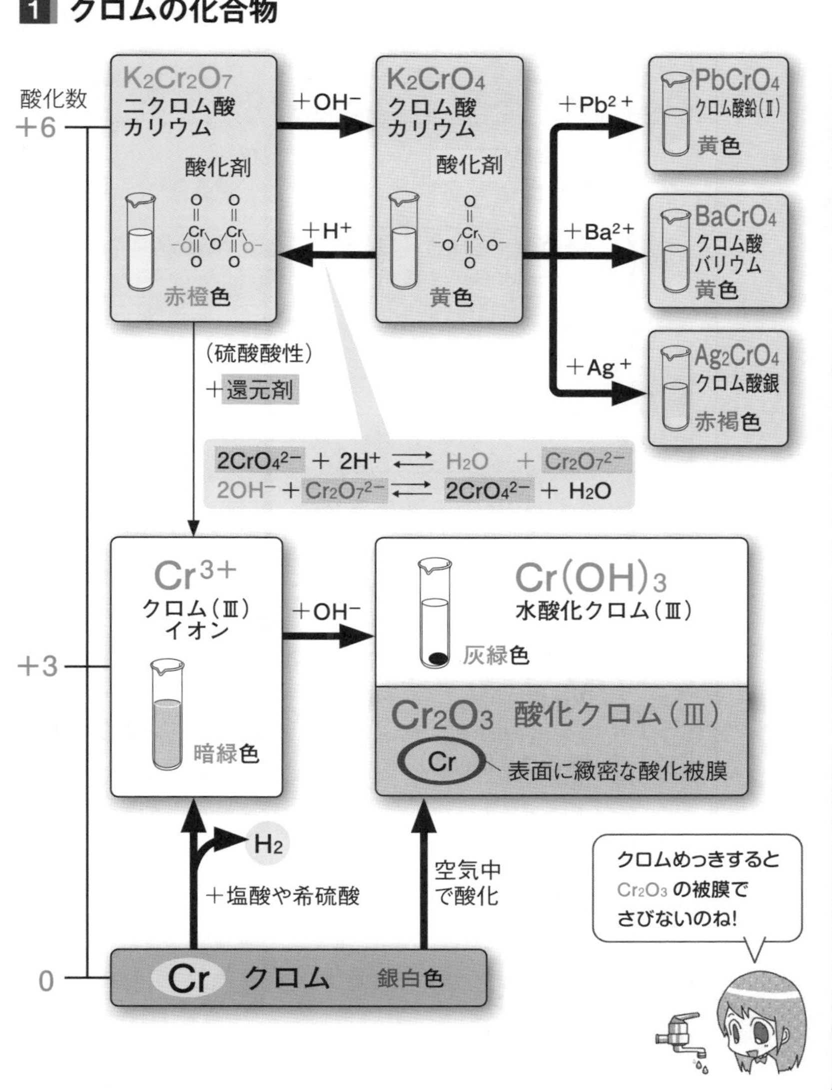

酸化数
+6
+3
0
$K_2Cr_2O_7$
ニクロム酸
カリウム
酸化剤
赤橙色
+OH⁻
+H⁺
K_2CrO_4
クロム酸
カリウム
酸化剤
黄色
+Pb²⁺
$PbCrO_4$
クロム酸鉛(Ⅱ)
黄色
+Ba²⁺
$BaCrO_4$
クロム酸
バリウム
黄色
+Ag⁺
Ag_2CrO_4
クロム酸銀
赤褐色
(硫酸酸性)
+還元剤
$2CrO_4^{2-} + 2H^+ \rightleftarrows H_2O + Cr_2O_7^{2-}$
$2OH^- + Cr_2O_7^{2-} \rightleftarrows 2CrO_4^{2-} + H_2O$
Cr^{3+}
クロム(Ⅲ)
イオン
暗緑色
+OH⁻
$Cr(OH)_3$
水酸化クロム(Ⅲ)
灰緑色
Cr_2O_3 酸化クロム(Ⅲ)
Cr
表面に緻密な酸化被膜
H_2
+塩酸や希硫酸
空気中
で酸化
Cr クロム 銀白色
クロムめっきすると
Cr_2O_3 の被膜で
さびないのね!

2 マンガンの化合物

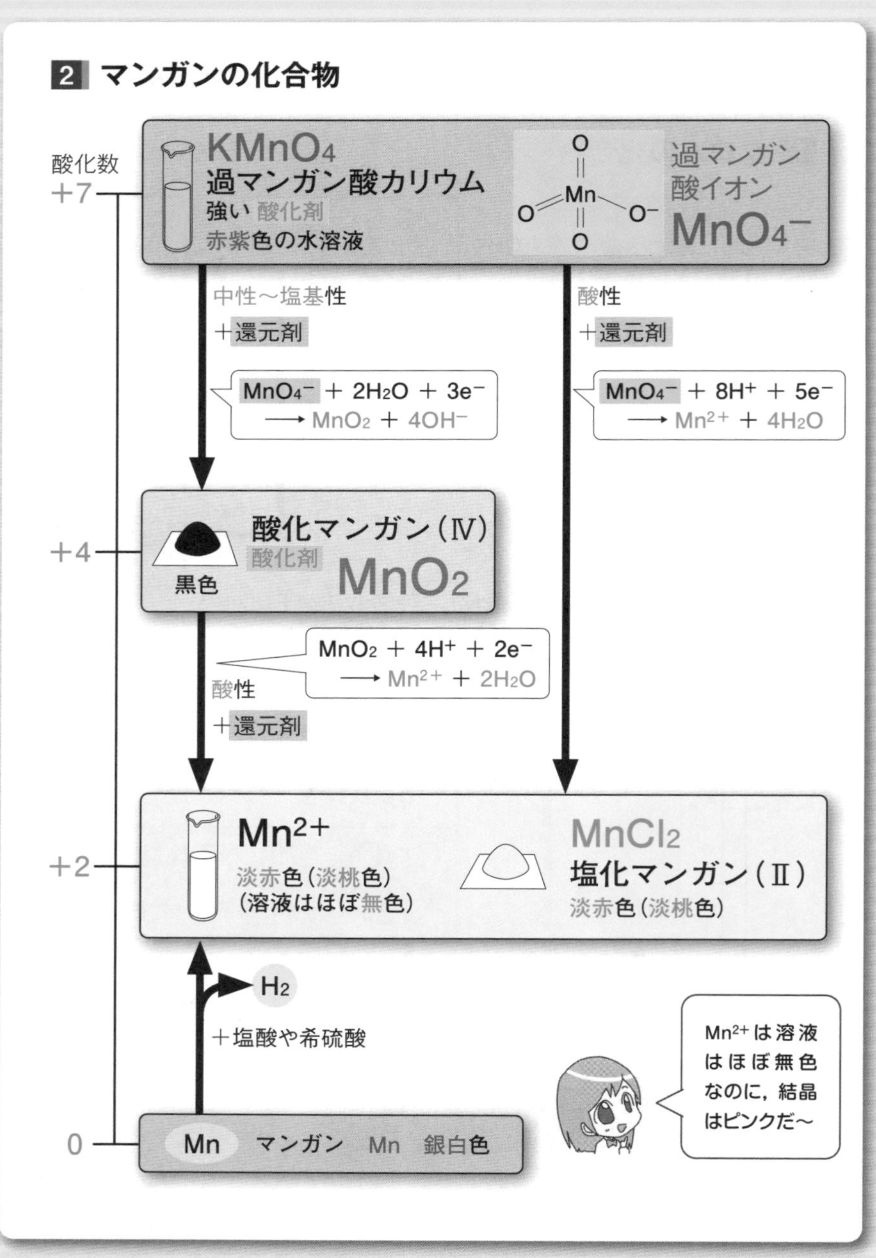
酸化数
+7
+4
+2
0
$KMnO_4$
過マンガン酸カリウム
強い 酸化剤
赤紫色の水溶液
過マンガン酸イオン
MnO_4^-
中性～塩基性
＋還元剤
$MnO_4^- + 2H_2O + 3e^- \longrightarrow MnO_2 + 4OH^-$
酸性
＋還元剤
$MnO_4^- + 8H^+ + 5e^- \longrightarrow Mn^{2+} + 4H_2O$
酸化マンガン(Ⅳ)
酸化剤
MnO_2
黒色
$MnO_2 + 4H^+ + 2e^- \longrightarrow Mn^{2+} + 2H_2O$
酸性
＋還元剤
Mn^{2+}
淡赤色(淡桃色)
(溶液はほぼ無色)
$MnCl_2$
塩化マンガン(Ⅱ)
淡赤色(淡桃色)
H_2
＋塩酸や希硫酸
Mn マンガン Mn 銀白色
Mn^{2+}は溶液はほぼ無色なのに，結晶はピンクだ～

第32章　遷移元素の特徴と金属イオンの分離

1 錯イオン

配位子	中心金属	配位数	中心金属からの結合	錯イオン	色
CN^- シアニド	Fe^{2+}	6	Fe 八面体形	$[Fe(CN)_6]^{4-}$ ヘキサシアニド鉄(Ⅱ)酸イオン	溶液は黄色
	Fe^{3+}			$[Fe(CN)_6]^{3-}$ ヘキサシアニド鉄(Ⅲ)酸イオン	
	Ag^+	2	Ag 直線形	$[Ag(CN)_2]^-$ ジシアニド銀(Ⅰ)酸イオン	無色
$S_2O_3^{2-}$ チオスルファト				$[Ag(S_2O_3)_2]^{3-}$ ビス(チオスルファト)銀(Ⅰ)酸イオン	
NH_3 アンミン				$[Ag(NH_3)_2]^+$ ジアンミン銀(Ⅰ)イオン	
	Cu^{2+}	4	Cu 正方形	$[Cu(NH_3)_4]^{2+}$ テトラアンミン銅(Ⅱ)イオン	濃青色
	Zn^{2+}		Zn 四面体形	$[Zn(NH_3)_4]^{2+}$ テトラアンミン亜鉛(Ⅱ)イオン	無色
OH^- ヒドロキシド				$[Zn(OH)_4]^{2-}$ テトラヒドロキシド亜鉛(Ⅱ)酸イオン	
	Pb^{2+}	3	四面体形	$[Pb(OH)_3]^-$ トリヒドロキシド鉛(Ⅱ)酸イオン	
	Sn^{2+}			$[Sn(OH)_3]^-$ トリヒドロキシドスズ(Ⅱ)酸イオン	
	Sn^{4+}	6	八面体形	$[Sn(OH)_6]^{2-}$ ヘキサヒドロキシドスズ(Ⅳ)酸イオン	
	Al^{3+}			$[Al(OH)_4(H_2O)_2]^-$ ‖ $[Al(OH)_4]^-$ テトラヒドロキシドアルミン酸イオン	

配位子は他にもH_2O:アクア, Cl^-:クロリド, F^-:フルオリドなどがある。

2 頻出の金属イオンの系統分離と確認

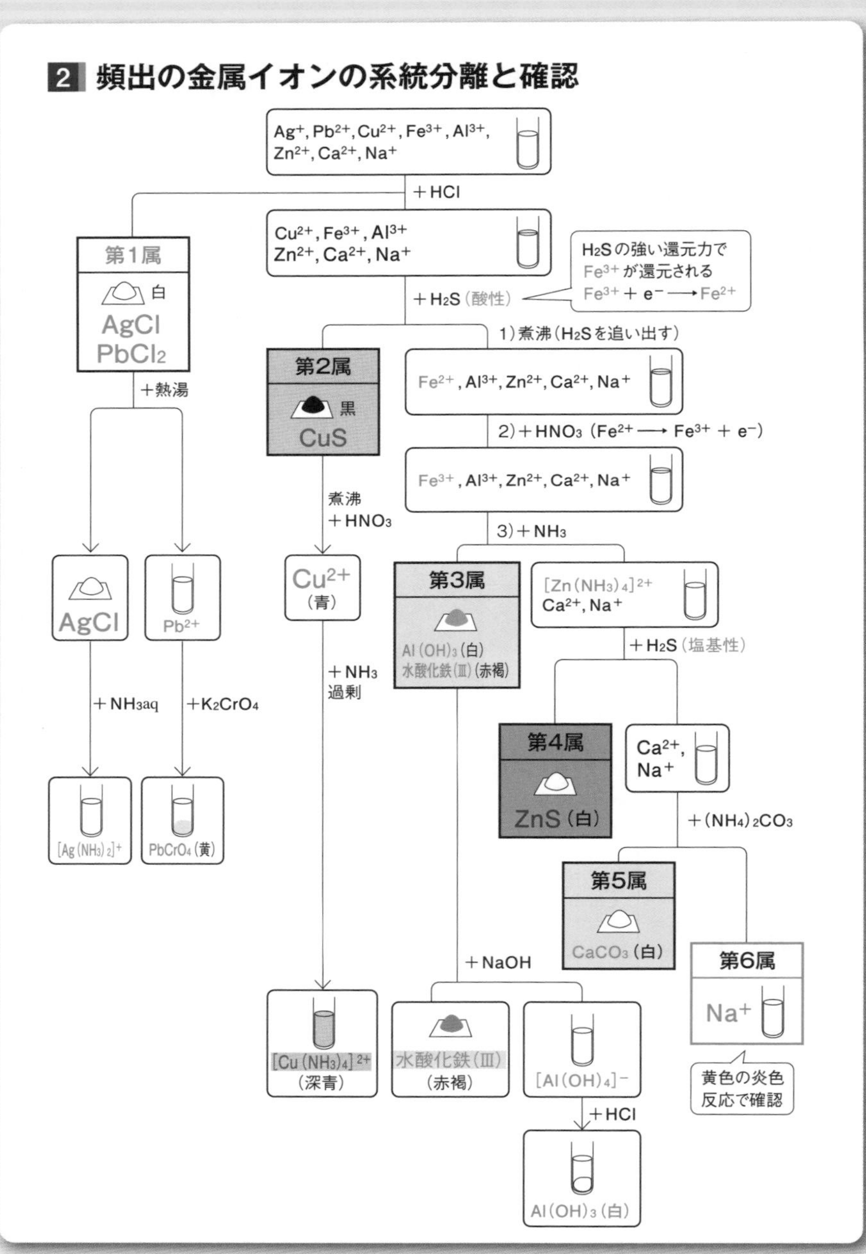

Ag^+, Pb^{2+}, Cu^{2+}, Fe^{3+}, Al^{3+}, Zn^{2+}, Ca^{2+}, Na^+
＋HCl
第1属
白
AgCl
$PbCl_2$
＋熱湯
AgCl
Pb^{2+}
＋NH_3aq
＋K_2CrO_4
$[Ag(NH_3)_2]^+$
$PbCrO_4$（黄）
Cu^{2+}, Fe^{3+}, Al^{3+} Zn^{2+}, Ca^{2+}, Na^+
H_2Sの強い還元力で Fe^{3+}が還元される Fe^{3+} + e^- ⟶ Fe^{2+}
＋H_2S（酸性）
第2属
黒
CuS
煮沸 ＋HNO_3
Cu^{2+}（青）
＋NH_3 過剰
$[Cu(NH_3)_4]^{2+}$（深青）
1）煮沸（H_2Sを追い出す）
Fe^{2+}, Al^{3+}, Zn^{2+}, Ca^{2+}, Na^+
2）＋HNO_3（Fe^{2+} ⟶ Fe^{3+} + e^-）
Fe^{3+}, Al^{3+}, Zn^{2+}, Ca^{2+}, Na^+
3）＋NH_3
第3属
$Al(OH)_3$（白）
水酸化鉄（Ⅲ）（赤褐）
＋NaOH
水酸化鉄（Ⅲ）（赤褐）
$[Al(OH)_4]^-$
＋HCl
$Al(OH)_3$（白）
$[Zn(NH_3)_4]^{2+}$ Ca^{2+}, Na^+
＋H_2S（塩基性）
第4属
ZnS（白）
Ca^{2+}, Na^+
＋$(NH_4)_2CO_3$
第5属
$CaCO_3$（白）
第6属
Na^+
黄色の炎色反応で確認

元素周期表

原子番号 → 1 H ← 元素記号
1.0 ← 原子量
元素名 → 水素
2.20 ← 電気陰性度

:気体
:液体
他は固体
(常温時)

:放射能が必ずあるもの

	1	2	3	4	5	6	7	8	9
1	1 H 1.0 水素 2.20								
2	3 Li 6.9 リチウム 0.98	4 Be 9.0 ベリリウム 1.57							
3	11 Na 23.0 ナトリウム 0.93	12 Mg 24.3 マグネシウム 1.31							
4	19 K 39.1 カリウム 0.82	20 Ca 40.1 カルシウム 1.00	21 Sc 45.0 スカンジウム 1.36	22 Ti 47.9 チタン 1.54	23 V 50.9 バナジウム 1.63	24 Cr 52.0 クロム 1.66	25 Mn 54.9 マンガン 1.55	26 Fe 55.8 鉄 1.83	27 Co 58.9 コバルト 1.88
5	37 Rb 85.5 ルビジウム 0.82	38 Sr 87.6 ストロンチウム 0.95	39 Y 88.9 イットリウム 1.22	40 Zr 91.2 ジルコニウム 1.33	41 Nb 92.9 ニオブ 1.6	42 Mo 96.0 モリブデン 2.16	43 Tc 〔99〕 テクネチウム 1.9	44 Ru 101.1 ルテニウム 2.2	45 Rh 102.9 ロジウム 2.28
6	55 Cs 132.9 セシウム 0.79	56 Ba 137.3 バリウム 0.89	57-71 ランタノイド	72 Hf 178.5 ハフニウム 1.3	73 Ta 180.9 タンタル 1.5	74 W 183.8 タングステン 2.36	75 Re 186.2 レニウム 1.9	76 Os 190.2 オスミウム 2.2	77 Ir 192.2 イリジウム 2.20
7	87 Fr 〔223〕 フランシウム 0.7	88 Ra 〔226〕 ラジウム 0.9	89-103 アクチノイド	104 Rf 〔267〕 ラザホージウム —	105 Db 〔268〕 ドブニウム —	106 Sg 〔271〕 シーボーギウム —	107 Bh 〔272〕 ボーリウム —	108 Hs 〔277〕 ハッシウム —	109 Mt 〔276〕 マイトネリウム —

← 典型元素 → ← 遷移元素 —

＊2024年1月現在

10	11	12	13	14	15	16	17	18
								2 He 4.0 ヘリウム —
			5 B 10.8 ホウ素 2.04	6 C 12.0 炭素 2.55	7 N 14.0 窒素 3.04	8 O 16.0 酸素 3.44	9 F 19.0 フッ素 3.98	10 Ne 20.2 ネオン —
			13 Al 27.0 アルミニウム 1.61	14 Si 28.1 ケイ素 1.90	15 P 31.0 リン 2.19	16 S 32.1 硫黄 2.58	17 Cl 35.5 塩素 3.16	18 Ar 39.9 アルゴン —
28 Ni 58.7 ニッケル 1.91	29 Cu 63.5 銅 1.90	30 Zn 65.4 亜鉛 1.65	31 Ga 69.7 ガリウム 1.81	32 Ge 72.6 ゲルマニウム 2.01	33 As 74.9 ヒ素 2.18	34 Se 79.0 セレン 2.55	35 Br 79.9 臭素 2.96	36 Kr 83.8 クリプトン 3.00
46 Pd 106.4 パラジウム 2.20	47 Ag 107.9 銀 1.93	48 Cd 112.4 カドミウム 1.69	49 In 114.8 インジウム 1.78	50 Sn 118.7 スズ 1.96	51 Sb 121.8 アンチモン 2.05	52 Te 127.6 テルル 2.1	53 I 126.9 ヨウ素 2.66	54 Xe 131.3 キセノン 2.6
78 Pt 195.1 白金 2.28	79 Au 197.0 金 2.54	80 Hg 200.6 水銀 2.00	81 Tl 204.4 タリウム 1.62	82 Pb 207.2 鉛 2.33	83 Bi 209.0 ビスマス 2.02	84 Po 〔210〕 ポロニウム 2.0	85 At 〔210〕 アスタチン 2.2	86 Rn 〔222〕 ラドン —
110 Ds 〔281〕 ダームスタチウム —	111 Rg 〔280〕 レントゲニウム —	112 Cn 〔285〕 コペルニシウム —	113 Nh 〔284〕 ニホニウム —	114 Fl 〔289〕 フレロビウム —	115 Mc 〔289〕 モスコビウム —	116 Lv 〔293〕 リバモリウム —	117 Ts 〔293〕 テネシン —	118 Og 〔294〕 オガネソン —

遷移元素 →　← 典型元素 →

読んでくれて
ありがとう！！